Ricardo Capiberibe Nunes

Um Programa de Erlangen para o Espaço-Tempo

Fundamentos Físicos-Matemáticos

Ao Meu Senhor, Deus Todo-Poderoso

"Aceitai, Senhor, a oferenda da minha promessa e ensinai-me as vossas ordens." (Salmos 118, v. 108)"

Sumário

Introdução

O Programa de Erlangen (Erlanger Programm) foi uma proposta de unificação das geometrias por meio de grupos simetria, realizada em 1872 pelo matemático alemão, Félix Klein. Motivados por esse trabalho, nós propomos um programa de unificação das álgebras geométricas de variedades espaço-temporais planas. Motivados pelo programa de Erlangen, este trabalho é a síntese de uma ampla pesquisa teórica que objetivava responder a seguinte questão: como é possível unificar todos os espaço-tempos planos em uma única estrutura? Por espaço-tempo plano entendemos qualquer variedade ou espaço topológico que satisfaça o princípio da relatividade e as conexões de Riemann-Christofell se anulem sobre todos os pontos da variedade. Pela topologia de baixa dimensão, demonstra-se que há apenas três variedades que satisfazem essas duas condições: o espaço de Galileu, o espaço de Euclides e o espaço de Lorentz.

Como as variedades espaço-temporais são espaços topológicos munidos de métrica, suas propriedades são caracterizadas pelas álgebras de Clifford em anéis hipercomplexos associativos com unidade. Esse fato nos levou a procurar um automorfismo interno que atua como um mapa da variedade e induz a topologia do espaço-tempo a partir da qualidade (característica) da unidade hipercomplexa de cada anel. Este automorfismo resultou no desenvolvimentos de funções geométricas especiais, que chamamos de funções de Poincaré. As funções de Poincaré permitem deduzir propriedades gerais do espaço-tempo, das geometrias hiperbólicas, parabólicas e elípticas e dos grupos SO(3), SO(4) e SO(1,3). Também provamos que as funções de Poincaré correspondem as transformações de Galileu em uma topologia induzida por um número dual; as transformações de Lorentz em uma topologia induzida por um número perplexo e as transformações de Euclides em uma topologia induzida por um número complexo.

Uma previsão do nosso programa é possibilidade e desenvolvimento de uma física topológica. Os potenciais de Laplace-Beltrami provam ser equações diferenciais parciais induzidas pela topologia. Portanto, para cada espaço-tempo há uma equação do potencial, sendo no limite assintótico todas tendem a equação de Laplace-Beltrami. A análise da álgebra de Lie à partir das funções de Poincaré permite construir um espaço vetorial de Clifford de 6 dimensões, composto por 6 linhas coordenadas. Estas linhas coordenadas são as componentes do campo elétrico e do campo magnético. Desta forma, as equações de Maxwell e as transformações destes campos também são características topológicas induzidas pela característica da unidade hipercomplexa de cada anel.

Portanto, este relatório sintetiza os esforços necessários para se construir essa topologia. Como toda síntese, ela é uma apresentação quase-linear de várias etapas foram organizadas para se tornarem inteligíveis ao leitor. Obviamente, que o delineamento da pesquisa não seguiu a ordem dessas etapas e nem foi linear ou acumulativa, por isso descrever uma metodologia da pesquisa não seria apropriado. Toda a pesquisa girou ao redor da questão básica, e o formalismo matemático foi sendo introduzido a partir da necessidade ou mesmo da curiosidade em se testar outras possibilidades. Portanto os resultados aqui apresentados são a organização de ideias, após várias tentativas e várias análises, muitas frustradas e outras bem sucedidas. Posto isto, eis o programa de uma topologia unificada.

A primeira parte consiste em uma discussão sobre as álgebras de Hamilton e suas relações com a álgebra de Clifford e uma discussão ampla das álgebras vetoriais de Grassmann. A primeira metade do caítulo apresenta conceitos básicos da teoria dos quatérnions de Hamilton e foram sintetizadas do quarto capítulo da obra Understanding Geometric Algebra (KANATANI, 2015). No segundo caítulo, realizamos uma apresentação dos números hipercomplexos e aplicamos para fundamentação mais final da álgebra de Hamilton. Adiante exploramos as álgebras vetoriais de Grassmann, em particular os conceitos de vetor polar e axial, escalar e pseudo escalar. As últimas seções utilizam os conceitos desenvolvidos para propor uma super variedade.

A partir do terceiro capítulo começamos o desenvolvimento da Teoria das Dimensões. Embora a palavra dimensão apareça nos Elementos de Euclides, foi apenas com o surgimento da Topologia de Baixa Dimensão, nos trabalhos de Henri Poincaré, que passou-se a buscar uma teoria que formalizasse esse conceito. Recentemente, a Teoria dos Fractais, permitiu estendermos o conceito de dimensão inteira não-negativa para números não-inteiros não-negativos. Nessa seção revisamos o conceito de dimensão inteira não-negativa e propomos uma teoria das dimensões inteiras (não-negativas e negativas). Para conseguirmos fazer a caracterização de modo mais rigoroso possível, usamos além da Topologia e Formas Exteriores, a Teoria dos Grupos de Lie e Galois, as Álgebras de Grassman e Lie, Teoria de Galois e da Caracterização, Espaços Vetoriais e Duais. Por meio do raciocínio topológico, inferimos os resultados esperados para depois, por meio do formalismo algébrico, demonstra-los.

A segunda parte é a construção da topologia de baixa dimensão unificada. Para cumprirmos o nosso objetivo, utilizamos três hipercomplexos anéis: o anel dos números nilpotentes de segunda ordem (números duais ou parabólicos), o anel dos números perplexos (números hiperbólicos), o anel dos números complexos (números elípticos). Usando a característica R de cada anel, mostramos como é possível generalizar os resultados da terceira parte. Tratamos a variedade euclidiana como uma variedade com tempo negativo e mostramos porque essa hipótese é consistente, usando os resultados da segunda parte.

No sétimo capítulo iniciamos a introdução de duas novas funções que dependem da característica do anel e são generalizações das transformações de Galileu e Lorentz. Essas funções foram denominadas de funções de Poincaré e desempenham um papel fundamental nessa pesquisa. Por isso, nós investimos algum tempo em sua álgebra, análise real e arbitrária. Aqui apresentamos um novo conceito de cálculo diferencial e integral: derivadas automórficas, homeomórficas, negativas e classes laterais.

Também demonstramos que o fator R (característica do anel) é um invariante e que as funções de Poincaré formam um grupo e satisfazem o princípio da relatividade, portanto elas contém a estrutura unificada que procurávamos. Constitui em construir uma topologia de baixa dimensão usando as funções de Poincaré. Generalizamos a transformações de Poincaré, as suas quatro formas (própria, imprópria, síncrona e antissíncrona), construímos sua álgebra de Lie, calculamos os coeficientes da estrutura, seus geradores infinitesimais e sua representação spinorial.

A terceira parte é uma aplicação da teoria desenvolvida à física teórica. Primeiro, propomos uma nova teoria do potencial que consiste em estabelecer em uma generalização das equações de Laplace-Beltrami, que agora passam a ser equações que dependem da característica R do anel da topologia. Nós mostramos que as grandezas descritas pela diferença de dois potenciais são perturbações na variedade e que sua transmissão deve ocorrer a velocidade k, onde k é uma constante de velocidade que multiplica a dimensão de tempo. A segunda aplicação, consiste em mostrar como a entropia e a passagem do tempo estão relacionadas e fornecer uma prova a hipótese de Hawking que mesmo em um tempo cíclico a entropia sempre cresce.

Também apresentamos uma resposta ao argumento de Minkowski. Depois de desenvolvermos uma topologia geral do espaço-tempo, mostramos que somente a variedade de Lorentz satisfaz simultaneamente a constância da velocidade da luz e a lei da inércia. Também, mostramos por meio da álgebra de Heinsenberg e a inversão, que os instrumentos de medida do tempo e do espaço estão sujeita a uma incerteza de $1/k$. Como principal consequência, esse fato nos indica que o éter poderia existir no mesmo sentido atribuído as variáveis ocultas de Bohm.

Há também um anexo que trata de algumas propriedades das derivadas arbitrárias que descobrimos ao decorrer desta pesquisa, mas que não pareciam se encaixar com a proposta original.

Gostaríamos de salientar ao leitor que este trabalho tem duas dimensões: a primeira e central é a física-matemática que consiste em construir uma topologia unificada do espaço-tempo; e a segunda é a epistemológica e remete a questões de inteligibilidade e convencionalismo de Poincaré e a ontologia do espaço e do tempo. É preciso enfatizar que todos os resultados aqui propostos foram formulados dentro da estrutura matemática vigente e respeitando os limites. É importante frisar que este trabalho não esgota um campo de pesquisa, ao conseguir atingir o seu objetivo de construir uma topologia unificada do espaço-tempo, porém abre novas perspectivas e suscita muitas perguntas e perspectivas de trabalhos futuros.

Por fim, convém descrever o tipo de leitor a quem esse trabalho se dirige: idealizamos um profissional graduado em física com domínio pleno de Teoria da Relatividade, Eletromagnetismo, Termodinâmica e Mecânica Analítica e que esteja ao menos familiarizado com o programa de um curso de graduação de matemática: Álgebra, Geometria, Análise e Topologia. Ao leitor que não cumpra esses requisitos apresentamos uma bibliografia básica que deve ser antes revisada e consultada sempre que o leitor sentir necessidade.

Bibliografia Básica

Esse trabalho não tem caráter histórico, por isso as deduções e notações que empregamos não seguem a ordem dos eventos. Apesar disso optamos por trabalhar no sistema hertizano, atualmente conhecido como sistema de unidades gaussiano, já que esse era o sistema adotado por Lorentz, Poincaré, Einstein, Planck, Abraham, Minkowski e outros pesquisadores que participaram o desenvolvimento da relatividade especial entre 1887 à 1911. Geralmente ensaios e livros de relatividade trazem um breve histórico, para contextualizar a teoria e facilitar a sua compreensão. A finalidade é nobre, porém muitas vezes os autores são anacrônicos e o que deveria facilitar, acaba criando apenas barreiras conceituais. Para não corrermos o risco de cometer o mesmo pecado, optamos em apresentar ao leitor algumas obras que ele poderá consultar para aumentar sua compreensão histórica e epistemológica. Para fins de organização, dividiremos essa seção em tópicos. Registre que todas as obras aqui indicadas foram discutidas pelos pares e publicadas em revistas de impacto ou pertencem a autores cuja excelência é indiscutível.

Contribuições de Poincaré

É um fato que Poincaré teve um papel fundamental no desenvolvimento da teoria da relatividade, porém os historiadores divergem sobre o tamanho desse papel e se Poincaré teria antecipado a criação da teoria da relatividade. Portanto há três tendências historiográficas: os que atribuem o mérito a Poincaré, os que atribuem o mérito à Einstein e os que defendem que teorias são construções coletivas.

O principais defensores da prioridade de Poincaré são E. Whittaker que no segundo volume de *A History of Theories of Aether and Eletricity*, credita a teoria à Lorentz e Poincaré, e o físico russo A. Logunov (2005), sua obra *Henry Poincaré and Relativity Theory*, desenvolve as principais ideias de Poincaré e tenta provar que elas são suficientes para se atribuir o mérito a Poincaré. O historiador H. Ives (1952) mostrou em um importante ensaio que Einstein não deduziu a relação massa-energia, pois cometeu uma petição de princípio. Keswani (1965a, 1965b) e

Mehra (2001) avaliaram os programas de Einstein e Poincaré e, apesar de ser mais comedido, sugere que Poincaré antecipou a relatividade. Enrico Giannetto (1999) fez uma extensa revisão de literatura mostrando que a relatividade de Einstein foi influência direta da relatividade de Poincaré. Mais recentemente Damour (2017) analisou dos conceitos antecipados por Poincaré.

Outros historiadores como S. Goldberg (1967, 1969, 1970a), G. Holton (1960, 1964, 1967-1968, 1969) e A. Miller (1986) defendem que, embora Poincaré tenha desenvolvido diversos elementos que depois foram absorvidos pela relatividade de Einstein, Poincaré estava desenvolvendo um programa para o elétron e uma covariância mais restrita para as leis da física. A visão relativística de uma covariância das leis da física para os referenciais inerciais, só foi obtida por Albert Einstein.

Uma linha recente de historiografia da relatividade é aquela que defende que teorias não podem ser creditadas a um único autor, mas são construções coletivas e sociais. P. Galison (2003) desenvolveu uma extensa pesquisa revelando como o problema das longitudes levaram Poincaré a compreender o processo de sincronização de relógios. O. Darrigol (1995, 1996, 2004, 2005), um dos responsáveis pelo seminário Henri Poincaré, produziu estudos à partir da história da eletrodinâmica, sobre as influências filosóficas, sociais e históricas que culminaram na relatividade. Damour (2004, 2012, 2017), também responsável pelo seminário Henri Poincaré, atende uma perspectiva semelhante à de Darrigol. Atualmente o maior especialista em Henri Poincaré e com maior número de obras a respeito de suas contribuições para relatividade é o historiador Scott Walter (1996, 1999, 2007, 2008a, 2008b, 2011, 2014, 2019), responsável pelo acervo de documentos oficiais de Henri Poincaré. Walter tem analisado criticamente a produção acadêmica de Poincaré e seus cadernos pessoais, apresentando uma perspectiva única do pensamento do físico-matemático francês. S. Katzir (2005a, 2005b) apresentou de maneira detalhada a origem da relatividade de Poincaré e um estudo sobre seu programa gravitacional. O historiador J. P. Auffray (1998) escreveu um pequeno livro, traduzido para português de Portugal, que sintetiza a história da relatividade e apresenta de maneira equilibrada a contribuição de Einstein e Poincaré. A. Miller (1986) fez uma análise detalhada do ensaio de 1905-1906 de Poincaré, exceto pelo programa gravitacional de Poincaré. Registre, que a tendência de Miller é favorecer o trabalho de Einstein.

História da Teoria da Relatividade Especial

O desenvolvimento da Teoria da Relatividade e o papel de Einstein foi detalhado pela primeira na obra de Whittaker (1954). Embora apresenta alguns problemas historiográficos. Keswani (1965a, 1965b, 1966), Keswani e Kilmister (1983) e Mehra (2001) abordam de forma sucinta e clara a gênese da Teoria da Relatividade Especial. G. Holton (1960, 1964, 1967-1968, 1969) estudou as influências de Einstein e o papel das experiências sobre o éter na sua criação. A. Miller (1997) discute em detalhes cada passagem do ensaio de 1905 de Einstein, além de trazer uma tradução do ensaio para o inglês. Auffray (1998) discute de forma sucinta, mas satisfatória a história da teoria da relatividade. Capria (2007) discute a física antes e depois de Einstein. As contribuições de Planck são sintetizadas por Goldberg (1976) e Field (2014). Sobre Minkowski e o desenvolvimento do formalismo tensorial o leitor consulte Scott (1999, 2007, 2008a).

T. Hirosige (1969), Goldberg (1969, 1970b) e Cormmach, (1970) fizeram um importante estudo sobre a teoria dos elétrons que irá originar a dinâmica relativística. O historiador japonês T. Hirosige (1976) fez um estudo sobre a concepção diacrônica do éter no século XIX e o papel das teorias e experimentos relacionados ao éter, mostrando que os experimentos visavam compreender melhor a estrutura da matéria. A resistência britânica a teoria de Einstein é discutida em um ensaio de Goldberg (1970c) e sua penetração na França, por Scott (2011). O historiador francês, René Dugas (1988) aborda o desenvolvimento da mecânica e dedica alguns capítulos para discutir o ensaio de Lorentz e de Einstein. O. Darrigol (1994, 1995, 1996, 2002, 2003, 2004, 2005) fez o estudo mais detalhado sobre a origem da relatividade na eletrodinâmica. O livro *Beyond Einstein* (ROWE, SAUER, WALTER, 2018) contém uma vasta coletânea de ensaios históricos sobre a relatividade.

Thomas Kuhn (2017), exemplifica seu conceito de Crise-Revolução a partir da Teoria da Relatividade. Lakatos (1979) aplica seus programas de pesquisa ao estudo da experiência de Michelson-Morley. E. Zahar (1973a, 1973b, 1978), pupilo de

Lakatos, aplicou a metodologia dos programas de pesquisa ao estudo da relatividade e pôs em dúvida a questão da superioridade do programa de Einstein. Feyerabend (1974, 1980, 2010, 2011a 2011b) analisou de forma cirúrgica a questão epistemológica da relatividade. Max Jammer (2006, 2009, 2010, 2011) desenvolveu quatro obras que analisam o desenvolvimento histórico e epistemológico dos conceitos de massa, força, espaço e simultaneidade, os dois últimos, em especial, tem grande ênfase na relatividade. Sobre a historiografia da relatividade, há dois importantes ensaios cujos autores são Schaffner (1982) e Earman, Glymour, Rynasiewicz (1983). O livro *Introdução à Historiografia* de H. Kragh (2001) traz uma importante discussão sobre a história e a memória à partir de declarações contraditórias de Einstein sobre a o papel da experiência de Michelson-Morley na sua concepção da relatividade. G. Whitrow (1993) escreveu um importante livro sobre a história do tempo. E. P. Thompson (2016), apresenta um capítulo discutindo como o capitalismo e a revolução industrial forçaram a uma reinterpretação do conceito de tempo, que é fundamental para o desenvolvimento da relatividade, como mostrou o historiador P. Galison (2003). A relação massa-energia e suas controvérsias são apresentadas por Ives (1952), Stachel (1982), Fadner (1988) e Field (2014). Cullwick (1981) escreveu um ensaio capital sobre as inconsistências na eletrodinâmica de Einstein. Logunov (2005) também apresenta algumas na cinemática.

Há uma importante coletânea de artigos e estudos que foram publicados em forma de livro e abordam temas diversos associados a Relatividade: *The Genesis of General Relativity*, 4 Volumes, (RENN, 2007); *Einstein and the History of General Relativity* (HOWARD, STACHEL, 2005a), *The Universe of General Relativity* (KOX, EISENSTAEDT, 2005), *Einstein: The Formative Years, 1879–1909* (HOWARD, STACHEL, 2005b); *Einstein from 'B' to 'Z'* (STACHEL, 2005*), Lorentz & Poincare Invariance - 100 Years of Relativity* (HSU, ZHANG, 2005) e *General Implications of Lorentz And Poincare Invariance* (HSU, HSU; 2006).

Suplemento de Matemática

As primeiras partes desse ensaio, embora utilize o conceito de 4-vetor, não exigem mais do que familiaridade com cálculo diferencial e integral para funções de variáveis reais e funções vetoriais. Alguns autores utilizam funções com variáveis complexas ao definirem que a componente temporal da forma quadrática do espaço-tempo apresenta um fator imaginário. No formalismo hiperbólico, trabalhamos apenas com variáveis reais. As propriedades hiperbólicas, vetoriais e analíticas básicas podem ser consultado em manuais de fórmulas matemáticas. Como é imprescindível conhecimento de análise tensorial, recomendamos as obras: *Matemática para Físicos* (NETO, 2010) *Cálculo Tensorial* (SANCHEZ, 2011), *Tensors Made Easy* (BERNACCHI, 2017), *Tensor Calculus* (KAY, 2015) e *Cálculo Exterior* (BASSALO, CATTANI, 2012). Também abordamos alguns elementos álgebras de Lie e teoria de Grupos, o leitor poderá esclarecer suas dúvidas em *Cálculo Exterior* (BASSALO, CATTANI, 2012), *Teoria de Grupos para Físicos* (BASSALO, CATTANI 2010), *Matemática para Físicos* (NETO, 2010), *Lie Groups, Lie Algebras, and Representations - An Elementary Introduction* (HALL, 2015), *Álgebra Linear e Multilinear* (ROCHA JR., 2017a), *Álgebras de Clifford* (VAZ JR, ROCHA JR., 2017) e *Understanding Geometric Algebra* (KANATANI, 2015). É essencial que o leitor tenha alguma familiaridade com *Geometria Diferencial*. Para um leitor não familiarizado, recomendamos o estudo dos livros *Introdução à Geometria Diferencial* (TENENBLAT, 2014) e *Differential Geometry* (KREYSZIG, 1991). Para um leitor já familiarizado, recomenda-se o livro *Geometria Diferencial de Curvas e Superfície* (CARMO, 2012).

Suplemento de Física-Matemática

Esse ensaio se concentra em três importantes tópicos da matemática avançada: teoria dos anéis, topologia de baixa de dimensão e números hipercomplexos. O estudo sobre anéis pode ser encontrado nos livros de álgebra moderna, como o livro-texto *Álgebra Moderna* (IEZZI, DOMINGUES, 1982). Duas leituras indispensáveis são os livros *Linear Algebra* (HOFFMAN, KUNZE, 1971), que aborda de forma concisa e rigorosa o anél de Grassmann e o fantástico livro *On Manifolds with an Affine Connection and the Theory of General Relativity* do próprio Cartan (1986). Sobre topologia geométrica, o conteúdo se encontra formalizado na obra de G. E. Bredon (1993), *Geometry and Topology* e detalhado em *Geometry and Topology* (REID,

SZENDRÓI, 2005). Para aplicações da topologia na física relativística, o leitor deve consultar *Gravitation* (MISNER, THORNE, WHEELER, 2016) e *Space-Time Physics* (TAYLOR, WHEELER, 2000).

Sobre números hipercomplexos há pouco material, porém as obras são bastante completas e inteligíveis. Para uma abordagem concisa sobre os números perplexos recomenda-se os ensaios *Fundamental Theorems of Algebra for the Perplexes* (POODIACK, LECLAIR, 2009), *Uma Abordagem Física dos Números Perplexos* (AMORIM, *et al* 2018), *Cauchy-Like Integral Formula for Functions of a Hyperbolic Variable* (CATONI, ZAMPETTI, 2011), *Space-time trigonometry and formalization of the "Twin Paradox" for uniform and accelerated motions* (BOCCALETTI, CATONI, CATONI, 2018) *f-Algebra Structure on Hyperbolic Numbers* (GARGOUBI, KOSSENTINI, 2018), *Induced Representations and Hypercomplex Numbers* (KISIL, 2012). A maior parte dos estudos sobre números hipercomplexos aplicado a física aparecem em livros-textos de caracterização topológica do espaço-tempo, dos quais é imprescindível a leitura: *Geometry of Minkowski Space–Time* (CATONI, BOCCALETTI, CANNATA, CATONI, ZAMPETTI, 2011) *The Mathematics of Minkowski Space-Time With an Introduction to Commutative Hypercomplex Numbers* (CATONI, BOCCALETTI, CANNATA, CATONI, NICHELATTI, ZAMPETTI, 2008). *Minkowski Space: The Spacetime of Special Relativity* (SCHRÖTER, 2017). *The Geometry of Minkowski Spacetime: An Introduction to the Mathematics of the Special Theory of Relativity* (NABER, 2012) e *A Álgebra Geométrica do Espaço-tempo e a Teoria da Relatividade* (VAZ JR, 2000)

Nesse ensaio abordamos os números duais para caracterizar a variedade de Galileu e o quaternion de Ségre. Esse formalismo é empregado de forma marginal no decorrer do trabalho, porém o leitor poderá encontrar uma abordagem satisfatória na obra *Dual-Number Methods in Kinematics, Statics and Dynamics* (FISCHER, 1998) *Dual Numbers* (KANDASAMY, SMARANDACHE, 2012). A obra *Introduction to Hybrid Numbers* (ÖZDEMIR, 2018) aborda o quatérnion de Ségre e serve de base para discussão do espaço-tempo híbrido. Sobre cálculo fracionário recomendamos que o leitor aprecia a obra *The Fractional Calculus: Theory and*

Applications of Differentiation and Integration to Arbitrary Order
(OLDHAM, SPANIER, 2006)

Suplemento Físico

O conhecimento físico para este ensaio corresponde ao curso de Física Básica, em geral dividido em 4 volumes. Nesse ensaio damos grande ênfase aos problemas eletromagnéticos que originaram a relatividade. O leitor poderá consultar as seguintes obras para complementar sua experiência: *Eletrodinâmica Clássica* (BASSALO, 2012), *Eletromagnetismo, 3* Volumes, (MACHADO, 2012), *Teoria do Campo* (LANDAU, LIFCHITZ, 2002), *Eletrodynamics* (SOMMERFELD, 1952). Uma obra que merece destaque é o livro *Classical Eletromagnetism via Relativity: An Alternative Aprroach to Maxwell's Equations* (ROSSER, 1968). Como indica o título da obra, o autor utiliza a formulação relativística para obter as equações de Maxwell, no que poderia ser chamado de uma "engenharia reversa". O primeiro capítulo de *Eletrodinâmica Quântica* (BASSALO, 2002) também deve ser consultado.

Livros Textos de Teoria da Relatividade

O melhor livro-texto sobre Relatividade em língua portuguesa é a obra *Teoria da Relatividade Especial*, escrita por Roberto de Andrade Martins (2012). O autor aborda com rigor abordagens da relatividade especial que preenchem campos menos conhecidos como a termodinâmica, corpos extensos, teoria quântica e gravidade. As três melhores obras em teoria da relatividade especial já escritas são: *Special Relativity in General Frames From Particles to Astrophysics* (GOURGOULHON, 2013), *Special Relativity An Introduction with 200 Problems and Solutions* (TSAMPARLIS, 2010) e Reflections on Relativity (BROWN, 2017). Os dois primeitos livros abordam *todo,* exatamente, *todo* o conteúdo de relatividade especial. Trazem tanto abordagem física e quanto a matemática e discute exercícios que raramente aparecem em outros livros. O livro de Brown é um livro que aborda a relatividade usando questões históricas e espistemológica pouco discutidas. O capítulo 3 dessa tese é uma revisão de um ensaio de Brown.

O livro *Teoria da Relatividade* (PERUZZO, 2012) aborda os conceitos mais comuns de forma bastante simples e detalhada, mas a parte histórica é bastante anacrônica. O livro *Teoria da Relatividade* (LESCHE, 2005) faz uma abordagem geométrica a partir da introdução de 4-vetores e a geometria do espaço-tempo. O livro *Introdução à Teoria da Relatividade* (COSTA, 1995), originalmente publicada na década de 1920, foi o primeiro livro-texto sobre relatividade geral em língua portuguesa e aborda de forma objetiva os principais conceitos associados a teoria.

Embora não seja um livro-texto, *O Que é Teoria da Relatividade?* (LANDAU, RUMER, 2004) é uma obra essencial para qualquer estudante, pois apresenta de maneira simplificada e rigorosa os conceitos relativísticos, pois não é raro que um aluno que esteja familiarizado com aspectos operacionais da teoria, não tenha compreendido os aspectos conceituais. O livro *A Teoria da Relatividade Restrita* de David Bohm (2015) apresenta uma formulação alternativa, porém interessante da relatividade. Deve-se tomar algum cuidado, entretanto, pois Bohm privilegia apenas a contribuição de seu amigo, Albert Einstein, e comete alguns anacronismos. Em geral adota-se o livro Introdução à Relatividade Especial (RESNICK, 1965) foi adotado como texto-básico, porém o livro comete vários anacronismos e alguns erros conceituais. O leitor poderá consulta-lo, mas com certo cuidado e tendo em mente que as outras obras citadas são mais adequadas.

The Theory of Relativity do prêmio Nobel, W. Pauli (1921) constrói a teoria da relatividade a partir do formalismo 4-vetorial e de rotações esféricas em um espaço-tempo com um eixo imaginário temporal. O livro também aborda a termodinâmica relativística de Planck. Deve-se tomar apenas algum cuidado com algumas modificações que sugiram em décadas posteriores. *Einstein's Theory of Relativity* do prêmio Nobel, M. Born (1962) faz uma apresentação bastante detalhada, com ênfase aos problemas eletrodinâmicos. O livro *The Theory of Space Time and Gravitation* de V. Fock (1959) faz uma importante revisão do trabalho original de Einstein, provando que os dois postulados não permitem estabelecer a covariância geral de Lorentz. *Henry Poincaré and Theory of Relativity* de A. Logunov (2005) é uma da sobras mais importantes, pois constrói rigorosamente a teoria da relatividade a partir dos ensaios originais de Poincaré e Einstein.

Por fim, assim como o professor doutor Henrique Fleming, recomendo o leitor explorar a coleção de ensaios do físico-matemático Kevin Brown disponíveis em sua web-página, *Mathpages[1]*, que, além de serem gratuitas, são impecáveis e elucidam pontos cruciais da teoria.

---

[1] https://www.mathpages.com/

PARTE I – Fundamentos Matemáticos

§ 1. Quatérnions de Hamilton

§ 1.1. Princípios Elementares

Definimos um quatérnion de Hamilton como um espaço vetorial, não comutativo e associativo em relação ao produto, de 4 dimensões sobre um corpo de números reais cuja base geradora é:

$$B = \{1, i, j, k\}$$

Simbolicamente escrevemos o quatérnion da seguinte forma:

$$A = a_o + a_1 i + a_2 j + a_3 k$$

As componentes imaginárias respeitam as seguintes regras em relação ao produto direto:

$$i^2 = -1 \qquad j^2 = -1 \qquad k^2 = -1$$
$$jk = +i \qquad ki = +j \qquad ij = +k$$
$$kj = -i \qquad ik = -j \qquad ji = -k$$

Portanto, dado dois quatérnions A e B, o produto desses quatérnions é um quatérnion. Para verificarmos essa proposição, tomemos 3 quatérnions:

$$A = a_o + a_1 i + a_2 j + a_3 k$$

$$B = b_o + b_1 i + b_2 j + b_3 k$$

$$C = c_o + c_1 i + c_2 j + c_3 k$$

Façamos o produto de AB

$$A \cdot B = \left(a_o + a_1 i + a_2 j + a_3 k\right)\left(b_o + b_1 i + b_2 j + b_3 k\right)$$

$$A \cdot B = a_o b_o - \left(a_1 b_1 + a_2 b_2 + a_3 b_3\right) + a_o\left(b_1 i + b_2 j + b_3 k\right)$$
$$+ b_o\left(a_1 i + a_2 j + a_3 k\right) + \left(a_1 b_2 ij + a_2 b_1 ji\right)$$
$$+ \left(a_1 b_3 ik + a_3 b_1 ki\right) + \left(a_2 b_3 jk + a_3 b_2 kj\right)$$

Usando as relações entre os produtos das unidades imaginárias:

$$A \cdot B = a_o b_o - \left(a_1 b_1 + a_2 b_2 + a_3 b_3 \right)$$
$$+ a_o \left(b_1 i + b_2 j + b_3 k \right) + b_o \left(a_1 i + a_2 j + a_3 k \right)$$
$$+ \left(a_1 b_2 - a_2 b_1 \right) k + \left(a_3 b_1 - a_1 b_3 \right) j + \left(a_2 b_3 - a_3 b_2 \right) i$$

Reorganizando as parcelas:

$$A \cdot B = a_o b_o - \left(a_1 b_1 + a_2 b_2 + a_3 b_3 \right) + \left(a_o b_1 + b_o a_1 + a_2 b_3 - a_3 b_2 \right) i$$
$$+ \left(a_o b_2 + b_o a_2 + a_3 b_1 - a_1 b_3 \right) j + \left(a_o b_3 + b_o a_3 + a_1 b_2 - a_2 b_1 \right) k$$

Identificando os termos com os elementos do quatérnion C,

$$C = A \cdot B$$
$$C = c_o + c_1 i + c_2 j + c_3 k$$

$$c_o = a_o b_o - \left(a_1 b_1 + a_2 b_2 + a_3 b_3 \right)$$
$$c_1 = \left(a_o b_1 + b_o a_1 + a_2 b_3 - a_3 b_2 \right) i$$
$$c_2 = \left(a_o b_2 + b_o a_2 + a_3 b_1 - a_1 b_3 \right) j$$
$$c_3 = \left(a_o b_3 + b_o a_3 + a_1 b_2 - a_2 b_1 \right) k$$

É fácil ver que a parte imaginária dos quatérnions se assemelha aos vetores do espaço, por isso chamamos as componentes a_1, a_2, a_3 de parte vetorial do quatérnion e a componente a_o de parte escalar.

$$A = a_o + \vec{a}$$
$$\vec{a} = a_1 i + a_2 j + a_3 k$$

O produto entre os quatérnions A e B na forma vetorial assume a seguinte forma:

$$A = a_o + \vec{a} \qquad B = b_o + \vec{b}$$
$$A \cdot B = a_o b_o - \left\langle \vec{a}, \vec{b} \right\rangle + a_o \vec{b} + b_o \vec{a} + \vec{a} \times \vec{b}$$

A partir dessa expressão podemos definir um novo tipo de produto conhecido como produto de Clifford:

$$A \cdot B = \left(a_o + \vec{a} \right) \left(b_o + \vec{b} \right)$$

$$A \cdot B = a_o b_o + a_o \vec{b} + b_o \vec{a} + \vec{a} \odot \vec{b}$$

Comparando com a expressão do produto dos quatérnions, obtemos a regra do produto de Clifford entre dois vetores:

$$\vec{a} \odot \vec{b} = -\langle \vec{a}, \vec{b} \rangle + \vec{a} \times \vec{b}$$

Se compararmos com a expressão do quartenuion C, teremos:

$$C = c_o + \vec{c}$$

$$C = A \cdot B$$

Substituindo o produto AB,

$$C = a_o b_o - \langle \vec{a}, \vec{b} \rangle + a_o \vec{b} + b_o \vec{a} + \vec{a} \times \vec{b}$$

Por inspeção, obtemos as componentes de C:

$$c_o = a_o b_o - \langle \vec{a}, \vec{b} \rangle;$$

$$\vec{c} = a_o \vec{b} + b_o \vec{a} + \vec{a} \times \vec{b}$$

§ 1.2. Conjugado, Norma e Inverso

Definimos o conjugado de um quatérnion de Hamilton pela seguinte regra:

$$A^\dagger = a_o - a_1 i - a_2 j - a_3 k$$

$$A^\dagger = a_o - \vec{a},$$

$$\vec{a}^\dagger = -\vec{a}$$

$$A^{\dagger\dagger} = \left(A^\dagger \right)^\dagger = A$$

O produto de um quatérnion A pelo quatérnion conjugado B é dada pela relação:

$$A \cdot B^\dagger = \left(a_o + \vec{a} \right)\left(b_o - \vec{b} \right)$$

$$A \cdot B^\dagger = a_o b_o - a_o \vec{b} + b_o \vec{a} - \vec{a} \odot \vec{b}$$

$$A \cdot B^\dagger = a_o b_o - a_o \vec{b} + b_o \vec{a} + \langle \vec{a}, \vec{b} \rangle - \vec{a} \times \vec{b}$$

Vamos verificar a relação entre o conjugado e o produto de dois quatérnions:

$$C^\dagger = \left(A \cdot B\right)^\dagger = c_o - \vec{c}$$

Usando relação entre as componentes escalares e vetoriais:

$$c_o = a_o b_o - \left\langle \vec{a}, \vec{b} \right\rangle;$$

$$\vec{c}^\dagger = -a_o \vec{b} - b_o \vec{a} - \vec{a} \times \vec{b}$$

$$\vec{b} \odot \vec{a} = -\left\langle \vec{a}, \vec{b} \right\rangle - \vec{a} \times \vec{b}$$

Porém, observe que:

$$A^\dagger = a_o - \vec{a},$$

$$B^\dagger = b_o - \vec{b}$$

$$B^\dagger \cdot A^\dagger = \left(b_o - \vec{b}\right)\left(a_o - \vec{a}\right)$$

$$B^\dagger \cdot A^\dagger = a_o b_o - a_o \vec{b} - b_o \vec{a} + \vec{b} \odot \vec{a}$$

Portanto, concluímos que:

$$\left(A \cdot B\right)^\dagger = B^\dagger \cdot A^\dagger$$

Que é a regra das potências para álgebras não comutativas.

Usando o operador *dagger* podemos classificar os subespaços vetorias dos quatérnions em dois grupos: escalares e vetoriais.

$$\begin{cases} q^\dagger = +q & (escalar) \\ q^\dagger = -q & (vetorial) \end{cases}$$

E também podemos definir a norma dos quatérnions:

$$\| \ \| : \mathbb{H} \times \mathbb{H} \to \mathbb{R} / \left(-\infty, 0\right]$$

$$\|A\| = \sqrt{A \cdot A^\dagger} = \sqrt{A^\dagger \cdot A}$$

Calculando explicitamente, obtemos:

$$\|A\| = \sqrt{A \cdot A^\dagger} = \sqrt{a_o a_o - a_o \vec{a} + a_o \vec{a} + \left\langle \vec{a}, \vec{a} \right\rangle - \vec{a} \times \vec{a}}$$

$$\|A\| = \sqrt{a_o^2 + a_1^2 + a_2^2 + a_3^2}$$

Doravante, usaremos a seguinte notação:

$$\|\vec{a}\| = \sqrt{a_1^2 + a_2^2 + a_3^2}$$

$$\|A\| = \sqrt{a_o^2 + \|\vec{a}\|^2}$$

Se a norma for igual a zero, teremos que:

$$\|A\| = 0 \leftrightarrow A = 0$$

Portanto, os quatérnions não apresentam divisores em zero e para todo quatérnion não-nulo podemos definir seu inverso:

$$A \cdot \left[\frac{A^\dagger}{\|A\|} \right] = \left[\frac{A^\dagger}{\|A\|} \right] \cdot A = 1$$

$$A \cdot A^{-1} = A^{-1} \cdot A = 1$$

$$A^{-1} = \frac{A^\dagger}{\|A\|}$$

Reciprocamente, definimos os conjugados inversos:

$$A^\dagger \cdot \left[\frac{A}{\|A\|} \right] = \left[\frac{A}{\|A\|} \right] \cdot A^\dagger = 1$$

$$A^\dagger \cdot \left(A^\dagger\right)^{-1} = \left(A^\dagger\right)^{-1} \cdot A = 1$$

$$\left(A^\dagger\right)^{-1} = \frac{A}{\|A\|}$$

Observe que para quatérnions, verifica-se a identidade

$$A \cdot B = A \cdot C \leftrightarrow B = C$$
$$\vec{a} \odot \vec{b} = \vec{a} \odot \vec{c} \leftrightarrow \vec{b} = \vec{c}$$

Porém, o mesmo não se aplica aos produtos entre vetores:

$$\langle \vec{a}, \vec{b} \rangle = \langle \vec{a}, \vec{c} \rangle \nleftrightarrow \vec{b} = \vec{c}$$

$$\vec{a} \times \vec{b} = \vec{a} \times \vec{d} \nleftrightarrow \vec{b} = \vec{d}$$

§ 1.3. Rotor e Operador Rotação

Os quatérnions atuam sobre um vetor do espaço como um operador rotação. Para compreendermos como esse processo ocorre, vamos introduzir o conceito de quatérnion unitário, isto é, o quatérnion cuja norma é a unidade.

$$\|A\| = 1 \leftrightarrow A^\dagger = A^{-1}$$

Doravante assumiremos que todos os nossos quatérnions são unitários, salvo se for dito o contrário.

Dado um vetor **a** do espaço dos quatérnions, defina o quatérnion:

$$A' = A\vec{a}A^\dagger$$

Vamos mostrar que essa equação define um endomorfismo, isto é, vamos provar que a aplicação transforma o vetor **a** em um novo vetor **a'**. Para isso vamos expandir a equação:

$$A\vec{a}A^\dagger = (a_0 + \vec{a})\vec{a}(a_0 - \vec{a})$$
$$A\vec{a}A^\dagger = (a_0\vec{a} + a^2)(a_0 - \vec{a})$$
$$A\vec{a}A^\dagger = (a_0^2\vec{a} - a_0 a^2 + a_0 a^2 - a^2\vec{a})$$
$$A\vec{a}A^\dagger = (a_0^2 - a^2)\vec{a}$$

Isso prova que este quatérnion é vetorial e, portanto, a equação é um endomorfismo. Denotaremos o quatérnion vetorial A' por **a'**. Para que esta equação seja um automorfismo o termo em parêntesis deve ser igual a unidade:

$$a_0^2 - a^2 = 1$$

Essa condição exige uma parametrização hiperbólica:

$$a_0 = \cosh\theta$$
$$\|a\| = \sinh\theta$$

Agora obteremos algumas importantes identidades envolvendo esse endomorfismo ao tomar o conjugado dessa equação:

$$\left(A\vec{a}A^\dagger\right)^\dagger = (a_0^2 - a^2)\vec{a}^\dagger$$

$$\left(A\vec{a}A^\dagger\right)^\dagger = \left(a^2 - a_0^2\right)\vec{a}$$

$$\left(A\vec{a}A^\dagger\right)^\dagger = \left(a^2\vec{a} - a_0 a^2 + a_0 a^2 - a_0^2\vec{a}\right)$$

$$\left(A\vec{a}A^\dagger\right)^\dagger = \left(a_0\vec{a} + a^2\right)\left(\vec{a} - a_0\right)$$

$$\left(A\vec{a}A^\dagger\right)^\dagger = \left(a_0 + \vec{a}\right)\vec{a}\left(\vec{a} - a_0\right)$$

$$\left(A\vec{a}A^\dagger\right)^\dagger = \left(a_0 + \vec{a}\right)\left(-\vec{a}\right)\left(a_0 - \vec{a}\right)$$

Usando a notação de quatérnions, obtemos as identidades:

$$\left(A\vec{a}A^\dagger\right)^\dagger = -A\vec{a}A^\dagger$$

$$\left(A\vec{a}A^\dagger\right)^\dagger = A\vec{a}^\dagger A^\dagger$$

$$\left(A\vec{a}A^\dagger\right)^\dagger = A^{\dagger\dagger}\vec{a}^\dagger A^\dagger$$

Agora vamos calcular a norma do quatérnion **a'**:

$$\vec{a}' = A\vec{a}A^\dagger$$

$$\vec{a}'\vec{a}'^\dagger = \left(A\vec{a}A^\dagger\right)\left(A\vec{a}^\dagger A^\dagger\right)$$

$$\vec{a}'\vec{a}'^\dagger = \left(A\vec{a}\right)\left(A^\dagger A\right)\left(\vec{a}^\dagger A^\dagger\right)$$

$$\vec{a}'\vec{a}'^\dagger = \left(A\vec{a}\right)(1)\left(\vec{a}^\dagger A^\dagger\right)$$

$$\vec{a}'\vec{a}'^\dagger = \left(A\vec{a}\right)\left(\vec{a}^\dagger A^\dagger\right)$$

$$\vec{a}'\vec{a}'^\dagger = A\left(\vec{a}\vec{a}^\dagger\right)A^\dagger$$

$$\vec{a}'\vec{a}'^\dagger = \left(\vec{a}\vec{a}^\dagger\right)AA^\dagger$$

$$\vec{a}'\vec{a}'^\dagger = \left(\vec{a}\vec{a}^\dagger\right)$$

Portanto, essa operação define um mapa linear (endomorfismo) que preserva a norma do vetor **a** e é chamado de isometria:

$$\|\vec{a}'\| = \|\vec{a}\|$$

Esse resultado pode ser identificado como uma rotação pura do vetor **a**, em relação a um ponto fixo do espaço ou a um movimento de reflexão combinado com um movimento de rotação ao redor do ponto fixo. Por essa razão, o quatérnion unitário define uma hiperesfera de 4 dimensões de hipervolume unitário:

$$a_0^2 + a_1^2 + a_2^2 + a_3^2 = 1$$

$$a_0^2 + \|\vec{a}\|^2 = 1$$

A parametrização exige o uso das funções trigonométricas usuais:

$$a_0 = \cos\frac{\Omega}{2},$$

$$\|\vec{a}\| = \sin\frac{\Omega}{2}$$

Portanto, o quatérnion unitário pode ser escrito na forma trigonométrica:

$$A = \cos\frac{\Omega}{2} + \hat{I}\sin\frac{\Omega}{2}$$

Vamos agora calcular o endomorfismo do vetor **a** usando os quatérnions na forma trigonométrica:

$$\vec{a}' = A\vec{a}A^\dagger = \left(\cos\frac{\Omega}{2} + \hat{I}\sin\frac{\Omega}{2}\right)\vec{a}\left(\cos\frac{\Omega}{2} - \hat{I}\sin\frac{\Omega}{2}\right)$$

$$\vec{a}' = \left(\cos\frac{\Omega}{2} + \hat{I}\sin\frac{\Omega}{2}\right)\left(\vec{a}\cos\frac{\Omega}{2} - \vec{a}\odot\hat{I}\sin\frac{\Omega}{2}\right)$$

$$\vec{a}' = \vec{a}\cos^2\frac{\Omega}{2} + \left(\hat{I}\odot\vec{a} - \vec{a}\odot\hat{I}\right)\sin\frac{\Omega}{2}\cos\frac{\Omega}{2} - \hat{I}\left(\vec{a}\odot\hat{I}\right)\sin^2\frac{\Omega}{2}$$

O produto de Clifford se relaciona com o colchetes de Lie:

$$\left[\hat{I},\vec{a}\right] = \hat{I}\odot\vec{a} - \vec{a}\odot\hat{I}$$

Substituindo na equação:

$$\vec{a}' = \vec{a}\cos^2\frac{\Omega}{2} + \frac{1}{2}\left[\hat{I},\vec{a}\right]\sin\Omega - \hat{I}\left(\vec{a}\odot\hat{I}\right)\sin^2\frac{\Omega}{2}$$

O colchete de Lie e o produto vetorial se conectam pela relação:

$$\frac{1}{2}\left[\hat{l},\vec{a}\right]=\hat{l}\times\vec{a}$$

Portanto, o vetor **a'** assume a seguinte forma:

$$\vec{a}'=\left(\hat{l}\times\vec{a}\right)\sin\Omega+\vec{a}\cos^2\frac{\Omega}{2}-\hat{l}\left(\vec{a}\odot\hat{l}\right)\sin^2\frac{\Omega}{2}$$

Agora vamos calcular o produto o produto triplo:

$$\hat{l}\left(\vec{a}\odot\hat{l}\right)=\hat{l}\left(\vec{a}\times\hat{l}-\left\langle\vec{a},\hat{l}\right\rangle\right)$$

$$\hat{l}\left(\vec{a}\odot\hat{l}\right)=\hat{l}\odot\left(\vec{a}\times\hat{l}\right)-\hat{l}\left\langle\vec{a},\hat{l}\right\rangle$$

$$\hat{l}\left(\vec{a}\odot\hat{l}\right)=\hat{l}\times\left(\vec{a}\times\hat{l}\right)-\left\langle\hat{l},\vec{a}\times\hat{l}\right\rangle-\hat{l}\left\langle\vec{a},\hat{l}\right\rangle$$

$$\hat{l}\left(\vec{a}\odot\hat{l}\right)=\left\langle\hat{l},\hat{l}\times\vec{a}\right\rangle-\left\langle\vec{a},\hat{l}\right\rangle\hat{l}-\hat{l}\times\left(\hat{l}\times\vec{a}\right)$$

Usando as identidades da álgebra vetorial obtemos:

$$\hat{l}\left(\vec{a}\odot\hat{l}\right)=\left\langle\hat{l},\hat{l}\right\rangle\vec{a}-\left\langle\vec{a},\hat{l}\right\rangle\hat{l}-\left\langle\vec{a},\hat{l}\right\rangle\hat{l}$$

$$\hat{l}\left(\vec{a}\odot\hat{l}\right)=\vec{a}-2\left\langle\vec{a},\hat{l}\right\rangle\hat{l}$$

Substituindo na equação do vetor **a'**:

$$\vec{a}'=\left(\hat{l}\times\vec{a}\right)\sin\Omega+\vec{a}\cos^2\frac{\Omega}{2}-\left(\vec{a}-2\left\langle\vec{a},\hat{l}\right\rangle\hat{l}\right)\sin^2\frac{\Omega}{2}$$

$$\vec{a}'=\left(\hat{l}\times\vec{a}\right)\sin\Omega+\vec{a}\cos^2\frac{\Omega}{2}-\vec{a}\sin^2\frac{\Omega}{2}+2\left\langle\vec{a},\hat{l}\right\rangle\hat{l}\sin^2\frac{\Omega}{2}$$

$$\vec{a}'=\sin\Omega\left(\hat{l}\times\vec{a}\right)+\left(\cos\Omega\right)\vec{a}+2\left\langle\vec{a},\hat{l}\right\rangle\left(1-\cos\Omega\right)\hat{l}$$

Essa é a fórmula de Rodrigues que representa uma rotação de um corpo rígido sobre um versor **l** com um ângulo $\hat{\Omega}$. Portanto, a este endomorfismo daremos o nome de *rotor* de **a,** e podemos defini-lo como um operador $\hat{\Omega}$:

$$\vec{a}'\equiv\hat{\Omega}\vec{a}=U\vec{a}U^\dagger$$

onde U é um quatérnion unitário.

Agora vamos mostrar que o espaço dos rotores é um homeomorfismo sobre o espaço das rotações. Denotaremos o operador rotação por $\hat{R}$. Se um sistema sofrer duas rotações sucessivas, $\hat{R}$ e $\hat{R}'$, a rotação total será a composição das rotações:

$$\hat{R}'' = \hat{R}' \circ \hat{R}$$

Apliquemos o operador $\hat{\Omega}$ sobre um vetor **a** gerando um vetor **a'**. Então apliquemos sobre esse vetor um novo rotor $\hat{\Omega}'$ gerando um vetor **a'**.

$$\vec{a}'' = \hat{\Omega}'\left(\hat{\Omega}\vec{a}\right)$$

$$\vec{a}'' = U'\left(U\vec{a}U^\dagger\right)U'^\dagger$$

Como a álgebra de Hamilton é associativa,

$$\vec{a}'' = \left(U'U\right)\vec{a}\left(U^\dagger U'^\dagger\right)$$

$$\vec{a}'' = \left(U'U\right)\vec{a}\left(U'U\right)^\dagger$$

$$\vec{a}'' = U''\vec{a}U''^\dagger$$

$$\vec{a}'' = \hat{\Omega}''\vec{a}$$

Portanto, o operador $\hat{\Omega}''$ será a composição dos rotores:

$$\hat{\Omega}'' = \hat{\Omega}'\hat{\Omega}$$

Como o rotor $\hat{\Omega}$ define uma rotação $\hat{R}$ e o rotor $\hat{\Omega}'$ define uma rotação $\hat{R}'$, então a composição das rotações $\hat{R}'' = \hat{R}' \circ \hat{R}$ é definida pelo produto dos rotores $\hat{\Omega}'' = \hat{\Omega}'\hat{\Omega}$. Isso significa que os rotores e as rotações são espaços homeomórficos. Desta forma, podemos definir as rotações pelas componentes trigonométricas dos rotores:

$$\hat{R}' \circ \hat{R} = \hat{\Omega}'\hat{\Omega}$$

$$\hat{R}' \circ \hat{R} = \cos\frac{\Omega'}{2}\cos\frac{\Omega}{2} + \left(\hat{l}' \odot \hat{l}\right)\sin\frac{\Omega'}{2}\sin\frac{\Omega}{2} + \hat{l}\cos\frac{\Omega'}{2}\sin\frac{\Omega}{2} + \hat{l}'\cos\frac{\Omega}{2}\sin\frac{\Omega'}{2}$$

§ 1.4. Matriz de Rotação

Na seção anterior provamos que os rotores são um homeomorfismo sobre as rotações. Nessa seção iremos obter a expressão da matriz de rotação em função das componentes dos quatérnions; Para isso tomemos o rotor de **a**:

$$\vec{a}' = (u_0 + \vec{u})\vec{a}(u_0 - \vec{u})$$

$$\vec{a}' = u_0^2\vec{a} + u_0[\vec{u},\vec{a}] - \vec{u}(\vec{a}\odot\vec{u})$$

$$\vec{a}' = u_0^2\vec{a} + 2u_0(\vec{u}\times\vec{a}) + 2\langle\vec{u},\vec{a}\rangle\vec{u} - \|\vec{u}\|^2\vec{a}$$

Escrevendo o vetor em função de seus versores:

$$\vec{a}' = a_1'i + a_2'j + a_3'k$$

Assim, teremos, as seguintes equações de transformação:

$$a_1' = u_0^2 a_1 + 2u_0(\vec{u}\times\vec{a})_i + 2\langle\vec{u},\vec{a}\rangle u_1 - \|\vec{u}\|^2 a_1$$

$$a_2' = u_0^2 a_2 + 2u_0(\vec{u}\times\vec{a})_j + 2\langle\vec{u},\vec{a}\rangle u_2 - \|\vec{u}\|^2 a_2$$

$$a_3' = u_0^2 a_3 + 2u_0(\vec{u}\times\vec{a})_k + 2\langle\vec{u},\vec{a}\rangle u_3 - \|\vec{u}\|^2 a_3$$

Expandindo a primeira equação, teremos:

$$a_1' = u_0^2 a_1 + 2u_0(u_2 a_3 - u_3 a_2) + 2(u_1 a_1 + u_2 a_2 + u_3 a_3)u_1 - (u_1^2 + u_2^2 + u_3^2)a_1$$

$$a_1' = (u_0^2 + u_1^2 - u_2^2 - u_3^2)a_1 + 2(u_1 u_2 - u_0 u_3)a_2 + 2(u_1 u_3 + u_0 u_2)a_3$$

Analogamente, obtemos as expressões das demais componentes:

$$a_2' = 2(u_1 u_2 - u_0 u_3)a_1 + (u_0^2 - u_1^2 + u_2^2 - u_3^2)a_2 + 2(u_2 u_3 + u_0 u_1)a_3$$

$$a_3' = 2(u_1 u_3 - u_0 u_2)a_1 + 2(u_3 u_2 - u_0 u_1)a_2 + (u_0^2 - u_1^2 - u_2^2 + u_3^2)a_3$$

Portanto, a transformação por meio de uma rotação será:

$$\vec{a}' = \hat{R}\vec{a}$$

$$\begin{pmatrix} a'_1 \\ a'_2 \\ a'_3 \end{pmatrix} = \begin{pmatrix} \left(u_0^2 + u_1^2 - u_2^2 - u_3^2\right) & 2\left(u_1 u_2 - u_0 u_3\right) & 2\left(u_1 u_3 + u_0 u_2\right) \\ 2\left(u_1 u_2 - u_0 u_3\right) & \left(u_0^2 - u_1^2 + u_2^2 - u_3^2\right) & 2\left(u_2 u_3 + u_0 u_1\right) \\ 2\left(u_1 u_3 - u_0 u_2\right) & 2\left(u_3 u_2 - u_0 u_1\right) & \left(u_0^2 - u_1^2 - u_2^2 + u_3^2\right) \end{pmatrix} \begin{pmatrix} a_1 \\ a_2 \\ a_3 \end{pmatrix}$$

E o operador rotação será expresso pela matriz:

$$\hat{R} = \begin{pmatrix} \left(u_0^2 + u_1^2 - u_2^2 - u_3^2\right) & 2\left(u_1 u_2 - u_0 u_3\right) & 2\left(u_1 u_3 + u_0 u_2\right) \\ 2\left(u_1 u_2 - u_0 u_3\right) & \left(u_0^2 - u_1^2 + u_2^2 - u_3^2\right) & 2\left(u_2 u_3 + u_0 u_1\right) \\ 2\left(u_1 u_3 - u_0 u_2\right) & 2\left(u_3 u_2 - u_0 u_1\right) & \left(u_0^2 - u_1^2 - u_2^2 + u_3^2\right) \end{pmatrix}$$

§ 1.5. Rotações Infinitesimais

Vamos agora obter a transformação infinitesimal das rotações em função das componentes dos quatérnions. Tomemos o quatérnion unitário U e seu conjugado e vamos expandi-lo em séries de Taylor:

$$U = 1 + \delta U + O\left(\delta U^2\right)$$
$$U^\dagger = 1 + \delta U^\dagger + O\left(\delta U^{\dagger 2}\right)$$

Calculemos a norma do vetor:

$$\|U\|^2 = UU^\dagger = \left(1 + \delta U + O\left(\delta U^2\right)\right)\left(1 + \delta U^\dagger + O\left(\delta U^{\dagger 2}\right)\right)$$

$$\|U\|^2 = \left(1 + \delta U + \delta U^\dagger + O\left(\delta U^2\right) + O\left(\delta U^{\dagger 2}\right)\right)$$
$$+ \left[\delta U \delta U^\dagger + \delta U O\left(\delta U^{\dagger 2}\right) + O\left(\delta U^2\right)\delta U^\dagger + O\left(\delta U^2\right) O\left(\delta U^{\dagger 2}\right)\right]$$

O termo em colchetes pode ser incluindo nos termos O:

$$\|U\|^2 = 1 + \delta U + \delta U^\dagger + O\left(\delta U^2\right) + O\left(\delta U^{\dagger 2}\right)$$

Como a norma de U é 1, teremos a seguinte expressão:

$$1 = 1 + \delta U + \delta U^\dagger + O\left(\delta U^2\right) + O\left(\delta U^{\dagger 2}\right)$$
$$\delta U^\dagger + O\left(\delta U^{\dagger 2}\right) = -\delta U - O\left(\delta U^2\right)$$

Pela igualdade de polinômios, obtemos que:

$$\delta U^\dagger = -\delta U$$
$$O\left(\delta U^{\dagger 2}\right) = -O\left(\delta U^2\right)$$

Agora, calculemos o rotor sobre o vetor **a:**

$$\vec{a}' = U\vec{a}U^\dagger = \left(1 + \delta U + O\left(\delta U^2\right)\right)\vec{a}\left(1 - \delta U - O\left(\delta U^2\right)\right)$$

$$\vec{a}' = \left(\vec{a} + \delta U \odot \vec{a} + O\left(\delta U^2\right) \odot \vec{a}\right)\left(1 - \delta U - O\left(\delta U^2\right)\right)$$

$$\vec{a}' = \vec{a} + \delta U \odot \vec{a} + O\left(\delta U^2\right) \odot \vec{a} - \vec{a} \odot \delta U - \left(\delta U \odot \vec{a}\right)\delta U$$

$$+ \left[O\left(\delta U^2\right) \odot \vec{a}\right]\delta U - \vec{a} \odot O\left(\delta U^2\right) - \left(\delta U \odot \vec{a}\right)O\left(\delta U^2\right)$$

$$- \left[\left(\delta U^2\right) \odot \vec{a}\right]O\left(\delta U^2\right)$$

Vamos agrupar todos os termos que envolve fatores iguais ou maiores que U²:

$$\vec{a}' = \vec{a} + \delta U \odot \vec{a} - \vec{a} \odot \delta U + O\left(\delta U^2\right) \odot \vec{a} - \vec{a} \odot O\left(\delta U^2\right)$$

$$\vec{a}' = \vec{a} + \delta U \times \vec{a} - \langle \delta U, \vec{a}\rangle - \vec{a} \times \delta U + \langle \vec{a}, \delta U\rangle +$$

$$O\left(\delta U^2\right) \times \vec{a} - \langle O\left(\delta U^2\right), \vec{a}\rangle - \vec{a} \times O\left(\delta U^2\right) + \langle \vec{a}, O\left(\delta U^2\right)\rangle$$

Como o produto interno é comutativo, então podemos cancelar estes termos, obtendo a seguinte expressão para o vetor **a':**

$$\vec{a}' = \vec{a} + 2\delta U \times \vec{a} + 2O\left(\delta U^2\right) \times \vec{a}$$

Para pequenos ângulos, podemos escrever:

$$\vec{a}' = \vec{a} + \delta\Omega\hat{\imath} \times \vec{a} + 2O\left(\delta\Omega\hat{\imath}^2\right) \times \vec{a}$$

Por inspeção, o valor de δU e $O(\delta U^2)$:

$$\delta U = \frac{\delta\Omega}{2}\hat{\imath}, \qquad O\left(\delta U^2\right) = O\left(\delta\Omega\hat{\imath}^2\right)$$

Substituindo na equação do quatérnion unitário:

$$U(\delta\Omega) = 1 + \frac{\delta\Omega}{2}\hat{\imath} + O\left(\delta\Omega\hat{\imath}^2\right)$$

Como W é infinitesimal, O é nilpotente de segunda ordem:

$$U(\delta\Omega) = 1 + \frac{\delta\Omega}{2}\,\hat{\imath}$$

Agora vamos calcular a derivada do rotor infinitesimal $U_{\mathfrak{l}}(\Omega)$ sobre l em relação ao ângulo Ω:

$$\frac{dU_{\hat{\imath}}(\Omega)}{d\Omega} = \lim_{\delta\Omega \to 0} \frac{U_{\hat{\imath}}(\Omega + \delta\Omega) - U_{\hat{\imath}}(\Omega)}{\delta\Omega}$$

Como U é afim, verifica-se a seguinte relação:

$$U_{\hat{\imath}}(\Omega + \Delta\Omega) = U_{\hat{\imath}}(\Omega)U_{\hat{\imath}}(\Delta\Omega)$$

Substituindo na equação da derivada:

$$\frac{dU_{\hat{\imath}}(\Omega)}{d\Omega} = \lim_{\delta\Omega \to 0} \frac{U_{\hat{\imath}}(\Omega)U_{\hat{\imath}}(\delta\Omega) - U_{\hat{\imath}}(\Omega)}{\delta\Omega}$$

$$\frac{dU_{\hat{\imath}}(\Omega)}{d\Omega} = \lim_{\delta\Omega \to 0} \frac{U_{\hat{\imath}}(\delta\Omega) - 1}{\delta\Omega}U_{\hat{\imath}}(\Omega)$$

$$\frac{dU_{\hat{\imath}}(\Omega)}{d\Omega} = \lim_{\delta\Omega \to 0} \frac{\left(1 + \frac{\delta\Omega}{2}\hat{\imath} - 1\right)}{\delta\Omega}U_{\hat{\imath}}(\Omega)$$

$$\frac{dU_{\hat{\imath}}(\Omega)}{d\Omega} = \lim_{\delta\Omega \to 0} \frac{1}{2}\frac{\delta\Omega}{\delta\Omega}\hat{\imath}U_{\hat{\imath}}(\Omega)$$

Cancelando os dois termos envolvendo a variação do ângulo, obtemos a derivada do rotor:

$$\frac{dU_{\hat{\imath}}(\Omega)}{d\Omega} = \frac{1}{2}\hat{\imath}U_{\hat{\imath}}(\Omega)$$

A partir da primeira derivada podemos calcular as derivadas de ordem superior:

$$\frac{d^2U_{\hat{\imath}}(\Omega)}{d\Omega^2} = \frac{1}{4}\hat{\imath}^2U_{\hat{\imath}}(\Omega)$$

$$\frac{d^3U_{\hat{\imath}}(\Omega)}{d\Omega^3} = \frac{1}{8}\hat{\imath}^3U_{\hat{\imath}}(\Omega)$$

$$\vdots$$

$$\frac{d^n U_{\hat{i}}(\Omega)}{d\Omega^n} = \frac{1}{2^n} \hat{i}^n U_{\hat{i}}(\Omega)$$

Portanto, a série de McLaurin de $U_{\hat{i}}$ será:

$$U_{\hat{i}}(\Omega) = 1 + \frac{\Omega}{2}\hat{i} + \frac{1}{2!}\frac{\Omega^2}{4}\hat{i}^2 + \frac{1}{3!}\frac{\Omega^3}{8}\hat{i}^3 + \cdots + \frac{1}{n!}\frac{\Omega^n}{2^n}\hat{i}^n + \cdots$$

$$U_{\hat{i}}(\Omega) = \sum_{i=0}^{\infty} \frac{1}{n!}\left(\frac{\Omega^n}{2^n}\hat{i}^n\right)$$

$$U_{\hat{i}}(\Omega) = \sum_{i=0}^{\infty} \frac{1}{n!}\left(\frac{\Omega}{2}\hat{i}\right)^n$$

Mas essa é a expansão da função exponencial:

$$U_{\hat{i}}(\Omega) = e^{\frac{\Omega}{2}\hat{i}}$$

Agora vamos provar que $\mathbf{l}$ é um imaginário puro, como $\mathbf{l}$ é um quatérnion vetorial, devemos calcular sua norma usando o produto de Clifford:

$$\left\|\hat{i}\right\|^2 = \hat{i} \odot \hat{i}$$

$$\left\|\hat{i}\right\|^2 = \hat{i} \times \hat{i} - \langle \hat{i}, \hat{i} \rangle$$

Como o produto vetorial é zero e o produto interno é a unidade, temos que a norma ao quadrado de $\mathbf{l}$ é negativa.

$$\left\|\hat{i}\right\|^2 = -1$$

Como $\mathbf{l}$ é imaginário puro, podemos aplicar a função $U_{\mathbf{l}}$ a identidade Euler:

$$U_{\hat{i}}(\Omega) = \cos\frac{\Omega}{2} + \hat{i}\sin\frac{\Omega}{2}$$

Que é a mesma representação para o quatérnion que havíamos obtido anteriormente por outro método.

§ 1.6. Forma Matricial dos Quatérnions

Os quatérnions de Hamilton formam um grupo aditivo e um grupo multiplicativo, não comutativo. O grupo multiplicativo apresenta um isomorfismo com o grupo de Euclides SO(4). Esta importante propriedade irá nos permitir associar os quatérnions as projeções estereográficas no plano complexo. Inicialmente vamos introduzir a matriz unitária U:

$$U_{ij} = \begin{pmatrix} u_0 - iu_3 & -u_2 - iu_1 \\ u_2 - iu_1 & u_0 - iu_3 \end{pmatrix}$$

$$\det U_{ij} = a_0^2 + a_1^2 + a_2^2 + a_3^2 = 1$$

Para mostrarmos que essa matriz é isomórfica ao grupo dos quatérnions, vamos calcular a matriz U'' definida como o produto de U' por U:

$$U_{ij}'' = \left(U'U\right)_{ij}$$

$$\begin{pmatrix} u_0'' - iu_3'' & -u_2'' - iu_1'' \\ u_2'' - iu_1'' & u_0'' - iu_3'' \end{pmatrix} = \begin{pmatrix} u_0' - iu_3' & -u_2' - iu_1' \\ u_2' - iu_1' & u_0' - iu_3' \end{pmatrix} \cdot \begin{pmatrix} u_0 - iu_3 & -u_2 - iu_1 \\ u_2 - iu_1 & u_0 - iu_3 \end{pmatrix}$$

Para determinarmos os novos valores precisamos apenas considerar os elementos da primeira coluna:

$$u_0'' - iu_3'' = \left(u_0'u_0 - u_1'u_1 - u_2'u_2 - u_3'u_3\right) - i\left(u_0'u_3 + u_3'u_0 - u_2'u_1 + u_1'u_2\right)$$

$$u_2'' - iu_1'' = \left(u_2'u_0 - u_1'u_3 + u_0'u_2 - u_3'u_1\right) - i\left(u_2'u_3 + u_1'u_0 - u_3'u_2 + u_0'u_1\right)$$

Igualando as partes reais e imaginárias, obtemos:

$$u_0'' = u_0'u_0 - u_1'u_1 - u_2'u_2 - u_3'u_3 \qquad u_2'' = u_2'u_0 - u_1'u_3 + u_0'u_2 - u_3'u_1$$

$$u_1'' = u_2'u_3 + u_1'u_0 - u_3'u_2 + u_0'u_1 \qquad u_3'' = u_0'u_3 + u_3'u_0 - u_2'u_1 + u_1'u_2$$

Ou usando os produtos entre vetores:

$$u_0'' = u_0'u_0 - \langle \vec{u}', \vec{u} \rangle$$

$$u_1'' = u_0'u_1 + u_1'u_0 + \left(\vec{u}' \times \vec{u}\right)_i$$

$$u_2'' = u_2'u_0 + u_0'u_2 + \left(\vec{u}' \times \vec{u}\right)_j$$

$$u_3'' = u_0'u_3 + u_3'u_0 + \left(\vec{u}' \times \vec{u}\right)_k$$

Agora vamos definir dois quatérnions unitários:

$$U = u_0 + \vec{u}; \quad U' = u_0' + \vec{u}'$$

Tomemos seu produto direto:

$$U'' = U'U = u_0'' + \vec{u}''$$

$$U'' = \left(u_0' + \vec{u}'\right)\left(u_0 + \vec{u}\right)$$

$$U'' = u_0'u_0 + u_0'\vec{u} + u_0\vec{u}' + \vec{u}' \odot \vec{u}$$

$$U'' = u_0'u_0 + u_0'\left(u_1 i + u_2 j + u_3 k\right) + u_0\left(u_1' i + u_2' j + u_3' k\right) + \vec{u}' \times \vec{u} - \left\langle \vec{u}', \vec{u} \right\rangle$$

$$U'' = \left(u_0'u_0 - \left\langle \vec{u}', \vec{u} \right\rangle\right) + \left(u_0'u_1 + u_0 u_1' + \left[\vec{u}' \times \vec{u}\right]_i\right) i$$

$$+ \left(u_0'u_2 + u_0 u_2' + \left[\vec{u}' \times \vec{u}\right]_j\right) j + \left(u_0'u_3 + u_0 u_3' + \left[\vec{u}' \times \vec{u}\right]_k\right) k$$

Igualando as partes escalar e vetorial:

$$u_0'' = u_0'u_0 - \left\langle \vec{u}', \vec{u} \right\rangle$$

$$u_1'' = u_0'u_1 + u_1'u_0 + \left(\vec{u}' \times \vec{u}\right)_i$$

$$u_2'' = u_2'u_0 + u_0'u_2 + \left(\vec{u}' \times \vec{u}\right)_j$$

$$u_3'' = u_0'u_3 + u_3'u_0 + \left(\vec{u}' \times \vec{u}\right)_k$$

Portanto, a matriz unitária U_{ij} e o quatérnion U são grupos isomórficos. Usando as matrizes de Pauli podemos expressar a matriz U_{ij} na forma de um quatérnion matricial, da seguinte forma:

$$U_{ij} = u_0 I + u_1 S_1 + u_2 S_2 + u_3 S_3$$

$$I = \begin{pmatrix} 1 & 0 \\ 0 & 1 \end{pmatrix}; \quad S_1 = \begin{pmatrix} 0 & -i \\ -i & 0 \end{pmatrix}; \quad S_2 = \begin{pmatrix} 0 & -1 \\ 1 & 0 \end{pmatrix}; \quad S_3 = \begin{pmatrix} -i & 0 \\ 0 & i \end{pmatrix}$$

Assim como as unidades imaginárias, as matrizes de Pauli satisfazem as seguintes relações:

$$S_1^2 = -I; \qquad S_2^2 = -I; \qquad S_3^2 = -I$$

$$S_2 S_3 = +S_1; \qquad S_3 S_1 = +S_2; \qquad S_1 S_2 = +S_3;$$

$$S_3 S_2 = -S_1; \qquad S_1 S_3 = -S_2; \qquad S_2 S_1 = -S_3;$$

Portanto, podemos estabelecer uma transformação linear que a cada quatérnion Unitário U associa-o a uma matriz unitária U_{ij} conforme a seguinte regra:

$$U_{ij} = T(U)$$

Portanto, a transformação linear T é um mapa linear entre as duas bases:

$$B_U = \{1, i, j, k\}$$
$$B_{U_{ij}} = \{I, S_1, S_2, S_3\}$$

$$T(1) = I, \quad T(i) = S_1,$$
$$T(j) = S_2, \quad T(k) = S_3$$

§ 1.7. Espaço Topológico dos Quatérnions

Nessa seção provaremos que o espaço topológico espaço topológico dos quatérnions é isomórfico ao espaço das Projeções PSL(2,$\mathbb{C}$). Tomemos a matriz unitária U_{ij} escrita da seguinte forma:

$$U_{ij} = \begin{pmatrix} \alpha & \beta \\ \gamma & \delta \end{pmatrix}$$

$$\alpha = u_0 - iu_3$$
$$\beta = -u_2 - iu_1$$
$$\gamma = u_2 - iu_1 = -\beta^\dagger$$
$$\delta = u_0 + iu_3 = -\alpha^\dagger$$

Sendo essa matriz unitária, verifica-se as seguintes identidades:

$$\det U_{ij} = a_0^2 + a_1^2 + a_2^2 + a_3^2 = 1$$

$$\alpha\delta - \beta\gamma = 1$$

O grupo das transformações estereográficas no plano complexo é gerado pelas transformações de Möbius:

$$Z' = \frac{\gamma + \delta Z}{\alpha + \beta Z}$$

Esse grupo também podem ser representados pela matriz U_{ij}:

$$U_{ij} = \begin{pmatrix} \alpha & \beta \\ \gamma & \delta \end{pmatrix}$$

Para provarmos esse fato, tomemos a transformação Z'':

$$Z'' = \frac{\gamma' + \delta' Z'}{\alpha' + \beta' Z'}$$

$$Z'' = \frac{\gamma' + \delta' \left(\dfrac{\gamma + \delta Z}{\alpha + \beta Z} \right)}{\alpha' + \beta' \left(\dfrac{\gamma + \delta Z}{\alpha + \beta Z} \right)}$$

$$Z'' = \frac{\gamma' (\alpha + \beta Z) + \delta' (\gamma + \delta Z)}{\alpha' (\alpha + \beta Z) + \beta' (\gamma + \delta Z)}$$

$$Z'' = \frac{(\gamma'\alpha + \delta'\gamma) + (\gamma'\beta + \delta'\delta) Z}{(\alpha'\alpha + \beta'\gamma) + (\alpha'\beta + \beta'\delta) Z}$$

$$Z'' = \frac{\gamma'' + \delta'' Z}{\alpha'' + \beta'' Z}$$

Por inspeção os coeficientes da transformação de Möbius são:

$$\alpha'' = \alpha'\alpha + \beta'\gamma$$
$$\beta'' = \alpha'\beta + \beta'\delta$$
$$\gamma'' = \gamma'\alpha + \delta'\gamma$$
$$\delta'' = \gamma'\beta + \delta'\delta$$

Agira vamos calcular a transformação matricial:

$$\begin{pmatrix} \alpha'' & \beta'' \\ \gamma'' & \delta'' \end{pmatrix} = \begin{pmatrix} \alpha' & \beta' \\ \gamma' & \delta' \end{pmatrix} \begin{pmatrix} \alpha & \beta \\ \gamma & \delta \end{pmatrix}$$

$$\begin{pmatrix} \alpha'' & \beta'' \\ \gamma'' & \delta'' \end{pmatrix} = \begin{pmatrix} \alpha'\alpha + \beta'\gamma & \alpha'\beta + \beta'\delta \\ \gamma'\alpha + \delta'\gamma & \gamma'\beta + \delta'\delta \end{pmatrix}$$

O que demonstra que o grupo das transformação de Möbius é isomórfica ao grupo das matrizes unitárias U_{ij}. Nestas condições podemos definir um aplicação W sobre U_{ij} que transforma cada elemento da matriz em um elemento de Z:

$$W : M_{2\times2} \to PSL(2,\mathbb{C})$$
$$W\left(U_{ij}\right) = Z$$

Porém, existe uma transformação T de U em U_{ij}, definida por:

$$T : \mathbb{H}^4 \to M_{2\times2}$$
$$T\left(U\right) = U_{ij}$$

Como as transformações são isomorfismos, podemos definir a composição:

$$\Psi : \mathbb{H}^4 \to M_{2\times2} \to PSL(2,\mathbb{C})$$
$$\Psi \equiv T \circ W = W\left(T\left(U\right)\right) = Z$$

Como todo isomorfismo é uma transformação bijetora, podemos definir um isomorfismo direto que a cada elemento do quatérnion de U associa a um elemento de Z:

$$\Psi : \mathbb{H}^4 \to PSL(2,\mathbb{C})$$
$$\Psi\left(U\right) = Z$$

As transformações de Möbius correspondem a projeção estereográfica de um hemisfério de uma circunferência sobre um disco circular de raio R que representa o plano complexo. Quando a esfera gira, os pontos não plano complexo sofrem uma rotação, porém a sua distância em relação ao centro não muda, ou seja, a transformação preserva a norma.

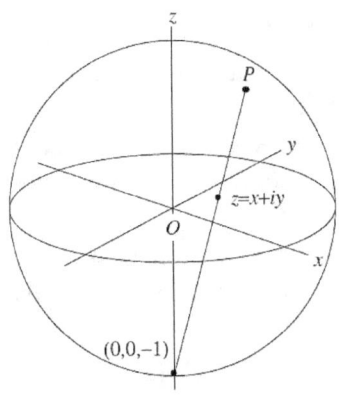 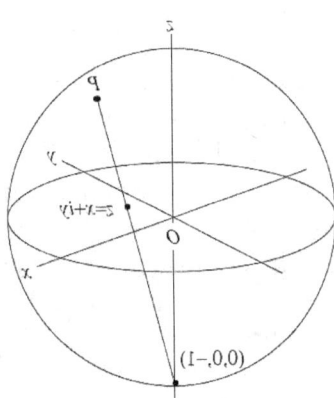

Outro aspecto importante é que o conjunto de toda as rotações geradas por quatérnions são um homeomorfismo sobre o espaço tridimensional das projeções $\mathbb{P}^3$:

> Como um conjunto de quatro números q_0, q_1, q_2, q_3, de modo que $q_0^2 + q_1^2 + q_2^2 + q_3^2 = 1$ representa uma rotação, o conjunto de todas as rotações corresponde à esfera unitária S^3 em torno da origem em 4D. Entretanto, dois quaternions q e −q representam a mesma rotação, portanto a correspondência entre S3 e o conjunto de rotações é de 2 a 1. Isso pode ser feito de 1 a 1 considerando um hemisfério, por exemplo, a parte de S^3 para $q_0 \geq 0$ Mas então surge um problema de continuidade, porque cada ponto na fronteira e seu antípoda, isto é, a outra extremidade do segmento diametral, representa a mesma rotação. Portanto, se a trajetória de rotações continuamente variáveis atinge o limite, ela aparece no antípoda. Para eliminar tal descontinuidade, precisamos colar cada ponto no limite do seu antípoda. O espaço resultante é indicado por $\mathbb{P}^3$ e denominado em termos topológicos o espaço projetivo 3D. Assim, o conjunto de todas as rotações corresponde continuamente de 1 a 1 a $\mathbb{P}^3$. Nós nos referimos a esse fato dizendo que o conjunto de todas as rotações é homeomórfico para $\mathbb{P}^3$. É fácil ver que um loop fechado neste hemisfério que atinge o limite e reaparece do antípoda não pode ser continuamente reduzido a um ponto. Diz-se que um espaço está conectado se quaisquer dois pontos nele puderem ser conectados por um caminho suave e simplesmente conectado se qualquer loop fechado nele puder ser continuamente reduzido a um ponto. Assim, P3 está conectado, mas não simplesmente conectado. No entanto, é fácil visualizar mentalmente que um loop fechado que atravessa o limite duas vezes (ou um número par de vezes) pode ser continuamente reduzido a um ponto. (KANATANI, 2015, P. 48-49).

Essa propriedades dos quatérnions serão fundamentais para a construção espaços de dimensões negativas e da super álgebra vetorial. Nosso próximo passo será introduzir números com configurações semelhantes aos números complexos, mas com propriedades mais gerais e que, em geral, não apresentam estrutura de um corpo. Após estabelecermos os fundamentos dessa nova teoria, retornaremos aos quatérnions para construir uma nova estrutura: o super quatérnion.

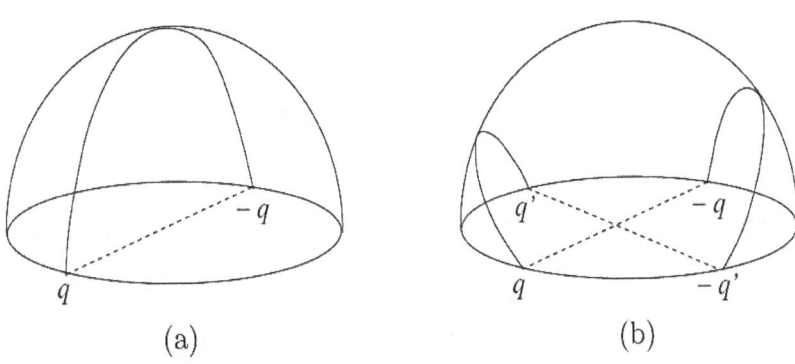

(a)   (b)

Figura: O conjunto de todos os quaternions que representam rotações corresponde a um hemisfério de raio 1 em 4D, de modo que todos os pontos antipodais q e −q na fronteira são colados. (a) Se um caminho fechado que representa variações contínuas de rotação atinge o limite, ele aparece no lado oposto. Este loop não pode ser continuamente reduzido a um ponto. (b) Se um loop fechado passa pelo limite duas vezes, ele pode ser continuamente reduzido a um ponto: primeiro giramos o segmento diametral conectando q ′ e −q ′ para que coincidam com q e −q e depois reduzimos o loop para q e −q, que representam o mesmo ponto. (KANATANI, 2015, P. 48-49).

§ 2. Números Hipercomplexos

§ 2.1. Princípios Elementares

Os quatérnions de Hamilton são descritos em função de números imaginários i, j, k e preservam associatividade, mas não a comutatividade. Se no lugar das unidades imaginárias, colocarmos unidades perplexas p, q, r construímos um novo quatérnion, ao preço da associatividade e da comutatividade. Nesta seção, estudaremos os fundamentos gerais da álgebra de Hamilton usando as álgebras de Clifford. Para isso, introduzamos dois números hipercomplexos sobre um corpo de escalares reais:

$$A = a_0 + \sum_{k=1}^{n} R_k a_k$$

$$B = b_0 + \sum_{l=1}^{n} R_l b_l$$

$$\left(R_k \right)^2 \equiv R^2$$

Chamaremos os termos somados de parte vetorial do número hipercomplexo:

$$A = a_0 + \vec{a} \qquad \vec{a} = \sum_{k=1}^{n} R_k a_k$$

$$B = b_0 + \vec{b} \qquad \vec{b} = \sum_{k=1}^{n} R_l b_l$$

Tomemos o produto direto destes dois números:

$$A \cdot B = \left(a_0 + \vec{a} \right)\left(b_0 + \vec{b} \right)$$

$$A \cdot B = a_0 b_0 + a_0 \vec{b} + b_0 \vec{a} + \vec{a} \odot \vec{b}$$

O termo que define as características desse produto direto é justamente o produto de Clifford, por isso iremos direcionar nossa atenção à ele:

$$\vec{a} \odot \vec{b} = \left(\sum_{k=1}^{n} a_k R_k \right)\left(\sum_{l=1}^{n} b_l R_l \right)$$

$$\vec{a} \odot \vec{b} = \left(a_1 R_1 + a_2 R_2 + \cdots + a_n R_n \right)\left(b_1 R_1 + b_2 R_2 + \cdots + b_n R_n \right)$$

Distribuindo os termos da soma, obtemos:

$$\vec{a} \odot \vec{b} = \left[a_1 b_1 \left(R_1 \right)^2 + a_2 b_2 \left(R_2 \right)^2 + a_3 b_3 \left(R_3 \right)^2 + \cdots + a_n b_n \left(R_n \right)^2 \right]$$

$$+ a_1 b_2 \left(R_1 R_2 \right) + a_1 b_3 \left(R_1 R_3 \right) + \cdots + a_1 b_n \left(R_1 R_n \right) + a_2 b_1 \left(R_2 R_1 \right)$$

$$+ a_2 b_3 \left(R_2 R_3 \right) + \cdots + a_2 b_n \left(R_2 R_n \right) + a_n b_1 \left(R_n R_1 \right) + a_n b_3 \left(R_n R_3 \right)$$

$$+ \cdots + a_n b_{n-1} \left(R_n R_{n-1} \right)$$

Agora vamos introduzir uma constante P chamada de constante de permutação e que atua sobre as unidades hipercomplexas da seguinte forma:

$$\left(R_i R_j \right) = P \left(R_j R_i \right)$$

O permutador apresenta a seguinte regra:

$$P = \begin{cases} +1, & \text{se a álgebra for comutativa} \\ -1, & \text{se a álgebra não for comutativa} \end{cases}$$

Substituindo no produto de Clifford:

$$\vec{a} \odot \vec{b} = \left[a_1 b_1 R^2 + a_2 b_2 R^2 + a_3 b_3 R^2 + \cdots + a_n b_n R^2 \right]$$

$$+ \left[a_1 b_2 + P a_2 b_1 \right]\left(R_1 R_2 \right) + \left[a_1 b_3 + P a_3 b_1 \right]\left(R_1 R_3 \right)$$

$$+ \cdots + \left[a_n b_{n-1} + P a_{n-1} b_n \right]\left(R_n R_{n-1} \right)$$

Podemos escrever a equação acima da seguinte forma:

$$\vec{a} \odot \vec{b} = \left\langle \vec{a}, \vec{b} \right\rangle R^2 + \left[a_1 b_2 + P a_2 b_1 \right]\left(R_1 R_2 \right)$$

$$+ \left[a_1 b_3 + P a_3 b_1 \right]\left(R_1 R_3 \right) + \cdots + \left[a_n b_{n-1} + P a_{n-1} b_n \right]\left(R_n R_{n-1} \right)$$

Definido a forma geral do produto de Clifford, para avançarmos na análise de nosso número hipercomplexo, vamos estabelecer a sua (pseudo-)norma[2] ao quadrado como uma aplicação linear que associa um número hipercomplexo há um número real:

$$\| \ \|^2 : \mathbb{H}^{n+1} \to \mathbb{R}$$
$$\|A\|^2 = A \cdot A^\dagger$$

Calculemos a expressão da norma ao quadrado explicitamente:

$$A \cdot A^\dagger = a_0 a_0 + a_0 \vec{a}^\dagger + a_0 \vec{a} + \vec{a} \odot \vec{a}^\dagger$$
$$\|A\|^2 = a_0 a_0 + a_0 \vec{a}^\dagger + a_0 \vec{a} + \vec{a} \odot \vec{a}^\dagger$$

As unidades hipercomplexas devem apresentar um conjugado hipercomplexo que satisfaz a relação:

$$(R_i)^\dagger = -R_i$$
$$\vec{a}^\dagger = -\vec{a}$$

Desta forma, a norma ao quadrado apresenta a seguinte forma:

$$\|A\|^2 = a_0^2 - \vec{a} \odot \vec{a}$$

Novamente, avaliaremos a transformação do produto de Clifford:

$$\vec{a} \odot \vec{a} = \langle \vec{a}, \vec{a} \rangle R^2 + [a_1 a_2 + P a_2 a_1](R_1 R_2)$$
$$+ [a_1 a_3 + P a_3 a_1](R_1 R_3) + \cdots + [a_n a_{n-1} + P a_{n-1} a_n](R_n R_{n-1})$$

Para que a aplicação seja uma norma, o produto de Clifford deve ser proporcional ao produto interno:

$$\vec{a} \odot \vec{a} = \langle \vec{a}, \vec{a} \rangle R^2$$

E a norma do número hipercomplexo, torna-se:

$$\|A\|^2 = a_0^2 - \langle \vec{a}, \vec{a} \rangle R^2$$
$$\|A\|^2 = a_0^2 - \|\vec{a}\|^2 R^2$$

---

[2] Se $\| \ \|^2 \le 0$ para algum A não-nulo, dizemos que o número hipercomplexo apresenta uma pseudo-norma e define um espaço topológico pseudo-métrico. Por uma questão de praticidade, usaremos o termo norma para se referir também a pseudo-norma.

Para que esta condição seja verificada, temos que impor a nulidade do termo:

$$[a_1a_2 + Pa_2a_1](R_1R_2) + [a_1a_3 + Pa_3a_1](R_1R_3)$$
$$+ \cdots + [a_na_{n-1} + Pa_{n-1}a_n](R_nR_{n-1}) = 0$$

Para a_i arbitrário, só há três condições possíveis:

1) O número hipercomplexo é bidimensional

Se a base do número hipercomplexo for $\{1, R\}$, o intervalo de soma será $n = 1$ e, portanto, a parte vetorial do produto de Clifford será automaticamente nula e assim a condição da norma ao quadrado é automaticamente satisfeita. Como a condição de comutatividade está associado ao produto vetorial, então podemos dizer que todo número hipercomplexo bidimensional é um anel abeliano.

2) O produto das unidades hipercomplexas é nulo

Para um número hipercomplexo arbitrário, sem restrição sobre a comutatividade, essa igualdade só será verificada se, e somente se:

$$R_iR_j = 0$$

Chamaremos os números hipercomplexos que satisfazem essa condição de números hipercomplexos ortogonais. Assim como os números hipercomplexos bidimensionais, os números ortogonais apresentam a estrutura de um anel abeliano.

3) A álgebra é não-comutativa

Se a álgebra não for comutativa, então $P = -1$, nestas condições todos os termos em colchetes se anulam e o produto vetorial é zero. Esse é o caso com menor número de restrições, pois enquanto o caso (1) só vale para números hipercomplexos bidimensionais, o caso (2) apresenta $(n^2-n)/2$ restrições (equivalentes aos produtos dos vetores com a base) e o caso (3) apresenta apenas uma restrição (equivalente a escolha do valor de P). Doravante, concentraremos nossos esforços nos números hipercomplexos não comutativos.

§ 2.2. Números Hipercomplexos Próprios

Na seção anterior, obtivemos que a norma de um número hipercomplexo é dado por:

$$\|A\|^2 = a_0^2 - \|\bar{a}\|^2 \, R^2$$

Como observamos, se a norma ao quadrado de A for menor ou igual a zero, para algum A não nulo, então dizemos que o número hipercomplexo à rigor não apresenta uma norma, mas uma pseudo-norma. Além disso, esse número hipercomplexo apresentará pelo menos um divisor de zero. Os números hipercomplexos que apresentam essas características são chamados de "impróprios". Os números hipercomplexos munidos de uma norma e, portanto, sem divisores em zero, são chamados de "próprios".

Agora vamos determinar para quais unidades hipercomplexas, o conjunto é próprio. Inicialmente, observe que se a norma da parte vetorial for nula, o número hipercomplexo é um número real e como os números reais são um corpo ordenado, portanto eles não apresentam divisores em zero e são números hipercomplexos próprios. Resta-nos avaliar o caso mais geral, quando a norma ao quadrado da parte vetorial é positiva. Para isso tomemos a desigualdade fundamental:

$$\|A\|^2 > 0 \implies a_0^2 - \|\bar{a}\|^2 \, R^2 > 0$$

Essa desigualdade nos fornece a seguinte relação para R:

$$\|\bar{a}\|^2 \, R^2 < a_0^2 \implies R^2 < \left(\frac{a_0}{\|\bar{a}\|} \right)^2$$

A arbitrariedade exige que condição deve ser satisfeita para todos os quatérnions. Isso significa que essa desigualdade deve ser satisfeita para o menor número $(a_0/\|\mathbf{a}\|)^2$. Como esse termo é um número real não-negativo, o seu menor valor possível é 0.

$$R^2 < 0$$

Isso significa que R é uma unidade imaginária. Em outras palavras, o único número hipercomplexo próprio são aqueles cujas unidades da parte vetorial são unidades imaginárias. Os hipercomplexos impróprios ocorrem quando as unidades hipercomplexas são números duais (parabólicos) ou nilpotentes de segunda ordem, $R^2 = 0$, ou quando as unidades forem números perplexos (hiperbólicos), $R^2 = 1$.

§ 2.3. Ordem dos Números Hipercomplexos

O produto de dois números hipercomplexos produz um produto de Clifford. Dentro desse produto encontramos uma série de produtos cruzados entre as unidades hipercomplexas:

$$\vec{a} \odot \vec{b} = \langle \vec{a}, \vec{b} \rangle R^2 + \{[a_1 b_2 - a_2 b_1](R_1 R_2)$$

$$+ [a_1 b_3 - a_3 b_1](R_1 R_3) + \cdots + [a_n b_{n-1} - a_{n-1} b_n](R_n R_{n-1})\}$$

No espaço tridimensional, os termos em chaves correspondem ao produto vetorial:

$$\vec{a} \odot \vec{b} = \langle \vec{a}, \vec{b} \rangle R^2 + \vec{a} \times \vec{b}$$

Portanto a condição necessária e, suficiente, para que um número hipercomplexo esteja definido é que seu produto vetorial também o esteja. Para que o produto vetorial exista, o número de dimensões da parte vetorial não pode ser arbitrário. Há duas condições que definem a existência do produto vetorial. Tomemos a forma tensorial do produto vetorial:

$$\vec{a} \times \vec{b} = \left(a_i b_j \right) \varepsilon_{ijk} R_k$$

$$R_k = R_i R_j$$

Como o pseudo-tensor de Levi-Civita é de terceira ordem, então para que essa equação esteja bem-definida é necessário que as unidades hipercomplexas da base apareçam em grupos de 3. O produto vetorial se associa a álgebra de Lie do grupo de rotações, por meio da seguinte regra:

$$\vec{a} \times \vec{b} = \frac{1}{2} \left[\vec{a}, \vec{b} \right]$$

Portanto, o número de dimensões para se definir o produto vetorial é igual ao número de geradores das rotações. Como os elementos da álgebra de Lie se combinam em pares, o número mínimo de dimensões vai ser dado pela combinação de 2 em n:

$$\dim \vec{\mathbb{H}}_n = C_2^n$$

$$\dim \vec{\mathbb{H}}_n = \frac{n(n-1)}{2}$$

Estes números serão denominados de hipercomplexos de ordem n. Cada um destes define sobre um corpo de escalares uma álgebra de Clifford,

$$Cl_{p,i}\left(\Bbbk\right)$$

Onde p é o número de componentes perplexas e i é o número de componentes imaginárias e k é o corpo de escalares sobre o qual toma-se a álgebra.

Um hipercomplexo de primeira ordem é um número com nenhuma dimensão vetorial. Esse número corresponde ao corpo dos números reais.

$$\dim \vec{\mathbb{H}}_1 = 0 \rightarrow \left\{ A = a_0 \quad \mathbb{H} \equiv \mathbb{R} \simeq Cl_{0,0}\left(\mathbb{R}\right) \right.$$

Um número hipercomplexo de segunda ordem, apresenta apenas uma dimensão na componente vetorial. Esse é o caso dos números complexos, perplexos e duais:

$$\dim \vec{\mathbb{H}}_2 = 1 \rightarrow \begin{cases} A = a_o + ia_1 & \mathbb{H} \equiv \mathbb{C} \simeq Cl_{0,1}\left(\mathbb{R}\right) \\ B = b_o + \varepsilon b_1 & \mathbb{H} \equiv \mathbb{D} \\ C = c_o + pc_1 & \mathbb{H} \equiv \mathbb{P} \simeq Cl_{1,0}\left(\mathbb{R}\right) \end{cases}$$

Por sua vez, o número hipercomplexo de terceira ordem apresentará três dimensões vetoriais e por isso irá corresponder aos quatérnions de Hamilton.

$$\dim \vec{\mathbb{H}}_3 = 3 \rightarrow \left\{ A = a_o + \sum_{i=1}^{3} a_i R_i \quad \mathbb{H} \equiv \mathbb{H}^4 \simeq Cl_{0,3}\left(\mathbb{R}\right) \right.$$

Os hipercomplexos de quarta ordem apresentarão seis dimensões vetoriais e irão compor os bi-quatérnions e os super-quatérnions.

Poderíamos usar a regra indefinidamente para definir números hipercomplexos da ordem que desejarmos, porém como os números hipercomplexos devem ocorrer em tripletos, e existem apenas três tipos de unidades hipercomplexas, então o número máximo de dimensões vetoriais que admitem produto vetorial são 9. Por outro lado, o número hipercomplexo de quinta ordem exige uma base vetorial de 10 dimensões. Nestas condições os números hipercomplexos apresentam ordem menor ou igual a quatro.

Podemos ainda introduzir dois novos tipos de números hipercomplexos, mais arbitrários, pois admitem quantas dimensões forem necessárias, são os hipercomplexos híbridos e os degenerados. O primeiro grupo é composto por uma parte vetorial que apresenta unidades hipercomplexas mistas, mas que não vem em tripletos. Já os degenerados são números hipercomplexos onde as unidades sobressalentes são ortogonais as demais unidade. Por exemplo, um número hipercomplexo degenerado de 3º ordem pode apresentar 4 ou 5 dimensões vetoriais, sendo que R_4 e R_5 multiplicados por qualquer outro vetor é nulo. Em nossos estudos, iremos apenas nos focar nos números hipercomplexos ordenados.

§ 2.4. Associatividade de Números Hipercomplexos

Agora que já compreendemos que os números hipercomplexos ordenados apresentam apenas quatro ordens, sendo que os de primeira ordem formam um corpo (anel abeliano próprio) e os de segunda ordem formam um anel abeliano, em particular, se a unidade for imaginária, o anel será próprio. Os quatérnions de Hamilton (hipercomplexos de terceira ordem) são anéis hipercomplexos próprios, algumas vezes chamados de *corpo não comutativo* (pois eles satisfazem todas as propriedades de um corpo, exceto a comutatividade). Por outro lado, os quatérnions hiperbólicos formam apenas um monoide multiplicativo, pois não são associativos, além de admitir divisores em zero. Portanto, convém perguntar: quais são as condições que definem a associatividade para os números hipercomplexos? Nesta seção vamos definir sobre quais a condição mínima para que os hipercomplexos de terceira e quarta ordem formem anéis.

Iniciemos o nosso estudo a partir dos hipercomplexos de terceira ordem. Tomemos o produto das unidades hipercomplexas, partindo pressuposto que este produto é um endomorfismo:

$$R_1 = R_2 R_3 \qquad\qquad R_k = R_i R_j$$
$$R_2 = R_3 R_1$$
$$R_3 = R_1 R_2 \qquad\qquad R_k = \frac{1}{2}\left[R_i, R_j \right]$$

Como os R_k são arbitrários, precisamos operar sobre a equação genérica:

$$R_k = R_i R_j$$

Multiplicando a equação por R_m pela direita, obtemos:

$$R_m R_k = (R_m R_i) R_j \rightarrow \begin{cases} R_i R_k = (R_i R_i) R_j \\ R_j R_k = (R_j R_j) R_j \\ R_k R_k = (R_k R_j) R_j \end{cases} \quad ou \quad \begin{cases} R_i R_k = R_i (R_i R_j) \\ R_j R_k = R_j (R_i R_j) \\ R_k R_k = R_k (R_i R_j) \end{cases}$$

Pela lei do produto e a álgebra de Lie, as classes à esquerda são:

$$R_m R_k = (R_m R_i) R_j \rightarrow \begin{cases} -R_j = R^2 R_j \\ R_i = -R_k R_j \\ R^2 = R_j R_j \end{cases} \quad ou \quad \begin{cases} R_i R_k = R_i R_k \\ R_j R_k = R_j R_k \\ R_k R_k = R_k R_k \end{cases}$$

Apenas a primeira nos fornece um resultado importante:

$$R^2 = -1$$

Portanto a multiplicação a esquerda é associativa se, e somente se, R_m for um imaginário puro. Vamos verificar o que acontece quando fazemos o produto pela direita:

$$R_k R_m = R_i (R_j R_m) \rightarrow \begin{cases} R_k R_i = R_i (R_j R_i) \\ R_k R_j = R_i (R_j R_j) \\ R_k R_k = R_i (R_j R_k) \end{cases} \quad ou \quad \begin{cases} R_k R_i = (R_i R_j) R_i \\ R_k R_j = (R_i R_j) R_j \\ R_k R_k = (R_i R_j) R_k \end{cases}$$

Usando a regra do produto e a álgebra de Lie, teremos as classes à esquerda:

$$R_k R_m = R_i (R_j R_m) \rightarrow \begin{cases} R_j = -R_i R_k \\ -R_i = R_i R^2 \\ R^2 = R_i R_i \end{cases} \quad ou \quad \begin{cases} R_k R_i = R_k R_i \\ R_k R_j = R_k R_j \\ R_k R_k = R_k R_k \end{cases}$$

Desta vez, somente a terceira equação nos traz alguma informação: a multiplicação a direita é associativa se, e somente se, R_m for um imaginário puro. Essa é razão dos quatérnions de

Hamilton formarem um anel próprio enquanto os quatérnions hiperbólicos só constituem um monoide multiplicativo.

Agora, resta estudarmos a estrutura do número hipercomplexo de quarta ordem. Para isso vamos definir dois tripletos de unidades hipercomplexas e suas respectivas álgebras de Lie.

<table>
<tr><td align="center">Polar</td><td align="center">Axial</td></tr>
<tr><td align="center">$B_r = \{r_1, r_2, r_3\}$</td><td align="center">$B_R = \{R_1, R_2, R_3\}$</td></tr>
<tr><td align="center">$R_k = r_i r_j$</td><td align="center">$R_k = R_i R_j$</td></tr>
<tr><td align="center">$R_1 = r_2 r_3$</td><td align="center">$R_1 = R_2 R_3$</td></tr>
<tr><td align="center">$R_2 = r_3 r_1$</td><td align="center">$R_2 = R_3 R_1$</td></tr>
<tr><td align="center">$R_3 = r_1 r_2$</td><td align="center">$R_3 = R_1 R_2$</td></tr>
<tr><td align="center">$\therefore$</td><td align="center">$\therefore$</td></tr>
<tr><td align="center">$r_k = \dfrac{1}{2}\left[r_i, r_j \right]$</td><td align="center">$R_k = \dfrac{1}{2}\left[R_i, R_j \right]$</td></tr>
</table>

O segundo tripleto corresponde aos números imaginários que constituem o hipercomplexo de terceira ordem e garantem o fechamento do número hipercomplexo. Por isso, devemos apenas concentrar nossa atenção sobre o primeiro tripleto.

Multipliquemos a primeira equação por R_m pela esquerda:

$$R_m R_k = (R_m r_i) r_j \rightarrow \begin{cases} R_i R_k = (R_i r_i) r_j \\ R_j R_k = (R_j r_i) r_j \\ R_k R_k = (R_k r_i) r_j \end{cases} ou \quad \begin{cases} R_i R_k = R_i (r_i r_j) \\ R_j R_k = R_j (r_i r_j) \\ R_k R_k = R_k (r_i r_j) \end{cases}$$

Pela lei do produto e a álgebra de Lie, temos as classes à esquerda:

$$R_m R_k = (R_m r_i) r_j \rightarrow \begin{cases} -R_j = (R_i r_i) r_j \\ +R_i = (R_j r_i) r_j \\ R^2 = (R_k r_i) r_j \end{cases} ou \quad \begin{cases} R_i R_k = R_i R_k \\ R_j R_k = R_j R_k \\ R_k R_k = R_k R_k \end{cases}$$

Realizemos o mesmo processo, mas multiplicando pela direita:

$$R_k R_m = r_i\left(r_j R_m\right) \rightarrow \begin{cases} R_k R_i = r_i\left(r_j R_i\right) \\ R_k R_j = r_i\left(r_j R_j\right) \\ R_k R_k = r_i\left(r_j R_k\right) \end{cases} \quad ou \quad \begin{cases} R_k R_i = \left(r_i r_j\right) R_i \\ R_k R_j = \left(r_i r_j\right) R_j \\ R_k R_k = \left(r_i r_j\right) R_k \end{cases}$$

Pela lei do produto e a álgebra de Lie, temos as classes à direita:

$$R_k R_m = r_i\left(r_j R_m\right) \rightarrow \begin{cases} +R_j = r_i\left(r_j R_i\right) \\ -R_i = r_i\left(r_j R_j\right) \\ R^2 = r_i\left(r_j R_k\right) \end{cases} \quad ou \quad \begin{cases} R_k R_i = R_k R_i \\ R_k R_j = R_k R_j \\ R_k R_k = R_k R_k \end{cases}$$

Destas relações, as que nos interessam são:

$$\begin{cases} -R_j = \left(R_i r_i\right) r_j \\ +R_i = \left(R_j r_i\right) r_j \\ R^2 = \left(R_k r_i\right) r_j \end{cases} \qquad \begin{cases} +R_j = r_i\left(r_j R_i\right) \\ -R_i = r_i\left(r_j R_j\right) \\ R^2 = r_i\left(r_j R_k\right) \end{cases}$$

Destas equações retiramos as seguintes informações:

$$\begin{cases} \left(R_i r_i\right) r_j = -R_j \\ \left(R_j r_i\right) r_j = +R_i \\ \left(R_k r_i\right) r_j = -1 \end{cases} \qquad \begin{cases} r_i\left(r_j R_j\right) = -R_i \\ r_i\left(r_j R_i\right) = +R_j \\ r_i\left(r_j R_k\right) = -1 \end{cases}$$

Multipliquemos a primeira equação por r_k pela esquerda:

$$r_m R_k = \left(r_m r_i\right) r_j \rightarrow \begin{cases} r_i R_k = \left(r_i r_i\right) r_j \\ r_j R_k = \left(r_j r_i\right) r_j \\ r_k R_k = \left(r_k r_i\right) r_j \end{cases} \quad ou \quad \begin{cases} r_i R_k = r_i\left(r_i r_j\right) \\ r_j R_k = r_j\left(r_i r_j\right) \\ r_k R_k = r_k\left(r_i r_j\right) \end{cases}$$

Usando a regra do produto e a álgebra de Lie, teremos as classes à esquerda:

$$r_m R_k = \left(r_m r_i \right) r_j \rightarrow \begin{cases} r_i R_k = r^2 r_j \\ r_j R_k = -R_k r_j \\ r_k R_k = R_j r_j \end{cases} \quad ou \quad \begin{cases} r_i R_k = r_i R_k \\ r_j R_k = r_j R_k \\ r_k R_k = r_k R_k \end{cases}$$

Agora façamos o produto pela direita:

$$R_k r_m = r_i \left(r_j r_m \right) \rightarrow \begin{cases} R_k r_i = r_i \left(r_j r_i \right) \\ R_k r_j = r_i \left(r_j r_j \right) \\ R_k r_k = r_i \left(r_j r_k \right) \end{cases} \quad ou \quad \begin{cases} R_k r_i = \left(r_i r_j \right) r_i \\ R_k r_j = \left(r_i r_j \right) r_j \\ R_k r_k = \left(r_i r_j \right) r_k \end{cases}$$

Usando a regra do produto e a álgebra de Lie, teremos as classes à direita:

$$R_k r_m = r_i \left(r_j r_m \right) \rightarrow \begin{cases} R_k r_i = -r_i R_k \\ R_k r_j = r_i r^2 \\ R_k r_k = r_i R_i \end{cases} \quad ou \quad \begin{cases} R_k r_i = R_k r_i \\ R_k r_j = R_k r_j \\ R_k r_k = R_k r_k \end{cases}$$

Destas relações, as que nos interessam são:

$$\begin{cases} -R_j = \left(R_i r_i \right) r_j \\ +R_i = \left(R_j r_i \right) r_j \\ R^2 = \left(R_k r_i \right) r_j \end{cases} \qquad \begin{cases} +R_j = r_i \left(r_j R_i \right) \\ -R_i = r_i \left(r_j R_j \right) \\ R^2 = r_i \left(r_j R_k \right) \end{cases}$$

Destas equações retiramos as seguintes informações:

$$\begin{cases} \left(R_i r_i \right) r_j = -R_j \\ \left(R_j r_i \right) r_j = +R_i \\ \left(R_k r_i \right) r_j = -1 \end{cases} \qquad \begin{cases} r_i \left(r_j R_j \right) = -R_i \\ r_i \left(r_j R_i \right) = +R_j \\ r_i \left(r_j R_k \right) = -1 \end{cases}$$

Agora vamos determinar o valor de r^2, tomemos as equações:

$$\left(R_k r_i \right) r_j = -1 \qquad\qquad r_i \left(r_j R_k \right) = -1$$

Substituindo os valores dos parêntesis, obtemos:

$$\left(-r_j\right)r_j = -1 \qquad r_i\left(-r_i\right) = -1$$

$$r^2 = 1$$

Portanto os vetores polares são números perplexos, enquanto os vetores axiais são números imaginários. Na álgebra vetorial costuma-se a chamar um vetor polar de vetor e um vetor axial de pseudo vetor, devido a transformação de suas componentes frente a planos de reflexão. Também podemos definir o pseudo escalar unitário que denotaremos por (*1). O pseudo escalar quando multiplicado por um versor produz o oposto de um pseudo versor e vice-versa. Desta maneira, podemos introduzir o operador dual * que transforma pseudo-vetores em vetores e vice-versa.

Das operações que realizamos, obtivemos as seguintes relações:

$Polar \times Polar = Axial$

$$\begin{cases} r_i r_j = R_k \\ r_j r_k = R_i \\ r_k r_i = R_j \end{cases}$$

$Axial \times Axial = Axial$

$$\begin{cases} R_i R_j = R_k \\ R_j R_k = R_i \\ R_k R_i = R_j \end{cases}$$

$Polar \times Axial = Polar$

$$\begin{cases} r_i R_j = +r_k \\ r_j R_k = -r_i \\ r_k R_i = +r_j \end{cases}$$

$Axial \times Polar = Polar$

$$\begin{cases} R_i r_j = -r_k \\ R_j r_k = +r_i \\ R_k r_i = -r_j \end{cases}$$

Álgebra de Lie e de Clifford

$$\begin{cases} \dfrac{1}{2}\left[r_i, R_j\right] = r_k \\ \dfrac{1}{2}\{r_i, R_i\} = (*1) \end{cases}$$

Outras Relações Importantes

$$\begin{cases} *r_i \equiv (*1)r_i = -R_i = R_i^\dagger \\ *R_i \equiv (*1)R_i = -r_i = r_i^\dagger \\ r^2 = -R^2 = +1 \end{cases}$$

§ 2.5. Super-Quatérnions $Cl_{3,3}(\mathbb{R})$

Os quatérnions hiperbólicos não são associativos, isso decorre do fato de que um quatérnion é um número hipercomplexo de terceira ordem e a associatividade é uma propriedade de números hipercomplexos com unidades imaginárias. Contudo, podemos conjecturar que um quatérnion hiperbólico, seja na verdade um sub espaço vetorial de um número hipercomplexo de ordem superior. Para testarmos essa conjectura, tomemos o quatérnion hiperbólico:

$$A = a_o + \vec{a}$$

$$B = b_o + \vec{b}$$

Agora, façamos o produto direto dos dois quatérnions:

$$A \cdot B = (a_o + \vec{a})(b_o + \vec{b})$$

$$A \cdot B = a_o b_o + b_o \vec{a} + a_o \vec{b} + \vec{a} \odot \vec{b}$$

$$A \cdot B = a_o b_o + b_o \vec{a} + a_o \vec{b} + \langle \vec{a}, \vec{b} \rangle + \vec{a} \times \vec{b}$$

Como o produto de dois versores polares é um versor axial, a equação acima se torna um número hipercomplexo de 7 dimensões:

$$A \cdot B = a_o b_o + b_o \vec{a} + a_o \vec{b} + \langle \vec{a}, \vec{b} \rangle$$
$$+ (a_2 b_3 - a_3 b_2) R_1 + (a_3 b_1 - a_1 b_3) R_2 + (a_1 b_2 - a_2 b_1) R_3$$

Para esta equação, adotaremos a seguinte convenção:

$$A \cdot B \equiv C = c_o + \vec{c} + \underline{c}'$$
$$c_o = a_o b_o + a_1 b_1 + a_2 b_2 + a_3 b_3$$
$$\vec{c} = (a_o b_1 + a_1 b_o) r_1 + (a_o b_2 + a_2 b_o) r_2 + (a_o b_3 + a_3 b_o) r_1$$
$$\underline{c}' = (a_2 b_3 - a_3 b_2) R_1 + (a_3 b_1 - a_1 b_3) R_2 + (a_1 b_2 - a_2 b_1) R_3$$

Usaremos uma seta na parte inferior para indicar um vetor axial. Tomemos dois números hipercomplexos de quarta ordem e 7 dimensões e façamos o produto direto:

$$S \equiv C \cdot D = (c_o + \vec{c} + \underline{c}')(d_o + \vec{d} + \underline{d}')$$

$$S = c_o d_o + c_o \vec{d} + d_o \vec{c} + c_o \underline{d}' + d_o \underline{c}' + \vec{c} \odot \vec{d} + \vec{c} \odot \underline{d}' + \underline{c}' \odot \vec{d} + \underline{c}' \odot \underline{d}'$$

Nós não estamos interessado nos valores quantitativos, apenas na análise qualitativa do problema, por isso não iremos expandir os produtos, exceto os de Clifford, que trataremos a parte:

$$\vec{c} \odot \vec{d} = \left\langle \vec{c}, \vec{d} \right\rangle + \vec{c} \times \vec{d}$$

$$\underline{c}' \odot \underline{d}' = \left\langle \underline{c}', \underline{d}' \right\rangle + \underline{c}' \times \underline{d}'$$

$$(Escalar + Pseudo\,Vetor)$$

$$\vec{c} \odot \underline{d}' = \left\langle \vec{c}, \underline{d}' \right\rangle + \vec{c} \times \underline{d}'$$

$$\underline{c}' \odot \vec{d} = \left\langle \underline{c}', \vec{d} \right\rangle + \underline{c}' \times \vec{d}$$

$$(Pseudo\,Escalar + Vetor)$$

Antes de substituir nas equações, vamos agrupar os termos de mesma natureza:

$$t_o = c_o d_o + \left\langle \vec{c}, \vec{d} \right\rangle + \left\langle \underline{c}', \underline{d}' \right\rangle$$

$$p_* = \left\langle \vec{c}, \underline{d}' \right\rangle + \left\langle \underline{c}', \vec{d} \right\rangle$$

$$\vec{t} = c_o \vec{d} + d_o \vec{c} + \vec{c} \times \underline{d}' + \underline{c}' \times \vec{d}$$

$$\underline{p} = c_o \underline{d}' + d_o \underline{c}' + \vec{c} \times \vec{d} + \underline{c}' \times \underline{d}'$$

Substituindo em nossa equação, obtemos um número hipercomplexo de quarta ordem de 8 dimensões, também chamado de bi-quatérnion hiperbólico ou octonion associativo:

$$S = t_o + p_* + \vec{t} + \underline{p}$$

$$B_S = \left\{ 1, *1, p, q, r, i, j, k \right\}$$

Se definirmos o super escalar s como a soma do escalar e do pseudo-escalar e o super vetor **s** como a soma do vetor pelo pseudo-vetor, então nosso octonion pode ser escrito em uma forma semelhante ao quatérnion:

$$S = \tilde{\underline{s}} + \vec{\underline{s}}$$

Por isso chamaremos esse octonion de super quatérnion. O super vetor **s** define um espaço vetorial de 6 dimensões, também chamado de espaço motor, pois ele é o gerador de todas as formas de movimento (translação e rotação). O super espaço vetorial é isomórfico ao espaço dos 6-vetores e das 6-formas da álgebra de Grassmann bem como ao espaço dos tensores antissimétricos de segunda ordem de variedade 4-dimensional.

Usando o operador dual * podemos mostrar que o super quatérnion é a soma direta do espaço dos quatérnions de Hamilton e seu dual, ou a soma direta do espaço dos quatérnions hiperbólicos e seu dual.

$$\mathbb{H}: Cl_{3,0}(\mathbb{R}) \qquad *\mathbb{H}: Cl_{0,3}(\mathbb{R})$$
$$A = a_o + \vec{a} \qquad *A^\dagger = a_* + \underrightarrow{a}$$

$$\overline{\mathbb{H}}: Cl_{0,3}(\mathbb{R}) \qquad *\overline{\mathbb{H}}: Cl_{3,0}(\mathbb{R})$$
$$B = b_o + \underrightarrow{b} \qquad *B^\dagger = b_* + \vec{b}$$

$$\mathbb{H} \cap *\mathbb{H} = \{0\}$$
$$\mathbb{O} = \mathbb{H} \oplus *\mathbb{H}$$
$$\Rightarrow \quad \mathbb{O}: Cl_{3,3}(\mathbb{R})$$
$$\overline{\mathbb{H}} \cap *\overline{\mathbb{H}} = \{0\} \qquad S = \underset{\sim}{s} + \vec{s}$$
$$\mathbb{O} = \overline{\mathbb{H}} \oplus *\overline{\mathbb{H}}$$

Por fim, devemos salientar que como os quatérnions hiperbólicos não são associativos e o operador dual * os transforma em quatérnions elípticos, que são associativos, então podemos afirmar que se há álgebras sobre um espaço de n dimensões que são associativa e não associativa, respectivamente, o operador * permite intercambia-las e, portanto, a álgebra não associativa é a dual da associativa.

§ 3. Super Espaço Vetorial

§ 3.1. Super Álgebra Vetorial

Como nos ensina Poincaré, o espaço da geometria é o espaço motor ou dos deslocamentos de um corpo rígido. Nesse espaço introduzimos elementos algébricos chamados de vetores do espaço. A palavra vetor remete a um processo de deslocamento de um ponto A de uma posição do espaço para outra localidade. Esse formalismo não é apenas útil ao matemático por permitir uma descrição algébrica da geometria, mas também se tornou essencial na descrição das grandezas naturais.

> As grandezas físicas que são representadas por vetores têm ou a mesma simetria de um cone ou de a um cilindro girando. Grandezas vetoriais que são representadas por segmentos de retas orientadas, tais como deslocamento, velocidade, força e momento exibem a mesma simetria de um cone. Já as grandezas relacionadas com rotações e resultantes de um produto vetorial tais como as que correspondem à velocidade angular, torque e momento angular exibem a mesma simetria de um cilindro girando. Podemos associar estes dois tipos de simetria a dois tipos distintos de vetores: vetores polares (vetores propriamente ditos) e vetores axiais (pseudo-vetores) (SILVA, 2002, p. 131).

Para classificarmos os diferentes vetores no espaço, podemos recorrer as suas simetrias em relação a planos paralelos e perpendiculares que cortem determinados sólidos de revolução.

> Pensemos em um sólido de revolução (como um cone, ou uma esfera, um elipsóide de revolução, um cilindro ou um disco). Todos eles possuem um eixo de simetria. Além disso, todos esses exemplos possuem também um plano de simetria perpendicular ao eixo de simetria. Imaginemos, agora, que um desses sólidos está girando em torno desse eixo. Esse movimento de rotação diminui a simetria do sistema. A simetria de um corpo parado é diferente da simetria do mesmo corpo girando. O cilindro em rotação não é simétrico em relação a reflexões nos planos que passam por seu eixo pois uma metade do cilindro refletida no plano é diferente de sua imagem, isto é, ambas giram em sentidos contrários, como mostrado abaixo. No entanto, o cilindro em rotação é simétrico com relação a qualquer plano perpendicular a seu eixo,

passando por seu centro, isto é, uma metade do cilindro é igual a sua imagem refletida no plano (SILVA, 2002, p. 130).

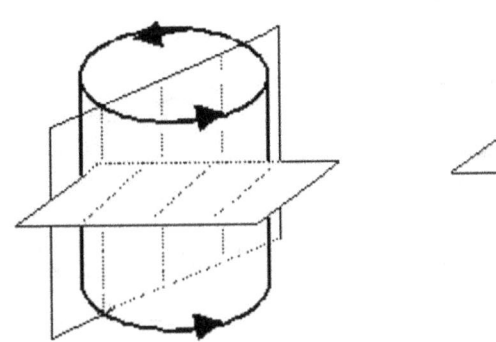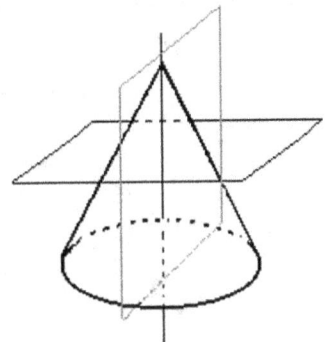

(SILVA, 2002, p. 130)

Uma das formas mais usadas na topologia é o toro. Podemos mostrar que tanto os vetores polares quanto os vetores axiais podem ser descritos como simetrias dos diferente planos que cortam um toro.

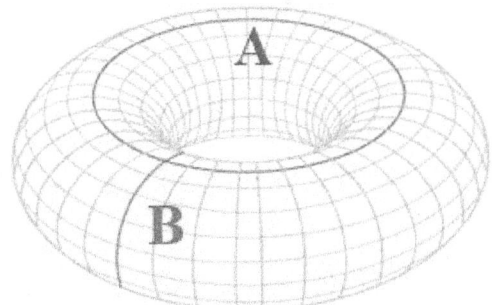

Pela figura podemos destacar a existência de dois conjuntos de curvas fechadas isomórficas as esferas S^1, o conjunto de círculos homotéticos A e o conjunto de círculos isométricos B. Agora vamos animar esses círculos com uma rotação.

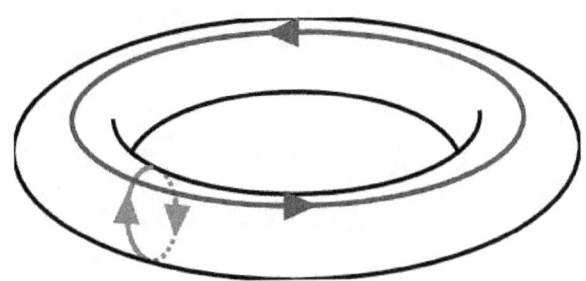

Se cortarmos o toro com um plano paralelo ao eixo *z*, nossa figura será dividida em duas partes iguais, que preservam a orientação do conjunto *B* de círculos S^1 e invertem a orientação dos círculos do conjunto *A*.

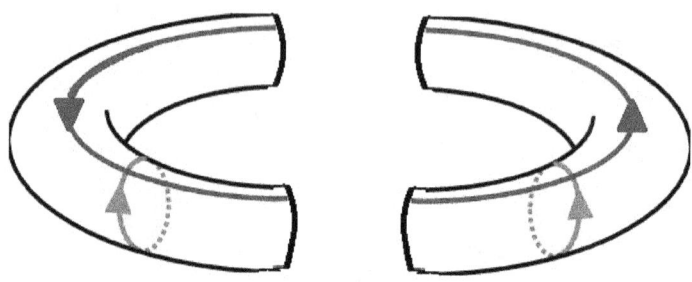

Porém, se cortarmos o nosso toro com um plano perpendicular ao eixo *z*, nossa figura será dividida em duas partes iguais, que preservam a orientação do conjunto *A* de círculos S^1 e invertem a orientação dos círculos do conjunto *B*.

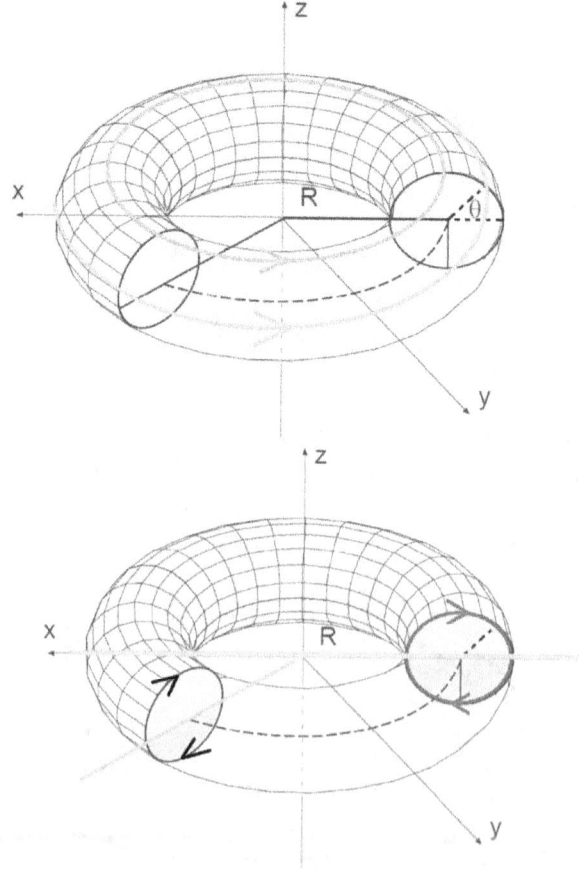

Os vetores que apresentam a mesma simetria dos círculos do conjunto A sobre os planos que cortam o toro são denominados de vetores polares:

> Um vetor polar é aquele cujas componentes mudam de sinal quando há uma inversão dos eixos coordenados. Eles têm esse nome pois são da mesma natureza que o raio vetor proveniente de um polo. O grupo de simetria de um vetor polar é o de um cone com eixo paralelo ao vetor. As três componentes do vetor conservam os mesmos valores após uma rotação qualquer do sistema de eixos em torno da direção do vetor e após uma reflexão por um plano paralelo ao vetor. A mudança do sinal por uma inversão dos eixos corresponde à ausência de centro no grupo de simetria do vetor polar (SILVA, 2002, p. 132).

Os vetores que apresentam a mesma simetria dos círculos do conjunto B sobre o planos que cortam toro são denominados de vetores axiais:

> Os vetores axiais, por outro lado, pertencem ao grupo de simetria de um cilindro circular girando em torno do eixo passando pelo vetor. As transformações de coordenadas que deixam invariáveis as componentes de um vetor deste tipo são as rotações de um ângulo qualquer em torno da direção do vetor; as reflexões em um plano perpendicular a direção do vetor e as inversões. Essas operações correspondem à existência de um centro de simetria do vetor. O grupo de tais transformações é um subgrupo que deixa invariantes as componentes de um vetor chamado axial, em analogia com uma rotação em torno de um eixo. Os vetores axiais são antissimétricos com respeito a reflexões em um plano paralelo e simétricos com relação a reflexões em um plano perpendicular (SILVA, 2002, p. 132).

Na teoria das categorias de Eilenberg e Lane (1945) podemos dizer que o conjunto A de curvas sobre o toro e os vetores polares pertencem à mesma categoria e são monomórficos. Chamaremos essa categoria de Espaço Polar. Da maneira análoga, o conjunto B de curvas sobre o toro e os vetores axiais pertencem à mesma categoria e são monomórficos. Chamaremos essa categoria de Espaço Axial. Agora, iremos associar esses espaços e seus vetores aos espaços de dimensões positivas e negativas. Observe que o espaço de 1 dimensão positiva tem simetria polar, enquanto o espaço de 1 dimensão negativa tem simetria axial.

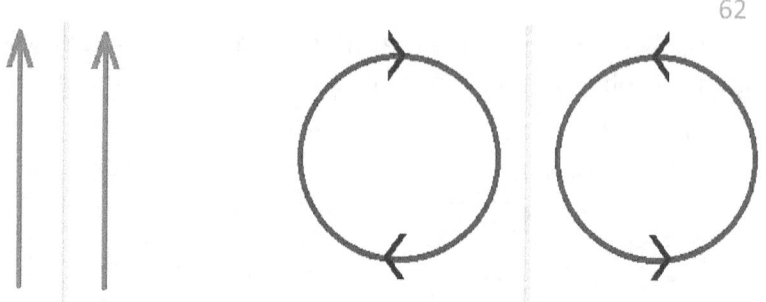

Desta relação é fácil concluir que um vetor polar é um vetor que representa o deslocamento de um corpo em um espaço de dimensão positiva, enquanto o vetor axial é um vetor de deslocamento em um espaço de dimensão negativa. Nós denotaremos, na falta de um símbolo apropriado, o vetor axial, como um letra grega ou romana e uma flecha grifada em sua parte inferior.

$$Vetor\ Polar = \vec{u}$$

$$Vetor\ Axial = \underrightarrow{u}$$

A natureza vetorial, (vetores polares e axiais) forma um grupo sobre essa operação que é isomórfico ao grupo aditivo $Z/2$:

×	*polar*	*axial*
polar	*axial*	*polar*
axial	*polar*	*axial*

+	1	0
1	0	1
0	1	0

Vetores   **Z/2**

Vetores polares e vetores axiais não podem ser somados, o que mostra que o conjunto destas duas entidades não é fechado em relação à adição. Por meio destes elementos, vamos determinar como se transformam os produtos deste grupóide para o espaço tridimensional. Primeiro vamos definir uma base para os vetores polares e axiais:

$$\vec{u} = a\hat{p} + b\hat{q} + c\hat{r}$$

$$\underrightarrow{u} = x\hat{i} + y\hat{j} + z\hat{k}$$

Pela tábua multiplicativa, o produto de dois vetores polares deve ser um vetor axial, conforme a regra do produto vetorial, dado pelo pseudo-determinante:

$$\vec{u} = a\hat{p} + b\hat{q} + c\hat{r}$$

$$\vec{v} = d\hat{p} + e\hat{q} + f\hat{r}$$

$$\vec{u} \times \vec{v} = \begin{vmatrix} \hat{i} & \hat{j} & \hat{k} \\ a & b & c \\ d & e & f \end{vmatrix}$$

O valor do produto vetorial é dado por:

$$\vec{u} \times \vec{v} = (bf - ce)\hat{i} + (cd - af)\hat{j} + (ae - bd)\hat{k}$$

Por outro lado, a expressão literal deste produto será:

$$\vec{u} \times \vec{v} = (a\hat{p} + b\hat{q} + c\hat{r}) \times (d\hat{p} + e\hat{q} + f\hat{r})$$

Desenvolvendo o produto, teremos:

$$\vec{u} \times \vec{v} = ad(\hat{p} \times \hat{p}) + ae(\hat{p} \times \hat{q}) + af(\hat{p} \times \hat{r})$$
$$+ bd(\hat{q} \times \hat{p}) + be(\hat{q} \times \hat{q}) + bf(\hat{q} \times \hat{r})$$
$$+ cd(\hat{r} \times \hat{p}) + ce(\hat{r} \times \hat{q}) + cf(\hat{r} \times \hat{r})$$

Como os termos *ad, be* e *cf* não aparecem no produto vetorial, concluímos que os vetores da base são nilpotentes de ordem 2.

$$\times^2 \hat{p} = 0$$

$$\times^2 \hat{q} = 0$$

$$\times^2 \hat{r} = 0$$

Isso indica que o conjunto *p, q* e *r* é uma álgebra de Grassman de ordem 2, portanto os produtos cruzados devem se comportar como variáveis de Grassman:

$$\times : \wedge^2 \to \wedge^2$$

$$A \times B = -B \times A$$

Levando esse fato em consideração em nossas equações:

$$\vec{u} \times \vec{v} = ae(\hat{p} \times \hat{q}) - af(\hat{r} \times \hat{p}) - bd(\hat{p} \times \hat{q})$$
$$+ bf(\hat{q} \times \hat{r}) + cd(\hat{r} \times \hat{p}) - ce(\hat{q} \times \hat{r})$$

$$\vec{u} \times \vec{v} = (ae - bd)(\hat{p} \times \hat{q}) + (cd - af)(\hat{r} \times \hat{p}) + (bf - ce)(\hat{q} \times \hat{r})$$

Por inspeção, obtemos a relação entre as bases polares e axiais:

$$(\hat{q} \times \hat{r}) = \hat{i}$$
$$(\hat{p} \times \hat{q}) = \hat{j}$$
$$(\hat{r} \times \hat{p}) = \hat{k}$$

Agora vamos obter a álgebra de Grassmann dos axiais. Pela tábua multiplicativa, o produto de dois vetores axiais deve ser um vetor axial, conforme a regra do produto vetorial, dado pelo pseudo-determinante:

$$\underline{u} = x\hat{i} + y\hat{j} + z\hat{k}$$
$$\underline{v} = m\hat{i} + n\hat{j} + o\hat{k}$$

$$\underline{u} \times \underline{v} = \begin{vmatrix} \hat{i} & \hat{j} & \hat{k} \\ x & y & z \\ m & n & o \end{vmatrix}$$

O valor do produto vetorial é dado por:

$$\underline{u} \times \underline{v} = (yo - zn)\hat{i} + (zm - xn)\hat{j} + (xm - yn)\hat{k}$$

Por outro lado, a expressão literal deste produto será:

$$\underline{u} \times \underline{v} = (x\hat{i} + y\hat{j} + z\hat{k}) \times (m\hat{i} + n\hat{j} + o\hat{k})$$

Desenvolvendo o produto, teremos:

$$\underline{u} \times \underline{v} = xm\left(\hat{i} \times \hat{i}\right) + xn\left(\hat{i} \times \hat{j}\right) + xo\left(\hat{i} \times \hat{k}\right)$$
$$+ ym\left(\hat{j} \times \hat{i}\right) + yn\left(\hat{j} \times \hat{j}\right) + yo\left(\hat{j} \times \hat{k}\right)$$
$$+ zm\left(\hat{k} \times \hat{i}\right) + zn\left(\hat{k} \times \hat{j}\right) + zo\left(\hat{k} \times \hat{k}\right)$$

Como os termos *ad, be* e *cf* não aparecem no produto vetorial, concluímos que os vetores da base são nilpotentes de ordem 2.

$$x^2 \hat{i} = 0$$
$$x^2 \hat{j} = 0$$
$$x^2 \hat{k} = 0$$

Isso indica que o conjunto *i, j* e *k* é uma álgebra de Grassman de ordem 2, portanto os produtos cruzados devem se comportar como variáveis de Grassman:

$$\times : \wedge^2 \to \wedge^2$$
$$A \times B = -B \times A$$

Levando esse fato em consideração em nossas equações:

$$\underline{u} \times \underline{v} = xn\left(\hat{i} \times \hat{j}\right) - xo\left(\hat{k} \times \hat{i}\right) - ym\left(\hat{i} \times \hat{j}\right)$$
$$+ yo\left(\hat{j} \times \hat{k}\right) + zm\left(\hat{k} \times \hat{i}\right) - zn\left(\hat{j} \times \hat{k}\right)$$

$$\underline{u} \times \underline{v} = \left(yo - zn\right)\left(\hat{j} \times \hat{k}\right) + \left(zm - xo\right)\left(\hat{k} \times \hat{i}\right) + \left(xn - ym\right)\left(\hat{i} \times \hat{j}\right)$$

Por inspeção, obtemos a relação entre as bases polares e axiais:

$$\left(\hat{j} \times \hat{k}\right) = \hat{i}$$
$$\left(\hat{k} \times \hat{i}\right) = \hat{j}$$
$$\left(\hat{i} \times \hat{j}\right) = \hat{k}$$

Agora vamos definir os produtos mistos entre as componentes das bases polares e axiais. Para isso, tomemos o produto de um vetor polar e um axial:

$$\vec{u} = a\hat{p} + b\hat{q} + c\hat{r}$$

$$\underline{u} = x\hat{i} + y\hat{j} + z\hat{k}$$

$$\vec{u} \times \underline{u} = \begin{vmatrix} \hat{p} & \hat{q} & \hat{r} \\ a & b & c \\ x & y & z \end{vmatrix}$$

O valor do produto vetorial é dado por:

$$\vec{u} \times \underline{u} = (bz - cy)\hat{p} + (cy - az)\hat{q} + (ay - bx)\hat{r}$$

Por outro lado, a expressão literal deste produto será:

$$\vec{u} \times \underline{u} = (a\hat{p} + b\hat{q} + c\hat{r}) \times (x\hat{i} + y\hat{j} + z\hat{k})$$

Desenvolvendo o produto, teremos:

$$\vec{u} \times \underline{u} = ax(\hat{p} \times \hat{i}) + ay(\hat{p} \times \hat{j}) + az(\hat{p} \times \hat{k})$$
$$+ bx(\hat{q} \times \hat{i}) + by(\hat{q} \times \hat{j}) + bz(\hat{q} \times \hat{k})$$
$$+ cx(\hat{r} \times \hat{i}) + cy(\hat{r} \times \hat{j}) + cz(\hat{r} \times \hat{k})$$

Como os termos ax, by e cz não aparecem no produto vetorial, concluímos que os vetores da base são nilpotentes de ordem 2.

$$\hat{i} \times \hat{p} = 0$$
$$\hat{j} \times \hat{q} = 0$$
$$\hat{k} \times \hat{r} = 0$$

Isso indica que o conjunto i, j, k, p, q e r é uma álgebra de Grassman de ordem 2, portanto os produtos cruzados devem se comportar como variáveis de Grassman:

$$\times : \wedge^2 \to \wedge^2$$

$$A \times B = -B \times A$$

Levando esse fato em consideração em nossas equações:

$$\vec{u} \times \underline{u} = ay\left(\hat{p} \times \hat{j}\right) - az\left(\hat{k} \times \hat{p}\right) - bx\left(\hat{i} \times \hat{q}\right)$$
$$+ bz\left(\hat{q} \times \hat{k}\right) + cx\left(\hat{r} \times \hat{i}\right) - cy\left(\hat{j} \times \hat{r}\right)$$

$$\vec{u} \times \underline{u} = \left[bz\left(\hat{q} \times \hat{k}\right) - cy\left(\hat{j} \times \hat{r}\right) \right]$$
$$+ \left[cx\left(\hat{r} \times \hat{i}\right) - az\left(\hat{k} \times \hat{p}\right) \right] + \left[ay\left(\hat{p} \times \hat{j}\right) - bx\left(\hat{i} \times \hat{q}\right) \right]$$

Por inspeção, obtemos a relação entre as bases polares e axiais:

$$\left(\hat{q} \times \hat{k}\right) = \left(\hat{j} \times \hat{r}\right) = \hat{p}$$
$$\left(\hat{r} \times \hat{i}\right) = \left(\hat{k} \times \hat{p}\right) = \hat{q}$$
$$\left(\hat{p} \times \hat{j}\right) = \left(\hat{i} \times \hat{q}\right) = \hat{r}$$

Assim podemos construir a tábua dos produtos i, j, k, p, q, r:

×	I	J	K	p	q	R
I	0	K	-j	0	r	-q
J	-k	0	I	-r	0	P
K	J	-i	0	q	-p	0
P	0	R	-q	0	k	-j
Q	-r	0	-p	-k	0	I
R	Q	-p	0	j	-i	0

Também podemos definir uma operação externa denominada de produto interno:

$$\left\langle \vec{A}, \vec{B} \right\rangle : \wedge^2 \to \mathbb{R}$$
$$\left\langle p, p \right\rangle = \left\langle q, q \right\rangle = \left\langle r, r \right\rangle = 1$$
$$\left\langle p, q \right\rangle = \left\langle p, r \right\rangle = \left\langle q, r \right\rangle = 0$$

$$\left\langle \underline{A}, \underline{B} \right\rangle : \wedge^2 \to \mathbb{R}$$
$$\left\langle i, i \right\rangle = \left\langle j, j \right\rangle = \left\langle k, k \right\rangle = 1$$
$$\left\langle i, j \right\rangle = \left\langle i, k \right\rangle = \left\langle j, k \right\rangle = 0$$

Para determinarmos o produto interno entre as componentes mistas, vamos usar o produto triplo. Da álgebra vetorial sabemos que o produto triplo misto cria um pseudo-escalar (ou um número axial). Tomemos três vetores polares:

$$\vec{u} = a\hat{p} + b\hat{q} + c\hat{r}$$
$$\vec{v} = d\hat{p} + e\hat{q} + f\hat{r}$$
$$\vec{w} = x\hat{p} + y\hat{q} + z\hat{r}$$

O produto triplo misto é definido por meio do pseudo-escalar:

$$\tilde{a} = \begin{vmatrix} a & b & c \\ d & e & f \\ x & y & z \end{vmatrix}$$

Calculando esse determinante, obtemos:

$$\tilde{a} = (bf - ce)x + (cd - af)y + (ae - bd)z$$

Para tornar a equação menos "carregada", vamos separar o pseudo-escalar $\tilde{a}$ como uma combinação linear de três pseudo-escalares: $\tilde{a}_x$, $\tilde{a}_y$ e $\tilde{a}_z$.

$$\tilde{a} = \tilde{a}_x + \tilde{a}_y + \tilde{a}_z$$
$$\tilde{a}_x = (bf - ce)x$$
$$\tilde{a}_y = (cd - af)y$$
$$\tilde{a}_z = (ae - bd)z$$

Também podemos definir o produto triplo misto a partir do produto interno:

$$\tilde{a} = \langle \vec{u} \times \vec{v}, \vec{w} \rangle$$

$$\tilde{a} = \left\langle (bf - ce)\hat{i} + (cd - af)\hat{j} + (ae - bd)\hat{k}, x\hat{p} + y\hat{q} + z\hat{r} \right\rangle$$

$$\tilde{a} = (bf - ce)\left\langle \hat{i}, x\hat{p} + y\hat{q} + z\hat{r} \right\rangle$$

$$+ (cd - af)\left\langle \hat{j}, x\hat{p} + y\hat{q} + z\hat{r} \right\rangle$$

$$+ (ae - bd)\left\langle \hat{k}, x\hat{p} + y\hat{q} + z\hat{r} \right\rangle$$

Usando a combinação linear, teremos:

$$\tilde{a}_x = (bf - ce)\left[x\langle \hat{i}, \hat{p} \rangle + y\langle \hat{i}, \hat{q} \rangle + z\langle \hat{i}, \hat{r} \rangle \right]$$

$$\tilde{a}_y = (cd - af)\left[x\langle \hat{j}, \hat{p} \rangle + y\langle \hat{j}, \hat{q} \rangle + z\langle \hat{j}, \hat{r} \rangle \right]$$

$$\tilde{a}_z = (ae - bd)\left[x\langle \hat{k}, \hat{p} \rangle + y\langle \hat{k}, \hat{q} \rangle + z\langle \hat{k}, \hat{r} \rangle \right]$$

Levando em consideração que:

$$\tilde{a} = \langle \vec{u} \times \vec{v}, \vec{w} \rangle = \langle \vec{w}, \vec{u} \times \vec{v} \rangle$$

Por inspeção, teremos as seguintes relações:

$$\langle \hat{i}, \hat{p} \rangle = \langle \hat{p}, \hat{i} \rangle = *1 \qquad\qquad \langle \hat{i}, \hat{q} \rangle = \langle \hat{i}, \hat{r} \rangle = 0$$

$$\langle \hat{j}, \hat{q} \rangle = \langle \hat{q}, \hat{j} \rangle = *1 \qquad\qquad \langle \hat{j}, \hat{p} \rangle = \langle \hat{j}, \hat{r} \rangle = 0$$

$$\langle \hat{k}, \hat{r} \rangle = \langle \hat{r}, \hat{k} \rangle = *1 \qquad\qquad \langle \hat{k}, \hat{p} \rangle = \langle \hat{k}, \hat{q} \rangle = 0$$

Que são os produtos internos dos vetores da base polar e axial.

§ 3.2. Escalares, Pseudo-Escalares e Dualidade *

Assim como ocorre com os vetores, há dois tipos de números: escalares e pseudo-escalares, cada qual definido pelas seguinte propriedades:

ESCALAR	*PSEUDO – ESCALAR*
$\langle \vec{A}, \vec{B} \rangle = \langle \underline{A}, \underline{B} \rangle : \wedge^2 \to \mathbb{R}$	$\langle \underline{A}, \vec{B} \rangle : \wedge^2 \to {}^*\mathbb{R}$
$\langle \underline{A}, \underline{B} \rangle = \langle \underline{B}, \underline{A} \rangle = \langle \vec{A}, \vec{B} \rangle = \langle \vec{B}, \vec{A} \rangle$	(*$\mathbb{R}$ é o dual de $\mathbb{R}$)
$\langle \underline{A}, \underline{B} \rangle = ax\langle \hat{i}, \hat{i} \rangle + by\langle \hat{j}, \hat{j} \rangle + cz\langle \hat{k}, \hat{k} \rangle$	$\langle \underline{A}, \vec{B} \rangle = \langle \vec{B}, \underline{A} \rangle$
$\langle \vec{A}, \vec{B} \rangle = ax\langle \hat{p}, \hat{p} \rangle + by\langle \hat{q}, \hat{q} \rangle + cz\langle \hat{r}, \hat{r} \rangle$	$\langle \underline{A}, \vec{B} \rangle = ax\langle \hat{i}, \hat{p} \rangle + by\langle \hat{j}, \hat{q} \rangle + cz\langle \hat{k}, \hat{r} \rangle$

Vamos supor que um determinador vetor polar de coordenadas *a, b, c* possa ser transformado em um vetor axial de coordenadas *a*, b*, c**. Tomemos os possíveis produtos escalares[3]:

---

[3] Não confundir a operação dual * com a operação dual de Hodge ★

$$\left\langle \vec{A}, \vec{A} \right\rangle = a^2 \left\langle \hat{p}, \hat{p} \right\rangle + b^2 \left\langle \hat{q}, \hat{q} \right\rangle + c^2 \left\langle \hat{r}, \hat{r} \right\rangle$$

$$\left\langle \underline{A}, \underline{A} \right\rangle = a^{*2} \left\langle \hat{i}, \hat{i} \right\rangle + b^{*2} \left\langle \hat{j}, \hat{j} \right\rangle + c^{*2} \left\langle \hat{k}, \hat{k} \right\rangle$$

$$\left\langle \vec{A}, \underline{A} \right\rangle = aa^* \left\langle \hat{p}, \hat{i} \right\rangle + bb^* \left\langle \hat{q}, \hat{j} \right\rangle + cc^* \left\langle \hat{r}, \hat{k} \right\rangle$$

$$\left\langle \underline{A}, \vec{A} \right\rangle = a^* a \left\langle \hat{i}, \hat{p} \right\rangle + b^* b \left\langle \hat{j}, \hat{q} \right\rangle + c^* c \left\langle \hat{k}, \hat{r} \right\rangle$$

Devido a comutatividade do produto interno entre duas variáveis de Grassmann, teremos as seguinte relações:

$$\left\langle \vec{A}, \underline{A} \right\rangle = aa^* \left\langle \hat{i}, \hat{p} \right\rangle + bb^* \left\langle \hat{j}, \hat{q} \right\rangle + cc^* \left\langle \hat{k}, \hat{r} \right\rangle$$

$$\left\langle \underline{A}, \vec{A} \right\rangle = \left\langle \vec{A}, \underline{A} \right\rangle$$

Substituindo os valores das equações:

$$a^* a \left\langle \hat{i}, \hat{p} \right\rangle + b^* b \left\langle \hat{j}, \hat{q} \right\rangle + c^* c \left\langle \hat{k}, \hat{r} \right\rangle = aa^* \left\langle \hat{i}, \hat{p} \right\rangle + bb^* \left\langle \hat{j}, \hat{q} \right\rangle + cc^* \left\langle \hat{k}, \hat{r} \right\rangle$$

Que nos prova que as componentes comutam, pois:

$$a^* a = aa^*$$
$$b^* b = bb^*$$
$$c^* c = cc^*$$

A partir dessa relação, vamos introduzir o operador exponencial dual *, que apresenta as seguintes propriedades:

$$*: \mathbb{R} \to *\mathbb{R} \qquad\qquad *: *\mathbb{R} \to \mathbb{R}$$

$$*(a) = a^* \qquad\qquad *(a^*) = a$$

$$**(a) = *(a^*) = a^{**} = a$$

$$*(ab) = a^* b^* = b^* a^*$$

* é uma tranformação ortogonal

Tomemos o dual do vetor polar A:

$$*\vec{A} = *(a\hat{p} + b\hat{q} + c\hat{r})$$

$$*\vec{A} = a^*(*\hat{p}) + b^*(*\hat{q}) + c^*(*\hat{r})$$

Tomemos o produto interno desse vetor:

$$\langle *\vec{A}, *\vec{A}\rangle = (a*)^2 \langle *\hat{p}, *\hat{p}\rangle + (b*)^2 \langle *\hat{q}, *\hat{q}\rangle + (c*)^2 \langle *\hat{r}, *\hat{r}\rangle$$

Como o operador preserva a ortogonalidade e a norma:

$$\langle *\vec{A}, *\vec{A}\rangle = a*^2 + b*^2 + c*^2$$

$$\langle \underline{A}, \underline{A}\rangle = a*^2 + b*^2 + c*^2$$

$$\langle *\vec{A}, *\vec{A}\rangle = \langle \underline{A}, \underline{A}\rangle$$

De onde concluímos, com base na seção 1, que se:

Quatérnions Vetoriais	Vetores do Espaço
$*\vec{A} = -\underline{A}$	$*\vec{A} = +\underline{A}$
$*\underline{A} = -\vec{A}$	$*\underline{A} = +\vec{A}$

Então, teremos que:

Quatérnions Vetoriais		Vetores do Espaço	
$*\hat{i} = -\hat{p}$	$*\hat{p} = -\hat{i}$	$*\hat{i} = +\hat{p}$	$*\hat{p} = +\hat{i}$
$*\hat{j} = -\hat{q}$	$*\hat{q} = -\hat{j}$	$*\hat{j} = +\hat{q}$	$*\hat{q} = +\hat{j}$
$*\hat{k} = -\hat{r}$	$*\hat{r} = -\hat{k}$	$*\hat{k} = +\hat{r}$	$*\hat{r} = +\hat{k}$
$\langle R_i, R_i\rangle = R^2$		$\langle R_i, R_i\rangle = 1$	

Agora vamos estudar a dualidade entre os produtos internos dos vetores polares e axiais. Tomemos o dual do produto escalar misto:

$$*\langle \vec{A}, \underline{A}\rangle = *\left(aa*\langle \hat{p}, \hat{i}\rangle\right) + *\left(bb*\langle \hat{q}, \hat{j}\rangle\right) + *\left(cc*\langle \hat{r}, \hat{k}\rangle\right)$$

$$*\langle \vec{A}, \underline{A}\rangle = a*a**\left(*\langle \hat{p}, \hat{i}\rangle\right) + b*b**\left(*\langle \hat{q}, \hat{j}\rangle\right) + c*c**\left(*\langle \hat{r}, \hat{k}\rangle\right)$$

$$*\langle \vec{A}, \underline{A}\rangle = a*a\left(*\langle \hat{p}, \hat{i}\rangle\right) + b*b\left(*\langle \hat{q}, \hat{j}\rangle\right) + c*c\left(*\langle \hat{r}, \hat{k}\rangle\right)$$

Para que a transformação seja ortogonal devemos definir que o operador dual atua sobre o produto interno conforme a regra:

$$*\left\langle \hat{p},\hat{i} \right\rangle = \left\langle \hat{i},\hat{p} \right\rangle$$

$$*\left\langle \hat{q},\hat{j} \right\rangle = \left\langle \hat{j},\hat{q} \right\rangle$$

$$*\left\langle \hat{r},\hat{k} \right\rangle = \left\langle \hat{k},\hat{r} \right\rangle$$

Portanto, concluiremos que:

$$*\left\langle \vec{A},\underline{A} \right\rangle = a*a\left\langle \hat{i},\hat{p} \right\rangle + b*b\left\langle \hat{j},\hat{q} \right\rangle + c*c\left\langle \hat{r},\hat{k} \right\rangle$$

$$*\left\langle \vec{A},\underline{A} \right\rangle = \left\langle \underline{A},\vec{A} \right\rangle$$

Se multiplicarmos a equação acima pelo dual, obteremos:

$$**\left\langle \vec{A},\underline{A} \right\rangle = *\left\langle \underline{A},\vec{A} \right\rangle$$

$$\left\langle \vec{A},\underline{A} \right\rangle = *\left\langle \underline{A},\vec{A} \right\rangle$$

Aplicando o dual no primeiro produto interno:

$$*\left\langle \vec{A},\vec{A} \right\rangle = *\left(a^2\left\langle \hat{p},\hat{p} \right\rangle \right) + *\left(b^2\left\langle \hat{q},\hat{q} \right\rangle \right) + *\left(c^2\left\langle \hat{r},\hat{r} \right\rangle \right)$$

$$*\left\langle \vec{A},\vec{A} \right\rangle = a^{*2}\left(*\left\langle \hat{p},\hat{p} \right\rangle \right) + b^{*2}\left(*\left\langle \hat{q},\hat{q} \right\rangle \right) + c^{*2}\left(*\left\langle \hat{r},\hat{r} \right\rangle \right)$$

A ortogonalidade exige que definamos o operador dual atua sobre o produto interno conforme a regra dos produtos mistos:

$$*\left\langle \hat{p},\hat{p} \right\rangle = \left\langle \hat{i},\hat{i} \right\rangle$$

$$*\left\langle \hat{q},\hat{q} \right\rangle = \left\langle \hat{j},\hat{j} \right\rangle$$

$$*\left\langle \hat{r},\hat{r} \right\rangle = \left\langle \hat{k},\hat{k} \right\rangle$$

Portanto, obteremos a seguinte relação:

$$*\left\langle \vec{A},\vec{A} \right\rangle = a^{*2}\left\langle \hat{p},\hat{p} \right\rangle + b^{*2}\left\langle \hat{q},\hat{q} \right\rangle + c^{*2}\left\langle \hat{r},\hat{r} \right\rangle$$

$$*\left\langle \vec{A},\vec{A} \right\rangle = \left\langle \underline{A},\underline{A} \right\rangle$$

Se multiplicarmos essa relação pelo dual, teremos:

$$**\left\langle \vec{A},\vec{A} \right\rangle = *\left\langle \underline{A},\underline{A} \right\rangle$$

$$\left\langle \vec{A},\vec{A} \right\rangle = *\left\langle \underline{A},\underline{A} \right\rangle$$

Assim, podemos escrever as relações entre o produto interno entre dois vetores mistos e o operador dual *:

$$*\left\langle \vec{A},\vec{A} \right\rangle = \left\langle *\underrightarrow{A},*\underrightarrow{A} \right\rangle \qquad *\left\langle \vec{A},\vec{B} \right\rangle = \left\langle *\vec{B},*\vec{A} \right\rangle$$

$$*\left\langle \underrightarrow{A},\underrightarrow{A} \right\rangle = \left\langle *\vec{A},*\vec{A} \right\rangle \qquad *\left\langle \underrightarrow{A},\underrightarrow{B} \right\rangle = \left\langle *\underrightarrow{B},*\underrightarrow{A} \right\rangle$$

$$*\left\langle \vec{A},\underrightarrow{A} \right\rangle = \left\langle *\vec{A},*\underrightarrow{A} \right\rangle \qquad *\left\langle \vec{A},\underrightarrow{B} \right\rangle = \left\langle *\underrightarrow{B},*\vec{A} \right\rangle$$

$$*\left\langle \underrightarrow{A},\vec{A} \right\rangle = \left\langle *\underrightarrow{A},*\vec{A} \right\rangle \qquad *\left\langle \underrightarrow{A},\vec{B} \right\rangle = \left\langle *\vec{B},*\underrightarrow{A} \right\rangle$$

§ 3.3. Distância em Espaços de Grassmann

Agora que construímos um conceito de ortogonalidade e produto interno, podemos definir a distância em um espaço de dimensão negativa. Consideremos o ponto central P como o equivalente a origem no espaço de dimensão negativa. Como as circunferências S^1 são homotéticas, a distância qualquer ponto A da circunferência e o ponto P será seu raio:

$$d(P,A) = r$$

E entre dois pontos de diferentes circunferências que passam por P, será a diferença dos raios:

$$d(A,B) = r_B - r_A$$

Como podemos descrever a distância do centro até um ponto qualquer da família de curvas S^1 por um vetor axial, a distância passará a ser definida pela norma deste vetor:

$$d(P,A) = \sqrt{\left\langle \underrightarrow{A},\underrightarrow{A} \right\rangle}$$

$$d(P,A) = \sqrt{a*^2 + b*^2 + c*^2}$$

E a distância entre dois pontos que passam por P entre duas circunferência será:

$$d(A,B) = \sqrt{\left\langle \underrightarrow{B}-\underrightarrow{A},\underrightarrow{B}-\underrightarrow{A} \right\rangle}$$

$$d(A,B) = \sqrt{\left(a*-d*\right)^2 + \left(b*-e*\right)^2 + \left(c*-f*\right)^2}$$

§ 3.4. Super Espaço e Super Vetor

Deixe-me introduzir um conceito de super vetor, a partir de um exemplo físico bastante conhecido: o elétron com velocidade **v** em um campo magnético **B**. A velocidade linear é um vetor polar, enquanto o vetor campo magnético é axial. É por essa razão que na equação da força de Lorentz devemos tomar um produto vetorial, para que os vetores tenham a mesma natureza. Sabemos que se o vetor deslocamento do elétron formar um ângulo reto com o campo magnético e sua velocidade for quase-estacionária, o elétron irá ficar confinado em uma órbita circular. O raio dessa órbita será dado por:

$$r = \frac{m_e v}{eB}$$

Nessa circunstância, podemos imaginar que o elétron está se deslocando em um espaço de dimensão negativa de raio *r*. Porém, se o elétron penetrar nesse campo com um ângulo que não é reto, a partícula irá descrever um movimento helicoidal. Mas o que é um movimento helicoidal senão um movimento composto por uma rotação ao redor de um ponto fixo *P* e uma translação deste ponto *P*? Como associamos a translação a uma dimensão positiva e a um vetor polar e a rotação a uma dimensão negativo e a um vetor axial, uma hélice será um movimento descrito por um vetor com uma componente polar e axial, em outras palavras, um super vetor:

$$\vec{s} = \left(\frac{m_e v}{eB}\right)\hat{i} + \left(vt\right)\hat{p}$$

$$\left\langle \vec{\underline{s}}, \vec{\underline{s}} \right\rangle = \left\langle \left(\frac{m_e v}{eB} \right) \hat{i} + (vt)\,\hat{p}, \left(\frac{m_e v}{eB} \right) \hat{i} + (vt)\,\hat{p} \right\rangle$$

$$\left\langle \vec{\underline{s}}, \vec{\underline{s}} \right\rangle = \left(\frac{m_e v}{eB} \right) \left\langle \hat{i}, \left(\frac{m_e v}{eB} \right) \hat{i} + (vt)\,\hat{p} \right\rangle + (vt) \left\langle \hat{p}, \left(\frac{m_e v}{eB} \right) \hat{i} + (vt)\,\hat{p} \right\rangle$$

$$\left\langle \vec{\underline{s}}, \vec{\underline{s}} \right\rangle = \left(\frac{m_e v}{eB} \right)^2 \left\langle \hat{i}, \hat{i} \right\rangle + \left(\frac{m_e v}{eB} \right)(vt)\left\langle \hat{i}, \hat{p} \right\rangle + (vt)\left(\frac{m_e v}{eB} \right)\left\langle \hat{p}, \hat{i} \right\rangle + (vt)^2 \left\langle \hat{p}, \hat{p} \right\rangle$$

Devido a ortogonalidade teremos:

$$\left\langle \vec{\underline{s}}, \vec{\underline{s}} \right\rangle = \left(\frac{m_e v}{eB} \right)^2 \left\langle \hat{i}, \hat{i} \right\rangle + (vt)^2 \left\langle \hat{p}, \hat{p} \right\rangle$$

$$\left\langle \vec{\underline{s}}, \vec{\underline{s}} \right\rangle = \left(\frac{m_e v}{eB} \right)^2 + (vt)^2$$

$$\left\langle \vec{\underline{s}}, \vec{\underline{s}} \right\rangle = v^2 \left[\left(\frac{m_e}{eB} \right)^2 + t^2 \right]$$

$$\left\| \vec{\underline{s}} \right\| = v \sqrt{ \left(\frac{m_e}{eB} \right)^2 + t^2 }$$

Em outras palavras, qualquer grandeza física pode ser escrita em função de um super vetor composto pelas suas componentes polares e axiais:

$$\vec{\underline{s}} = x\hat{p} + y\hat{q} + z\hat{r} + x*\hat{i} + y*\hat{j} + z*\hat{k}$$

Pelas regras de produto vetorial, produto interno e dual podemos deduzir as operações para super vetores:

$$*\vec{\underline{s}} = x*\hat{i} + y*\hat{j} + z*\hat{k} + x\hat{p} + y\hat{q} + z\hat{r}$$

Em outras palavras, no espaço tridimensional, um vetor geral é seu próprio dual. Isso é o resultado esperado, pois um espaço tridimensional positivo e um negativo são idênticos, ou seja, eles são seu próprio dual.

$$\left\langle \vec{\underline{s}}, \vec{\underline{s}} \right\rangle = \left(x^2 + y^2 + z^2 + x*^2 + y*^2 + z*^2 \right)$$

$$\left\| \vec{\underline{s}} \right\| = \sqrt{ x^2 + y^2 + z^2 + x*^2 + y*^2 + z*^2 }$$

Em outras palavras, a norma será o raio de uma 6-esfera.

$$\left\langle \vec{\underline{s}}_A, \vec{\underline{s}}_B \right\rangle = x_A x_B + y_A y_B + z_A z_B + \left(x_A x_B \right)* + \left(y_A y_B \right)* + \left(z_A z_B \right)*$$

$$*\left\langle \vec{\underline{s}}_A, \vec{\underline{s}}_B \right\rangle = \left(x_A x_B \right)* + \left(y_A y_B \right)* + \left(z_A z_B \right)* + x_A x_B + y_A y_B + z_A z_B$$

$$*\left\langle \vec{\underline{s}}_A, \vec{\underline{s}}_B \right\rangle = \left\langle *\vec{\underline{s}}_B, *\vec{\underline{s}}_A \right\rangle = \left\langle \vec{\underline{s}}_B, \vec{\underline{s}}_A \right\rangle = \left\langle *\vec{\underline{s}}_A, *\vec{\underline{s}}_B \right\rangle = \left\langle \vec{\underline{s}}_A, \vec{\underline{s}}_B \right\rangle = *\left\langle \vec{\underline{s}}_B, \vec{\underline{s}}_A \right\rangle$$

Assim, teremos um novo produto que contém uma parte real e parte dual.

$$\vec{\underline{s}}_A \times \vec{\underline{s}}_B = \left(x_A \hat{p} + y_A \hat{q} + z_A \hat{r} + x_A * \hat{i} + y_A * \hat{j} + z_A * \hat{k} \right)$$

$$\times \left(x_B \hat{p} + y_B \hat{q} + z_B \hat{r} + x_B * \hat{i} + y_B * \hat{j} + z_B * \hat{k} \right)$$

$$\vec{\underline{s}}_A \times \vec{\underline{s}}_B = x_A x_B \left(\hat{p} \times \hat{p} \right) + x_A y_B \left(\hat{p} \times \hat{q} \right) + x_A z_B \left(\hat{p} \times \hat{r} \right)$$

$$+ x_A x_B * \left(\hat{p} \times \hat{i} \right) + x_A y_B * \left(\hat{p} \times \hat{j} \right) + x_A z_B * \left(\hat{p} \times \hat{k} \right)$$

$$+ y_A x_B \left(\hat{q} \times \hat{p} \right) + y_A y_B \left(\hat{q} \times \hat{q} \right) + y_A z_B \left(\hat{q} \times \hat{r} \right)$$

$$+ y_A x_B * \left(\hat{q} \times \hat{i} \right) + y_A y_B * \left(\hat{q} \times \hat{j} \right) + y_A z_B * \left(\hat{q} \times \hat{k} \right)$$

$$+ z_A x_B \left(\hat{r} \times \hat{p} \right) + z_A y_B \left(\hat{r} \times \hat{q} \right) + z_A z_B \left(\hat{r} \times \hat{r} \right)$$

$$+ z_A x_B * \left(\hat{r} \times \hat{i} \right) + z_A y_B * \left(\hat{r} \times \hat{j} \right) + z_A z_B * \left(\hat{r} \times \hat{k} \right)$$

$$\vec{\underline{s}}_A \times \vec{\underline{s}}_B = x_A y_B \left(\hat{p} \times \hat{q} \right) + x_A z_B \left(\hat{p} \times \hat{r} \right) + x_A y_B * \left(\hat{p} \times \hat{j} \right) + x_A z_B * \left(\hat{p} \times \hat{k} \right)$$

$$+ y_A x_B \left(\hat{q} \times \hat{p} \right) + y_A z_B \left(\hat{q} \times \hat{r} \right) + y_A x_B * \left(\hat{q} \times \hat{i} \right) + y_A z_B * \left(\hat{q} \times \hat{k} \right)$$

$$z_A x_B \left(\hat{r} \times \hat{p} \right) + z_A y_B \left(\hat{r} \times \hat{q} \right) + z_A x_B * \left(\hat{r} \times \hat{i} \right) + z_A y_B * \left(\hat{r} \times \hat{j} \right)$$

$$\vec{\underline{s}}_A \times \vec{\underline{s}}_B = \left(x_A y_B - y_A x_B \right) \hat{k} + \left(z_A x_B - x_A z_B \right) \hat{j} + \left(y_A z_B - z_A y_B \right) \hat{i} +$$

$$\left(x_A y_B * - y_A x_B * \right) \hat{r} + \left(z_A x_B * - x_A z_B * \right) \hat{q} + \left(y_A z_B * - z_A y_B * \right) \hat{p}$$

Essa é a regra do produto vetorial de dois vetores gerais. Dois s-vetores podem ser descompostos em suas partes polares e axiais:

$$\vec{\underline{s}} = \vec{s} + \underline{s}$$

Essa decomposição simples calcular a dualidade:

$$*\underset{\rightarrow}{\vec{s}} = *\vec{s} + *\underset{\rightarrow}{s}$$

$$*\underset{\rightarrow}{\vec{s}} = \underset{\rightarrow}{s} + \vec{s}$$

$$\therefore *\underset{\rightarrow}{\vec{s}} = \underset{\rightarrow}{\vec{s}}$$

E o produto interno e a norma:

$$\left\langle \underset{\rightarrow}{\vec{s}}, \underset{\rightarrow}{\vec{s}} \right\rangle = \left\langle \vec{s} + \underset{\rightarrow}{s}, \vec{s} + \underset{\rightarrow}{s} \right\rangle$$

$$\left\langle \underset{\rightarrow}{\vec{s}}, \underset{\rightarrow}{\vec{s}} \right\rangle = \left\langle \vec{s}, \vec{s} + \underset{\rightarrow}{s} \right\rangle + \left\langle \underset{\rightarrow}{s}, \vec{s} + \underset{\rightarrow}{s} \right\rangle$$

$$\left\langle \underset{\rightarrow}{\vec{s}}, \underset{\rightarrow}{\vec{s}} \right\rangle = \left\langle \vec{s}, \vec{s} \right\rangle + \left\langle \vec{s}, \underset{\rightarrow}{s} \right\rangle + \left\langle \underset{\rightarrow}{s}, \vec{s} \right\rangle + \left\langle \underset{\rightarrow}{s}, \underset{\rightarrow}{s} \right\rangle$$

$$\left\langle \underset{\rightarrow}{\vec{s}}, \underset{\rightarrow}{\vec{s}} \right\rangle = \left\langle \vec{s}, \vec{s} \right\rangle + \left\langle \vec{s}, \underset{\rightarrow}{s} \right\rangle - \left\langle \vec{s}, \underset{\rightarrow}{s} \right\rangle + \left\langle \underset{\rightarrow}{s}, \underset{\rightarrow}{s} \right\rangle$$

$$\left\langle \underset{\rightarrow}{\vec{s}}, \underset{\rightarrow}{\vec{s}} \right\rangle = \left\langle \vec{s}, \vec{s} \right\rangle + \left\langle \underset{\rightarrow}{s}, \underset{\rightarrow}{s} \right\rangle$$

Portanto, o produto interno será dado por:

$$\left\langle \underset{\rightarrow}{\vec{s}}, \underset{\rightarrow}{\vec{s}} \right\rangle = \left(x^2 + y^2 + z^2 + x*^2 + y*^2 + z*^2 \right)$$

$$\left\| \underset{\rightarrow}{\vec{s}} \right\| = \sqrt{x^2 + y^2 + z^2 + x*^2 + y*^2 + z*^2}$$

Vejamos o produto interno entre dois super vetores arbitrários:

$$\left\langle \underset{\rightarrow}{\vec{s}}_A, \underset{\rightarrow}{\vec{s}}_B \right\rangle = \left\langle \vec{s}_A + \underset{\rightarrow}{s}_A, \vec{s}_B + \underset{\rightarrow}{s}_B \right\rangle$$

$$\left\langle \underset{\rightarrow}{\vec{s}}_A, \underset{\rightarrow}{\vec{s}}_B \right\rangle = \left\langle \vec{s}_A, \vec{s}_B + \underset{\rightarrow}{s}_B \right\rangle + \left\langle \underset{\rightarrow}{s}_A, \vec{s}_B + \underset{\rightarrow}{s}_B \right\rangle$$

$$\left\langle \underset{\rightarrow}{\vec{s}}_A, \underset{\rightarrow}{\vec{s}}_B \right\rangle = \left\langle \vec{s}_A, \vec{s}_B \right\rangle + \left\langle \vec{s}_A, \underset{\rightarrow}{s}_B \right\rangle + \left\langle \underset{\rightarrow}{s}_A, \vec{s}_B \right\rangle + \left\langle \underset{\rightarrow}{s}_A, \underset{\rightarrow}{s}_B \right\rangle$$

$$\left\langle \underset{\rightarrow}{\vec{s}}_A, \underset{\rightarrow}{\vec{s}}_B \right\rangle = \left\langle \vec{s}_A, \vec{s}_B \right\rangle + \left\langle \vec{s}_A, \underset{\rightarrow}{s}_B \right\rangle - \left\langle \vec{s}_A, \underset{\rightarrow}{s}_B \right\rangle + \left\langle \underset{\rightarrow}{s}_A, \underset{\rightarrow}{s}_B \right\rangle$$

$$\left\langle \underset{\rightarrow}{\vec{s}}_A, \underset{\rightarrow}{\vec{s}}_B \right\rangle = \left\langle \vec{s}_A, \vec{s}_B \right\rangle + \left\langle \underset{\rightarrow}{s}_A, \underset{\rightarrow}{s}_B \right\rangle$$

$$\left\langle \underset{\rightarrow}{\vec{s}}_A, \underset{\rightarrow}{\vec{s}}_B \right\rangle = x_A x_B + y_A y_B + z_A z_B + \left(x_A x_B \right)* + \left(y_A y_B \right)* + \left(z_A z_B \right)*$$

E por fim, vamos verificar o produto vetorial:

$$\underset{\rightarrow}{\vec{s}}_A \times \underset{\rightarrow}{\vec{s}}_B = \left(\vec{s}_A + \underset{\rightarrow}{s}_A \right) \times \left(\vec{s}_B + \underset{\rightarrow}{s}_B \right)$$

$$\underset{\rightarrow}{\vec{s}}_A \times \underset{\rightarrow}{\vec{s}}_B = \vec{s}_A \times \vec{s}_B + \vec{s}_A \times \underset{\rightarrow}{s}_B + \underset{\rightarrow}{s}_A \times \vec{s}_B + \underset{\rightarrow}{s}_A \times \underset{\rightarrow}{s}_B$$

É fácil ver que:

$$\vec{s}_A \times \underset{\rightarrow}{s}_B = -\underset{\rightarrow}{s}_B \times \vec{s}_A$$

$$\vec{s}_A \times \underset{\rightarrow}{s}_B = -\underset{\rightarrow}{s}_A \times \vec{s}_B$$

Portanto, o produto vetorial assumirá a forma:

$$\vec{\underline{S}}_A \times \vec{\underline{S}}_B = \vec{S}_A \times \vec{S}_B + \underline{S}_A \times \underline{S}_B$$

$$\vec{\underline{S}}_A \times \vec{\underline{S}}_B = \left(x_A y_B - y_A x_B\right)\hat{k} + \left(z_A x_B - x_A z_B\right)\hat{j} + \left(y_A z_B - z_A y_B\right)\hat{i} +$$
$$\left(x_A y_B * - y_A x_B *\right)\hat{r} + \left(z_A x_B * - x_A z_B *\right)\hat{q} + \left(y_A z_B * - z_A y_B *\right)\hat{p}$$

Da álgebra vetorial sabemos que o produto vetorial satisfaz os critérios de uma álgebra de Lie, portanto cabe-nos agora desenvolve-la:

$$\left[\varepsilon_i^m, \varepsilon_j^n\right] = \varepsilon_i^m \times \varepsilon_j^n - \varepsilon_j^n \times \varepsilon_i^m$$

Como estes vetores são variedades de Grassmann de ordem 2:

$$\left[\varepsilon_i^m, \varepsilon_j^n\right] = \varepsilon_i^m \times \varepsilon_j + \varepsilon_i^m \times \varepsilon_j^n$$
$$\left[\varepsilon_i^m, \varepsilon_j^n\right] = 2\left(\varepsilon_i^m \times \varepsilon_j^n\right)$$

Onde m e n são valores que podem ser iguais a 0 (axiais) e 1 (polares), i, j variam de 1 à 3. A equação geral será expressa pelo permutador de Galois:

$$\left[\varepsilon_i^m, \varepsilon_j^n\right] = 2P\left(i, j, k\right)\left(\varepsilon_k^{(m+n)\equiv \bmod 2}\right)$$

Para qualquer vetor polar ou axial desse espaço a álgebra de Lie será dada por:

$$\left[u_i^m, v_j^n\right] = 2P\left(i, j, k\right)\left(u_i^m v_j^n - u_j^m v_i^n\right)\left(\varepsilon_k^{m+n(\equiv \bmod 2)}\right)$$

Para um super vetor s, observe que ele é a combinação linear de suas partes polares e axiais:

$$\vec{\underline{s}} \doteq s_i = s_i^1 + s_i^0$$

Portanto sua álgebra de Lie será:

$$\left[s_i, s_j\right] = \left[s_i^1 + s_i^0, s_j^1 + s_j^0\right]$$

Usando a identidade de Lie:

$$[A+B, C+D] = [A, C] + [A, D] + [B, C] + [B, D]$$

Aplicando ao super vetor:

$$\left[s_i, s_j\right] = \left[s_i^1, s_j^1\right] + \left[s_i^1, s_j^0\right] + \left[s_i^0, s_j^1\right] + \left[s_i^0, s_j^0\right]$$

Calculando cada um dos colchetes de Lie teremos:

$$\left[s_i^1, s_j^1\right] = 2P(i,j,k)\left(s_i^1 s_j^1 - s_j^1 s_i^1\right)\left(\varepsilon_k^0\right)$$

$$\left[s_i^1, s_j^0\right] = 2P(i,j,k)\left(s_i^1 s_j^0 - s_j^0 s_i^1\right)\left(\varepsilon_k^1\right)$$

$$\left[s_i^0, s_j^1\right] = 2P(i,j,k)\left(s_i^0 s_j^1 - s_j^1 s_i^0\right)\left(\varepsilon_k^1\right)$$

$$\left[s_i^0, s_j^0\right] = 2P(i,j,k)\left(s_i^0 s_j^0 - s_j^0 s_i^0\right)\left(\varepsilon_k^0\right)$$

Substituindo na equação e evidenciando os fatores comuns:

$$\left[s_i, s_j\right] = 2P(i,j,k)\left(s_i^1 s_j^1 - s_j^1 s_i^1 + s_i^0 s_j^0 - s_j^0 s_i^0\right)\varepsilon_k^0$$

$$+2P(i,j,k)\left(s_i^1 s_j^0 - s_j^0 s_i^1 + s_i^0 s_j^1 - s_j^1 s_i^0\right)\varepsilon_k^1$$

Cancelando os termos da segunda parcela, obtemos:

$$\left[s_i, s_j\right] = 2P(i,j,k)\left[\left(s_i^1 s_j^1 - s_j^1 s_i^1 + s_i^0 s_j^0 - s_j^0 s_i^0\right)\varepsilon_k^0\right]$$

Podemos escrever essa equação usando o produto exterior entre dois vetores polares por meio do operador dual de Hodge:

$$\star\left(\varepsilon_i^m \otimes \varepsilon_j^n\right) = P(i,j,k)\varepsilon_k^{m+n(\equiv \bmod 2)}$$

Então, o colchete de Lie assumirá a seguinte forma:

$$\sum\left[u_i^m, v_j^n\right] = 2\star\left(u_i^m \wedge v_j^n\right)$$

$$u_i^m \times v_j^n = \star\left(u_i^m \wedge v_j^n\right)$$

Observe que os índices m e n devem ser elementos do corpo $Z/2$. Assim garantimos que o produto de dois vetores de mesma natureza sejam axiais e de diferente natureza sejam polares. Nessa nova notação que empregamos, o dual opera da seguinte forma sobre o vetor:

$$*u_i^m = u_i^{m+1(\equiv \bmod 2)}$$

$$*\varepsilon_k^{(\equiv \bmod 2)m+n} = \varepsilon_k^{m+n+1(\equiv \bmod 2)}$$

Também podemos definir a operação produto exterior entre vetores e covetores axiais e polares, criando tensores polares e axiais. Para evitar ambiguidades na notação, escreveremos os produtos da seguinte forma:

$$^{m}u^{i} \otimes {}^{n}u^{j} = {}^{m+n(\equiv \bmod 2)}u^{ij} \qquad\qquad {}^{m}u^{i} \otimes {}^{n}u_{j} = {}^{m+n(\equiv \bmod 2)}u^{i}_{j}$$

$$^{m}u_{i} \otimes {}^{n}u_{j} = {}^{m+n(\equiv \bmod 2)}u_{ij} \qquad\qquad {}^{m}u_{i} \otimes {}^{n}u^{j} = {}^{m+n(\equiv \bmod 2)}u^{j}_{i}$$

Em particular, para um tensor de ordem n:

$$^{m}u_{i} \otimes {}^{n}u_{j} \otimes \cdots \otimes {}^{p}u_{k} \equiv \otimes^{k}\, {}^{m}u_{i} = {}^{m+n+\ldots+p(\equiv \bmod 2)}u_{ij\ldots k}$$

$$^{m}u^{i} \otimes {}^{n}u^{j} \otimes \cdots \otimes {}^{p}u^{k} = \otimes^{k}\, {}^{m}u^{i} = {}^{m+n+\ldots+p(\equiv \bmod 2)}u^{ij\ldots k}$$

$$^{m}u_{i} \otimes {}^{n}u_{j} \otimes \cdots \otimes {}^{q}u_{k} \otimes {}^{o}u^{x} \otimes {}^{p}u^{y} \otimes \cdots \otimes {}^{r}u^{z} = {}^{m+n+o+p\ldots+q+r(\equiv \bmod 2)}u^{xy\ldots z}_{ij\ldots k}$$

Quanto à natureza axial e polar do tensor, podemos usar uma regra simples. Se M for o número de componentes axiais e N for o número de componentes polares, então:

$$|M - N| = \begin{cases} par, & \text{o tensor é } Axial. \\ impar, & \text{o tensor é } Polar. \end{cases}$$

Agora tratemos da questão da dimensionalidade. No espaço tridimensional, não podemos reconhecer a sua polaridade, pois o espaço positivo é idêntico ao espaço negativo. Portanto a escolha é meramente convencional. A essa convenção, como mostraremos com mais detalhe posteriormente, está associado a característica de anel. Se os vetores pertencem a um anel perplexo ou a um anel real, o espaço tem dimensão positiva. Se o espaço pertence a um anel com característica imaginária ou ao dual real, o espaço tem dimensão negativa. Em particular, se R é a característica do anel, a dimensão do espaço tridimensional será dada pela fórmula:

$$\dim \mathbb{S}^{n} = nR^{2}$$

Aqui é preciso fazer algumas considerações. Dizemos que os vetores axiais são pseudo-vetores, pois eles sofrem uma inversão de sinal frente a um plano de reflexão paralelo. Porém, isso só é verdade quando assumimos que o espaço tridimensional é positivo. Se, do contrário, adotarmos a convenção de que este espaço é negativo, o plano de reflexão é perpendicular e, por essa razão, são os vetores polares que assumem o papel de pseudo-vetores.

Por fim, vamos introduzir uma estrutura nova, que chamaremos de Super Espaço Vetorial Motor.

$$\mathbb{S}_{-m}^{+n} = \left\{ \times, +, \cdot, \mathbb{R}, \langle, \rangle \right\}$$

$$\left| \dim \mathbb{S}_{-m}^{+n} \right| = (n + m)$$

$$dual\ \mathbb{S}_{-m}^{+n} = \mathbb{S}_{-n}^{+m}$$

Esse espaço apresenta duas operações internas (produto vetorial e soma vetorial), uma operação externa sobre um corpo de números reais e um produto interno. O índice superior corresponde ao número de dimensões positivas e corresponde ao número de translações no espaço motor. O índice inferior corresponde ao número de dimensões negativas e corresponde ao número de rotações no espaço motor. A dimensão desse espaço será dado pela soma do número de rotações e translações. O seu dual, que pela álgebra multilinear sabemos que deve ter o mesmo número de dimensões, é o espaço onde ocorre uma inversão entre as translações e as rotações. É fácil ver que se o espaço for tridimensional, então ele será o seu próprio dual e o seu super espaço motor apresentará seis dimensões. Como o número de rotações e translações estão conectados aos graus de liberdade do sistema, podemos escrever a seguinte equação para o super espaço motor e o seu dual:

$$dual\ \mathbb{S}_{\frac{n^2-n}{2}}^{n} = \mathbb{S}_{n}^{\frac{n^2-n}{2}} \qquad \dim \mathbb{S}_{\frac{n^2-n}{2}}^{n} = \frac{n^2+n}{2}$$

Qualquer espaço motor de translações e seu dual ou rotações e seu dual será um sub-espaço vetorial do super espaço motor S e seu dual *S. Vamos agora definir o espaço de dimensão positiva e negativa das translações T e das rotações L. Como o super espaço motor é isomórfico ao espaço dos graus de liberdade do corpo rígido, então são válidas as relações abaixo:

$$\mathbb{T}^{p} \subset \mathbb{S}_{\frac{n^2-n}{2}}^{n} \qquad \mathbb{L}^{-p} \subset \mathbb{S}_{\frac{n^2-n}{2}}^{n}$$

$$\mathbb{L}^{q} \subset \mathbb{S}_{\frac{n^2-n}{2}}^{n} \qquad \mathbb{T}^{-q} \subset \mathbb{S}_{\frac{n^2-n}{2}}^{n}$$

Observe que a condição de complementaridade entre as translações e rotações nos impõe que:

$$\mathbb{T}^p \cap \mathbb{L}^q = \{0\} \qquad \mathbb{L}^{-p} \cap \mathbb{T}^{-q} = \{0\}$$

$$\mathbb{T}^p + \mathbb{L}^q = \mathbb{S}^n_{\frac{n^2-n}{2}} \qquad \mathbb{L}^{-p} + \mathbb{T}^{-q} = \mathbb{S}_n^{\frac{n^2-n}{2}}$$

Então, o super espaço pode ser escrito como uma soma direta destes espaços:

$$\mathbb{T}^p \oplus \mathbb{L}^q = \mathbb{S}^n_{\frac{n^2-n}{2}} \qquad \mathbb{L}^{-p} \oplus \mathbb{T}^{-q} = \mathbb{S}_n^{\frac{n^2-n}{2}}$$

Agora deixe-me provar que o espaço das rotações é o dual das translações. Tomemos o operador sobre a primeira soma direta:

$$*\left(\mathbb{T}^p \oplus \mathbb{L}^q\right) = *\mathbb{S}^n_{\frac{n^2-n}{2}}$$

$$*\left(\mathbb{T}^p \oplus \mathbb{L}^q\right) = \mathbb{S}_n^{\frac{n^2-n}{2}} = \mathbb{L}^{-p} \oplus \mathbb{T}^{-q}$$

Observe que:

$$*\mathbb{T}^p \subset *\mathbb{S}^n_{\frac{n^2-n}{2}} \qquad *\mathbb{L}^q \subset *\mathbb{S}^n_{\frac{n^2-n}{2}}$$

$$*\mathbb{T}^p \subset \mathbb{S}_n^{\frac{n^2-n}{2}} \qquad *\mathbb{L}^q \subset \mathbb{S}_n^{\frac{n^2-n}{2}}$$

Observe que a condição de complementaridade entre as translações e rotações nos impõe que:

$$*\mathbb{T}^p \cap *\mathbb{L}^q = \{0\}$$

$$*\mathbb{T}^p \oplus *\mathbb{L}^q = \mathbb{S}_n^{\frac{n^2-n}{2}}$$

Então, o super espaço pode ser escrito como uma soma direta destes espaços:

$$*\mathbb{T}^p \oplus *\mathbb{L}^q = \mathbb{S}_n^{\frac{n^2-n}{2}}$$

$$*\left(\mathbb{T}^p \oplus \mathbb{L}^q\right) = *\mathbb{T}^p \oplus *\mathbb{L}^q = \mathbb{L}^{-p} \oplus \mathbb{T}^{-q}$$

Em módulo, a dimensão do espaço e seu dual devem ser iguais:

$$\left|\dim \mathbb{T}^{p}\right| = \left|*\dim \mathbb{T}^{p}\right| = p \qquad \left|\dim \mathbb{T}^{-q}\right| = \left|*\dim \mathbb{T}^{-q}\right| = q$$

$$\left|\dim \mathbb{L}^{q}\right| = \left|*\dim \mathbb{L}^{q}\right| = q \qquad \left|\dim \mathbb{L}^{-p}\right| = \left|*\dim \mathbb{L}^{-p}\right| = p$$

Pela comparação do dual da soma direta e o teorema da invariância das dimensões, concluímos que:

$$*\mathbb{T}^{p} = \mathbb{L}^{-p}$$

$$*\mathbb{L}^{q} = \mathbb{T}^{-q}$$

Portanto o espaço de dimensão negativa é o espaço dual * de dimensão positiva. Sendo as dimensões de cada espaço dadas por:

$$\mathbb{T}^{p} = *\mathbb{L}^{-p} = n \qquad \mathbb{L}^{p} = *\mathbb{T}^{-p} = n$$

$$\mathbb{L}^{q} = *\mathbb{T}^{-q} = \frac{n^{2} - n}{2} \qquad \mathbb{T}^{-q} = *\mathbb{L}^{q} = \frac{n^{2} - n}{2}$$

Portanto, a álgebra assegura a consistência lógica de nossas proposições e nossa hipótese sobre a existência de dimensões espaços com negativas.

§ 3.5. Operadores Diferenciais em Dimensões Inteiras

Duas operações muito importantes no estudo na álgebra vetorial são os operadores diferencias: divergente, gradiente e rotacional. Inicialmente vamos definir o vetor gradiente e o super vetor gradiente:

$$\nabla = \partial_{x}\hat{p} + \partial_{y}\hat{q} + \partial_{z}\hat{r}$$

$$\nabla^{*} = \partial_{x}\hat{i} + \partial_{y}\hat{j} + \partial_{z}\hat{k}$$

Seja f e g funções vetoriais polar e axiais, respectivamente, definidas como:

$$f : \mathbb{R}^{3} \rightarrow \mathbb{V}^{3} \qquad g : \mathbb{R}^{3} \rightarrow \mathbb{V}_{-3}$$

$$f(x, y, z) = f_{1}\hat{p} + f_{2}\hat{q} + f_{3}\hat{r} \qquad g(x, y, z) = g_{1}\hat{i} + g_{2}\hat{j} + g_{3}\hat{k}$$

Vamos definir o operador diferencial rotacional de f que pelo seguinte homeomorfismo:

$$\nabla \times : \mathbb{V}_{-j}^{+i} \to \mathbb{V}_3$$

$$\nabla \times = \left(\partial_x \hat{p} + \partial_y \hat{q} + \partial_z \hat{r} \right) \times$$

Tomando o rotacional da função f, nós obtemos:

$$\nabla \times f = \left(\partial_x \hat{p} + \partial_y \hat{q} + \partial_z \hat{r} \right) \times \left(f_1 \hat{p} + f_2 \hat{q} + f_3 \hat{r} \right)$$

$$\nabla \times f = \left(\partial_x f_1 \right) \hat{p} \times \hat{p} + \left(\partial_y f_2 \right) \hat{q} \times \hat{q} + \left(\partial_z f_3 \right) \hat{r} \times \hat{r}$$

$$+ \partial_x f_2 \left(\hat{p} \times \hat{q} \right) + \partial_x f_3 \left(\hat{p} \times \hat{r} \right) + \left(\partial_y f_1 \right) \hat{q} \times \hat{p}$$

$$+ \left(\partial_y f_3 \right) \hat{q} \times \hat{r} + \left(\partial_z f_1 \right) \hat{r} \times \hat{p} + \left(\partial_z f \right) \hat{r} \times \hat{q}$$

A primeira linha é neutra, então esta calcular o valor da função para as demais componentes. Vamos levar em consideração que essas variáveis são de Grassmann.

$$\nabla \times f = \left(\partial_x f_2 - \partial_y f_1 \right) \left(\hat{p} \times \hat{q} \right) + \left(\partial_y f_3 - \partial_z f_2 \right) \left(\hat{q} \times \hat{r} \right) + \left(\partial_z f - \partial_x f_3 \right) \left(\hat{r} \times \hat{p} \right)$$

Usando a tábua da álgebra, obtemos o valor do rotacional

$$\nabla \times f = \left(\partial_y f_3 - \partial_z f_2 \right) i + \left(\partial_z f_1 - \partial_x f_3 \right) j + \left(\partial_x f_2 - \partial_y f_1 \right) k$$

Tomando o rotacional da função g, nós obtemos:

$$\nabla \times g = \left(\partial_x \hat{p} + \partial_y \hat{q} + \partial_z \hat{r} \right) \times \left(g_1 \hat{i} + g_2 \hat{j} + g_3 \hat{k} \right)$$

$$\nabla \times g = \left(\partial_x g_1 \right) \hat{p} \times \hat{i} + \left(\partial_y g_2 \right) \hat{q} \times \hat{j} + \left(\partial_z g_3 \right) \hat{r} \times \hat{k}$$

$$+ \partial_x g_2 \left(\hat{p} \times \hat{j} \right) + \partial_x g_3 \left(\hat{p} \times \hat{k} \right) + \left(\partial_y g_1 \right) \hat{q} \times \hat{i}$$

$$+ \left(\partial_y g_3 \right) \hat{q} \times \hat{k} + \left(\partial_z g_1 \right) \hat{r} \times \hat{i} + \left(\partial_z g_2 \right) \hat{r} \times \hat{j}$$

A primeira linha é neutra, então esta calcular o valor da função para as demais componentes. Vamos levar em consideração que essas variáveis são de Grassmann.

$$\nabla \times g = \partial_x g_2 \left(\hat{p} \times \hat{j} \right) - \partial_y g_1 \left(\hat{i} \times \hat{q} \right) + \partial_y g_3 \left(\hat{q} \times \hat{k} \right)$$

$$- \partial_z g_2 \left(\hat{j} \times \hat{r} \right) + \partial_z g_1 \left(\hat{r} \times \hat{i} \right) - \partial_x g_3 \left(\hat{k} \times \hat{p} \right)$$

Usando a tábua da álgebra, obtemos o valor do rotacional

$$\nabla \times g = \left(\partial_y g_3 - \partial_z g_2\right)\hat{p} + \left(\partial_z g_1 - \partial_x g_3\right)\hat{q} + \left(\partial_x g_2 - \partial_y g_1\right)\hat{r}$$

Podemos introduzir também um operador rotacional dual, que atua como um endomorfismo e com dimensões negativa $i, j, k,$ definido pela regra:

$$\nabla^* \times : \mathbb{V}^{+i}_{-j} \rightarrow \mathbb{V}^3$$

$$\nabla^* \times = \left(\partial_x \hat{i} + \partial_y \hat{j} + \partial_z \hat{k}\right) \times$$

Tomemos o rotacional dual da função vetorial polar:

$$\nabla^* \times f = \left(\partial_x \hat{i} + \partial_y \hat{j} + \partial_z \hat{k}\right) \times \left(f_1 \hat{p} + f_2 \hat{q} + f_3 \hat{r}\right)$$

$$\nabla^* \times f = \left(\partial_x f_1\right)\hat{i} \times \hat{p} + \left(\partial_y f_2\right)\hat{j} \times \hat{q} + \left(\partial_z f_3\right)\hat{k} \times \hat{r}$$

$$+ \left(\partial_x f_2\right)\hat{i} \times \hat{q} + \left(\partial_x f_3\right)\hat{i} \times \hat{r} + \left(\partial_y f_1\right)\hat{j} \times \hat{p}$$

$$+ \left(\partial_y f_3\right)\hat{j} \times \hat{r} + \left(\partial_z f_1\right)\hat{k} \times \hat{p} + \left(\partial_z f_2\right)\hat{k} \times \hat{q}$$

que resulta em:

$$\nabla^* \times f = \left(\partial_y f_3 - \partial_z f_2\right)\hat{p} + \left(\partial_z f_1 - \partial_x f_3\right)\hat{q} + \left(\partial_x f_2 - \partial_y f_1\right)\hat{r}$$

Vamos agora estudar o que ocorre com a função vetorial axial

$$\nabla^* \times g = \left(\partial_x \hat{i} + \partial_y \hat{j} + \partial_z \hat{k}\right) \times \left(g_1 \hat{i} + g_2 \hat{j} + g_3 \hat{k}\right)$$

$$\nabla^* \times f = \left(\partial_x g_1\right)\hat{i} \times \hat{i} + \left(\partial_y g_2\right)\hat{j} \times \hat{j} + \left(\partial_z g_3\right)\hat{k} \times \hat{k}$$

$$+ \left(\partial_x g_2\right)\hat{i} \times \hat{j} + \left(\partial_x g_3\right)\hat{i} \times \hat{k} + \left(\partial_y g_1\right)\hat{j} \times \hat{i}$$

$$+ \left(\partial_y g_3\right)\hat{j} \times \hat{k} + \left(\partial_z g_1\right)\hat{k} \times \hat{i} + \left(\partial_z g_2\right)\hat{k} \times \hat{j}$$

que resulta em:

$$\nabla^* \times g = \left(\partial_y g_3 - \partial_z g_2\right)\hat{i} + \left(\partial_z g_1 - \partial_x g_3\right)\hat{j} + \left(\partial_x g_2 - \partial_y g_1\right)\hat{k}$$

Vamos calcular o rotacional do rotacional dual:

$$\nabla \times \nabla^* = \left(\partial_x \hat{p} + \partial_y \hat{q} + \partial_z \hat{r}\right) \times \left(\partial_x \hat{i} + \partial_y \hat{j} + \partial_z \hat{k}\right)$$

$$\nabla \times \nabla^* = \left(\partial_x \partial_x\right)\hat{p} \times \hat{i} + \left(\partial_y \partial_y\right)\hat{q} \times \hat{j} + \left(\partial_z \partial_z\right)\hat{r} \times \hat{k}$$
$$+ \left(\partial_x \partial_y\right)\hat{p} \times \hat{j} + \left(\partial_x \partial_z\right)\hat{p} \times \hat{k} + \left(\partial_y \partial_x\right)\hat{q} \times \hat{i}$$
$$+ \left(\partial_y \partial_z\right)\hat{q} \times \hat{k} + \left(\partial_z \partial_x\right)\hat{r} \times \hat{i} + \left(\partial_z \partial_y\right)\hat{r} \times \hat{j}$$

Que após as simplificações, terá a forma:

$$\nabla \times \nabla^* = \left(\partial_y \partial_z - \partial_z \partial_y\right)\hat{p} + \left(\partial_z \partial_x - \partial_x \partial_z\right)\hat{q} + \left(\partial_x \partial_y - \partial_y \partial_x\right)\hat{r}$$

Usando o colchete de Lie, podemos expressar os rotacionais duplos pelas regras:

$$\nabla \times \nabla^* = \left[\partial_y, \partial_z\right]\hat{p} + \left[\partial_z, \partial_x\right]\hat{q} + \left[\partial_x, \partial_y\right]\hat{r}$$

$$\nabla^* \times \nabla = \left[\partial_z, \partial_y\right]\hat{p} + \left[\partial_x, \partial_z\right]\hat{q} + \left[\partial_y, \partial_x\right]\hat{r}$$

$$\nabla \times \nabla = \left[\partial_y, \partial_z\right]\hat{i} + \left[\partial_z, \partial_x\right]\hat{j} + \left[\partial_x, \partial_y\right]\hat{k}$$

$$\nabla^* \times \nabla^* = \left[\partial_y, \partial_z\right]\hat{i} + \left[\partial_z, \partial_x\right]\hat{j} + \left[\partial_x, \partial_y\right]\hat{k}$$

Se as funções forem pelo menos de classe C^2 e a base for holonômica todos estes rotacionais são nulos. Vamos agora calcular o divergente de um vetor polar.

$$\nabla \vec{u} = \left\langle \partial_x \hat{p} + \partial_y \hat{q} + \partial_z \hat{r}, f_1 \hat{p} + f_2 \hat{q} + f_3 \hat{r} \right\rangle$$

$$\nabla \vec{u} = \partial_x \left(f_1 \left\langle \hat{p}, \hat{p} \right\rangle + f_2 \left\langle \hat{p}, \hat{q} \right\rangle + f_3 \left\langle \hat{p}, \hat{r} \right\rangle \right)$$
$$+ \partial_y \left(f_1 \left\langle \hat{q}, \hat{p} \right\rangle + f_2 \left\langle \hat{q}, \hat{q} \right\rangle + f_3 \left\langle \hat{q}, \hat{r} \right\rangle \right)$$
$$+ \partial_z \left(f_1 \left\langle \hat{r}, \hat{p} \right\rangle + f_2 \left\langle \hat{r}, \hat{q} \right\rangle + f_3 \left\langle \hat{r}, \hat{r} \right\rangle \right)$$

$$\nabla \vec{u} = \partial_x f_1 + \partial_y f_2 + \partial_z f_3$$

Empregando o mesmo método, obtemos o divergente dual de um vetor axial:

$$\nabla^* \underline{u} = \partial_x g_1 + \partial_y g_2 + \partial_z g_3$$

Agora vamos calcular o divergente axial de um vetor polar:

$$\nabla^*\vec{u} = \left\langle \partial_x \hat{i} + \partial_y \hat{j} + \partial_z \hat{k}, f_1\hat{p} + f_2\hat{q} + f_3\hat{r} \right\rangle$$

$$\nabla^*\vec{u} = \partial_x\left(f_1\left\langle \hat{i},\hat{p}\right\rangle + f_2\left\langle \hat{i},\hat{q}\right\rangle + f_3\left\langle \hat{i},\hat{r}\right\rangle\right)$$
$$+\partial_y\left(f_1\left\langle \hat{j},\hat{p}\right\rangle + f_2\left\langle \hat{j},\hat{q}\right\rangle + f_3\left\langle \hat{j},\hat{r}\right\rangle\right)$$
$$+\partial_z\left(f_1\left\langle \hat{k},\hat{p}\right\rangle + f_2\left\langle \hat{k},\hat{q}\right\rangle + f_3\left\langle \hat{k},\hat{r}\right\rangle\right)$$

$$\nabla^*\vec{u} = \partial_x f_1 + \partial_y f_2 + \partial_z f_3$$

Agora vamos calcular o divergente polar de um vetor axial:

$$\nabla\underline{u} = \left\langle \partial_x \hat{p} + \partial_y \hat{q} + \partial_z \hat{r}, g_1\hat{i} + g_2\hat{j} + g_3\hat{k} \right\rangle$$

$$\nabla\underline{u} = \partial_x\left(g_1\left\langle \hat{p},\hat{i}\right\rangle + g_2\left\langle \hat{p},\hat{j}\right\rangle + g_3\left\langle \hat{p},\hat{k}\right\rangle\right)$$
$$+\partial_y\left(g_1\left\langle \hat{q},\hat{i}\right\rangle + g_2\left\langle \hat{q},\hat{j}\right\rangle + g_3\left\langle \hat{q},\hat{k}\right\rangle\right)$$
$$+\partial_z\left(g_1\left\langle \hat{r},\hat{i}\right\rangle + g_2\left\langle \hat{r},\hat{j}\right\rangle + g_3\left\langle \hat{r},\hat{k}\right\rangle\right)$$

que resulta na seguinte expressão:

$$\nabla\underline{u} = *\partial_x g_1 + *\partial_y g_2 + *\partial_z g_3$$

Agora vamos obter as expressões do laplaciano, começando pelo polar:

$$\Delta \equiv \nabla\cdot\nabla = \left\langle \partial_x\hat{p} + \partial_y\hat{q} + \partial_z\hat{r}, \partial_x\hat{p} + \partial_y\hat{q} + \partial_z\hat{r} \right\rangle$$

$$\Delta = \partial_x\left(\partial_x\left\langle \hat{p},\hat{p}\right\rangle + \partial_y\left\langle \hat{p},\hat{q}\right\rangle + \partial_z\left\langle \hat{p},\hat{r}\right\rangle\right)$$
$$+\partial_y\left(\partial_x\left\langle \hat{q},\hat{p}\right\rangle + \partial_y\left\langle \hat{q},\hat{q}\right\rangle + \partial_z\left\langle \hat{q},\hat{r}\right\rangle\right)$$
$$+\partial_z\left(\partial_x\left\langle \hat{r},\hat{p}\right\rangle + \partial_y\left\langle \hat{r},\hat{q}\right\rangle + \partial_z\left\langle \hat{r},\hat{r}\right\rangle\right)$$

Realizando os produtos internos, obtemos a forma do laplaciano polar:

$$\Delta = \partial_x \partial_x + \partial_y \partial_y + \partial_z \partial_z$$

Pelo mesmo método obtém-se o laplaciano axial e os mistos:

$$\Delta = \partial_x \partial_x + \partial_y \partial_y + \partial_z \partial_z$$

$$\Delta^* = \partial_x \partial_x + \partial_y \partial_y + \partial_z \partial_z$$

$$\nabla^* \nabla = *\partial_x \partial_x + *\partial_y \partial_y + *\partial_z \partial_z$$

$$\nabla \nabla^* = \partial_x * \partial_x + \partial_y * \partial_y + \partial_z * \partial_z$$

Essas regras podem ser aplicadas a todas identidades vetoriais, resultando em regras axiais, polares e mistas. Deixamos ao leitor o convite que teste essas regras e as aplique na generalização das identidades de Green e nas integrais vetoriais.

§ 3.6 Operadores Diferenciais no Super Espaço

Assim como no espaço tridimensional, podemos construir operadores gradiente, divergente e rotacional para o super espaço. Inicialmente vamos introduzir o super gradiente e o super escalar:

$$\nabla^S = \nabla + \nabla^*$$

$$S = x + x^*$$

O super gradiente permite definir as operações super rotacional e super divergente. Vamos inicialmente estudar o efeito dessas operações aplicadas as funções polares e axiais. Tomemos uma função vetorial genérica h:

$$\nabla^S \times h = \nabla \times h + \nabla^* \times h$$

Calculando os rotacionais de h,

$$\nabla \times h = \left(\partial_y h_3 - \partial_z h_2\right)i + \left(\partial_z h_1 - \partial_x h_3\right)j + \left(\partial_x h_2 - \partial_y h_1\right)k$$

$$\nabla^* \times f = \left(\partial_y h_3 - \partial_z h_2\right)\hat{p} + \left(\partial_z h_1 - \partial_x h_3\right)\hat{q} + \left(\partial_x h_2 - \partial_y h_1\right)\hat{r}$$

Portanto o super rotacional de f é uma aplicação que transforma um 3-vetor em um 6-vetor ou um super vetor:

$$\nabla^S \times h = \left(\partial_y h_3 - \partial_z h_2\right)\left(\hat{i} + \hat{p}\right) + \left(\partial_z h_1 - \partial_x h_3\right)\left(\hat{j} + \hat{q}\right) + \left(\partial_x h_2 - \partial_y h_1\right)\left(\hat{k} + \hat{r}\right)$$

Se definirmos um super vet or (6-vetor) associado à h pela relação:

$$\eta_i = \sum_{i=1}^{3} h_i \left(\varepsilon_i^0 + \varepsilon_i^1\right)$$

E a relação entre o produto tensorial e o dual de Hodge:

$$\star\left(\sigma_i^0 \otimes \sigma_j^0 + \sigma_i^0 \otimes \sigma_j^1 + \sigma_i^1 \otimes \sigma_j^0 + \sigma_i^1 \otimes \sigma_j^1\right) = P(i,j,k)\left(\sigma_k^0 + \sigma_k^1\right)$$

Então, o rotacional assumirá a seguinte forma:

$$\eta_i = \nabla^S \times h_i^0 = \star\left(\partial_i \wedge h_j\right)$$

Agora vamos calcular o super-divergente:

$$\nabla^S \vec{u} = \nabla \vec{u} + \nabla^* \vec{u}$$

Calculando os divergentes do vetor polar:

$$\nabla \vec{u} = \partial_x f_1 + \partial_y f_2 + \partial_z f_3$$
$$\nabla^* \vec{u} = *\partial_x f_1 + *\partial_y f_2 + *\partial_z f_3$$

Portanto, o super divergente de um vetor polar, é o dobro do seu divergente:

$$\nabla^S \vec{u} = \nabla\left(\vec{u} + \underline{u}\right)$$

Empregando o mesmo método, obtemos o super divergente de um vetor axial:

$$\nabla^S \underline{u} = \nabla \underline{u} + \nabla^* \underline{u}$$

Calculando os divergentes do vetor polar:

$$\nabla \underline{u} = \partial_x g_1 + \partial_y g_2 + \partial_z g_3$$
$$\nabla^* \underline{u} = *\partial_x g_1 + *\partial_y g_2 + *\partial_z g_3$$

Portanto, o s-divergente do vetor axial é o dobro do divergente:

$$\nabla^{s}\underline{u} = \nabla\left(\underline{u}+\vec{u}\right)$$

Essas propriedades do divergente e do super divergente sobre vetores axiais e polares, mostram que a divergência atua como uma operação de reflexão: para vetores polares, tanto o divergente polar como divergente axial produzem o mesmo valor. Por outro lado, o divergente axial de um vetor axial preserva seu sinal, porém o divergente polar, altera o seu sinal, como é esperado para uma reflexão de um vetor axial. Por fim, vamos estudar a divergência e o rotacional do super vetor:

$$\vec{\underline{s}} = f_1 p + f_2 q + f_3 r + f_{-1} i + f_{-2} j + f_{-3} k$$

Comecemos pelo rotacional:

$$\nabla\times\vec{\underline{s}} = \left(\partial_x\hat{p}+\partial_y\hat{q}+\partial_z\hat{r}\right)\times\left(f_1 p + f_2 q + f_3 r + f_{-1} i + f_{-2} j + f_{-3} k\right)$$

$$\nabla\times\vec{\underline{s}} = \partial_x\left[f_1+f_{-1}\right]\left(\hat{p}\times\hat{p}\right)+\partial_y\left[f_2+f_{-2}\right]\left(\hat{q}\times\hat{q}\right)+\partial_z\left[f_3+f_{-3}\right]\left(\hat{r}\times\hat{r}\right)$$

$$+\partial_x\left[f_2\left(\hat{p}\times\hat{q}\right)+f_{-2}\left(\hat{p}\times\hat{j}\right)\right]+\partial_x\left[f_3\left(\hat{p}\times\hat{r}\right)+f_{-2}\left(\hat{p}\times\hat{k}\right)\right]$$

$$+\partial_y\left[f_1\left(\hat{q}\times\hat{p}\right)+f_{-1}\left(\hat{q}\times\hat{i}\right)\right]+\partial_y\left[f_3\left(\hat{q}\times\hat{r}\right)+f_{-3}\left(\hat{q}\times\hat{k}\right)\right]$$

$$+\partial_z\left[f_1\left(\hat{r}\times\hat{p}\right)+f_{-1}\left(\hat{r}\times\hat{i}\right)\right]+\partial_z\left[f_2\left(\hat{r}\times\hat{q}\right)+f_{-2}\left(\hat{r}\times\hat{j}\right)\right]$$

Substituindo os valores dos produtos vetoriais:

$$\nabla\times\vec{\underline{s}} = \partial_x\left[f_2\hat{j}+f_{-2}\hat{r}\right]-\partial_x\left[f_3\hat{k}+f_{-3}\hat{q}\right]+\partial_y\left[-f_1\hat{k}+f_{-1}\hat{r}\right]$$

$$+\partial_y\left[f_3\hat{i}+f_{-3}\hat{p}\right]+\partial_z\left[f_1\hat{j}+f_{-1}\hat{q}\right]-\partial_z\left[f_2\hat{i}+f_{-2}\hat{p}\right]$$

Organizando as componentes do super vetor:

$$\nabla\times\vec{\underline{s}} = \left(\partial_y f_3 - \partial_z f_2\right)\hat{i}+\left(\partial_z f_1 - \partial_x f_3\right)\hat{j}+\left(\partial_x f_2 - \partial_y f_1\right)\hat{k}$$

$$+\left(\partial_y f_{-3} - \partial_z f_{-2}\right)\hat{p}+\left(\partial_z f_{-1} - \partial_x f_{-3}\right)\hat{q}+\left(\partial_x f_{-2} - \partial_y f_{-1}\right)\hat{r}$$

Como um super vetor é a soma de suas componentes polares e axiais, o resultado que obtivemos é uma consequência das distributividade em relação ao produto cruzado:

$$\nabla \times \underline{\vec{s}} = \nabla \times \left(\vec{s} + \underline{s} \right) = \nabla \times \vec{s} + \nabla \times \underline{s}$$

$$\nabla^* \times \underline{\vec{s}} = \nabla^* \times \left(\vec{s} + \underline{s} \right) = \nabla^* \times \vec{s} + \nabla^* \times$$

$$\nabla^S \times \underline{\vec{s}} = \nabla \times \underline{\vec{s}} + \nabla^* \times \underline{\vec{s}} = \left(\nabla + \nabla^* \right) \times \left(\vec{s} + \underline{s} \right)$$

Para a divergência, teremos:

$$\nabla \cdot \underline{\vec{s}} = \nabla \cdot \left(\vec{s} + \underline{s} \right) = \nabla \cdot \vec{s} + \nabla \cdot \underline{s}$$

$$\nabla \cdot \underline{\vec{s}} = f_{-1} + f_{-2} + f_{-3} + f_1 + f_2 + f_3$$

$$\nabla \cdot \underline{\vec{s}} = f^* + f$$

Para pseudo divergência, teremos:

$$\nabla^* \cdot \underline{\vec{s}} = \nabla^* \cdot \left(\vec{s} + \underline{s} \right) = \nabla^* \cdot \vec{s} + \nabla^* \cdot \underline{s}$$

$$\nabla^* \cdot \underline{\vec{s}} = f_1 + f_2 + f_3 + f_{-1} + f_{-2} + f_{-3}$$

$$\nabla^* \cdot \underline{\vec{s}} = f + f^*$$

Portanto a super divergência do super vetor será:

$$\nabla^S \cdot \underline{\vec{s}} = \nabla \cdot \underline{\vec{s}} + \nabla^* \cdot \underline{\vec{s}} = 2 \left(f + f^* \right)$$

§ 3.7. Variedades Espaço-Temporais de Poincaré-Minkowski

Até agora estudamos a propriedade do espaço, porém, sabemos que o princípio da relatividade exige que o espaço-tempo forme uma estrutura contínua. Nesta seção introduziremos as dimensões de tempo positivo e negativo dentro do novo formalismo que estamos propondo.

Há, pelo menos, 11 tipos de variedades super espaço-tempo. Para obtermos esses espaços, precisamos usar a forma quadrática fundamental do espaço-tempo, descoberta por Poincaré em 1905:

$$c^2 t^2 - x^2 - y^2 - z^2$$

A partir dela, podemos procurar 4-vetores hipercomplexos cuja norma ao quadrado do vetor posição sejam a métrica do espaço-tempo. Para isso vamos estruturar quatro tipos de espaço-tempo de Poincaré-Minkowski, a saber: híbrido positivo, híbrido negativo, perplexo, complexo.

Suponha que as componentes do vetor polar são versores perplexos e o vetor associado ao tempo seja complexo. Chamaremos esse espaço-tempo de híbrido.

Definamos o vetor I:

$$I = ct\hat{i} + x\hat{p} + y\hat{q} + z\hat{r}$$

Um possível produto interno para este espaço é dado por:

$$\langle I_1, I_2 \rangle = +I_1 \overline{I_2}$$

Vamos mostrar que essa definição satisfaz as três condições que definem um produto interno para brádions (vetores que conectam os eventos dentro do cone de luz):

a) Simetria do Conjugado

$$\overline{\langle I_2, I_1 \rangle} = \langle I_1, I_2 \rangle$$

Prova:

$$\langle I_2, I_1 \rangle = +I_2 \overline{I_1}$$

$$\overline{\langle I_2, I_1 \rangle} = +\overline{\left(I_2 \overline{I_1} \right)}$$

$$\overline{\langle I_2, I_1 \rangle} = +\overline{I_2} \overline{\overline{I_1}}$$

$$\overline{\langle I_2, I_1 \rangle} = +\overline{I_2} I_1$$

$$\overline{\langle I_2, I_1 \rangle} = +I_1 \overline{I_2}$$

$$\overline{\langle I_2, I_1 \rangle} = \langle I_1, I_2 \rangle$$

b) Bilinearidade

$$\langle aI_1 + I_2, I_3 \rangle = a \langle I_1, I_3 \rangle + \langle I_2, I_3 \rangle$$

Prova:

$$(1) \quad \begin{cases} \langle aI_1 + I_2, I_3 \rangle = +\left(aI_1 + I_2 \right) \overline{I_3} \\ \langle aI_1 + I_2, I_3 \rangle = +aI_1 \overline{I_3} + I_2 \overline{I_3} \end{cases}$$

$$(2) \begin{cases} a\langle I_1,I_3\rangle+\langle I_2,I_3\rangle = +aI_1\overline{I}_3+I_2\overline{I}_3 \\ a\langle I_1,I_3\rangle+\langle I_2,I_3\rangle = +(aJ_1+J_2)\overline{I}_3 \end{cases}$$

Por (1) e (2) decorre que:

$$\langle aI_1+I_2,I_3\rangle = a\langle I_1,I_3\rangle+\langle I_2,I_3\rangle$$

c) *Positiva-Definido*

$$\langle I,I\rangle > 0$$

Prova:

$$\langle I,I\rangle = +I\overline{I} \leftrightarrow +I\overline{I} > 0$$

Vamos calcular o produto de J pelo seu conjugado:

$$I\overline{I} = (ct\hat{\imath}+x\hat{p}+y\hat{q}+z\hat{r})(-ct\hat{\imath}-x\hat{p}-y\hat{q}-z\hat{r})$$

Pelas condições de ortogonalidade, teremos:

$$I\overline{I} = -c^2t^2\hat{\imath}^2+x^2\hat{p}^2+y^2\hat{q}^2+z^2\hat{r}^2+[ct\hat{\imath},x\hat{p}+y\hat{q}+z\hat{r}]$$

Os números perplexos só definem uma álgebra de Grassman sobre o anel dos duais e dos complexos. Porém, para que esses vetores satisfaçam a forma quadrática, devemos ter as seguintes relações:

$$\begin{cases} \hat{\imath}^2 = -1 \\ \hat{\imath} = \sqrt{-1} \end{cases} \qquad I\overline{I} = c^2t^2-x^2-y^2-z^2$$

Como assumimos que os vetores se encontram dentro do cone de luz, o intervalo acima é positivo, portanto:

$$I\overline{I} > 0$$

Q.E.D.

Suponha que as componentes do vetor polar são versores perplexos e o vetor associado ao tempo seja complexo.

Chamaremos esse espaço-tempo de híbrido negativo. Definamos o vetor I:

$$H = ct^* \hat{h} + x^* \hat{i} + y^* \hat{j} + z^* \hat{k}$$

Um possível produto interno para este espaço é dado por:

$$\langle H_1, H_2 \rangle = -*\left(H_1 \bar{H}_2 \right)$$

Vamos mostrar que essa definição satisfaz as três condições que definem um produto interno para brádions:

a)   *Simetria do Conjugado*

$$\overline{\langle H_2, H_1 \rangle} = \langle H_1, H_2 \rangle$$

Prova:

$$\langle H_2, H_1 \rangle = -*\left(H_2 \bar{H}_1 \right)$$

$$\overline{\langle H_2, H_1 \rangle} = -*\overline{\left(H_2 \bar{H}_1 \right)}$$

$$\overline{\langle H_2, H_1 \rangle} = -*\left(\bar{H}_2 \bar{\bar{H}}_1 \right)$$

$$\overline{\langle H_2, H_1 \rangle} = -*\left(\bar{H}_2 H_1 \right)$$

$$\overline{\langle H_2, H_1 \rangle} = -*\left(H_1 \bar{H}_2 \right)$$

$$\overline{\langle H_2, H_1 \rangle} = \langle H_1, H_2 \rangle$$

b)   *Bilinearidade*

$$\langle aH_1 + H_2, H_3 \rangle = a\langle H_1, H_3 \rangle + \langle H_2, H_3 \rangle$$

Prova:

$$(1) \begin{cases} \langle aH_1 + H_2, H_3 \rangle = -*\left[\left(aH_1 + H_2 \right) \bar{H}_3 \right] \\ \langle aI_1 + I_2, I_3 \rangle = -a*\left(H_1 \bar{H}_3 \right) - *\left(H_2 \bar{H}_3 \right) \end{cases}$$

$$(2) \begin{cases} a\langle I_1,I_3\rangle + \langle I_2,I_3\rangle = -a*\left(H_1\bar{H}_3\right) - *\left(H_2\bar{H}_3\right) \\ a\langle I_1,I_3\rangle + \langle I_2,I_3\rangle = -*\left[\left(aH_1+H_2\right)\bar{H}_3\right] \end{cases}$$

Por (1) e (2) decorre que:

$$\langle aH_1 + H_2, H_3\rangle = a\langle H_1,H_3\rangle + \langle H_2,H_3\rangle$$

c) **Positiva-Definido**

$$\langle H,H\rangle > 0$$

Prova:

$$\langle H,H\rangle = -*\left(H\bar{H}\right) \leftrightarrow *\left(H\bar{H}\right) < 0$$

Vamos calcular o produto de J pelo seu conjugado:

$$-*\left(H\bar{H}\right) = -*\left[\left(ct^*\hat{h} + x^*\hat{\imath} + y^*\hat{\jmath} + z^*\hat{k}\right)\left(-ct^*\hat{h} - x^*\hat{\imath} - y^*\hat{\jmath} - z^*\hat{k}\right)\right]$$

Pelas condições de ortogonalidade, teremos:

$$-*H\bar{H} = -*\left(-c^2t^{*2}\hat{h}^2 - x^{*2}\hat{\imath}^2 - y^{*2}\hat{\jmath}^2 - z^{*2}\hat{k}^2 + \left[ct^*\hat{h}, x^*\hat{\imath} + y^*\hat{\jmath} + z^*\hat{k}\right]\right)$$

Os números perplexos só definem uma álgebra de Grassman sobre o anel dos duais e dos complexos. Porém, para que esses vetores satisfaçam a forma quadrática, devemos ter as relações:

$$\begin{cases} \hat{h}^2 = +1 \\ \hat{h} = \sqrt{+1} \end{cases}$$

$$-*H\bar{H} = -*\left(-c^2t^{*2} + x^{*2} + y^{*2} + z^{*2}\right)$$

$$-*H\bar{H} = -\left(-c^2t^2 + x^2 + y^2 + z^2\right)$$

$$-*H\bar{H} = c^2t^2 - x^2 - y^2 - z^2$$

Como assumimos que os vetores se encontram dentro do cone de luz, o intervalo acima é positivo, portanto:

$$*H\bar{H} < 0$$

Q.E.D.

Assim, encerramos a análise dos espaços híbridos. Vamos analisar o espaço perplexo, para isso suponha que as componentes do vetor polar são versores ordinários dos vetores do espaço sobre o corpo de números reais. Sendo J^2 a norma de um vetor arbitrário do espaço-tempo, vamos determinar qual deve ser a dimensionalidade do tempo para que a relação seja satisfeita. Para isso escrevamos o vetor J:

$$J = d\left(x, y, z\right)\hat{r} + ct\hat{\tau}$$

Vamos definir o produto interno para os vetores que se encontram dentro do cone de luz pela a seguinte regra:

$$\langle J_1, J_2 \rangle = -J_1 \overline{J}_2$$

Vamos mostrar que essa definição satisfaz as três condições do produto interno:

a) Simetria do Conjugado

$$\overline{\langle J_2, J_1 \rangle} = \langle J_1, J_2 \rangle$$

Prova:

$$\langle J_2, J_1 \rangle = -J_2 \overline{J}_1$$

$$\overline{\langle J_2, J_1 \rangle} = -\overline{\left(J_2 \overline{J}_1 \right)}$$

$$\overline{\langle J_2, J_1 \rangle} = -\overline{J}_2 \overline{\overline{J}}_1$$

$$\overline{\langle J_2, J_1 \rangle} = -\overline{J}_2 J_1$$

$$\overline{\langle J_2, J_1 \rangle} = -J_1 \overline{J}_2$$

$$\overline{\langle J_2, J_1 \rangle} = \langle J_1, J_2 \rangle$$

b) Bilinearidade

$$\langle aJ_1 + J_2, J_3 \rangle = a\langle J_1, J_3 \rangle + \langle J_2, J_3 \rangle$$

Prova:

(1) $\begin{cases} \langle aJ_1 + J_2, J_3 \rangle = -(aJ_1 + J_2)\overline{J}_3 \\ \langle aJ_1 + J_2, J_3 \rangle = -aJ_1\overline{J}_3 - J_2\overline{J}_3 \end{cases}$

(2) $\begin{cases} a\langle J_1, J_3 \rangle + \langle J_2, J_3 \rangle = -aJ_1\overline{J}_3 - J_2\overline{J}_3 \\ a\langle J_1, J_3 \rangle + \langle J_2, J_3 \rangle = -(aJ_1 + J_2)\overline{J}_3 \end{cases}$

Por (1) e (2) decorre que:

$$\langle aJ_1 + J_2, J_3 \rangle = a\langle J_1, J_3 \rangle + \langle J_2, J_3 \rangle$$

c) Positiva-Definido

$$\langle J, J \rangle > 0$$

Prova:

$$\langle J, J \rangle = -J\overline{J} \leftrightarrow J\overline{J} < 0$$

Vamos calcular o produto de J pelo seu conjugado:

$$J\overline{J} = (d\hat{r} + t\hat{\tau})(d\hat{r} + t\overline{\hat{\tau}})$$
$$J\overline{J} = d^2 + ctd\hat{r}\overline{\hat{\tau}} + ctd\hat{\tau}\hat{r} + c^2t^2\hat{\tau}\overline{\hat{\tau}}$$

Como a norma do vetor deve corresponder a forma quadrática do espaço, devemos escolher $\hat{\tau}$ de forma que:

$$\begin{cases} \overline{\hat{\tau}} = -\hat{\tau} \\ \hat{\tau}\overline{\hat{\tau}} = -1 \\ \hat{\tau}^2 = +1 \end{cases}$$

Portanto $\hat{\tau}$ é um número perplexo. Substituindo esses resultados na equação:

$$J\overline{J} = d^2 - c^2t^2$$
$$J\overline{J} = x^2 + y^2 + z^2 - c^2t^2$$

Como assumimos que os vetores se encontram dentro do cone de luz, o intervalo acima é negativo, portanto:

$$J\bar{J} < 0$$

Q.E.D.

Por esta última demonstração, podemos escrever a norma ao quadrado de um vetor no espaço-tempo como:

$$\langle J_1, J_2 \rangle = -J_1 \bar{J}_2$$

$$\langle J, J \rangle = c^2 t^2 - x^2 - y^2 - z^2$$

Agora vamos supor que o espaço tenha dimensões negativas, representadas por vetores da base que são imaginários puros. Para isso escrevamos o nosso vetor K:

$$K = d^* \hat{\rho} + ct^* \hat{\kappa}$$

$$d^* \equiv d\left(x^*, y^*, z^*\right)$$

Vamos definir o produto interno para os vetores que se encontram dentro do cone de luz pela a seguinte regra:

$$\langle K_1, K_2 \rangle = *\left(K_1 \bar{K}_2\right)$$

Vamos mostrar que essa definição satisfaz as três condições que definem um produto interno:

a) Simetria do Conjugado

$$\overline{\langle K_2, K_1 \rangle} = *\langle K_1, K_2 \rangle$$

Prova:

$$\langle K_2, K_1 \rangle = *\left(K_2 \bar{K}_1\right)$$

$$\overline{\langle K_2, K_1 \rangle} = *\overline{\left(K_2 \bar{K}_1\right)}$$

$$\overline{\langle K_2, K_1 \rangle} = *\left(\bar{K}_2 \bar{\bar{K}}_1\right)$$

$$\overline{\langle K_2, K_1 \rangle} = *\left(K_1 \bar{K}_2\right)$$

$$\overline{\langle K_2, K_1 \rangle} = \langle K_1, K_2 \rangle$$

b) Bilinearidade

$$\langle aK_1 + K_2, K_3 \rangle = a\langle K_1, K_3 \rangle + \langle K_2, K_3 \rangle$$

Prova:

$$(1) \begin{cases} \langle aK_1 + K_2, K_3 \rangle = *\left[(aK_1 + K_2)\bar{K}_3 \right] \\ \langle aK_1 + K_2, K_3 \rangle = a*\left(K_1\bar{K}_3 \right) + *\left(K_2\bar{K}_3 \right) \end{cases}$$

$$(2) \begin{cases} a\langle K_1, K_3 \rangle + \langle K_2, K_3 \rangle = a*\left(K_1\bar{K}_3 \right) + *\left(K_2\bar{K}_3 \right) \\ a\langle K_1, K_3 \rangle + \langle K_2, K_3 \rangle = *\left[(aK_1 + K_2)\bar{K}_3 \right] \end{cases}$$

Por (1) e (2) decorre que:

$$\langle aK_1 + K_2, K_3 \rangle = a\langle K_1, K_3 \rangle + \langle K_2, K_3 \rangle$$

c) Positiva-Definido

$$\langle K, K \rangle > 0$$

Prova:

$$\langle K, K \rangle = *\left(K\bar{K} \right) \leftrightarrow *\left(K\bar{K} \right) > 0$$

Vamos calcular o produto de J pelo seu conjugado:

$$*\left(K\bar{K} \right) = *\left[\left(d^*\hat{\rho} + ct^*\hat{\kappa} \right)\left(-r^*\hat{\rho} + ct^*\bar{\hat{\kappa}} \right) \right]$$

$$*\left(K\bar{K} \right) = *\left[-d^{*2} + ct^*d^*\hat{\rho}\bar{\hat{\kappa}} - ct^*r^*\hat{\tau}\hat{\kappa} + c^2t^{*2}\hat{\kappa}\bar{\hat{\kappa}} \right]$$

Como a norma do vetor deve corresponder a forma quadrática do espaço, devemos escolher $\hat{\kappa}$ de forma que:

$$\begin{cases} \bar{\hat{\kappa}} = \hat{\kappa} \\ \bar{\hat{\kappa}}\hat{\kappa} = 1 \\ \hat{\kappa}^2 = 1 \end{cases}$$

Portanto $\hat{\kappa}$ é um versor do espaço ordinário. Substituindo esses resultados:

$$*\left(K\overline{K}\right) = c^2 * t^{*2} - *r^{*2}$$

$$*\left(K\overline{K}\right) = c^2 t^2 - x^2 - y^2 - z^2$$

Como os vetores são brádions, o intervalo acima é positivo, portanto:

$$K\overline{K} > 0$$

Q.E.D.

Agora que obtivemos as quatro possibilidades de variedade espaço-tempo, estamos em condições de construir o super espaço-tempo.

§ 3.8. Super Espaço-Tempo

A construção de um super espaço é feita pela soma direta dos vetores axiais e polares. Para construir um super espaço-tempo, procedemos de modo análogo. Como temos 4 vetores, H, I, J, K, e a soma direta é comutativa, temos 11 possíveis arranjos para construir variedades do tipo super espaço-tempo, a saber:

$$S_1 = H \oplus I$$
$$S_2 = H \oplus J$$
$$S_3 = H \oplus K$$
$$S_4 = I \oplus J$$
$$S_5 = I \oplus K$$
$$S_6 = J \oplus K$$

$$S_7 = H \oplus I \oplus J$$
$$S_8 = H \oplus I \oplus K$$
$$S_9 = H \oplus J \oplus K$$
$$S_{10} = I \oplus J \oplus K$$
$$S_{11} = H \oplus I \oplus J \oplus K$$

Os espaços S_1 à S_6 são espaços isomorfos ao espaço dos octoniões e aos espaços vetoriais de 8 dimensões (como o espaço dos 8-vetores ou espaço das 8-formas). Os espaços S_1 à S_7 são espaços isomorfos aos espaços vetoriais de 12 dimensões. Por fim, temos o super espaço-tempo S_{11} que é isomorfo ao espaço dos sedeniões cônicos, pois existem 8 raízes negativas e 8 positivas.

Como interpretar esses resultados dentro de uma teoria física do espaço-tempo? Podemos pensar que a variedade super espaço-tempo é um sedinião cônico, por isso um plano que os cortes sobre certas posições irá produzir variedades ou p-branas cônicas. Se cada corte produz uma (q-4)-brana, então a fórmula geral de cortes será:

$$(16-4k)-branas$$

$$k \rightarrow n\text{úmero de cortes} \qquad k \in \mathbb{Z}\,/\,\{(-\infty,0)\}$$

Portanto, qual será o número máximo de cortes? A matemática básica nos fornece uma resposta um tanto sugestiva:

$$16-4k > 0$$
$$16 > 4k$$
$$k < 4$$

Como 4 é um inteiro não negativo, então a cota superior de k é 3, o mesmo número de dimensões do espaço. Poderíamos inferir que o número de dimensões do espaço é o número de cortes do sedinião? Eu prefiro acautelar-me e não arriscar uma resposta sem uma investigação mais detalhada.

Até aqui, temos seguido os caminhos da lógica, por isso convém invocar a experiência. É um fato trivial que nosso espaço é munido de vetores polares e axiais, sendo que os primeiros associamos a translações e o segundo associamos a rotações. Portanto os nossos super espaços devem atender um requisito elementar: eles devem incluir em suas componente as translações e as rotações. Em outras palavras, a experiência nos informa que nem todas as somas diretas correspondem ao espaço motor. Portanto podemos enunciar o seguinte axioma:

"Só são admitidas somas diretas entre um espaço polar e um espaço axial"

Por meio desse axioma, guiado pela experiência do nosso espírito com o espaço, reduzimos o número de super espaços:

$T_1 = H \oplus I$	$T_4 = J \oplus K$	$T_6 = H \oplus J \oplus K$
$T_2 = H \oplus J$	$T_4 = H \oplus I \oplus J$	$T_7 = I \oplus J \oplus K$
$T_3 = I \oplus K$	$T_5 = H \oplus I \oplus K$	$T_8 = H \oplus I \oplus J \oplus K$

Em nossa teoria admitimos que o espaço-tempo pode está imerso em um espaço-tempo de 16 dimensões. Isso significa que existem planos de rotação e translação que podem corresponder a um espaço tridimensional ortogonal ao nosso. Assim teremos seis direções de translação, seis direções de rotação e 4 direções de translação no tempo.

$$translação: x, y, z, \xi, \eta, \zeta$$
$$rotação: x^*, y^*, z^*, \xi^*, \eta^*, \zeta^*$$
$$translação\ temporal: t, t^*, \tau, \tau^*$$

A experiência nos diz que vivemos em um espaço tridimensional com três translações e três rotações. Portanto, podemos considerar, do ponto de vista matemático, que o nosso espaço pode ser descrito, sem qualquer prejuízo, por um super espaço de 6-dimensões. Vamos considerar, para desespero de Albert Einstein, que Deus jogue dados com Universo. Por esta afirmação quero dizer que as probabilidades de habitarmos um 6-espaço é igual. Qual a probabilidade de que o tempo seja cíclico? Um cálculo descuidado nos levaria a uma conclusão pessimista de ¼ (25%). Qual o erro? Dividimos o número de tempos possíveis (4) pelo número de tempos cíclicos (1). Este cálculo está errado por uma razão simples: o nosso espaço amostral Ω não é o número de tempos, mas o número de 6-espaços e a esperança é o número de espaços com tempo cíclico.

$$\Omega = \{T_1, T_2, T_3, T_4\}, \qquad \Xi = \{T_1, T_3\}$$

Portanto a probabilidade de que nosso tempo seja cíclico é de ½ (50%).

§ 3.9. Super Espaço-Tempo Especular

Poincaré (1902) nos ensinou em sua ampla análise dos fundamentos da geometria que a experiência não nos mostra qual geometria é mais verdadeira e sim aquela que é mais cômoda. De fato, existem 4 espaços que podem ser considerados equivalentes empiricamente, pois nenhuma experiência poderá discerni-los.

$$Cíclico \to T_1 \triangleq T_3 \qquad Linear \to T_2 \triangleq T_4$$

À rigor, os quatro espaços são localmente indistinguíveis, mas o fato dos espaços T_1 e T_3 terem um tempo imaginário, então haveria um momento em que o espaço-tempo retornaria ao seus primeiros estágios. Assim a caracterização do super espaço-tempo sensível pode ser reduzida a compreensão de dois espaços. Segundo nossos estudos sobre o mapa dual $*$, é fácil ver que os espaços se relacionam da seguinte forma:

$$I = *H \qquad J = *K$$

Assim nossos 6-espaços compatíveis serão:

$$T_1 = *I \oplus I \qquad T_2 = *I \oplus J$$
$$T_4 = J \oplus *J \qquad T_3 = I \oplus *J$$

Além disso, existe uma relação de dualidade entre os espaços:

$$T_1 = I \oplus *I \qquad T_2 = *I \oplus J$$
$$T_4 = J \oplus *J \qquad T_3 = *T_2$$

Das relações de equivalência podemos concluir que:

$$*I \overset{\Delta}{=} *J$$

$$I \overset{\Delta}{=} J$$

Essa equivalência significa dizer que o espaço I e J são covariantes em Lorentz e não podem ser distinguidos. Portanto, mesmo que estejamos presos em um tempo cíclico, nenhuma experiência interna poderá nos dizer, durante o período de retorno no tempo, não teríamos consequência desse fato. Há outra consequência importante a respeito da dualidade, que devemos mencionar. Nós apresentaremos uma classe de espaços, chamados de especular:

$$Cíclico : \{I \oplus *I; I \oplus *J\}$$

$$Linear : \{J \oplus *J; *I \oplus J\}$$

Os espaços que somas diretas dele próprio por seu dual, iremos chamar de super espaços puros. Podemos interpretá-los como duas faces opostas no infinito, mas que projetam sobre uma brana os vetores polares e axiais de espaço-tempo criando o super espaço motor. Nesse sentido, um espaço é o espelho do outro, um super espaço especular.

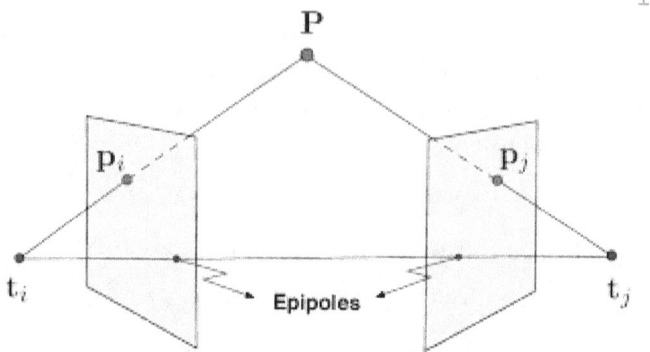

P

P_i P_j

t_i Epipoles t_j

Nossa maior dificuldade é compreender o tempo, pois desta vez temos duas dimensões temporais, enquanto a experiência nos mostra que detectamos somente um tempo. O que seria o tempo cíclico combinado com linear? O que seria dois tempos lineares? Infelizmente, essa pergunta, por hora não nos apresenta uma resposta, poderíamos especular com base em algumas evidências, mas a falta de uma topologia do tempo, nos torna reféns das muitas hipóteses.

Já as somas mistas apresentam uma propriedade também interessante. Suponha que o espaço I^* e o espaço J projetem seus pontos sobre uma face da brana. O ponto J* e o ponto I são as projeções no outro lado. Portanto, essa estrutura também funciona como um espelho de suas dimensões. Só que em uma face teremos o tempo linear, enquanto na hora teremos o tempo cíclico.

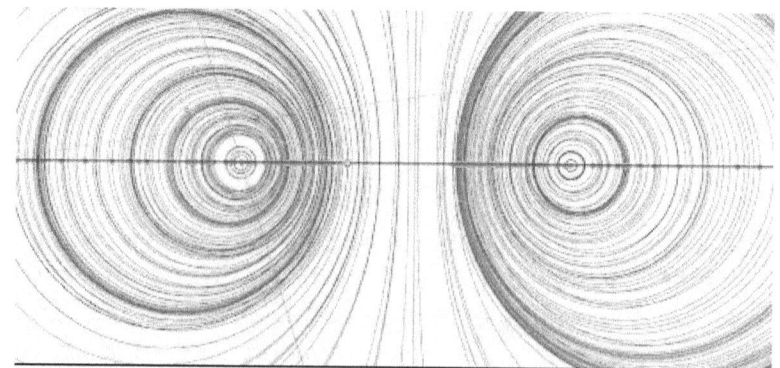

Como a experiência não nos permite escolher qual é o verdadeiro, escolhemos aquele que é mais cômodo. Por uma questão de simetria, sinto-me a escolher como melhor par de espaços T_2 (cíclico) e T_3 (linear). Primeiro porque podemos, seguindo o espírito da geometria projetiva, dizer que cada espaço é a projeção de seu parceiro no infinito. Mas, além disso, cada espaço é o mapa dual do outro, portanto existe uma perfeita simetria entre os dois. O que acontece em um espaço, é mapeado no outro. O que pode levantar hipóteses interessantes: se o tempo é cíclico em T^2 e os dois espaços se conectam pelo operador *, qual é o efeito do mapeamento? Isso afeta de alguma forma o tempo? Ou está relacionado com alguma propriedade do espaço como a homogeneidade? Somente uma investigação mais cautelosa possa responder essas questões, contudo nessa dissertação não realizaremos tal investigação. Agora, voltaremos aos aspectos topológicos dos espaços de dimensão negativa que necessitamos estudar.

§ 4. A Teoria das Dimensões Inteiras $\mathbb{Z}$

§ 4.1. O Problema da Dimensionalidade

Na Teoria da Relatividade Especial, o espaço-tempo de Poincaré-Minkowski é um variedade tetradimensional. Essa é uma informação que teve grande impacto não apenas sobre a física e matemática, mas também sobre a cultura humanística. Salvador Dali e Pablo Picasso desenvolveram sua arte com base na ideia de dimensões adicionais. A obra Crucifixion (Corpus Hypercubus) de Dali, apresenta Cristo crucificado em uma figura que se fecha em um hipercubo de 4 dimensões. A Persistência da Memória, também de Salvador Dali, é a própria representação artística da relatividade do tempo.

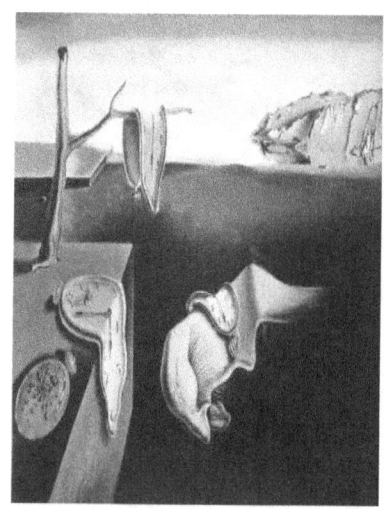

(a) Corpus Hypercubus   (b) A Persistência da Memória

Em geral, os autores tendem a tratar o conceito de dimensão de maneira intuitiva. Na divulgação científica, costuma-se a introduzir o conceito de quarta dimensão ou dimensão temporal, afirmando que todo evento para ser localizado precisamos definir suas coordenadas no espaço e no tempo. Essa definição pode parecer satisfatória, contudo, para um estudante familiarizado com a relatividade, percebe que ela é problemática, pois se baseia na concepção de um espaço e tempo absolutos. Como provou

Poincaré, cada observador pode usar um sistema de medidas e um relógio, de forma que os eventos não irão coincidir. Os observadores teriam que fazer certas convenções e considerar a natureza do princípio da relatividade.

Os observadores poderiam usam outras grandezas para marcar seu encontro, como umidade relativa do ar, temperatura, irradiação etc. Poderíamos considerar todas essas grandezas como dimensões? E o que dizer dos espaços de fase Hamiltoniano cuja dimensional é 2n, onde *n* é o número de graus de liberdade do sistema? Um sistema com 3 graus de liberdade apresenta um espaço de fase com 6 dimensões. Como definimos essas dimensões? Henri Poincaré se ocupou destas questões, tentando introduzir uma definição precisa para dimensionalidade. O conceito de dimensionalidade é introduzido por Richard Courant e Hebert Robbins (2000, p. 302-305) da seguinte forma:

Em 1912, Poincaré chamou pela primeira vez a atenção para a necessidade de uma análise mais profunda e de uma definição precisa para O conceito de dimensionalidade. Ele observou que a reta é unidimensional porque podemos separar dois pontos quaisquer sobre ela cortando-a em um único ponto (que tem dimensão zero), enquanto o plano é bidimensional, porque para separar um par de pontos no plano devemos cortá-lo por uma curva fechada (que é unidimensional). Isto sugere a natureza indutiva da dimensionalidade: um espaço é n-dimensional se dois pontos quaisquer puderem ser separados removendo-se um subconjunto (n — 1) - dimensional, e se um subconjunto de dimensão menor não for sempre suficiente. Uma definição indutiva de dimensionalidade está também contida implicitamente nos Elementos de Euclides, onde uma figura unidimensional é algo cujo contorno é formado por pontos, uma figura bidimensional é aquela cuja fronteira são curvas, e uma figura tridimensional é aquela cuja fronteira são superfícies

Em anos recentes, uma extensa teoria da dimensão foi desenvolvida. Uma definição de dimensão inicia-se tornando preciso o conceito "conjunto de pontos de dimensão zero." Qualquer conjunto finito de pontos tem a propriedade de que cada ponto do conjunto pode ser encerrado em uma região do espaço que pode ser tornada tão pequena quanto se deseje, e que não contenha quaisquer pontos do conjunto em sua fronteira. Esta propriedade é agora tomada como a definição de dimensão zero. Por questões de conveniência, dizemos que um conjunto vazio, não contendo quaisquer pontos, tem dimensão —1, Então um conjunto de pontos $ terá dimensão zero se não for de dimensão —1 (isto é se S contiver pelo menos um ponto), e se cada ponto de S puder ser encerrado em uma região arbitrariamente pequena cujos limites cortem & em um conjunto de dimensão —1 (isto é, cujos limites não contenham quaisquer pontos de S). Por exemplo: o conjunto de pontos racionais sobre a reta tem dimensão zero, uma vez que cada ponto racional pode se tornar o centro de um intervalo arbitrariamente pequeno com pontos extremos irracionais. Verifica-se que o conjunto C de Cantor também é de dimensão zero, uma vez que, da mesma forma que o conjunto de pontos racionais, é formado removendo-se da vela um conjunto denso de pontos.

Até agora definimos apenas os conceitos de dimensão — 1 e de dimensão zero. À definição de dimensão 1 sugere-se por si própria de modo imediato: um conjunto S de pontos terá dimensão 1 se não tiver dimensão -- 1 ou zero, e sé cada ponto de S puder ser encerrado dentro de uma região arbitrariamente pequena cuja fronteira corta S em um conjunto de dimensão zero. Um segmento de reta tem esta propriedade, uma vez que a fronteira de qualquer intervalo é um par de pontos, que é um conjunto de dimensão zero de acordo com a definição precedente. Além disso, procedendo da mesma maneira, podemos sucessivamente definir os conceitos de dimensão 2, 3, 4, 5, ..., cada uma com base nas definições anteriores. Assim, um conjunto S terá dimensão n se não tiver qualquer dimensão inferior, e se cada ponto de S puder ser encerrado dentro de uma região arbitrariamente pequena cuja fronteira corte S em um conjunto de dimensão n — 1. Por exemplo: o plano tem dimensão 2, uma vez que cada ponto do plano pode ser encerrado dentro de um círculo arbitrariamente pequeno, cuja circunferência tem dimensão 1. Nenhum conjunto de pontos no espaço comum pode ter dimensões maiores do que 3, uma vez que cada ponto do espaço pode se tornar o centro de uma esfera arbitrariamente pequena cuja superfície tem dimensão 2. Porém, na Matemática moderna, a palavra "espaço" é utilizada para representar qualquer sistema de objetos para o qual uma noção de "distância" ou "vizinhança" é definida, estes "espaços" abstratos podem ter dimensões maiores do que 3. Diz-se que um espaço que não tem dimensão n para qualquer inteiro tem dimensão infinita. Muitos exemplos destes espaços são conhecidos.

Estas observações sugerem o seguinte Teorema, atribuído a Lebesgue e Brouwer: se uma figura n-dimensional é coberta de alguma maneira por sub-regiões suficientemente pequenas, então existirão pontos que pertencem a pelo menos n + 1 destas sub-regiões; além disso, é sempre possível encontrar uma cobertura por regiões arbitrariamente pequenas para as quais nenhum ponto pertencerá a mais do que n + 1 regiões. Em razão do método de cobertura aqui considerado, este é conhecido como o Teorema do "ladrilhamento". Ele caracteriza a dimensão de qualquer figura geométrica: aquelas figuras para as quais o teorema é válido são n-dimensionais, enquanto que todas as outras são de alguma outra «dimensão. Por este motivo, ele pode ser tomado como a definição de dimensionalidade, como é feito por alguns autores.

§ 4.2. Grupo de Deslocamentos

Outra definição de dimensão, também introduzida por Poincaré, baseia-se no número de geradores do grupo de deslocamentos ou no número de rotações. Se tomarmos uma linha, teremos uma única direção de deslocamento e nenhuma possibilidade de rotação, pois isso exigiria um segundo eixo. Se tomarmos uma superfície, há duas direções de deslocamento e plano de rotação. Se tomarmos três eixos linearmente independentes, teremos três direções de deslocamento e três planos de rotação. Abstraindo para um sistema de 4 direções de deslocamento, teremos seis matrizes de rotação. O número de matrizes de rotação são todas as combinações distintas dos eixos (retas ou linhas) que formam planos coordenados (ou superfícies coordenadas).

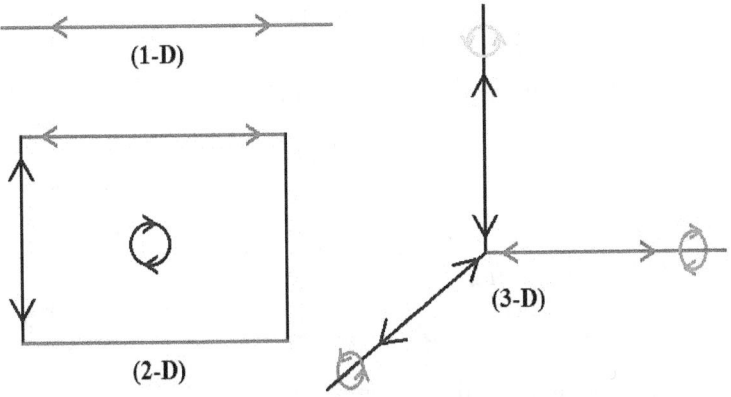

Matematicamente, o número de rotações (n) será as combinações distintas entre o número de eixos, que define o número de dimensões inteiras e deve ser maior que 1, do espaço em questão:

$$n = C_2^d$$

$$n = \frac{d!}{2!(d-2)!}$$

$$n = \frac{d \cdot (d-1)(d-2)!}{2(d-2)!}$$

Simplificando os fatoriais, obtemos o número de rotações:

$$n = \frac{d \cdot (d-1)}{2}$$

Para dimensões menores que dois, não há planos, portanto o número de matrizes de rotação é zero. Se tomarmos $d = 0$ ou $d = 1$, o número de rotações será zero. Portanto, embora tenhamos deduzido essa regra a partir de uma condição de $d > 1$, esta regra pode ser aplicada para todo d que seja inteiro não-negativo. O número de translações é igual ao número de dimensões do espaço:

$$n_T = d$$

Para o espaço-tempo, chamamos as matrizes de rotação nos planos com o eixo temporal ct de *boosts* de Lorentz. Em um espaço-tempo de n dimensões, o número de *boosts* será:

$$n_B = d - 1$$

O número de rotações espaciais é a diferença entre o número de rotações e *boosts* de Lorentz:

$$n_R = n_S - n_B$$

Portanto, o número de rotações total será dada por:

$$n = \frac{n_T \cdot n_B}{2}$$

$$2n_S - n_T \cdot n_B = 0$$

$$2(n_R + n_B) - n_T \cdot n_B = 0$$

$$2n_R + 2n_B - n_T \cdot n_B = 0$$

que nos fornece a seguinte identidade:

$$n_R - \left(\frac{n_T}{2} - 1\right) \cdot n_B = 0$$

O número total de geradores de um grupo de deslocamento é a soma do número de translações pelo número total de rotações (espaciais e *boosts*):

$$N = n_T + n_S$$

Em termo das dimensões do espaço, obtemos:

$$N = d + \frac{d \cdot (d-1)}{2}$$

$$N = \frac{2d + d \cdot (d-1)}{2}$$

$$N = \frac{2d + d^2 - d}{2}$$

$$N = \frac{d + d^2}{2}$$

Evidenciando *d*, obtemos o número total de geradores:

$$N = \frac{d \cdot (d+1)}{2}$$

Até aqui categorizamos o número de matrizes de rotação e o número total de geradores de um grupo por meio das dimensões do espaço. Agora convém tratarmos do problema inverso: dado o número matrizes de rotação e de geradores, como podemos definir o número de dimensões do espaço? Como nossas fórmulas diferem apenas por um sinal, podemos deduzir a fórmula geral. Denotaremos por n_+, o número de geradores totais e n_-, o número de matrizes de rotação.

$$n_\pm = \frac{d \cdot (d \pm 1)}{2}$$

$$d^2 \pm d = 2n_\pm$$

Complementando os quadrados:

$$d^2 \pm d + \frac{1}{4} = 2n_\pm + \frac{1}{4}$$

$$\left(d \pm \frac{1}{2}\right)^2 = 2n_\pm + \frac{1}{4}$$

Multiplicando por 4, para eliminar o denominador:

$$4\left(d \pm \frac{1}{2}\right)^2 = 8n_\pm + 1$$

$$\left[2\left(d \pm \frac{1}{2}\right)\right]^2 = 8n_\pm + 1$$

$$\left(2d \pm 1\right)^2 = 8n_\pm + 1$$

$$\left|2d \pm 1\right| = \sqrt{8n_\pm + 1}$$

Para eliminarmos o módulo, devemos analisar qual o valor mínimo da raiz. O menor valor de n é zero, isto é, o espaço de um ponto, de dimensão $d = 0$, portanto o valor mínimo da raiz é a unidade). Portanto, para $n > 0$, a raiz será maior que 1. Portanto, nessas condições teremos:

$$\left|2d \pm 1\right| \geq 1$$

que resulta em duas equações algébricas:

$$2d \pm 1 \geq 1$$
$$2d \pm 1 \leq -1$$

da primeira equação obtemos as seguintes soluções:

$$d \geq \frac{1 \mp 1}{2} \quad \rightarrow \quad \begin{cases} d \geq 1, & \text{para } n_- \\ d \geq 0, & \text{para } n_+ \end{cases}$$

Como o número de dimensões do espaço é sempre positivo (exceto para o conjunto vazio, mas nossa análise não abrange esse tipo de espaço), a raiz positiva é possível. Vejamos a raiz negativa:

$$d \leq \frac{-1 \mp 1}{2} \quad \rightarrow \quad \begin{cases} d \leq -1, & \text{para } n_- \\ d \leq 0, & \text{para } n_+ \end{cases}$$

Essa solução só é possível se admitirmos dimensões negativas, que não está fora do escopo da nossa análise. Portanto, devemos rejeitar as soluções negativas e manter apenas as positivas:

$$2d \pm 1 = \sqrt{8n_\pm + 1}$$

$$2d = \sqrt{8n_\pm + 1} \mp 1$$

$$d = \frac{\sqrt{8n_\pm + 1} \mp 1}{2}$$

Portanto as dimensões do espaço podem ser obtidas a partir do número de matrizes de rotação e geradores totais do grupo de deslocamento:

$$d = \frac{\sqrt{8N + 1} - 1}{2}$$

$$d = \frac{\sqrt{8n + 1} + 1}{2}$$

Em 1905, Poincaré descobriu o Grupo de Lorentz e mostrou que esse grupo apresentava seis matrizes de rotações. Qual o número de dimensões desse espaço?

$$d = \frac{\sqrt{8 \times 6 + 1} + 1}{2}$$

$$d = 4$$

Portanto, o espaço-tempo não pode ser descrito apenas com grandezas tridimensionais, mas exige grandezas tetradimensionais. Em seu ensaio, Poincaré obtém essas novas grandezas, embora ele mesmo não tenha introduzido o conceito de 4-vetor. Não se trata de falta de conhecimento, mas de uma preferência. Enquanto físicos como H. Lorentz adotavam o formalismo vetorial de Grassmann e Heaviside, Poincaré se mantinha fiel a forma cartesiana, a mesma empregada por J. Maxwell. Atualmente sabemos que esta quarta dimensão é o tempo. Mas como Poincaré e, posteriormente, Minkowski chegaram a essa conclusão? A resposta é bastante simples. 3 matrizes de rotação envolviam a quantidade ct e as novas grandezas tetradimensionais eram escalares escritas em função do tempo. Em outras palavras, foi o conceito de Grupo e geradores do Grupo de Rotação de Lorentz que indicam o número de dimensões do espaço-tempo. Em 1908, Minkowski introduziu o grupo de deslocamentos do espaço-tempo, que ficou conhecido como Grupo de Poincaré. O grupo de deslocamentos contém 10 geradores (6 matrizes de rotação e 4 vetores de deslocamento). Por meio desse grupo, Minkowski concluiu, como Poincaré, que o espaço-tempo tem 4 dimensões.

$$d = \frac{\sqrt{8 \times 10 + 1} - 1}{2}$$
$$d = 4$$

Embora Minkowski estivesse ciente do trabalho de Poincaré, ele afirmou que seu trabalho era essencialmente diferente e mais amplo que o de Poincaré. A afirmação é um pouco exagerada e os historiadores da ciência concordam que Poincaré antecipou diversos aspectos das contribuições de Minkowski. Devemos registrar que a ideia de um contínuo de espaço-tempo aparece explicitamente apenas no trabalho de Minkowski. Poincaré havia observado que o Grupo de Lorentz deve manter invariante a forma quadrática:

$$J^2 = c^2 t^2 - x^2 - y^2 - z^2$$

Minkowski introduziu o elemento de arco diferencial do espaço-tempo:

$$ds^2 = c^2 dt^2 - dx^2 - dy^2 - dz^2$$

e observou que esse intervalo deve ser um invariante. Portanto, as transformações do espaço afetam as transformações do tempo e vice-versa, de forma que não é possível desassociar estas duas grandezas e não há pontos singulares, isto é, regiões na variedade onde não possamos estabelecer um sistema local de coordenadas. Embora todas essas informações estejam contidas na análise de Poincaré e apareçam em algumas passagens isoladas, foi Minkowski que explorou o seu significado.

Os críticos da Teoria de Cordas e suas variantes, como Feynman, apontam que o número de dimensões não derivada da teoria, mas decidido à priori para que o modelo se ajuste aos fenômenos. O problema de dimensões extras, porém tem raízes mais profundas. Kaluza e Klein já haviam demonstrado que um grupo com 10 matrizes de rotação geravam as equações da Relatividade Geral e do Eletromagnetismo.

$$d = \frac{\sqrt{8 \times 10 + 1} + 1}{2}$$
$$d = 5$$

Ou seja, Kaluza e Klein obtiveram a primeira evidência de um espaço-tempo pentadimensional. A nova dimensão não podia ser identificada com nenhuma grandeza física conhecida. Foi descoberto que ela seria semelhante a um cilindro, porém menor que o elétron. Einstein conhecia esse resultado e em um primeiro momento se mostrou favorável, é desta época que Einstein proferiu uma máxima: "o universo é cilíndrico". Porém o alto grau de abstração matemática e a estranheza sobre a forma e escala da nova dimensão levaram a Einstein rejeitar esse espaço-tempo. Portanto, a inclusão de novas dimensões é um problema que também envolve a percepção dos físicos.

A Teoria M, proposta por Eugene Witten, que permite unificar os cinco modelos de Teoria de Cordas e o modelo de Gravitação Quântica, exige 11 dimensões. A título de curiosidade, vamos calcular o número de matrizes de rotações e de geradores do grupo de deslocamentos.

$$n = \frac{11 \cdot (11-1)}{2} \qquad\qquad N = \frac{11 \cdot (12)}{2}$$

$$n = \frac{11 \cdot (10)}{2} \qquad\qquad N = \frac{132}{2}$$

$$n = 55 \qquad\qquad\qquad N = 66$$

Os teóricos de cordas precisam calcular 55 matrizes de rotação, 11 vetores de translação, totalizando 66 geradores. Como veremos, só as seis matrizes do espaço-tempo exigem um número extenso de cálculos secundários, imaginem 55 matrizes? Além da complexidade física e matemática inerente a própria teoria, a teoria exige um trabalho extenso de programação e o uso de softwares em matéria simbólica para facilitar a parte operacional.

Podemos obter uma outra relação importante sobre os números de matrizes de rotação e geradores. Assumimos que as dimensões do espaço são inteiras não-negativas. Isso implica que o numerador de nossas equações seja um número par, para ser divisível por dois:

$$\sqrt{8n_\pm + 1} = 2d \pm 1$$

Essas equações implicam que a nossa raiz quadrada deve ser sempre um número ímpar. Caso contrário, não irá gerar um número par e a dimensão do espaço será fractal.

$$8n_{\pm} + 1 = \left(2d \pm 1\right)^2$$

$$8n_{\pm} = \left(2d \pm 1\right)^2 - 1$$

$$n_{\pm} = \frac{\left(2d \pm 1\right)^2 - 1}{8}$$

Essa fórmula também nos fornece o número de matrizes e geradores. Ela revela uma interessante simetria. Se estendermos d para acomodar dimensões negativas, podemos verificar esse espaço hipotético. Tomemos a fórmula das matrizes de rotação para d negativo:

$$N = \frac{\left(2d + 1\right)^2 - 1}{8} \qquad n_T = d \qquad n = \frac{\left(2d - 1\right)^2 - 1}{8}$$

$d = -1$	$N = 0$	$d = -1$	$n_T = -1$	$d = -1$	$n = 1$
$d = -2$	$N = 1$	$d = -2$	$n_T = -2$	$d = -2$	$n = 3$
$d = -3$	$N = 3$	$d = -3$	$n_T = -3$	$d = -3$	$n = 6$
$d = -4$	$N = 6$	$d = -4$	$n_T = -4$	$d = -4$	$n = 10$

Os espaços de dimensão negativa deveriam apresentar deslocamentos negativos, só desta forma o número de geradores totais poderia ser menor que o de matrizes de rotação. Porém essas duas premissas são contraditórias, pois o número total de geradores não pode ser menor que o número parcial. Porém, há uma maneira de contornar esse paradoxo. Se no espaço de dimensão negativa, as rotações se transformarem em translações e vice-versa, as equações voltam a fazer sentido:

$$n_T = \frac{\left(2d + 1\right)^2 - 1}{8} \qquad N = -d \qquad N = \frac{\left(2d - 1\right)^2 - 1}{8}$$

$d = -1$	$n_T = 0$	$d = -1$	$N = -1$	$d = -1$	$n = 1$
$d = -2$	$n_T = 1$	$d = -2$	$N = -2$	$d = -2$	$n = 3$
$d = -3$	$n_T = 3$	$d = -3$	$N = -3$	$d = -3$	$n = 6$
$d = -4$	$n_T = 6$	$d = -4$	$N = -4$	$d = -4$	$n = 10$

Assim como os espaços de dimensão fractal, os espaços de dimensão negativa ainda são assuntos controversos na física e na matemática, mas neste trabalho procuraremos dar um novo significado a esse tópico.

§ 4.3. Espaços com Dimensões Negativas

Na seção anterior, vimos que a topologia geométrica torna inteligível espaços de dimensão negativa. Mas como serão esses espaços? Será que podemos concebe-los visualmente como fazemos com os espaços de baixa dimensão? Detive-me durante alguns meses nessa questão e finalmente consegui entender o significado das dimensões negativas. Segundo nosso modelo, um espaço de -1 dimensão é um espaço sem translações, apenas com 1 rotação. Um pouco de raciocínio nos mostrará que esse espaço corresponde a uma curva de Jordan fechada de comprimento C. Todas essas curvas são difeomórficas ao espaço das esferas S^1.

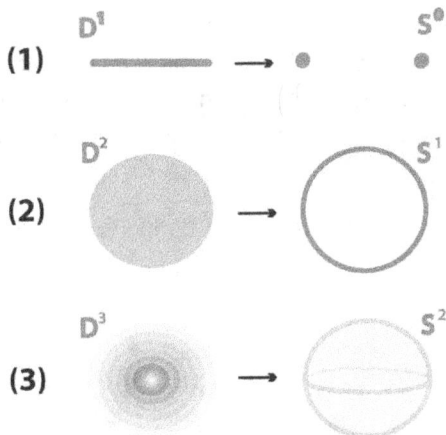

Portanto, podemos conceber o espaço de -1 dimensão como um espaço onde o eixo coordenado é uma família de esferas homotéticas S^1 ao redor de um ponto central P.

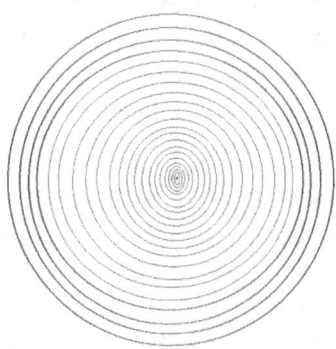

No espaço de dimensão negativa -1, cada partícula está presa a um círculo de S^1. A topologia não nos informa qual deve ser o comprimento desses círculos ou se uma partícula pode saltar de um círculo para outro. A mecânica quântica nos ensinou que o elétron ligado ao núcleo atômico mantém órbitas fechadas e estáveis, podendo saltar de camadas conforme absorva ou emita uma certa quantidade de energia. O modelo proposto Bohr e depois aprimorado por Sommerfeld e Wilson, é muito semelhante ao nosso modelo de uma dimensão negativa. A diferença que a topologia não nos informa se o espaço entre as circunferências homotéticas é discreto ou continuo. De qualquer forma, a experiência nos ensina que uma partícula pode ficar presa a uma órbita fechada e mudar de camada sem transladar, o que é a justamente a condição imposta pelo espaço dimensão -1.

Também poderíamos representar o nosso espaço como as latitudes em uma esfera S^3. Nesse caso, existiriam infinitos pares de curvas S^1 de mesmo comprimento, uma ao norte e outra ao sul do equador, que seria a curva de comprimento máximo.

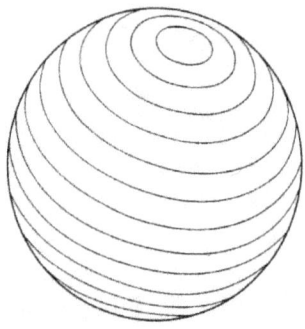

Se fizermos o raio de S^3 tender a infinito, então as curvas S^1 tenderão a retas R, e uma aplicação homeomórfica entre os pontos de curva C e a reta real tenderá a um isomorfismo. Nessa situação a rotação tende a se transformar em uma translação. Portanto, podemos concluir que uma rotação se transforma em uma translação no infinito.

Vejamos agora como deve ser o espaço com duas dimensões negativas. Segundo o nosso modelo de topologia geométrica, um espaço de -2 dimensões apresenta 2 rotações e 1 translação. Já compreendemos que cada dimensão negativa é uma curva fechada difeomórfica a S^1. Por isso tomemos um ponto central P e sobre ele construamos um conjunto A esferas S^1 homotéticas. Nosso próximo passo será construir um conjunto B de esferas S^1 homotéticas também com centro P, tal que os conjuntos A e B sejam isomórficos e que satisfaçam a seguinte condição:

$$\forall a_i \in A \ \exists b_i = f\left(a_i\right) \in B \mid \left\langle a_i, b_i \right\rangle = 0$$

$$a_i \cap b_i = \left\{ -q_i, +q_i \right\} \equiv Q_i \mid d\left(p, q_i\right) = d\left(-q_i, p\right)$$

f é um isomorfismo entre A e B

Ou seja, existe uma correspondência biunívoca entre as esferas S^l do conjunto A e do conjunto B, tal que as esferas do domínio sejam ortogonais as esferas do contradomínio e se cortem em dois pontos.

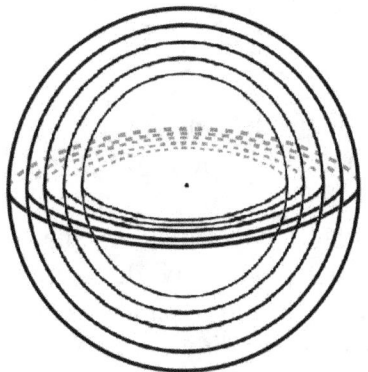

Sejam $\sigma_a(\phi)$ e $\sigma_b(\theta)$ as funções geratrizes das esferas S^l dos conjuntos A e B. As curvas serão ortogonais e se interceptação em dois pontos se, e somente se, os vetores tangentes nos pontos conjugados em relação à p forem ortogonais:

$$\left\langle \left. \frac{d\sigma(\phi)}{d\phi} \right|_{|q_i|} , \left. \frac{d\sigma(\theta)}{d\theta} \right|_{|q_i|} \right\rangle = 0$$

Como todas as esferas S^l são homotéticas ao ponto P, a reta q que conecta os pontos q_i e $-q_i$ passa por P e é o conjunto Q da união de todos os conjuntos Q_i.

$$q = \bigcup_{i=1}^{n} Q_i \equiv Q$$

Qualquer corpo nesse espaço poderá percorrer as esferas S^l ortogonais (as duas rotações) ou a reta r definida pelos pontos de intersecção (a única translação admitida nesse espaço). Observe que a reta *r* é única, portanto não define um plano de translação. Além disso, diferente do espaço positivo, dois eixos negativos ortogonais não definem um plano, mas uma reta.

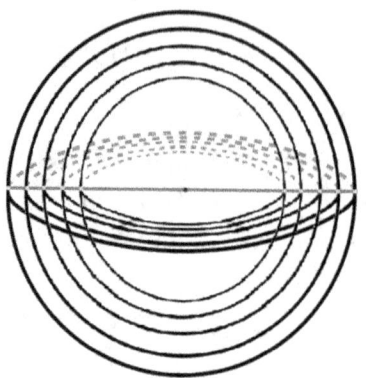

Uma outra maneira de imaginar o espaço bidimensional negativo é por meio de duas esferas S^3. O conjunto A de esferas S^1 correspondem as esfera S^3 onde as curvas S^1 são os paralelos distribuídos em relação ao equador que corta a esfera em hemisfério norte e sul. O conjunto B de esferas S^1 correspondem as esfera S^3 onde as curvas S^1 são os paralelos distribuídos em relação ao equador que, nesse caso, divide a esfera em hemisfério leste e oeste.

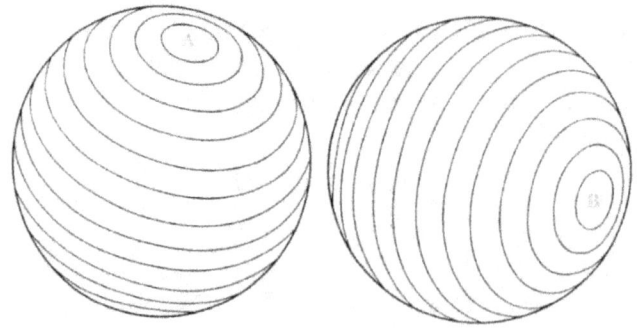

O espaço bidimensional negativo é a sobreposição destas duas esferas e a reta definida pelos pontos de intersecção entres as curvas ortogonais que passam pelo centro da esfera. Novamente teremos um espaço com duas rotações e uma translação. Se o raio da esfera tender ao infinito, teremos dois eixos ortogonais, um plano de rotação. Em outras palavras, no infinito uma reta de translação tende a se tornar um plano de rotação.

Vejamos agora como deve ser o espaço com três dimensões negativas. O modelo Segundo a topologia geométrica, um espaço de -3 dimensões apresenta 3 rotações e 3 translações. O espaço bidimensional negativo nos ensinou a regra geral para construção de espaços de dimensão $n+1$. Novamente, tomemos um ponto central P e sobre ele construamos um conjunto A, B e C de esferas S^1 homotéticas, onde todos os conjuntos são isomórficos e os seus elementos são dois a dois ortogonais, que se cortam em dois pontos equidistantes em relação a P:

$$\left\langle \left. \frac{d\sigma(\varphi)}{d\varphi} \right|_{|m_i|}, \left. \frac{d\sigma(\phi)}{d\phi} \right|_{|m_i|} \right\rangle = 0$$

$$\left\langle \left. \frac{d\sigma(\theta)}{d\theta} \right|_{|p_i|}, \left. \frac{d\sigma(\varphi)}{d\varphi} \right|_{|p_i|} \right\rangle = 0$$

$$\left\langle \left. \frac{d\sigma(\phi)}{d\phi} \right|_{|q_i|}, \left. \frac{d\sigma(\theta)}{d\theta} \right|_{|q_i|} \right\rangle = 0$$

Visualmente, o espaço tridimensional negativo terá o seguinte aspecto:

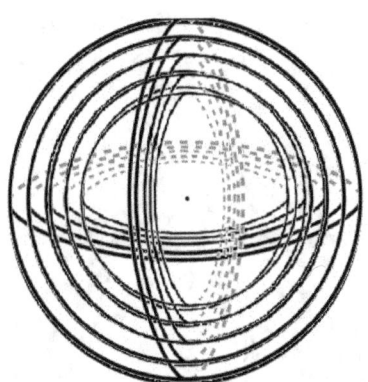

Como há três conjuntos de esferas S^1, existem 3 pares de pontos gerados pela intersecção dos elementos dos conjuntos A, B e C. Como todas as esferas S^1 são homotéticas ao ponto P, há três retas ortogonais, m, q e r, que conecta os pontos equidistantes, $-m_i$ e m_i, $-q_i$ e q_i, $-r_i$ e r_i, que passam por P e são, concomitantemente, os conjuntos *M, Q* e *R* da união de todos os conjuntos M_i, Q_i e R_i, respectivamente.

$$m = \bigcup_{i=1}^{n} M_i \equiv M$$

$$q = \bigcup_{i=1}^{n} Q_i \equiv Q$$

$$r = \bigcup_{i=1}^{n} R_i \equiv R$$

Desde que temos três retas ortogonais, cada par de retas define um plano, portanto teremos também três planos.

Uma outra maneira de imaginar o espaço tridimensional negativo é por meio de três esferas S^3. O conjunto A de esferas S^1 correspondem as esfera S^3 onde as curvas S^1 são os paralelos distribuídos em relação ao equador que corta a esfera em hemisfério norte e sul. O conjunto B de esferas S^1 correspondem as esfera S^3 onde as curvas S^1 são os paralelos distribuídos em relação ao equador que, nesse caso, divide a esfera em hemisfério leste e oeste. O conjunto *C* de esferas S^1 correspondem as esfera S^3 onde as curvas S^1 são os paralelos distribuídos em relação ao equador que, nesse caso, divide a esfera em hemisfério superior e inferior. O espaço tridimensional negativo é a sobreposição destas três esferas e as três retas ortogonais definidas pelos pontos de intersecção entres as curvas ortogonais que passam pelo centro da esfera.

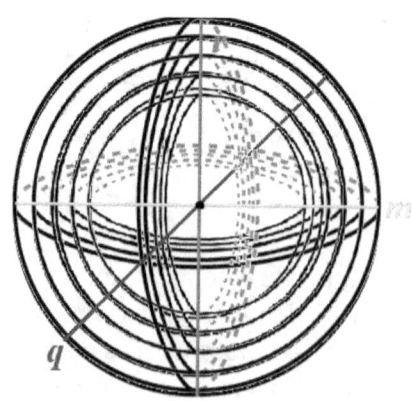

Novamente teremos um espaço com três rotações e uma três translações. Se o raio da esfera tender ao infinito, teremos três eixos ortogonais, três planos de rotação. Em outras palavras, o espaço tridimensional negativo mantém a sua forma no infinito.

Não é difícil generalizar estas ideias para espaços com dimensão superior. O método de construção é exatamente o mesmo, porém, nesse caso, não poderemos usar mais uma esfera S^3, mas uma hiperesfera S^{n+3}, que apresenta $n+3$ equadores S^1 que são ortogonais entre si. Esse espaço deve satisfazer a condição de ortogonalidade:

$$\left\langle \left. \frac{d\sigma\left(\varphi^j\right)}{d\varphi^j} \right|_{\left|r_i^m\right|} , \left. \frac{d\sigma\left(\varphi^k\right)}{d\varphi^k} \right|_{\left|r_i^m\right|} \right\rangle = 0$$

$$\left(\forall j \neq k\right); \quad \left(m = 4 \text{ à } \frac{n^2+n}{2}\right)$$

E o conjunto de cortes deve gerar $(n^2+n)/2$ retas que passam pelo ponto P e são ortogonais entre si, definidas por:

$$r_i^m = \bigcup_{i=1}^{n} R_i^m \equiv R^m$$

$$\left(m = 4 \text{ à } \frac{n^2+n}{2}\right)$$

Verifiquemos agora o significado de nosso espaço negativo. No infinito uma reta se torna um plano e as curvas fechadas S^1 se tornam eixos (retas). O princípio da dualidade nos garante que todo teorema, propriedade de uma relação ou um objeto matemático qualquer é verificada pela sua dual. Portanto podemos considerar que no espaço de dimensão negativa, há uma geometria projetiva onde um plano de rotação é o dual de uma reta de translação e o eixo R^1 é a dual de uma circunferência S^1. De acordo com a Topologia Geométrica, o espaço de dimensão negativa é o equivalente a um espaço de dimensão positiva onde translações e tornam rotações e vice-versa. Nessas circunstâncias, podemos dizer que o dual de uma translação é uma rotação e o dual de uma rotação é uma translação. Portanto, somos levado à seguinte conclusão: em topologia geométrica, o espaço de dimensão negativa é o dual do espaço de dimensão positiva. Em outras palavras, o espaço positivo é a projeção no infinito do espaço negativo e vice-versa. Por isso dado um espaço de dimensões negativas maior ou igual à -3, podemos imaginar que o espaço positivo é a projeção no infinito das esferas S^3 que contém as curvas S^1 que geram as translações e as rotações.

§ 4.4. Continuidade em Dimensões Negativas

Nas seções anteriores, construímos uma teoria das dimensões negativas, porém, um espírito mais atento poderia nos questiona que na nossa construção, um dos conceitos mais fundamentos da topologia e da análise parecem terem sido comprometidos: a continuidade. Nessa seção, mostraremos que podemos incluir não apenas a continuidade, mas criar um isomorfismo com R. Visto que estamos lindando um dimensões negativos, é mister definirmos as regras para analisar os morfismos. Se considerarmos o número de vetores da base como a característica que define a dimensão e que no espaço negativo esses vetores correspondem ao número de pseudo-vetores da base, então, diremos que que dois espaços inteiros são isomórficos se, as condições de isomorfismo são verificadas e o módulo de duas dimensões for igual. O mesmo se aplica aos morfismos, trocando a análise das dimensões pelo módulo delas.

Feitas estas observações, vamos estabelecer um homemorfismo entre o espaço C^1 das esferas S^1 concêntricas sobre o espaço das esferas S^1 tangente T^1 para que assim as esferas concêntricas irão gerar pares de esferas de diferente tamanho que se tocam no ponto zero. A figura gerada por esta aplicação é apresentada abaixo:

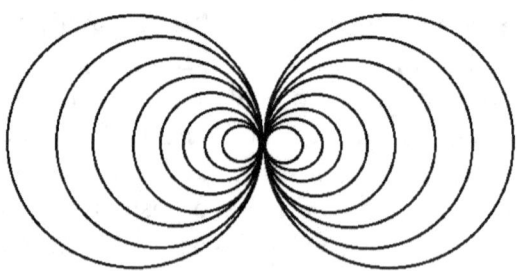

Esta representação é uma representação também possível do nosso espaço de dimensão negativa. A vantagem dessa representação sobre a aquela que adotamos anteriormente é que podemos definir de forma bastante simples o conceito de continuidade. Como todas as esferas S^1 são tangente no ponto zero, então é sempre possível alternar de um conjunto de esferas R^i para um conjunto de esferas de R^j, a partir da origem. Esse espaço de dimensão negativa apresenta a seguinte propriedade em relação a intersecção e a união:

$$\bigcap_{i=1}^{\infty} X_i = X_j \delta_i^j$$

$$\bigcup_{i=1}^{\infty} X_i = \mathbb{R}$$

Em duas dimensões, esse espaço define uma reta pela intersecção de cinco pontos, já que cada par de esferas se corta em dois pontos e todas devem passar pela origem 0.

Podemos também construir um espaço mais simples de esferas tangentes S^1, que denotaremos pela letra K^1, composto apenas por um grupo de esferas.

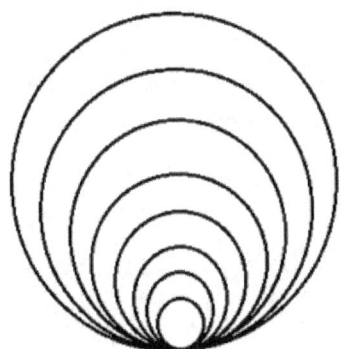

Esse espaço de dimensão negativa tem como um atlas, o conjunto de esferas concêntricas C^1 mais o ponto 0. Essa estrutura também apresenta as mesmas características sobre a intersecção e a união:

$$\bigcap_{i=1}^{\infty} X_i = X_j \delta_i^j$$

$$\bigcup_{i=1}^{\infty} X_i = \mathbb{R}$$

Até aqui temos recorrido aos elementos mais finos da álgebra e da topologia. Porém, recordemos que a topologia foi desenvolvida para tratar de forma rigorosa problemas intuitivo das formas dos objetos. Sigamos os conselhos de Marco Aurélio, imperador e filósofo de Roma, e retornemos a origem da topologia. Usando noções intuitivas de pontos, retas e planos, podemos construir domínios esféricos:

(1) S^0 D^1 $+_h$ S^0 D^1 $=$ $\longrightarrow$ S^1

(2) S^1 D^2 $+_h$ S^1 D^2 $=$ $\longrightarrow$ S^2

Em nossa teoria de dimensões negativas, o grupo de rotações é equivalente ao grupo de translações e vice-versa. Essa interpretação nos ensina que para construir uma dimensão negativa temos que pegar um seguimento de reta e dobra-lo até formar uma circunferência.

Embora a ideia pareça simples, temos que ter certos cuidados para evitarmos contradições que tornariam nosso modelo inválido. Para isso tomemos a representação da reta real R. Vamos dividi-la em diversos seguimentos à direita e a esquerda e impor duas condições:

1) Os seguimentos conjugados tem o mesmo tamanho

2) O sucessor de um seguimento à direita (recip. esquerda_ é maior que o seu antecessor à direita (reciprocamente: esquerda), isto é: $d(0, a) < d(a, b) < d(b, c) < \ldots$. A figura abaixo é uma representação (grosseira) do que estamos propondo.

Inicialmente removemos a origem da reta 0 (rosa) (etapa 0). Depois o seguimento *d(0, a)* (verde) (etapa 1), o seguimento *d(a, b)* (púrpura) (etapa 2) e assim infinitamente.

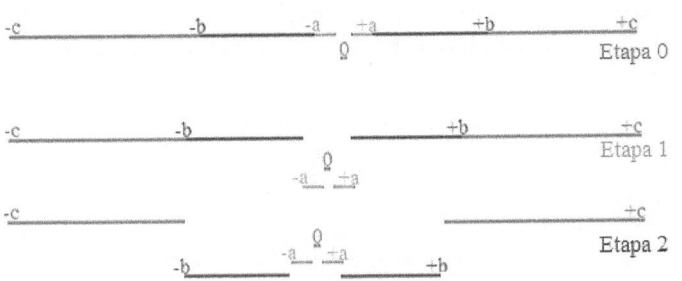

Cada seguimento pode ser entortado para formar uma circunferência de raio, cujo raio é a distância entre os pontos dividido por 2π.

$$r = \frac{d\left(a_i, a_j\right)}{2\pi}$$

Nós poderíamos entortar nossos seguimentos de reta de forma que o ponto a_i não coincida com o ponto a_j, mas haja um "buraco". Em outras palavras teremos uma curva aberta.

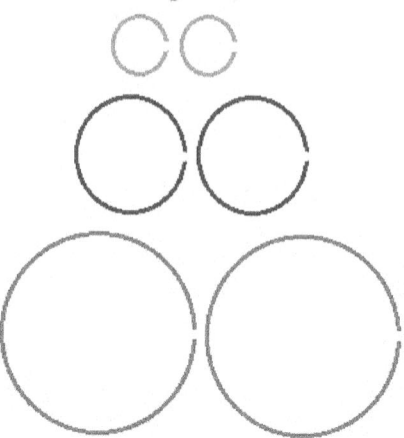

Agora ajustemos nossas circunferências de modo que o ponto de contato entre todas elas, seja o buraco que falta para fecha-las.

Agora coloquemos o ponto (origem) no eixo real:

Está construído nosso espaço de dimensão negativa -1. Observe que como esse espaço foi construído recortando a reta real, de forma que não haja repetições entre os pontos, esse espaço é isomórfico a reta real e, portanto, contínuo. Podemos usar o mesmo método para construir o espaço K^1, e novamente teríamos um espaço de dimensão negativa -1 que é isomorfo a reta dos reais. Assim como podemos distribuir nossos números reais qualquer linha, existem infinitas configurações para um espaço de dimensão negativa. O mais importante é que podemos construir um espaço de dimensão negativa que preserva as noções habituais de continuidade.

Outro espaço de dimensão negativa nos foi proposto por Arquimedes e é conhecido como espiral de Arquimedes.

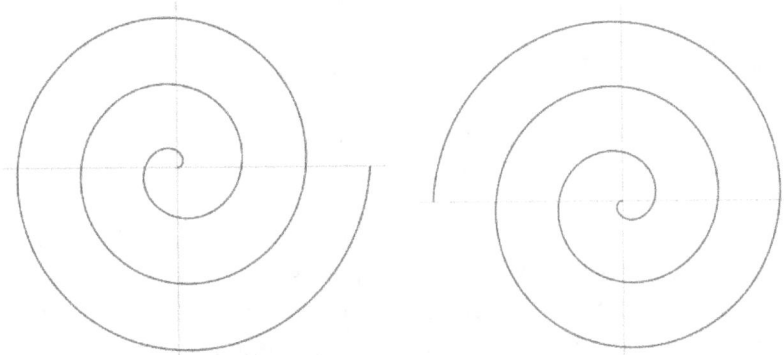

Onde a primeira figura representa movimentos no sentido positivo e a segunda figura no sentido negativo. Sobrepondo as duas figuras, observamos que elas nunca se encontram, exceto na origem. Portanto o espiral de Arquimedes também é uma representação adequada de um sistema de dimensões negativas.

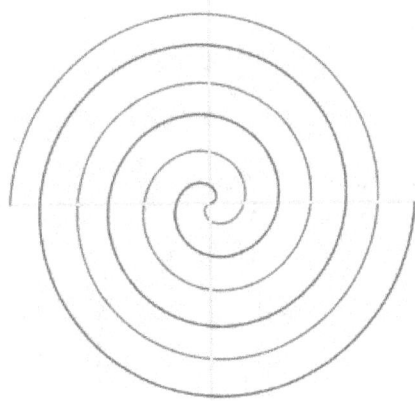

Poderíamos nos dar por satisfeitos com essa construção, porém, esse raciocínio serve principalmente para nos convencer da inteligibilidade do espaço de dimensão negativa. Vamos agora tentar construir um espaço negativo menos arbitrário. Ao invés de duas restrições, vamos impor que os nossos seguimentos apenas atendam a condição de convergência de Cauchy:

$$d\left(a_i, a_j\right) < \varepsilon$$

Nessa configuração todos os comprimentos são iguais e infinitamente pequenos e é fácil ver que os comprimentos dos seguimentos de retas que usamos para construir o espaço -1, é a união de todas as bolas abertas em torno dos pontos da reta real.

$$\lim_{\varepsilon \to 0} \bigcup_{i=1}^{\infty} B\left(x_i, \varepsilon\right) = \Bbbk$$

Nossas mentes não podem conceber retas infinitamente pequenas, por isso tomaremos segmentos de reta de finita apenas para ilustrar o raciocínio que queremos empregar. Se dividirmos os nossos seguimentos em partes iguais e o encurvarmos deixando apenas um ponto em aberto (correspondendo a origem), teremos infinitas circunferências iguais:

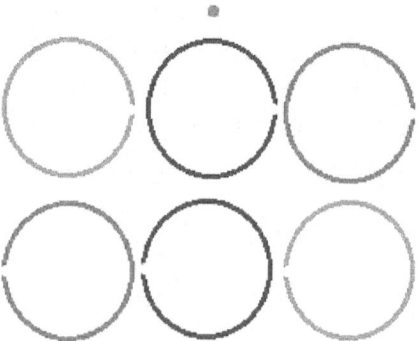

Quando sobrepormos todas essas circunferências, teremos a impressão de termos uma única circunferência.

Porém, essa circunferência não é trivial, pois ela uma variedade isomórfica a reta real. Deixe-me ilustrar com uma subvariedade de K e usando retas unitárias. Tomemos a variedade real não-negativa:

$$\mathbb{R}^+ = [0, +\infty)$$

Vamos repartir essa subvariedade de R em segmentos que medem a unidade, desta forma as circunferências terão raio $1/2\pi$. Se denotarmos por S_0 pelo ponto que corresponde a origem e S_i, ($i = 1, 2, 3, ...$) cada uma das circunferências modeladas pela deformação dos segmentos unitários, é fácil ver que existe uma relação biunívoca entre S_i e os intervalos I_i da reta $\mathbb{R}^+$.

$$S_0 \leftrightarrow 0$$
$$S_1 \leftrightarrow (0,1]$$
$$S_2 \leftrightarrow (1,2]$$
$$S_3 \leftrightarrow (2,3]$$
$$\vdots$$
$$S_i \leftrightarrow (i-1,i]$$

É fácil ver que a união de todos os intervalos é a própria reta real, o que prova o isomorfismo entre as variedades:

$$\bigcup_{i=0}^{\infty} S_i = \mathbb{R}^+$$

$$\bigcap_{i=0}^{\infty} S_i = \varnothing$$

A distância e o raio de cada circunferência será dado por:

$$r_i = \frac{1}{2\pi} \qquad d(i-1,i) = 1$$

Agora, vamos refletir a respeito dos nossos resultados. A circunferência S^1 corresponde aos números maiores que zero e menores ou igual à 1. A circunferência S_2 corresponde aos números maiores que 1 e menores ou iguais a 2. Já a circunferência S_3 são os números maiores que 2 e menores ou iguais à 3, e assim por diante. Em uma circunferência normal, a cada volta completa, haveria uma repetição dos números. Porém, em nossas dimensões negativas, a cada volta completa, o "piloto" troca de circunferência (por exemplo S^1 à S^2). Essa é um caso particular, agora levaremos essas ideias para segmentos de retas que satisfazem a condição de Cauchy. Tomemos a reta real:

$$\mathbb{R} = (-\infty, +\infty)$$

Repartamos a reta R em segmentos que medem ε, onde ε é um número infinitamente pequeno, desta forma as circunferências terão raio $\varepsilon/2\pi$. Os seguimentos serão repartidos em dois grupos: positivos (anti-horários) e não-positivos (horários), conforme a seguinte regra:

Positivos	*Não – Positivos*
$S_1 \leftrightarrow (0, 1\varepsilon]$	$S_{-1} \leftrightarrow (-1\varepsilon, 0]$
$S_2 \leftrightarrow (1\varepsilon, 2\varepsilon]$	$S_{-2} \leftrightarrow (-2\varepsilon, -1\varepsilon]$
$S_3 \leftrightarrow (2\varepsilon, 3\varepsilon]$	$S_{-3} \leftrightarrow (-3\varepsilon, -2\varepsilon]$
$\vdots$	$\vdots$
$S_i \leftrightarrow (\varepsilon(i-1), i\varepsilon]$	$S_{-i} \leftrightarrow (-i\varepsilon, \varepsilon(1-i)]$

É fácil ver que a união de todos os intervalos é a própria reta real, o que prova o isomorfismo entre as variedades:

$$\bigcup_{i=-\infty}^{+\infty} S_i = \mathbb{R}$$

$$\bigcap_{i=-\infty}^{+\infty} S_i = \varnothing$$

A distância e o raio de cada circunferência será dado por:

$$r_i = \frac{\varepsilon}{2\pi}$$

$$d\left(\varepsilon(i-1), i\varepsilon\right) = \varepsilon < \delta$$

Convencionamos que a cada volta infinitesimal completa no sentido anti-horário, o "piloto" passa para outro intervalo positivo. Se ele correr no sentido horário, ele irá caminhar pelas circunferências isomórficas aos reais negativos. Seja qual a convenção, teremos um espaço isomórfico a toda reta e continuo em todos pontos. Para construirmos o nosso espaço de dimensão negativa contínuo, recorremos ao artifício empregado por um dos percursores da topologia: Bertrand Riemann. No estudo das funções com ramificações, Riemann percebeu que algumas soluções não podiam permanecer no mesmo plano complexo Z, e por isso introduziu conceito de folha ou superfície de Riemann. Dá mesma forma, percebemos que as nossas circunferências, embora todas diferentes, estão sobrepostas, por isso dizermos que cada circunferência pertence a um círculo do espaço, que chamaremos de linha de Poincaré, que opera de forma análoga a folha de Riemann, mas em uma dimensão. Cada circunferência está em uma linha de Poincaré, garantindo que o espaço seja contínuo e isomórfico aos números reais. Se aplicarmos esse mesmo resultado para as dimensões -2 e -3, as famílias de circunferências irão se cortar em dois pontos, cada par de pontos localizado em uma linha de Poincaré. Desde que dois pontos definem uma reta, estes pontos definirão uma reta que em cada linha de Poincaré corresponde ao diâmetro. Como existem infinitas linhas de Poincaré, existirão infinitos de diâmetros, portanto a união de todos diâmetros é a reta real e passagem de um diâmetros para outro é um processo contínuo.

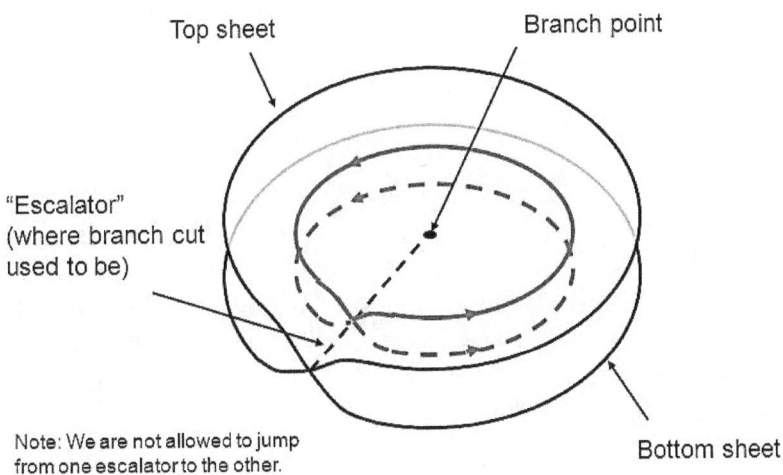

Note: We are not allowed to jump from one escalator to the other.

Em particular o espaço tridimensional, é o espaço gerado pelos vetores motores ou pelos vetores rotores, não há como diferenciar um espaço positivo de um espaço negativo. É por isso que esse espaço admite um super espaço de seis dimensões e super vetores. Portanto, podemos concluir que os espaços de dimensões negativas K^{-n} uma variedade Hausedorff formada pela união de todas as bolas abertas ao redor dos pontos p_i da variedade de R^n.

$$\lim_{\varepsilon \to 0} \bigcup_{i=1}^{\infty} B(p_i, \varepsilon) = \Bbbk^{-n}$$

Há muito mais para se explorar no domínios da dimensões negativas, porém, para nossos objetivos, essa análise é suficiente. Por isso, antes de aplica-los para construir uma álgebra de Lie e principalmente, uma álgebra de Clifflord.

§ 4.5. Hotel de Hilbert e Números Não-Arquimedianos

Inspirado no hotel de Hilbert, retomemos a nossa reta real particionada em intervalos semi-abertos cujo comprimento é a unidade. Para cada elemento S podemos estabelecer um aplicação bijetora com o conjunto dos números naturais. Portanto, o conjunto de todos seguimentos S é um infinito contável justamente como os quartos do Hotel de Hilbert, chamaremos esse novo empreendimento de Hotel da Luna[4].

Para essa estrutura verifica-se as seguintes relações:

$$\bigcup_{i=-\infty}^{+\infty} S_i = \mathbb{R}$$

$$\bigcap_{i=-\infty}^{+\infty} S_i = \varnothing$$

Para hospedar nossos seguimentos da reta real nos infinitos quartos do Hotel da Luna assumiremos a seguinte convenção: os quartos *l, 2, 4, ..., 2n, ...* serão ocupados pelos seguimentos não-positivos e os quartos *λ, 1, 3, 5, ..., 2n+1, ...* serão ocupados pelos seguimentos positivos:

---

[4] Escolhi o nome em homenagem a minha filha, Luna Toma.

Positivos	*Não – Positivos*
$Q_\ell \Leftrightarrow S_1 \leftrightarrow (0, 1\delta]$	$Q_\lambda \Leftrightarrow S_{-1} \leftrightarrow (-1\delta, 0]$
$Q_1 \Leftrightarrow S_2 \leftrightarrow (1\delta, 2\delta]$	$Q_2 \Leftrightarrow S_{-2} \leftrightarrow (-2\delta, -1\delta]$
$Q_2 \Leftrightarrow S_3 \leftrightarrow (2\delta, 3\delta]$	$Q_4 \Leftrightarrow S_{-3} \leftrightarrow (-3\delta, -2\delta]$
$\vdots$	$\vdots$
$Q_{2n+1} \Leftrightarrow S_n \leftrightarrow (\delta(n-1), n\delta]$	$Q_{2n} \Leftrightarrow S_{-n} \leftrightarrow (-n\delta, \delta(1-n)]$
$\vdots$	$\vdots$

Todos esses seguimentos de reta satisfazem um importante princípio denominado de axioma de Arquimedes:

> Sejam dois pontos quaisquer, A e B, numa reta D; seja *a* um seguimento qualquer; construamos em D, a partir do ponto A e iguais a *a*: AA_1, A_1A_2, ... $A_{n-1}A_n$; sempre poderemos tomar um *n* tão grandes que o ponto B se encontre num desses seguimentos. Em outras palavras, se tivermos dois comprimentos quaisquer, *l* e *L*, sempre poderemos encontrar um número inteiro *n* suficientemente grande *n* vezes o comprimento *l* a ele mesmo, obtenhamos um comprimento total maior do que *L* (POINCARÉ, 1902).

Qualquer geometria ou corpo que não satisfaça o axioma de Arquimedes é denominado de corpo não-arquimediano. Como mostra Poincaré (1902), o corpo não-arquimediano é uma extensão do corpo ordenado completo dos reais. Como os corpos não-arquimedianos preservam os axiomas de ordem, mas não tem supremo igual a $\mathbb{R}$, então, todo corpo não-arquimediano é ordenado e incompleto ou completo em Cauchy, se as séries numéricas convergirem. Tomemos $-\varepsilon$ e $+\varepsilon$, números não-arquimedianos infinitamente próximo a zero. Queremos hospedar esses novos número no Hotel da Luna, porém todos os quartos estão ocupados por seguimentos *S*. Hilbert nos ensina que podemos acomodar esse número exigindo que cada hóspede deixe o quarto *n* e passe ocupar o quarto $n+1$, de tal forma que os quartos *l* e λ sejam mantidos desocupados.

Positivos (*Pares*)	Não – Positivos (*Ímpares*)

$$Q_2 \Leftrightarrow S_1 \leftrightarrow (0, 1\delta]$$
$$Q_1 \Leftrightarrow S_{-1} \leftrightarrow (-1\delta, 0]$$

$$Q_4 \Leftrightarrow S_2 \leftrightarrow (1\delta, 2\delta]$$
$$Q_3 \Leftrightarrow S_{-2} \leftrightarrow (-2\delta, -1\delta]$$

$$Q_6 \Leftrightarrow S_3 \leftrightarrow (2\delta, 3\delta]$$
$$Q_5 \Leftrightarrow S_{-3} \leftrightarrow (-3\delta, -2\delta]$$

$$\vdots$$

$$Q_{2n} \Leftrightarrow S_n \leftrightarrow (\delta(n-1), n\delta]$$
$$Q_{2n+1} \Leftrightarrow S_{-n} \leftrightarrow (-n\delta, \delta(1-n)]$$

$$\vdots \qquad\qquad \vdots$$

Portanto, a nova regra de hospedagem no Hotel da Luna será: o número não-arquimediano ocupa o quarto zero, os seguimentos positivos ocupam os quartos pares e os seguimentos não-negativos ocupam os quartos ímpares:

$$\ell \quad Hotel \ da \ Luna \quad \lambda$$

$$Q_n \Leftrightarrow \begin{cases} -\varepsilon \ se \ n \ for \ \lambda \\ S_{-\frac{n+1}{2}} \ se \ n \ for \ impar \\ S_{+\frac{n}{2}} \ se \ n \ for \ par \\ +\varepsilon \ se \ n \ for \ \ell \end{cases}$$

Todos os infinitos quartos lotados

* Temos vagas *

Como nosso hotel passou a acomodar um número não-arquimediano, o axioma de Arquimedes deve ser rejeitado. Vamos organizar o Hotel da Luna de forma que os quartos definam uma reta não-arquimediana semi-aberta:

$$A = (-\varepsilon, +\varepsilon)$$
$$A \cap \mathbb{R} = \mathbb{R}$$

$$-\varepsilon \ \circ\!\!\!-\!\!\!-\!\!\!-\!\!\!-\!\!\!-\!\!\!-\!\!\!-\!\!\!-\!\!\!-\!\!\!-\!\!\!-\!\!\!-\!\!\!-\!\!\!-\!\!\!-\!\!\!-\!\!\!\circ \ +\varepsilon$$

$$\mathbb{R}$$

Agora, tomemos uma circunferência formada por esse seguimento não-arquimediano, tal que o ponto 0 (fechado) coincida com ponto +ε (aberto), para rotações no sentido anti-horário, e coincida com ponto −ε (aberto), para rotações no sentido horário, desta forma a circunferência S^1 será contínua e verificar-se-á que:

$$S^1 \cap \mathbb{R} = \mathbb{R}$$

A circunferência não-arquimediana se comportará de forma uma semelhante ao eixo real. Um partícula poderá girar no sentido anti-horário (positivo) ou horário (negativo), contínua, porém sem nunca retornar a origem, embora a curva seja fechada e contínua.

§ 4.6. Corpo Ordenado Não-Arquimediano

Nos Fundamentos da Geometria, David Hilbert estabeleceu cinco axiomas para a construção de uma geometria. O quinto axioma é denominado de axioma de Arquimedes e pode ser enunciado da seguinte forma:

Nessa seção, demonstraremos que as dimensões negativas são contínuos não-aquimedianos. Para isso, observe que cada um dos ramos de nossas esferas S^1 sobrepostas satisfazem a condição abaixo, para um número ε infinitamente pequeno.

$$\begin{cases} (n-\varepsilon)\cos t < x_n < (n+\varepsilon)\cos t \\ (n-\varepsilon)\sin t < y_n < (n+\varepsilon)\sin t \end{cases}$$

Agora, elevemos a expressão ao quadrado,

$$\begin{cases} (n-\varepsilon)^2 \cos^2 t < x_n^2 < (n+\varepsilon)\cos^2 t \\ (n-\varepsilon)^2 \sin^2 t < y_n^2 < (n+\varepsilon)^2 \sin^2 t \end{cases}$$

Somando as duas equações, obtemos:

$$(n-\varepsilon)^2 \left(\cos^2 t + \sin^2 t \right) < x_n^2 + y_n^2 < (n+\varepsilon)^2 \left(\cos^2 t + \sin^2 t \right)$$
$$(n-\varepsilon)^2 < x_n^2 + y_n^2 < (n+\varepsilon)^2$$
$$-2\varepsilon n < x_n^2 + y_n^2 < +2\varepsilon n$$

Para n fixo, a desigualdade acima pode ser escrita como:

$$-\varepsilon < x_n^2 + y_n^2 < \varepsilon$$

$$\left| x_n^2 + y_n^2 \right| < \varepsilon$$

Usando a definição de distância entre dois pontos:

$$d\left(x_n, y_n \right)^2 < \varepsilon$$

Portanto, a equação é uma parametrização das bolas abertas e como ε é um número infinitamente pequeno, ele é um número não-arquimediano. Como existem infinitos corpos não-arquimedianos, há infinitas formas de se definir ε e, portanto, há infinitas geometrias de dimensão negativa. Por comodidade, construiremos a geometria de dimensão negativa que se baseia no corpo de Levi-Civita, a extensão não-arquimediana mais simples de R. Por isso, definiremos o número ε pela seguinte relação:

$$\left| \varepsilon \right| < \frac{1}{m^2}$$

Agora vamos provar que as sequências x_n e y_n são não-arquimedianas. Vamos tomar o módulo da equação de x_n:

$$\left| (n - \varepsilon) \right| \left| \cos t \right| < \left| x_n \right| < \left| (n + \varepsilon) \right| \left| \cos t \right|$$

Usando o fato que a função cosseno é limitada:

$$\left| (n - \varepsilon) \right| < \left| x_n \right| < \left| (n + \varepsilon) \right|$$

Elevando ao quadrado, podemos extrair o módulo:

$$(n - \varepsilon)^2 < x_n^2 < (n + \varepsilon)^2$$
$$n^2 - 2n\varepsilon + \varepsilon^2 < x_n^2 < n^2 + 2n\varepsilon + \varepsilon^2$$
$$-2n\varepsilon < x_n^2 < +2n\varepsilon$$

Para n fixo, obtemos a seguinte relação:

$$-\varepsilon < x_n^2 < +\varepsilon$$

Portanto, para x_n e y_n (pelo mesmo processo), verifica-se que:

$$\left| x_n^2 \right| < \varepsilon, \quad \left| y_n^2 \right| < \varepsilon$$
$$\left| x_n^2 + y_n^2 \right| < \varepsilon$$

Como x_n e y_n são corpos de Levi-Civita, eles podem ser expandidos em uma sequência racional:

$$x_n = \sum_{i=-\infty}^{\infty} x_{q_i} \varepsilon^{q_i} \qquad \begin{array}{l} q_i \in \mathbb{Q}, \ x_{q_i} \in \mathbb{R} \\ q_i < q_{i+1} \end{array}$$

Como este corpo tem a topologia induzida pela ordem, então toda sequência de Cauchy converge. Portanto, esse corpo não-arquimediano é ordenado e Cauchy Completo (para mais detalhes ver Berz, 1996). Desta forma, o espaço de dimensão negativa $\mathbb{K}^{-n}$ pode ser compreendido como o espaço das circunferências não-arquimedianas, topologicamente construídas como na seção 12. Como espaço $\mathbb{K}^{-n}$ é um espaço métrico e um mapa que preserva a distância, ele é injetivo, mas não bijetivo, pois o mapa pode ser isométrico para um subconjunto estrito de si mesmo. A construção do espaço $\mathbb{K}^{-n}$ pode ser comparado a construção do Hotel de Hilbert: ao particionar a reta não-arquimediana em intervalos infinitamente pequenos e curva-las em circunferências S^1 que incluam a origem, é sempre possível na mesma partição incluir infinitos intervalos, sem que a distância seja modificada.

> Numa reta qualquer, entre nossos pontos arbitrários, viriam intercalar-se novos pontos. Se, por exemplo, D_o for uma reta ordinária e D_1 a reta não arquimediana correspondente; se P for um ponto ordinário qualquer de D_o, e esse ponto dividir essa reta em duas semirretas, S e S' (acrescento, para esclarecer, que considero que P não faz parte de S nem de S'), haverá em D_1 uma infinidade de novos pontos, tanto entre P e S quanto entre P e S'. Haverá igualmente em D_1 uma infinidade de pontos novos, que ficarão à direita de todos os pontos ordinários de D_o. Em resumo, nosso espaço ordinário é apenas uma parte do espaço não arquimediano. (POINCARÉ, 1902).

Portanto, tomando uma reta não arquimediana D, podemos corta-la em um seguimento D' infinitamente pequeno que contenha tantos pontos quanto à reta real de forma que sua origem seja o ponto 0 e que sua cota superior seja ε, e a soma de ε por um número δ, $\delta < \varepsilon$, é 0.

$$D' = \left\{ D' \subset D \mid D' \cap \mathbb{R} = \mathbb{R}; \ \sup D' = \varepsilon; \ \varepsilon + \delta = 0 \ \forall \delta < \varepsilon \right\}$$

Essa condição de que exista uma cota superior, ao mesmo tempo que a soma de e por um número infinitamente pequeno seja a origem, desta forma garantindo que a curva é um contínuo, parece ser incompatível com a nossa intuição e compreensão de contínuo matemático. Isso ocorre porque os contínuos matemáticos com que estamos familiarizados são de segunda ordem, enquanto os contínuos não-arquimedianos são de terceira ordem.

> Sabemos que os matemáticos distinguem entre infinitesimais de ordens diferentes e que infinitesimais de segunda ordem são infinitamente pequenos, não apenas absolutamente assim, mas também em relação aos de primeira ordem. Não é difícil imaginar infinitesimais de ordem fracionária ou mesmo irracional, e aqui mais uma vez encontramos o contínuo matemático que foi tratado nas páginas anteriores. Além disso, existem infinitesimais que são infinitamente pequenos com referência aos de primeira ordem e infinitamente grandes com relação à ordem $1 + \varepsilon$, por menores que sejam ε. Aqui, então, há novos termos intercalados em nossa série; e se me for permitido rever a terminologia usada nas páginas anteriores, uma terminologia que é muito conveniente, embora não tenha sido consagrada pelo uso, direi que criamos uma espécie de contínuo de terceira ordem. Resumindo, o espaço não-arquimediano não é mais um contínuo de segunda ordem, mas um contínuo de terceira ordem (POINCARÉ, 1902)

Em síntese, o seguimento D' é uma curva fechada, contínua de terceira ordem, ordenada e completa em Cauchy. Assim como em uma reta real podemos associar um vetor polar, que é gerador e base do espaço unidimensional positivo, para cada curva D' podemos associar um vetor axial que é gerador e base do espaço unidimensional negativo.

§ 4.7. Norma em Espaços de Dimensão Negativa

Depois de construirmos a topologia dos espaços de dimensão negativa, vamos avaliar a sua norma. Para isso vamos recorrer a Lei da Ampére, porém para um vetor arbitrário de componentes axiais.

$$\oint_C \underline{A} \cdot d\vec{l} = \alpha$$

Como A é constante ao longo da curva S^1,

$$\|\underline{A}\|\oint_C dl = \alpha$$

$$\|\underline{A}\|(2\pi R) = \alpha$$

$$\|\underline{A}\| = \frac{\alpha}{2\pi R}$$

Aplicando o operador * sobre a equação acima:

$$\|\vec{A}\| = \frac{*\alpha}{2\pi R}$$

Observe que o vetor **A** corresponde a forma polar do vetor axial **A**. Como o operador * não altera o comprimento do vetor, podemos imaginar que * atua como um operador que atua sobre S^l cortando a curva em um ponto arbitrário e a desenrolando em um seguimento de reta. Portanto a norma de A será igual ao comprimento da curva:

$$\|\vec{A}\| = l$$

$$\|\vec{A}\| = 2\pi R$$

Substituindo o valor de A que calculamos anteriormente:

$$\frac{*\alpha}{2\pi R} = 2\pi R$$

$$*\alpha = (2\pi R)^2$$

$$\alpha = *(2\pi R)^2$$

Substituindo o valor de a na equação da norma, obtemos:

$$\|\underline{A}\| = \frac{*(2\pi R)^2}{2\pi R}$$

$$\|\underline{A}\| = *2\pi R$$

Para explicitarmos o caráter pseudo-escalar, é oportuno escrever a equação da norma do pseudo vetor pela seguinte regra:

$$\|\underline{A}\| = 2\pi R(*1)$$

Esta equação que obtemos pode ser aplicada a qualquer vetor do espaço negativo. Porém, quando consideramos a representação de uma única circunferência não-arquimediana, convém obter uma relação mais geral. Definamos um vetor axial como a subtração de dois pontos sobre o eixo negativo A* e B*. Definimos o raio com as distância de A* até a origem O e de B* até a origem O. Os seguimentos de reta AO* e BO* apresentam um ângulo θ. Definimos a norma do vetor **AB*** como comprimento entre esses dois pontos.

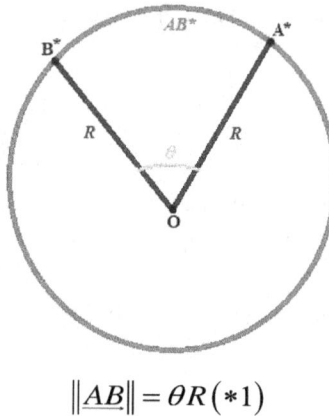

$$\|\underline{AB}\| = \theta R \,(*1)$$

Mas como vimos, para cada volta sobre a circunferência, uma partícula altera sua superfície. Se o pontos A* e B* se encontrarem em diferentes superfícies, a nossa fórmula assume a seguinte fórmula:

$$\|\underline{AB}\| = R\left[\Delta\theta + 2\Delta n\pi\right](*1)$$

Onde n é a superfície que a partícula se encontra, observe que n é um número inteiro se a partícula estiver no sentido anti-horário e negativo se a partícula estive no sentido horário.

Agora, vamos supor que nossa circunferência seja não-arquimediana e contenha todas as infinitas superfícies positivas e negativas. Para construirmos essa circunferência vamos usar as séries de Levi-Civita. Tomemos o comprimento da circunferência de raio R e vamos expandi-la em função dos comprimentos de arcos conforme a seguinte regra:

$$l = 2\left(l_0\pi + \frac{\pi}{2}l_1 + \frac{\pi}{4}l_2 + \frac{\pi}{8}l_3 + \cdots + \frac{\pi}{2^n}l_n + \cdots\right)$$

$$l = 2\pi\left(\frac{l_0}{1} + \frac{l_2}{2} + \frac{l_3}{4} + \frac{l_4}{8} + \cdots + \frac{l_n}{2^n} + \cdots\right)$$

Na forma de soma infinita, teremos:

$$l = 2\pi \sum_{n=0}^{\infty} \frac{l_n}{2^n}$$

Agora vamos usar a regra de D'Alambert para saber para quais valores de l_n essa série é convergente:

$$\lim_{n\to\infty} \left| \frac{l_{n+1}}{2^{n+1}} \cdot \frac{2^n}{l_n} \right| < 1$$

$$\lim_{n\to\infty} \left| \frac{1}{2} \cdot \frac{l_{n+1}}{l_n} \right| < 1$$

$$\frac{1}{2} \lim_{n\to\infty} \left| \frac{l_{n+1}}{l_n} \right| < 1$$

Portanto, os coeficientes devem respeitar o seguinte limite para que série convirja:

$$\lim_{n\to\infty} \left| \frac{l_{n+1}}{l_n} \right| < 2$$

Como o comprimento de uma circunferência é dado por $l = 2\pi R$

$$l = 2\pi \sum_{n=0}^{\infty} \frac{l_n}{2^n}$$

Igualando as expressões, obtemos que o raio da circunferência é:

$$R = \sum_{n=0}^{\infty} \frac{l_n}{2^n}$$

Vamos estudar o comportamento da seguinte série:

$$\sum_{n=0}^{\infty} x^n = \frac{1}{1-x}, \qquad |x| < 1$$

Substituindo x por 1/2, obtemos o valor da soma infinita abaixo:

$$\sum_{n=0}^{\infty} \frac{1}{2^n} = \frac{1}{1-\frac{1}{2}}$$

$$\sum_{n=0}^{\infty} \frac{1}{2^n} = 2$$

Desde que a construção de nossa circunferência é arbitrária, o caso mais simples é assumir que l_n é um valor constante L. Observe que essa escolha satisfaz o teste da razão de D'Alambert:

$$\lim_{n \to \infty} \left| \frac{L}{L} \right| < 2$$

$$\lim_{n \to \infty} |1| < 2$$

Nessas circunstâncias o raio da circunferência será:

$$R = \sum_{n=0}^{\infty} \frac{L}{2^n}$$

$$R = \sum_{n=0}^{\infty} \frac{1}{2^n}$$

$$R = 2L$$

Portanto cada seguimento l tem o mesmo comprimento do raio. Mas, cada comprimento l corresponde associado a um arco.

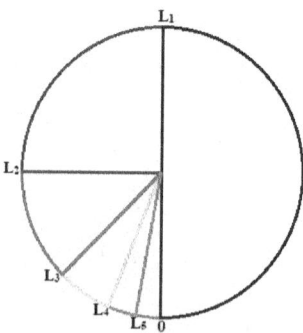

Se a circunferência acima fosse arquimediana, então teríamos as seguintes relações entre os comprimentos:

$$(L_1 - 0) > (L_2 - L_1) > (L_3 - L_2) > (L_4 - L_3) > (L_5 - L_4) > \ldots$$

$$\pi R > \frac{\pi}{2} R > \frac{\pi}{4} R > \frac{\pi}{8} R > \frac{\pi}{16} R > \dots$$

O cálculo elementar nos mostra que a distância entre os pontos sobre a circunferência é definido pelas regras simples:

$$L_1 = \pi R \qquad L_3 = \frac{7}{4}\pi R \qquad L_5 = \frac{31}{16}\pi R$$

$$L_2 = \frac{3}{2}\pi R \qquad L_4 = \frac{15}{8}\pi R \qquad L_n = \frac{2^n - 1}{2^{n-1}}\pi R$$

Contudo, a nossa circunferência não é arquimediana. Isso significa que a distância entre dois pontos é sempre igual.

$$(L_1 - 0) = (L_2 - L_1) = (L_3 - L_2) = (L_4 - L_3) = (L_5 - L_4) = \dots$$

Geometricamente, a distância entre dois pontos se altera a medida que nos aproximamos do ponto de retorno, de tal forma que nunca consigamos voltar ao ponto de partida. A forma mais simples de pensar essa circunferência é usando uma curva helicoidal. Cada uma dessas curvas pode ser projetada em um plano:

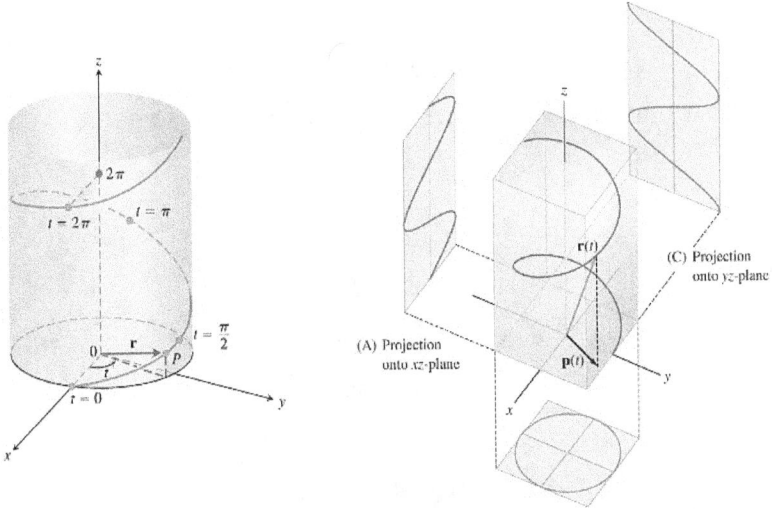

Suponha que pegamos um seguimento de comprimento L e projetamos sobre o plano de forma que ele meça L e seja igual ao diâmetro da circunferência. Agora tomamos outro seguimento da hélice de tamanho L, mas exigimos que nessa projeção ele seja igual a metade do diâmetro. Para o próximo seguimento L, seu tamanho na circunferência deve ser metade da metade. Esse processo será realizado infinitamente. Assim, teremos uma sequência se seguimentos l_n de comprimento 2R (L), mas que quando projetados na circunferência medem $L_n = l/2^{n-1}$.

$$hélice = (l_1, l_2, l_3, \cdots, l_n, \cdots)$$ $$hélice = (L, L, L, \cdots, L, \cdots)$$

$$\text{Pr } H = (L_1, L_2, L_3, \cdots, L_n, \cdots)$$ $$\text{Pr } H = \left(\frac{L}{1}, \frac{L}{2}, \frac{L}{4} \cdots, \frac{L_n}{2^{n-1}}, \cdots \right)$$

Os comprimentos da hélice são iguais, mas suas projeções não, o fator que divide o comprimento na projeção, é o fator de escala. O fator de escala explica-nos porque mesmo comprimentos de arcos menores tem o mesmo comprimento dos maiores. Portanto teremos as seguintes regras de projeção:

$$(L_1 - 0) = (L_2 - L_1) = (L_3 - L_2) = (L_4 - L_3) = (L_5 - L_4) = \ldots$$

$$\frac{\pi}{1} R_0 = \frac{\pi}{2} R_1 = \frac{\pi}{4} R_2 = \frac{\pi}{8} R_3 = \frac{\pi}{16} R_4 = \ldots$$

$$R_0 = 1R \qquad\qquad R_3 = 8R$$
$$R_1 = 2R \qquad\qquad R_4 = 16R$$
$$R_2 = 4R \qquad\qquad R_n = 2^n R$$

Substituindo nas equações acima obtemos os seguintes valores para L:

$$L_1 = \pi R$$
$$L_2 = 3\pi R$$
$$L_3 = 7\pi R$$
$$L_4 = 15\pi R$$
$$L_5 = 31\pi R$$
$$\vdots$$
$$L_n = (2^n - 1)\pi R$$

Agora que estabelecemos as relações fundamentais, vamos construir as seções.

$$n = 0 \qquad\qquad \theta_0 = 0$$

$$n = 1 \qquad\qquad 0 < \theta_1 \leq \pi$$

$$n = 2 \qquad\qquad \pi < \theta_2 \leq \frac{3}{2}\pi$$

$$n = 3 \qquad\qquad \frac{3}{2}\pi < \theta_3 \leq \frac{7}{4}\pi$$

$$\cdots \qquad\qquad \cdots$$

$$n = m+1 \qquad\qquad \frac{2^m - 1}{2^{m-1}}\pi < \theta_{m+1} \leq \frac{2^{m+1} - 1}{2^m}\pi$$
$$m \in \mathbb{Z} / (-\infty, 0)$$

A próxima etapa consiste em determinar o valor de m a partir da regra geral. Tomemos um ângulo arbitrário θ_{m+1} escrito sobre a forma de radianos.

$$\theta_{m+1} = q\pi$$
$$q : \{ q \in \mathbb{Q} \mid 0 < q < 2 \}$$

A imposição de que de q seja menor que 2 e maior é que o ângulo nunca ultrapasse os 360° positivos e não seja negativo. Agora vamos aplicar a desigualdade à direita para determinarmos m a partir de q.

$$q\pi \leq \frac{2^{m+1} - 1}{2^m}\pi$$

$$q \leq \frac{2^{m+1} - 1}{2^m}$$

$$2^m q \leq 2^{m+1} - 1$$

Vamos agora usar um pequeno truque para deixar a equação em função de 2^m:

$$2^m q \leq 2^{m+1} - \frac{2^{-m}}{2^{-m}}$$

$$2^m q \leq \frac{2 - 2^{-m}}{2^{-m}}$$

$$2^m 2^{-m} q \leq 2 - 2^{-m}$$

$$q \leq 2 - 2^{-m}$$

Rearranjando a equação, obtemos:

$$2^{-m} \leq 2 - q$$

Observe que devido à condição de q ser menor que 2, o lado direito é sempre diferente de zero, portanto podemos aplicar o logaritmo.

$$-m \log_2 2 \leq \log_2 (2-q)$$

Multiplicando a desigualdade por -1, obtemos a fórmula geral para determinar o valor da constante m:

$$m \geq - \log_2 (2-q)$$

Como m é inteiro, então a equação que obtivemos significa que n deve ser o menor inteiro que satisfaz a desigualdade acima. Como as nossas melhores calculadoras científicas, em geral, apenas calculam logaritmos na base 10 ou na base e, podemos expressar a relação acima em uma dessas duas bases.

$$m \geq - \frac{\log(2-q)}{\log 2}$$

$$m \geq - \frac{\ln(2-q)}{\ln 2}$$

Como nos interessa achar o valor de n para aplicarmos a geral de arcos, devemos escrever a equação conforme a regra:

$$n = \min N : \left\{ \forall q \in \mathbb{Q} \mid 0 < q < 2, \exists k \in N \mid k \geq 1 - \frac{\ln(2-q)}{\ln 2} \right\}$$

Para estendermos essa fórmula para valores negativos de n, basta que calculemos o módulo do ângulo, e após determinar n acrescentemos o sinal negativo, já que o sinal apenas denota o sentido da rotação. Agora devemos determinar o valor do ângulo para cada setor da circunferência. Por exemplo, no setor $n = 1$, um ângulo de 45° correspondem a um ângulo de 90°, pois 180° correspondem a 360°. A determinação desse ângulo é bastante simples e o fator de escala da projeção. Para $n = 1$, o fator de escala

2, enquanto para $n = 2$, o fator é 4 e para $n = 3$, o fator é 8 e portanto para $n = k$, o fator é 2^{k+1}. Oras isso se deve ao fato de que nossas projeções seguem essa proporção.

Portanto, dado um ângulo arbitrário Θ, determinamos em qual setor n ele se encontra pela regra exposta anteriormente. Depois subtraíamos esse ângulo pela cota inferior do setor e multiplicamos o valor pelo fator de escala.

$$\theta = \left[\Theta - \frac{2^{n-1} - 1}{2^{n-2}} \pi \right] 2^{n+1}$$

Ou, de forma mais sintética:

$$\theta = 2 \left[q2^n - 2^{n+1} - 4 \right] \pi$$

Essa fórmula também pode ser aplicada a ângulos negativos, usando o mesmo raciocínio na determinação de n.

Portanto, a norma de um vetor negativo sobre uma circunferência não arquimediana e, reciprocamente, a distância de dois pontos A^* e B^* sobre esta circunferência, serão definidas por uma regra semelhante à das folhas, porém um pouco mais complicada devido aos fatores da projeção:

$$d\left(A^*, B^* \right) = \|\underline{AB}\| = R\left[\Delta\theta + 2\Delta n\pi \right] (*1)$$

$$n = \min N : \left\{ \forall q \in \mathbb{Q} \mid 0 < q < 2, \exists k \in N \mid k \geq 1 - \frac{\ln(2-q)}{\ln 2} \right\}$$

$$\theta = 2 \left[q2^n - 2^{n+1} - 4 \right] \pi$$

Veja que essa é uma regra particular para uma escolha arbitrária de escala de projeção. Obviamente poderíamos obter infinitas regras, igualmente válidas e que não alteram o significado de nossa geometria "negativa". Por isso escolhemos a mais simples e mostramos que ela é livre de contradições, embora nosso espírito encare com desconfiança contínuos de terceira ordem.

§ 4.8. Teoria das Categorias

Um importante campo da matemática é a teoria das categorias que generaliza a teoria das estruturas da álgebra e permite estudar morfismos e dualidade entre diferentes estruturas ou classes de objetos. A discussão que apresentamos aqui é bastante sumarizada. O leitor poderá se aprofundar sobre o assunto no livro *Categories for the Working Mathematician* (LANE, 1998) que também é a referência desta seção. Comecemos, introduzindo algumas definições elementares da Teoria das Categorias.

Morfismo:

Sejam duas classes *A* e *B,* chamamos de seta ou de morfismo, a aplicação *f* que a cada objeto *a* contido em *A* associa a um único objeto *b* contido em *B*. Formalmente, escrevemos:

$$f : A \rightarrow B$$

Morfismo Identidade (I_d)

Chamamos de morfismo identidade a aplicação que transforma a classe na própria classe.

$$I_d : A \rightarrow A$$
$$I_d (A) = A$$

Morfismo Composto:

Sejam três classes *A, B* e *C* e duas setas *f* e *g,* tal que, *f* é uma seta entre *A* e *B,* e *g* é uma seta de *B* em *C*. Chamamos de composição ou morfismo composto, a seta *h* de *A* em *C,* que é uma aplicação de *f* em *g*. Formalmente, escrevemos:

$$f : A \rightarrow B \qquad h : A \rightarrow C$$
$$g : B \rightarrow C \qquad h = g \circ f$$

Categoria:

Sejam classes de objetos *A, B, C,* ... dizemos que essa coleção de classes é uma categoria se elas admitem morfismo, morfismo identidade e morfismo composto, sendo que para a composição verifica-se os seguintes axiomas:

1) $h \circ (g \circ f) = (h \circ g) \circ f$ (*axioma da associatividade*)

2) $f \circ I_d = f$ e $I_d \circ g = g$ (*axioma da identidade*)

Dualidade:

Uma seta que preserva as propriedades de uma categoria é chamada de dualidade. Qualquer enunciado que é válido para a categoria é válida para sua dual.

Monomorfismo:

Seja uma categoria C e a e b, elementos dessa categoria. Dizemos que a seta h é um monomorfismo de a em b se, e somente se, a composição pode ser cancelada pela esquerda:

$$h : a \to b$$
$$h \circ g = h \circ f \Rightarrow g = f$$

Epimorfismo:

Seja uma categoria C e a e b, elementos dessa categoria. Dizemos que a seta h é um epimorfismo de a em b se, e somente se, a composição pode ser cancelada pela direita:

$$h : a \to b$$
$$g \circ h = f \circ h \Rightarrow g = f$$

Isomorfismo:

Seja uma categoria C e a e b, elementos dessa categoria. Dizemos que a seta h é um isomorfismo de a e b, se, e somente se, a composição for bijetora e verificar a seguinte relação entre setas:

$$\forall\, h : a \to b \; \exists\, g : b \to a$$
$$|\; g \circ h = I_{da} = h \circ g = I_{db}$$

Observe que todo isomorfismo satisfaz as condições de monomorfismo e de epimorfismo, porém nem toda seta que seja monomórfica e epimórfica é isomórifica. Para dois objetos a e b isomórficos, usaremos a seguinte notação:

$$a \cong b$$

Functores

Se *F* é um mapa que preserva as propriedades de uma estruturas, ele é denominado de functor. Os operadores duais * e ★ são exemplos de functores.

Alguns Exemplos de Categorias:

- *Conjuntos*
- *Grupos*
- *Anéis*
- *Corpos*
- *Espaços Topológicos*
- *Espaços Vetoriais*

§ 4.9. Isomorfismo entre Espaços de Dimensão Inteira

A teoria das categorias permite que estabeleçamos conexões entre diferentes classes de objetos, desde que eles sejam categorias. Precisamente, podemos estabelecer a relação entre os espaços de dimensão positiva e negativa por meio do functor *. Comecemos estabelecendo o grupo de deslocamentos *G* associado espaço motor de *n* dimensões positivas. *G* é uma categoria de $(n^2+n)/2$, onde *n* é o número de dimensões.

$$G = \left\{ T_1, \cdots, T_n, R_1, \cdots, R_{(n^2-n)/2} \right\}$$

onde T_i é a subcategoria das translações e R_j é a subcategoria das rotações.

Agora vamos estabelecer o grupo de deslocamentos *G** associado espaço motor de *n* dimensões negativas. *G** é uma categoria de $(n^2-n)/2$, onde *n* é o número de dimensões.

$$G^* = \left\{ R_1, \cdots, R_n, T_1, \cdots, T_{(n^2-n)/2} \right\}$$

Novamente, T_j é a subcategoria das translações e R_i é a subcategoria das rotações.

Como as duas categorias tem o mesmo número de elementos, podemos estabelecer um isomorfismo a partir do functor * que estabelece uma aplicação biunívoca entre as categorias por meio da seguinte regra:

$$*: G \to G* \qquad\qquad *: G* \to G$$

$$*G = G* \,|\, T_i \leftrightarrow R_j \qquad\qquad *G* = G \,|\, T_j \leftrightarrow R_i$$

As translações são transformadas em rotações e as rotações são transformadas em translações. É fácil ver que a aplicação de ** é a identidade, o que assegura que esse functor é o isomorfismo entre essas duas categorias. Tomemos destas duas categorias, as subcategorias de rotação e translação:

$$T_i = \{T_1, \cdots, T_n\} \qquad\qquad R_i = \{R_1, \cdots, R_n\}$$

$$R_j = \left\{R_1, \cdots, R_{(n^2-n)/2}\right\} \qquad T_j = \left\{T_1, \cdots, T_{(n^2-n)/2}\right\}$$

$$G = T_i \cup R_j \qquad\qquad G* = R_i \cup T_j$$

Existe um isomorfismo entre as rotações e as translações que é definida pelo functor *:

$$*T_i = \{*T_1, \cdots, *T_n\} = \{R_1, \cdots, R_n\} = R_i$$

$$*R_j = \left\{*R_1, \cdots, *R_{(n^2-n)/2}\right\} = \left\{T_1, \cdots, T_{(n^2-n)/2}\right\} = T_j$$

$$*G = *T_i \cup *R_j = R_i \cup T_j = G*$$

$$*R_i = \{*R_1, \cdots, *R_n\} = \{T_1, \cdots, T_n\} = T_i$$

$$*T_j = \left\{*T_1, \cdots, *T_{(n^2-n)/2}\right\} = \left\{R_1, \cdots, R_{(n^2-n)/2}\right\} = R_j$$

$$*G* = *R_i \cup *T_j = T_i \cup R_j = G$$

Isso torna mais claro a demonstração que fizemos anteriormente: a categoria das translações são duais da categoria das rotações e a categoria das rotações são duas da categoria das translações. Observe que desta última análise descobrimos que o functor * se distribui sobre a operação união.

Agora vamos provar que categoria das retas R^1 tem como dual a categoria das circunferências S^1. Observe que toda reta tem como grupo de deslocamento uma translação T e toda circunferência tem como grupo de deslocamento uma rotação R. Portanto, podemos estabelecer as seguintes setas:

$$R^1 \to T \qquad T \to R^1$$
$$S^1 \to R \qquad R \to S^1$$

Aplicando o functor * sobre a primeira e a segunda seta do lado esquerdo, teremos as seguintes relações:

$$*R^1 \to *T \qquad\qquad *S^1 \to *R$$
$$*R^1 \to R \qquad\qquad *S^1 \to T$$
$$*R^1 \to R \to S^1 \qquad\qquad *S^1 \to T \to R^1$$
$$*R^1 \to S^1 \qquad\qquad *S^1 \to R^1$$

que prova que a categoria das circunferências S^1 é o dual da categorias das retas R^1. Como o espaço n dimensional positivo é composto pelo produto cartesiano de n retas R^1, o espaço n dimensional negativo é composto pelo produto cartesiano de n circunferências S^1 e é o dual do espaço positivo.

$$R^n = \times^n R^1 \qquad\qquad R^n = *S^n = \times^n * S^1$$
$$S^n = \times^n S^1 \qquad\qquad S^n = *R^n = \times^n * R^1$$

Considere a categoria dos vetores polares e a categoria dos vetores axiais. Definamos suas bases por meio das regras abaixo:

$$\vec{u} = \left\{ \hat{e}_i \right\} \qquad \underline{u} = \left\{ \hat{E}_i \right\}$$

O functor * define um isomorfismo entre estes dois espaços conservando a norma do vetor. Por essa razão, dizemos que os vetores polares são duais dos vetores axiais, ou como provamos, um vetor axial é um pseudo-vetor no espaço positivo e um vetor polar é um pseudo-vetor no espaço de dimensão negativa.

$$*\vec{u} = \left\{ *\hat{e}_i \right\} = \left\{ \hat{E}_i \right\} = \underline{u} \qquad\qquad *\underline{u} = \left\{ *\hat{E}_i \right\} = \left\{ \hat{e}_i \right\} = \vec{u}$$

Por fim, vamos tomar a categoria dos números hipercomplexos. Vamos definir dois quatérnions híbridos:

$$C = a\hat{i} + b\hat{j} + c\hat{k} + d\hat{p}$$

$$P = a\hat{p} + b\hat{q} + c\hat{r} + d\hat{i}$$

Chamaremos o quatérnion C de complexo e o quatérnion de P de perplexo. Definimos a norma ao quadrado de cada um desses quatérnions pelas as seguintes regras:

$$C^2 \equiv +C\overline{C} = a^2 + b^2 + c^2 - d^2$$

$$P^2 \equiv -P\overline{P} = a^2 + b^2 + c^2 - d^2$$

Como os dois quatérnions admitem divisores em zero, eles são anéis não comutativos. Observe que ambos tem a mesma norma, portanto podemos dizer que P é o dual de C, pois os dois tem a mesma dimensão e aplicação * preserva a norma:

$$*C = a*\hat{i} + b*\hat{j} + c*\hat{k} + d*\hat{p} = a\hat{p} + b\hat{q} + c\hat{r} + d\hat{i} = P$$

$$*P = a*\hat{p} + b*\hat{q} + c*\hat{r} + d*\hat{i} = a\hat{i} + b\hat{j} + c\hat{k} + d\hat{p} = C$$

$*\hat{i} = \hat{p}$	$*\hat{k} = \hat{r}$	$*\hat{q} = \hat{j}$
$*\hat{j} = \hat{q}$	$*\hat{p} = \hat{i}$	$*\hat{r} = \hat{k}$

Em outras palavras, os perplexos são os duais dos números imaginários, assim como um pseudo-escalar é um dual de um escalar. Os números perplexos topologicamente se associam dimensões retilíneas, enquanto os imaginários a dimensões curvilíneas. Portanto a dualidade entre essas duas categorias de números é consequência dos perplexos gerarem a categoria dos espaços positivos enquanto os imaginários geram a categoria dos espaços negativos.

§ 4.10. Números Falsos e sua Álgebra de Clifford

A análise do functor * permite construir um novo conjunto numérico, com propriedades interessantes e que funciona como dual dos números reais e, por essa razão, chamaremos de *números falsos* (*fake numbers*). Primeiro vamos avaliar como * atua sobre os números complexos e hiperbólicos:

$z = x + iy$	$w = x + py$
$\overline{z} = x - iy$	$\overline{w} = x - py$
$z^2 = x^2 + y^2$	$w^2 = x^2 - y^2$

Aplicando o operador * sobre os números complexos e seus conjugados:

$$*z = *x + py \qquad\qquad *w = *x + iy$$
$$*\overline{z} = *x - py \qquad\qquad *\overline{w} = *x - iy$$
$$*z^2 = *x^2 - y^2 \qquad\qquad *w^2 = *x^2 + y^2$$

Deixem-me introduzir uma nova convenção para o cálculo da norma de números envolvendo hipercomplexos.

$$\langle \varpi, \varpi \rangle \equiv \varpi^2 = \Pi(i,j)\varpi \cdot \overline{\varpi}$$

$i = \text{número de componentes imaginárias}$

$j = \text{número de componentes perplexas}$

$$\Pi(i,j) = \begin{cases} +1, \text{ se } i \geq j \\ -1, \text{ se } i \leq j \end{cases} \qquad *\Pi(i,j) = \begin{cases} +\Pi(j,i), \text{ se } i \neq j \\ -\Pi(j,i), \text{ se } i = j \end{cases}$$

Vamos aplicar essa definição aos números complexos:

$$z = x + iy$$
$$\overline{z} = x - iy$$
$$z^2 = \Pi(2,0)z\overline{z}$$
$$z^2 = +1\left(x^2 + y^2\right)$$
$$z^2 = x^2 + y^2$$

E aos números perplexos:

$$w = x + py$$
$$\overline{w} = x - py$$
$$w^2 = \Pi(0,2)w\overline{w}$$
$$w^2 = -1\left(x^2 - y^2\right)$$
$$w^2 = y^2 - x^2$$

Em nossa nova convenção, há uma inversão do sentido da hipérbole. Contudo, isso não é um problema. Na Teoria da Relatividade Especial podemos trabalhar com intervalos diag (+,-,-,-) ou diag (-,-,-,+), sem que haja perda de qualquer informação física. Nossa convenção se mostra bastante fortuita dentro das álgebras de Clifford, para estabelecer quatérnions que geram a métrica do espaço-tempo. Retomemos o exemplo da seção anterior:

$$C = a\hat{i} + b\hat{j} + c\hat{k} + d\hat{p}$$

$$P = a\hat{p} + b\hat{q} + c\hat{r} + d\hat{i}$$

Vamos tomar a norma ao quadrado desses quatérnions usando a nossa convenção:

$$C^2 \equiv \Pi(6,2)C\overline{C}$$

$$C^2 \equiv (+1)C\overline{C}$$

$$C^2 \equiv C\overline{C} = a^2 + b^2 + c^2 - d^2$$

E calculando para *P:*

$$P^2 \equiv \Pi(2,6)P\overline{P}$$

$$P^2 \equiv (-1)P\overline{P}$$

$$P^2 \equiv -P\overline{P} = a^2 + b^2 + c^2 - d^2$$

Que é justamente o resultado que havíamos obtido antes.

Desta maneira, construímos um nova álgebra de Clifford para números complexos, hipercomplexos e seus quatérnions híbridos. Essa álgebra tem a vantagem de herdar todas as propriedades algébricas e ainda gerar as formas quadráticas do espaço-tempo, preservando a definição de norma.

$$*z = x(*1) + py \qquad *w = x(*1) + iy$$

$$*\overline{z} = x(*1) - py \qquad *\overline{w} = x(*1) - iy$$

Agora vamos aplicar a definição de norma:

$$(*z)^2 \equiv \Pi(0,2)(*z)(*\overline{z}) \qquad (*w)^2 \equiv \Pi(2,0)(*w)(*\overline{w})$$

$$(*z)^2 \equiv (-1)(*z)(*\overline{z}) \qquad (*w)^2 \equiv (+1)(*w)(*\overline{w})$$

$$(*z)^2 = -x^2(*1)^2 + y^2 \qquad (*w)^2 = x^2(*1)^2 + y^2$$

Como operador * preserva a norma (e, por conseguinte, a forma quadrática), então as equações devem respeitar as regras:

$$\left(*z\right)^2 = z^2 = x^2 + y^2 \qquad\qquad \left(*w\right)^2 = w^2 = y^2 - x^2$$

$$\left(*z\right)^2 = -x^2\left(*1\right)^2 + y^2 \qquad\qquad \left(*w\right)^2 = y^2 + x^2\left(*1\right)^2$$

$$x^2 + y^2 = -x^2\left(*1\right)^2 + y^2 \qquad\qquad y^2 - x^2 = y^2 + x^2\left(*1\right)^2$$

$$\therefore \ \left(*1\right)^2 = -1 \qquad\qquad\qquad \therefore \ \left(*1\right)^2 = -1$$

Chamaremos o número (*1) de número falso, conforme a tradição que nos levou a batizar o número i de imaginário, e denotaremos sua unidade por f. Os números falsos parecem gozar das mesmas propriedades dos imaginários, porém existem diferenças que nos fazem considera-los como um conjunto próprio e um anel hipercomplexo. Tomemos os hipercomplexos com unidade perplexa:

$$Z = fx + py$$
$$\bar{Z} = \bar{f}x - py$$

Tomemos o produto interno destes números:

$$Z^2 = \Pi\left(0,2\right)Z\bar{Z}$$

$$Z^2 = -\left(fx + py\right)\left(\bar{f}x - py\right)$$

$$Z^2 = -\left(f\bar{f}x^2 - \left[fp\right]xy + \left[p\bar{f}\right]xy - y^2\right)$$

$$Z^2 = -\left(f\bar{f}x^2 + \left[p\bar{f} - fp\right]xy - y^2\right)$$

Desta primeira equação tiramos os seguintes resultados:

$$f\bar{f} = -1$$
$$\left[fp\right] = \left[p\bar{f}\right]$$

Agora iremos demonstrar que f comuta com os números perplexos. Tomemos a sua forma dual:

$$Z^2 = -\left(f^2x^2 + \left[pf - fp\right]xy - y^2\right)$$
$$Z^2 = -\left(f^2x^2 + \left[p, f\right]xy - y^2\right)$$

$$Z^2 = (-1)(*z)(*\overline{z})$$
$$Z^2 = (-1)(fx+py)(fx-py)$$

Por inspeção, obtemos os seguintes valores:

$$\overline{f}f \equiv f^2 = -1$$
$$[p,f] = 0$$
$$f = \overline{f}$$

Portanto, diferente dos números imaginários, os números falsos não apresentam um conjugado. Agora vamos analisar o número hipercomplexo com unidade imaginária:

$$W = fx + iy$$
$$\overline{W} = \overline{f}x - iy$$

Tomemos seu produto interno:

$$W^2 = \Pi(2,0)W\overline{W}$$
$$W^2 = (fx+iy)(\overline{f}x-iy)$$
$$W^2 = \left(\overline{f}fx^2 - [fi]xy + [i\overline{f}]xy + y^2\right)$$
$$W^2 = \left(\overline{f}fx^2 + [i\overline{f} - fi]xy + y^2\right)$$

Desta primeira equação tiramos os seguintes resultados:

$$\overline{f}f = -1$$
$$[fi] = [i\overline{f}]$$

Agora iremos demonstrar que f comuta com os números imaginário. Tomemos a sua forma dual:

$$W^2 = (*w)(*\overline{w})$$
$$W^2 = (fx+iy)(fx-iy)$$
$$W^2 = \left(f^2x^2 + [if - fi]xy - y^2\right)$$
$$W^2 = \left(f^2x^2 + [i,f]xy - y^2\right)$$

Por inspeção, obtemos os seguintes valores:

$$\bar{\bar{f}} \equiv f^2 = -1$$
$$[i, f] = 0$$
$$f = \bar{f}$$

Contudo, os números falsos nos levam a uma dificuldade. Vamos supor que queiramos construir um anel com semelhante aos complexos:

$$F = x + fy$$

Esse número não apresenta conjugado, seu quadrado é puro:

$$\langle F, F \rangle = \Pi(0,0) F^2$$
$$\langle F, F \rangle = -(x + fy)^2$$
$$\langle F, F \rangle = -(x^2 + xyf + fxy - y^2)$$

Aqui surge uma dificuldade: a única maneira dos termos intermediários sumirem é se existir alguma relação não comutativa. De fato, se supormos que para todo número real puro eles definem uma álgebra de Clifford de segunda ordem, definida por:

$$\{1, f\} = 0$$

Vamos introduzir a forma geral de um número hipercomplexo:

$$H = ex + \delta y$$
$$H = f(x, e) + g(y, \delta)$$

onde e e δ são as unidades reais, perplexas, imaginárias ou falsas.

Agora, vamos introduzir uma notação, que se provará muito cômoda, para a parte real de um anel hipercomplexo e suas relações de comutação e dualidade:

$$\{Se\ f(x,1) \subseteq \mathbb{R},\ \text{então}\ x = ex,\ e^n \equiv 1\}$$

$$\{e, f\} = 0$$

$$*e = f$$

Seguindo essa notação, o anel falso é escrito como:

$$F = ex + fy$$

Tomemos o seu quadrado:

$$\langle F,F \rangle = \Pi(0,0)F^2$$
$$\langle F,F \rangle = +1(ex+fy)^2$$
$$\langle F,F \rangle = \left(e^2x^2 + efxy + fexy + f^2y^2\right)$$
$$\langle F,F \rangle = \left(x^2 + \{e,f\}xy - y^2\right)$$
$$\langle F,F \rangle = x^2 - y^2$$

Observe que o dual de um anel falso é outro anel falso.

$$*F = *ex + *fy$$
$$*F = fx + ey$$

Para que o operador * preserve a norma, é preciso que o dual de F sofra uma reflexão negativa, o que acentua seu caráter pseudo-escalar, como podemos ver abaixo:

$$\langle *F,*F \rangle = *\Pi(0,0)(*F*F)$$
$$\langle *F,*F \rangle = -1(fx+ey)^2$$
$$\langle *F,*F \rangle = -\left(f^2x^2 + fexy + efxy + e^2y^2\right)$$
$$\langle *F,*F \rangle = -\left(-x^2 + \{f,e\}xy + y^2\right)$$
$$\langle *F,*F \rangle = x^2 - y^2$$

Assim como os números perplexos, os números falsos também parametrizam uma hipérbole, se tomarmos o fator gama como 1, com uma rotação de 90° e se tomarmos como -1, com uma rotação de 0° sobre o eixo x-y.

Uma conclusão importante é que como os números imaginários, os números falsos podem ser usados como bases para os vetores axiais, assim como tanto os números reais como os números perplexos podem ser usados para descrever vetores polares. Mas, os números reais e os números imaginários tem como forma quadrática, uma equação do tipo elíptica. Já os números perplexos e os números falsos tem como forma quadrática uma equação hiperbólica. Se considerarmos que a transformação de vetores polares em axiais por meio de um functor * deve preservar a forma quadrática, então só existirá uma correspondência entre números reais e imaginários ou números falsos e perplexos, para os vetores do espaço. Portanto há dois super espaços de 6 dimensões: R-I (real-imaginário) e o P-F (perplexo-falso).

§ 4.11. Por Que o Espaço tem 3 Dimensões?

Entre o século XIX e o século XX, Henri Poincaré foi um dos matemáticos mais motivados a responder a essa questão por que o nosso espaço é tridimensional? O exame de Poincaré foi minucioso e não se restringiu apenas a metafísica e a matemática, mas também levou em consideração a física e a fisiologia dos sentidos humanos, sobre tudo a visão e o tato. Para Poincaré, nossos sentidos poderiam conceber espaços com 4 dimensões, desde que fossem excitados com regras bastante específicas. Por isso, conclui Poincaré, o conceito de dimensão deve ser separado das sensações e ser descrito pelo espaço motor gerado pelo grupo de deslocamentos. Embora a definição de Poincaré contenha as ideias fundamentais adotadas por físicos e matemáticos, segundo Jammer (2010), a questão do espaço continua sendo um problema em aberto.

Em geral, as pesquisas sobre espaço e o tempo assumem que estas dimensões são inteiras e positivas, contudo essas premissas não são limitações impostas pelo espírito? No século XIX aprendemos a construir geometrias tão consistentes quanto a euclidiana, mas que não satisfaziam o quinto postulado. Hilbert foi além e mostrou um número grande de geometrias ainda mais estranhas ao espírito, mas igualmente consistentes. No século XX descobrimos as dimensões fracionárias e o conceito de fractal se tornou um elemento fundamental da teoria do caos de Poincaré e Lorentz. Ainda no século XX, os avanços na física levaram a descoberta do índice de refração negativo, as temperaturas absolutas negativas, energia negativa e pressões negativas.

Como observou Feyerabend (2003), as mudanças na ciência exigem sempre a violação de alguma regra ou convenção. É claro que nem toda ruptura será fortuita. Nesta pesquisa propomos uma ruptura: a inclusão de dimensões negativas. Como mostramos nesta seção, essa hipótese não contradiz os princípios matemáticos, pelo contrário, é a partir dela que estabelecemos os parâmetros para construir uma teoria da dimensão negativa, que primeiro aplicamos na construção de um super espaço que é equivalente ao 6-espaço de Sommerfeld, para depois, irmos mais afundo em nossa hipótese e construímos a função de Poincaré, desenvolvemos a sua topologia e a sua álgebra de Lie. Como veremos adiante, ao aplicarmos nosso modelo em alguns campos da física, os resultados são coerentes com a experiência e os modelos vigentes.

Durante o desenvolvimento dessa teoria, surge um fato bastante curioso: o espaço tridimensional negativo é idêntico ao espaço tridimensional positivo. Somos incapazes por meio de qualquer experiência discernir se vivemos em um espaço com dimensões positivas, isto é, gerado por eixos retilíneos, ou se vivemos em um de dimensão negativa, gerado por eixos circulares. Qualquer espaço que não seja tridimensional não apresentará essa simetria. Por exemplo, se o espaço fosse quadrimensional positivo, existiriam mais planos de rotação (seis) do que de translação (quatro), enquanto se o espaço quadrimensional fosse negativo, seria o inverso: existiriam mais planos de translação (seis) do que de rotação (quatro).

Somente no espaço tridimensional podemos definir o produto vetorial, pois este operador, em nosso formalismo, transforma as componentes positivas em componentes negativas, ou um vetor polar em um vetor axial. Outro fato é que o espaço tridimensional positivo é a projeção no infinito do espaço de dimensão negativa e vice-versa. Nenhum outro espaço de dimensão inteira apresenta essa peculiaridade. Com base nessas propriedades compartilhadas entre espaços de dimensão positiva e negativa, investigadas em detalhes nesta seção, podemos estender o princípio de Fermat e Hamilton para simetrias e propor o *princípio topológico*:

"O espaço deve ser aquele que apresenta o maior número de simetrias"

Sendo que existem três simetrias possíveis:

1) **Translação**

2) **Rotação**

3) **Reflexão**

As duas primeiras simetrias estão associadas a conservação do momento linear e do momento angular e se resumem ao princípio da isotropia: não há uma direção preferencial no espaço. A terceira simetria implica que o espaço deve ser idêntico a sua própria imagem negativa. O espaço de zero dimensões não apresenta simetria; o espaço unidimensional, uma simetria; os demais, pelo menos duas primeiras simetrias, porém só o espaço tridimensional preserva suas características com uma inversão de sinal de suas dimensões. Por isso, o espaço com número máximo de simetrias é o espaço tridimensional e essa é a razão dele ser o espaço físico. É claro que a descoberta de novas dimensões poderá tornar sem efeito a nossa afirmação, nesse caso talvez tenhamos que estabelecer um novo enunciado, mais restrito, como:

O espaço motor que corresponde a nossa experiência habitual é aquele que o número de simetrias é máxima.

Portanto, a inclusão de dimensões negativas permite estabelecer um novo critério de simetria que torna o espaço tridimensional diferente dos demais espaços e nos leva a crer que é esta simetria de reflexão que o torna favorito.

§ 4.12. Considerações Finais

Assim, chegamos à guisa de conclusões:

1) Os vetores polares são vetores de dimensão positiva, associados a um anel perplexo, sobre um corpo escalares reais.

2) Os vetores axiais são vetores de dimensão negativa, associados a um anel complexo, sobre um corpo de pseudo-escalares reais

3) Um pseudo-escalar real é o dual de um escalar real.

4) Um vetor axial é o dual do vetor polar.

5) As grandezas físicas podem ser descritas por um super vetor que é a soma de suas partes polares e axiais.

6) Portanto, podemos interpretar qualquer grandeza física descrita por um vetor axial como sendo uma grandeza imersa em um espaço de dimensão negativa.

7) No estudo dos morfismos, para incluirmos espaços de dimensão negativa, tomamos o módulo da dimensão.

8) O espaço de dimensão negativa é K^{-n} é isomórfico ao $R^{n.}$

9) K^{-n} é contínuo e atende os requisitos de convergência de Cauchy.

10) K^{-n} é uma variedade de Haussdorf formada pela união de todas as bolas abertas de R^n em torno de pontos distintos.

11) K^{-n} é um corpo não arquimediano ordenado, devido a topologia de ordem induzida, e Cauchy completo, pois é convergente em Cauchy..

12) Existem infinitos espaços de dimensão infinita, sendo o mais simples descrito pelo corpo não arquimediano de Levi-Civita.

13) K^{-n} é contínuo de terceira ordem.

Por meio da Teoria das Categorias, podemos estabelecer um novo conjunto onde os objetos são as dimensões inteiras dos vetores e da topologia. Teremos, portanto, uma categoria representada pelas dimensões positivas que é homeomórfica a categoria do grupo de deslocamentos positivos; e também teremos uma categoria de dimensões negativas que é homeomórfica ao grupo de deslocamentos negativos. Como existe um isomorfismo entre as duas categorias de grupos, há um isomorfismo entre as dimensões positivas e negativas por meio do functor dual *. Em outras palavras, as dimensões negativas são as duais das dimensões positivas. Usando a Teoria das Categorias podemos criar duas grandes categorias: Positivas e Negativas, que são isomórficas e se conectam por meio do functor * e apresentam as seguinte características.

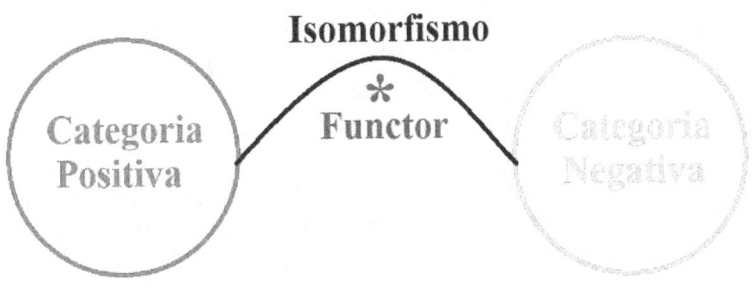

Classe	Categoria Positiva	Categoria Negativa
Dimensão	Positiva	Negativa
Grupo de Deslocamento	Translação Rotação	Rotação Translação
Topologia 1D	Reta R^1	Circunferência S^1
Geometria	Reta Circunferência	Circunferência Reta
Simetria	Radial	Axial
Vetor	Polar	Axial
Pseudo-Vetor	Axial	Polar
Coordenadas	Reais Perplexas	Falsas Imaginárias
Corpo	Arquimedianos	Não Arquimedianos
Contínuo	2º Ordem	3º Ordem

Por fim, deixe-me falar sobre a relação entre os espaços positivos e negativos a partir de projeções de uma esfera S sobre um plano R pode estar associada à esfera de Riemann e o grupo das projeções lineares PSL(C). Essa é uma hipótese que necessita ser investigada com mais cuidado, contudo a conjectura não é absurda, pois ajusta-se muito bem ao estudo dos grupos projetivos com ou sem característica de Desargue, bem como a esfera de Poincaré.

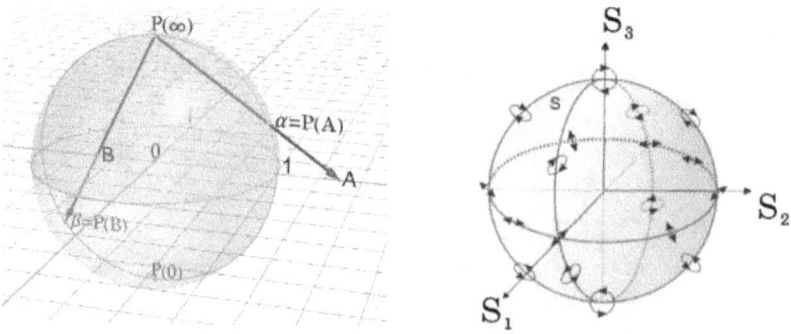

O fato mais interessante é que o espaço tridimensional é o seu próprio dual, isto é, ele é sua própria projeção no infinito. De todos os espaços possíveis, ele é o único que apresenta essa característica.

Portanto, há uma perfeita simetria: é impossível por meio de quaisquer experiências ou raciocínio dizer se habitamos um espaço tridimensional de dimensão positiva ou se habitamos um espaço de dimensão negativa. Seria essa razão do espaço ser tridimensional: ele ser seu próprio dual? Não sabemos. Porém não deixa de ser curioso que nosso espaço motor tenha essa característica tão especial. Registre-se que que o modelo espaço-tempo de Kaluza-Klein apresenta uma quarta dimensão espacial que seria fechada em si, uma característica presente em nossas dimensões negativas. Seria oportuno investigar se a quinta dimensão de Kaluza-Klein de alguma forma se relaciona as dimensões negativas. Outro ponto que merece destaque é que em sua forma discreta, há uma similaridade com os modelos quânticos de órbita de Bohr-Sommerfeld-Wilson. Esse é um tópico que também merece uma investigação mais detalhada e pode-se mostrar inventivo para a teoria quântica de campos. Talvez, as dimensões negativas estejam para a física e a matemática, como o elétron está para o pósitron. Uma interpretação possível, deduzida da equação de Dirac e dos diagramas de Feynman, embora soe muito improvável, é a de que o pósitron é um elétron voltando no tempo. Não há qualquer incoerência, é apenas estranho ao nosso espírito.

Hermann Minkowski defendia que o espaço-tempo criado por Poincaré e aprimora do por ele, de todos os espaços era aquele que apresentava maior inteligibilidade. Porém, o que o nosso estudo aponta é que tal conclusão é um tanto precipitada. A teoria das dimensões negativas nos ensina que o espaço seria idêntico, em todos os aspectos, se tivesse três dimensões inteiras negativas. Então assim como Poincaré somos obrigados a concluir que: *"a experiência nos guia nessa escolha e não nos a impõe; nos faz reconhecer qual geometria é mais cômoda e não qual é a mais verdadeira"* (POINCARÉ, 1902, p. 91).

O problema que se punha diante Minkowski era o decidir sobre qual das três variedades melhor se aplicam a experiência. Esse estudo mostrou que aquela que contém as propriedades topológicas mais adequadas é a de Lorentz. Porém, tendo resolvido essa questão, outra mais sútil apareceu: qual variedade de Lorentz? Como provamos não existe uma, mas três variedades de Lorentz: com espaço linear e tempo linear, espaço cíclico e tempo linear, espaço linear (perplexo) e tempo cíclico. Todas estas três variedades apresentam as mesmas propriedades locais e globais em relação ao espaço, as mesmas propriedades locais em relação ao tempo. A variedade com tempo cíclico é globalmente diferente das lineares, porém, ao que tudo indica, os efeitos produzidos por ela seriam indistinguíveis de suas companheiras, de forma que não saberíamos dizer por meio de experiências se globalmente o tempo é linear ou cíclico. Essa é uma questão delicada, e não podemos nos precipitar nas conclusões sem antes fazer uma investigação muito cautelosa, tanto quanto a que empregamos na teoria da dimensionalidade negativa.

Acredito que o mais importante seja a curiosidade e a imaginação, citando uma frase célebre de Poincaré: "a liberdade é para a ciência o que o ar é para o animal.", sem a liberdade de nos entretermos em questões que nos desafiam, mesmo que para a maioria de nossos colegas pareçam irrelevantes, deixamos de apreciar o que há de melhor na ciência: a satisfação de nossas necessidades intelectuais. Quando escrevi o texto da a dimensionalidade, meu intuito era explorar definições mais apropriadas de dimensão a partir as colocações de Poincaré.

É claro que existem muitas questões em aberto como um entendimento melhor sobre dimensões negativas superiores. Compreender as propriedades do espaço-tempo híbrido. Verificar como a curvatura e a torção modificam os potenciais, ou em outras palavras, como a curvatura e a torção alteram a linearidade de nossas equações diferenciais? As dimensões adicionais exigidas em teorias de vanguarda, elas se relacionam da mesma forma com os nossos anéis? Há mais perguntas do que respostas, mas isso é parte do progresso científico. Pode ser que o trabalho aqui contido um dia se revele como um devaneio, porém não é um devaneio qualquer, já que ele foi estruturado em uma matemática rigorosa. Porém, é preciso de coragem para buscar em campos desconhecidos. Acredito que meu guia, a matemática, em particular a topologia, foi muito bem aproveitado e me manteve distante dos erros triviais e grosseiros, e os equívocos que por ventura eu cometi, são consequências de uma mente audaciosa, e é através de palpites audaciosos e da rupturas dos métodos e tradições que a ciência progride.

Tendo desenvolvido os fundamentos de uma teoria de dimensões inteiras (não negativas e positivas), estamos pronto para unificar a topologia do espaço-tempo

PARTE II – O Princípio da Relatividade

§ 5. Construção do Espaço-Tempo Plano

Em 1905, Poincaré e Einstein publicaram, quase simultaneamente, a síntese de um programa baseado nas consequências do princípio da relatividade e do princípio da inércia[5]. Enquanto Poincaré adotou uma continuidade do modelo eletrodinâmico de Lorentz, Einstein optou pela ruptura dos paradigmas vigentes ao rejeitar a existência do éter. Einstein estrutura sua abordagem em dois postulados: o princípio da relatividade (e da inércia) e a constância da velocidade da luz. Enquanto o primeiro postulado era sustentado por diversas experiências ao longo de dois séculos, o postulado da constância da velocidade da luz parecia inconsistente com a rejeição do éter (MARTINS, 2015). Além disso, a constância da velocidade da luz era uma consequência teórica do comportamento ondulatório da luz no éter, não existindo evidências experimentais de fontes em alta velocidade até 1919 (MARTINS, 2015). Paul Langevin, em uma série de exposições sobre a Teoria da Relatividade Especial para físicos, matemáticos e filósofos, desenvolveu a tese que o grupo de Lorentz é uma consequência natural dos dois postulados de Einstein, e tentou justificar a aceitação do segundo postulado como uma consequência da teoria eletromagnética e isotropia do espaço.

Em sua palestra de 1908[6], Hermann Minkowski sugeriu que o espaço-tempo Lorentziano era preferido as demais variedades pela sua inteligibilidade[7].

Fica claro que o grupo completo pertencente à Mecânica Newtoniana é simplesmente o grupo G_c, com o valor de $c = \infty$.

---

[5] Rigorosamente falando, Einstein não enunciou de maneira explícita o princípio da inércia. Esse fato foi observado por A. Sommerfeld em 1921, na coletânea de ensaios *O Princípio da Relatividade*. Contudo, no decorrer de seu ensaio de 1905, fica aparente que Einstein estava tacitamente assumindo esse requisito (BROWN, 2017).

[6] Publicada no ano seguinte sobre forma de livreto com nome *Raum und Zeit* (Espaço e Tempo).

[7] G_c, onde c denota a velocidade da luz no vácuo, corresponde ao grupo de Lorentz, SO(1,3). Enquanto G_∞ corresponde ao grupo de Galileu, SO(3), da mecânica relacional. Minkowski não apresenta o grupo de Euclides, SO(4), que seguindo sua convenção denotaríamos por G_{ic}.

Nesse estado de coisas, e como G_c é matematicamente mais inteligível que G_∞, um matemático pode, por um jogo livre de imaginação, se deparar com o pensamento de que os fenômenos naturais possuem uma invariância não apenas para o grupo G_∞, mas de fato também para um grupo G_c, em que c é finito, mas extremamente grande em comparação com as unidades de medição usuais. Tal preconceito seria um triunfo extraordinário para a matemática pura. Ao mesmo tempo, observarei qual valor de c, essa invariância pode ser considerada conclusivamente verdadeira. Para c, substituiremos a velocidade da luz c no espaço livre. Para evitar falar do espaço ou do vácuo, podemos tomar essa quantidade como a razão entre as unidades de eletricidade eletrostática e eletromagnética. Podemos formar uma ideia do caráter invariável da expressão para leis naturais para a transformação do grupo G_c da seguinte maneira. Da totalidade dos fenômenos naturais, podemos, por aproximações sucessivas mais altas, deduzir um sistema de coordenadas (x, y, z, t); por meio desse sistema de coordenadas, podemos representar os fenômenos de acordo com leis definidas. Este sistema de referência não é de forma alguma determinado exclusivamente pelos fenômenos. Podemos alterar o sistema de referência de qualquer maneira possível, correspondente à transformação de grupo G_c acima mencionada, mas as expressões para leis naturais não serão alteradas dessa maneira (MINKOWSKI, 1909, p. 04).

Sobre esta declaração de Minkowski, Brown (2012, s.p.) faz o seguinte comentário:

Minkowski está aqui sugerindo claramente que a invariância de Lorentz pode ter sido deduzida a partir de considerações a priori, apelando à "inteligibilidade" matemática como critério para as leis da natureza. O próprio Einstein evitou a tentação de deduzir retroativamente a invariância de Lorentz dos primeiros princípios, optando por basear sua apresentação original da relatividade especial em dois princípios empiricamente fundamentados, sendo o primeiro o que não é outro senão o princípio clássico da relatividade, e o segundo sendo a proposição de que a velocidade da luz é a mesma em relação a qualquer sistema de coordenadas inerciais, independente do movimento da fonte. Esse segundo princípio costuma parecer arbitrário e injustificado (como o "quinto postulado" de Euclides), e houve inúmeras tentativas de deduzi-lo de algum princípio mais fundamental. Por exemplo, argumenta-se que o postulado da velocidade da luz é realmente redundante ao próprio princípio da relatividade, pois se considerarmos as equações de Maxwell como leis fundamentais da física e considerarmos a permeabilidade μ_0 e a permissividade ε_0 do vácuo como constantes invariantes dessas leis em qualquer quadro de referência em movimento uniforme, segue-se que a velocidade da luz no vácuo é $c = \frac{1}{\sqrt{\mu_0 \varepsilon_0}}$ em relação a todo sistema de coordenadas em movimento uniforme. O problema com essa linha de raciocínio é que as equações de Maxwell não são válidas quando expressas em termos de um sistema arbitrário de coordenadas em movimento uniforme. Em particular, eles não são invariantes sob uma transformação de Galileu - apesar do fato de que os sistemas de coordenadas relacionadas por essa transformação estarem se movendo uniformemente entre si. (O próprio Maxwell reconheceu que as equações do eletromagnetismo, diferentemente das equações da mecânica de Newton, não eram invariantes sob os "*boosts*" galileanos; na verdade, ele propôs vários experimentos para explorar essa falta de invariância, a fim de medir a "velocidade absoluta" da Terra em relação ao éter luminífero).

Estas objeções levantadas sobre o segundo postulado e a inteligibilidade do grupo de Lorentz nos levam a diversas questões: é possível desenvolver um programa baseado no princípio da relatividade que abdique do postulado da constância da velocidade da luz? É possível, por meio de experiências físicas identificar a variedade tangente plana mais adequada para descrever os fenômenos físicos em uma vizinhança in finitamente pequena do espaço-tempo? Ao longo desse ensaio responderemos a essas questões e a outras perguntas que a análise faz com que surjam naturalmente ao nosso espírito.

Pode-se argumentar que alguma dessas questões se tornaram inócuas, como a questão da constância da velocidade da luz que agora é confirmada experimentalmente. A essa objeção respondemos que ao não postularmos a constância da velocidade da luz, esse princípio se torna uma previsão da teoria e por isso contribui para seu conteúdo empírico, além disso, o método que empregamos também abre novas possibilidades dentro da física-matemática ao introduzir números hipercomplexos.

Ao responder essas perguntas, também exploramos as conexões entre o grupo de Lorentz, o princípio da relatividade e a teoria eletromagnética, que serão discutidos detalhadamente nas próximas seções.

§ 5.1. Parâmetros de Cayley

De acordo com os parâmetros de Cayley, todas as geometrias do espaço podem ser caracterizadas por um par ordenado (m, n), onde m é a medida da distância e n, a medida do ângulo e cada uma destas medidas pode assumir um dos seguintes valores, a saber: -1 (elíptica), 0 (parabólica), +1 (hiperbólica) (YAGLOM, 1968, 1979). Uma geometria será definida pelo conjunto de todos pares ordenados G: $\{(m, n), \forall\ m, n \in (-1, 0, +1)\}$.

Desta forma teremos nove geometrias, com mostra a figura abaixo:

Measure of angles	Measure of length		
	Elliptic	Parabolic	Hyperbolic
elliptic	elliptic geometry	Euclidean geometry	hyperbolic geometry
parabolic (Euclidean)	co-Euclidean geometry	Galilean geometry	co-Minkowskian geometry
hyperbolic	cohyperbolic geometry	Minkowskian geometry	doubly hyperbolic geometry

As 9 geometrias planas que podem ser construídas pela combinação dos parâmetros de Cayley.

Fonte: Adaptado de Yaglom (1968, 1979) e MCRAE (2007).

Observe que podemos definir o conjunto G como: G: $\{(R_x^2, R_y^2)$ $| R_i \in (i, \varepsilon, h)$, com $(i = x, y)\}$, onde i é a unidade imaginária ou elíptica; e, a unidade dual ou parabólica; h é a unidade perplexa ou hiperbólica. Esta escolha permite caracterizar a geometria do espaço por meio da característica do ideal do anel dos números hipercomplexos Z (Özdemir, 2018):

$$\mathbb{HC}: \left\{ Z = a + b\mathbf{R}, \quad \mathbf{R} \in \{i, \varepsilon, h\}, \mathbf{R}^2 \in \{-1, 0, +1\}, a, b \in \mathbb{R} \right\}$$

$$\mathbb{R}[z] / \left\langle z^2 - R_i^2 \right\rangle \quad (i = x, y)$$

A partir dessa formulação, propomos uma álgebra geométrica do espaço-tempo plano que é induzida pela característica e derivamos suas propriedades gerais. Esse formalismo se mostra particularmente útil, porque a álgebra do espaço-tempo se torna isomorfa a álgebra dos números híbridos, discutidas em detalhes por Özdemir (2018, 2019).

§ 5.1. Geometria do Espaço-Tempo

O espaço-tempo construído por Poincaré (1905, 1906) e Minkowski (1909) é definido como um espaço vetorial afim M sobre um corpo de números reais, de dimensão 4 (três espaciais, que formam um contínuo euclidiano; e uma temporal) munido de uma forma bilinear g que define a sua (pseudo-)métrica (Vaz Jr., 1999). Os pontos nesse espaço são chamados de *eventos*. Uma linha que conecta dois eventos é chamado de *linha de mundo*. Uma geodésica nesse espaço-tempo é uma linha reta que conecta dois eventos, portanto a *medida da distância é parabólica*. O espaço-tempo M satisfaz cinco princípios (ou leis) (Poincaré, 1902, Einstein, 1920):

1) Princípio da Homogeneidade
2) Princípio da Isotropia
3) Princípio da Inércia
4) Princípio da Relatividade
5) Princípio da Perda de Memória[8]

---

[8] O princípio da perda de memória alega que qualquer informação do passado de um sistema físico não pode ser recuperada a partir das condições que o sistema apresenta no presente.

Estas propriedades implicam que as leis da física devem ser covariantes para todos os referenciais inerciais e as transformações das medidas de espaço e tempo entre estes referenciais devem ser descritas por transformações lineares ortogonais. Em termos mais técnicos, tais transformam devem formar um grupo SO com uma álgebra de Lie so associada. Embora o espaço-tempo seja uma estrutura quadridimensional (1-3), inicialmente, restringiremos nossa análise ao espaço-tempo plano bidimensional (1-1), e depois generalizaremos os resultados para espaço-tempo (3-1).

Formalmente, definimos o **espaço-tempo** $\mathcal{E}$ como (GOURGOULHON, 2013, p. 03)

> [...] Um espaço afim de dimensão 4 em R. Observaremos E o espaço vetorial subjacente, que é isomórfico para R^4. Os elementos de $\mathcal{E}$ são chamados de eventos e os de E são chamados de **vetores**, ou **quadrivetores**, abreviados como **4-vetores**.

Sobre o termo 4-vetor, Gourgoulhon (2013, p. 03) faz uma importante observação:

> O termo *quadrivetor* ou *4-vetor* introduzido pelo físico não representa nada além de um vetor para o matemático, ou seja, o elemento de um espaço vetorial (*E* no presente caso). O prefixo "4-" simplesmente lembra que esse vetor pertence a um espaço vetorial de dimensão 4 em *R*. Esses vetores são, portanto, diferenciados dos vetores de espaços vetoriais tridimensionais usualmente manipulados pelo físico não-relativista.

Essa distinção é necessária pois nas álgebras de extensão e, por conseguinte, nas álgebras geométricas é possível construir por meio do produto exterior de vetores (de *n* dimensões) objetos novos como os *p*-vetores e os multivetores. Por essa nomenclatura, percebemos que existe um objeto também cominado de *4-vetor na álgebra de extensão (e geométrica)*, porém esse objeto *não corresponde aos 4-vetores da Teoria da Relatividade Especial*. Com efeito, o *4-vetor relativístico corresponde ao 1-vetor*, com dimensão 4. Como neste trabalho usaremos álgebras geométricas, é preciso registrar que a nomenclatura 4-vetor refere-se ao 1-vetor de Minkowski.

Tsamparlis (2010, p. 94-96) elenca oito propriedades geométricas do espaço-tempo:

> Além de seus pontos, o espaço-tempo é caracterizado por sua geometria. Na Relatividade Especial, supõe-se que a geometria

do espaço-tempo seja absoluta, no sentido de que as relações que o descrevem permanecem as mesmas - são independentes dos vários fenômenos físicos que ocorrem nos sistemas físicos. A geometria do espaço-tempo é determinada em termos de várias suposições que estão resumidas abaixo:

(1) O espaço-tempo é um espaço linear real quadridimensional.

(2) O espaço-tempo é homogêneo. Do ponto de vista geométrico, isso significa que todos os pontos no espaço-tempo podem ser usados equivalentemente como a origem das coordenadas. No que diz respeito à física, isso significa que onde e quando um experimento (isto é, evento) ocorre não afeta a qualidade e os valores das variáveis dinâmicas que descrevem o evento.

(3) No espaço-tempo, existem retas, curvas sem limites, que são descritas geometricamente com equações da forma

$$r = at + b,$$

onde $t \in R$, $\mathbf{a}$, $\mathbf{b} \in R^4$. Do ponto de vista da física, essas curvas são as trajetórias de movimentos especiais dos sistemas físicos em R^4, que chamamos de movimentos inerciais relativísticos. Todos os movimentos que não são movimentos inerciais relativísticos são chamados de movimentos aceleradores. A cada movimento acelerado, associamos uma quatro força de uma maneira a ser definida posteriormente.

(4) O espaço-tempo é isotrópico, ou seja, todas as direções em qualquer ponto são equivalentes. Os pressupostos de homogeneidade e isotropia implicam que o espaço-tempo da Relatividade Especial é um espaço plano ou, equivalente, tem curvatura zero. Na prática, isso significa que é possível definir um sistema de coordenadas que cubra todo o espaço-tempo ou, equivalentemente, o espaço-tempo é difeomórfico (isto é, parece) ao espaço linear R^4.

(5) O espaço-tempo é um espaço afim, isto é, se for dada uma linha reta ou um hiperplano (= subespaço linear tridimensional com curvatura zero) no espaço-tempo, então (axioma!) Existe pelo menos um hiperplano paralelo a eles, no sentido de encontrar a linha reta ou o outro hiperplano no infinito.

(6) Se considerarmos uma linha reta no espaço-tempo, há uma sequência contínua de hiperplanos paralelos que cortam a linha reta uma vez e preenchem todo o espaço-tempo. Dizemos que esses hiperplanos foliam o espaço-tempo. Devido ao fato de não haver linhas retas absolutas no espaço-tempo, existem infinitas foliações. No espaço newtoniano, existe a linha reta absoluta do

tempo. Portanto, há uma foliação preferida (a do tempo cósmico; veja a Fig. 4.3).

(7) O espaço-tempo é um espaço vetorial métrico. A necessidade da introdução da métrica é dupla: (a) Seleciona um tipo especial de sistemas de coordenadas (os sistemas cartesianos da métrica) que são definidos pelo requisito de que nesses sistemas de coordenadas a métrica tenha sua forma canônica (isto é, diagonal com componentes $\pm$ 1). Associamos esses sistemas de coordenadas aos sistemas inerciais relativísticos. (b) Cada linha reta semelhante ao tempo define a foliação na qual os planos paralelos são normais para essa linha.

(8) A métrica do espaço-tempo é a métrica de Lorentz, ou seja, a métrica do espaço real quadridimensional cuja forma canônica é $(-1, 1, 1, 1)$. A seleção da métrica de Lorentz é uma consequência do Princípio da Relatividade de Einstein, como será mostrado na Seção. 4.7 O espaço-tempo dotado da métrica de Lorentz é chamado de espaço Minkowski (veja também a Seção 1.6). A seguir, preferimos nos referir ao espaço de Minkowski do que ao espaço-tempo, porque a Relatividade Especial não é uma teoria do espaço e do tempo, mas uma teoria de muito mais quantidades físicas, descritas com os tensores definidos sobre o espaço de Minkowski. Além disso, é melhor reservar a palavra espaço-tempo para a Relatividade Geral.

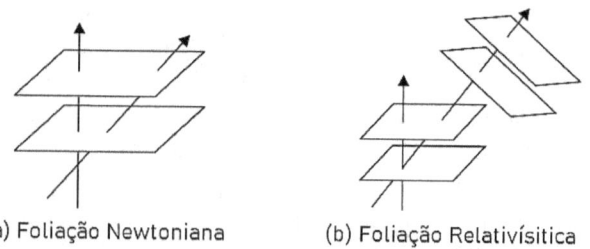

(a) Foliação Newtoniana   (b) Foliação Relativísitica

Figura. Foliações newtonianas e relativísticas do espaço-tempo

Sobre as colocações de Tsamparlis gostaríamos apenas de fazer uma pequena objeção ao item (8). Como veremos na próxima seção, a métrica de Lorentz não apenas é uma consequência do Princípio da Relatividade, de fato, o espaço de Galileu e o Espaço de Euclides também são consequências deste Princípio. A métrica de Lorentz é uma consequência da invariância das equações de Maxwell-Lorentz. De fato, historicamente, Lorentz (1904) deduziu suas transformações sem fazer referência ao Princípio da Relatividade. Essa junção foi realizada por Poincaré (1905, 1906) por meio da teoria de grupos.

§ 5.2. O Princípio da Relatividade e da Inércia[9]

Em 1899, Poincaré enunciou e discutiu claramente *o princípio da relatividade*, que na ocasião ele chamou de *lei da relatividade*:

> Considere um sistema material qualquer. Temos que considerar, por um lado, o "estado" dos vários corpos desse sistema - por exemplo, sua temperatura, seu potencial elétrico, etc; e, por outro lado, sua posição no espaço. E entre os dados que nos permitem definir essa posição, distinguimos as distâncias mútuas desses corpos que definem suas posições relativas e as condições que definem a posição absoluta do sistema e sua orientação absoluta no espaço. A lei dos fenômenos que serão produzidos neste sistema dependerá do estado desses corpos e de suas distâncias mútuas; mas, devido à relatividade e à inércia do espaço, elas não dependerão da posição e orientação absolutas do sistema. Em outras palavras, o estado dos corpos e suas distâncias mútuas a qualquer momento dependerão unicamente do estado dos mesmos corpos e de suas distâncias mútuas no momento inicial, mas de maneira alguma dependerão da posição inicial absoluta do sistema e de sua orientação inicial absoluta. Isto é o que chamaremos, por uma questão de abreviação, a lei da relatividade (POINCARÉ, 1899, p. 267)

E mais à frente, Poincaré refina a sua definição:

> Portanto, nossa lei da relatividade pode ser enunciada da seguinte forma: - As leituras que podemos fazer com nossos instrumentos a qualquer momento dependerão apenas das leituras que pudemos fazer nos mesmos instrumentos no momento inicial. Agora, essa enunciação é independente de toda interpretação por experimentos. Se a lei é verdadeira na interpretação euclidiana, também será verdadeira na interpretação não-euclidiana. Permita-me fazer uma breve digressão sobre este ponto. Eu falei acima dos dados que definem a posição dos diferentes corpos do sistema. Eu também poderia ter falado daqueles que definem suas velocidades. Eu deveria então ter que distinguir a velocidade com a qual as distâncias mútuas dos diferentes corpos estão mudando e, por outro lado, as velocidades de translação e rotação do sistema; isto é, as velocidades com as quais sua posição e orientação absolutas estão mudando. Para que a mente seja plenamente satisfeita, a lei da relatividade deveria ser enunciada da seguinte forma: - O estado dos corpos e suas distâncias mútuas

---

[9] Nesse capítulo iremos deduzir as transformações de Lorentz para variedades arbitrárias. Para uma abordagem alternativa, veja o Anexo 1.

a qualquer momento, bem como as velocidades com que essas distâncias estão mudando naquele momento, serão dependem apenas do estado desses corpos, de suas distâncias mútuas no momento inicial e das velocidades com que essas distâncias estavam mudando no momento inicial. Mas eles não dependerão da posição inicial absoluta do sistema, nem de sua orientação absoluta, nem das velocidades com que essa posição e orientação absolutas estavam mudando no momento inicial. (POINCARÉ, 1899, p. 268-269)

Formalmente o que Poincaré declara as transformações entre as coordenadas do espaço, que doravante chamaremos de espaço-tempo plano, devem ser ortogonais (devido ao princípio da inércia) e especiais (devido ao princípio da relatividade que implica na isotropia do espaço). Em outras palavras, procuramos transformações lineares ortogonais que preservem a distância mútua entre os eventos no espaço-tempo, formem um grupo SO e sejam planas. Esta condição é equivalente a dizer que buscamos automorfismos internos do espaço-tempo. Da álgebra sabemos que um automorfismo interno satisfaz a seguinte condição (NETO, 2014):

$$\Lambda^i_j \eta_{ij} \Lambda^j_i = \eta_{ij}$$

Tomando o determinante dessa equação,

$$\det\left(\Lambda^i_j\right)\det\left(\eta_{ij}\right)\det\left(\Lambda^j_i\right) = \det\left(\eta_{ij}\right)$$

$$\det\left(\Lambda^i_j\right)\det\left(\Lambda^i_j\right) = 1$$

$$\left[\det\left(\Lambda^i_j\right)\right]^2 = 1$$

Se escolhermos como solução -1, mão poderemos garantir a lei de homogeneidade e, por conseguinte, o princípio da inércia, pois as transformações sucessivas não permitirão retornar a configuração inicial. Essa condição foi demonstrada por Lorentz (1904), por Poincaré (1905, 1906) usando teoria de grupos, e Einstein (1905), por argumentos de simetria. Seguindo a tendência de Lorentz e Poincaré, denotaremos esse determinante pela letra l:

$$\det\left(\Lambda^i_j\right) \equiv l = 1$$

Uma transformação linear ortogonal apresenta a seguinte forma:

$$x'_j = \sum_{i=1}^{4} \Lambda^i_j x_i$$

onde os índices variam de 1 à 4. Convencionando x como a coordenada paralela ao deslocamento e que y e z são as coordenadas transversas, as quatro equações lineares ortogonais serão:

$$x' = Ax + Bt$$
$$y' = y$$
$$z' = z$$
$$t' = Cx + Dt$$

onde a igualdade entre as coordenadas transversais é uma consequência da homogeneidade do espaço. Para detalhes consultar: Poincaré (1905, 1906), Einstein (1905), Miller (1997), Martins (2012) e Brown (2017)[10]. Portanto, as componentes da matriz de transformação serão:

$$\Lambda^i_j = \begin{bmatrix} A & 0 & 0 & B \\ 0 & 1 & 0 & 0 \\ 0 & 0 & 1 & 0 \\ C & 0 & 0 & D \end{bmatrix}$$

Calculando o determinante dessa matriz, obtemos[11]:

$$l = AD - BC$$
$$AD - BC = 1$$

Portanto, o princípio da relatividade e o princípio da inércia nos levam as seguintes condições:

$$\begin{cases} x' = Ax + Bt \\ t' = Cx + Dt \\ AD - BC = 1 \end{cases}$$

---

[10] Parte da dedução que seguiremos é feita de maneira análoga por Brown (2017).

[11] https://matrixcalc.org/pt/det.html#determinant-Gauss%28%7B%7BA,0,0,B%7D,%7B0,1,0,0%7D,%7B0,0,1,0%7D,%7BC,0,0,D%7D%7D%29

Para conseguirmos prosseguir em nossas deduções, vamos obter a transformação inversa da coordenada x. Para isso basta multiplicarmos a primeira equação D e a segunda equação por $-B$:

$$\begin{cases} Dx' = ADx + BDt \\ -Bt' = -BCx - BDt \end{cases}$$

Somando as duas equações,

$$ADx - BCx = Dx' - Bt'$$

$$(AD - BC)x = Dx' - Bt'$$

$$x = Dx' - Bt'$$

Determinaremos nossos coeficientes em função de A, usando três equações, a saber:

$$\begin{cases} x' = Ax + Bt \\ x = Dx' - Bt' \\ AD - BC = 1 \end{cases}$$

Para determinar os coeficientes A, B, C e D, vamos assumir, sem perda de generalidade, que na perspectiva do observador O, o observador O' se desloca com velocidade constante v. Reciprocamente, na perspectiva do observador O', o observador O se desloca com velocidade constante $-v$. Suponha que em um determinado t' o corpo se encontra na origem de x', assim teremos:

$$0 = Ax + Bt$$

$$-Bt = Ax$$

$$B = -A\frac{x}{t}$$

$$B = -Av$$

Reciprocamente, para o observador O' teremos que o sistema x se encontra na origem. Usando a segunda equação, obtemos:

$$0 = Dx' - Bt'$$

$$Bt' = Dx'$$

$$B = D\frac{x'}{t'}$$

$$B = -Dv$$

Igualando as duas relações do coeficiente B, alcançamos que:

$$-Dv = -Av$$

$$D = A$$

Agora, resta apenas determinar o coeficiente C, para isso usaremos a terceira a equação:

$$AD - BC = 1$$

$$AA - (-Av)C = 1$$

$$A^2 + (Av)C = 1$$

$$C = \frac{1 - A^2}{Av}$$

Tendo obtido a transformação dos coeficientes em função de A, vamos rescrever as nossas equações:

$$\begin{cases} x' = Ax - Avt \\ t' = \dfrac{1 - A^2}{Av}x + At \end{cases}$$

Evidenciando A nas duas equações e evidenciando –v na parcela x da segunda equação:

$$\begin{cases} x' = A(x - vt) \\ t' = A\left[t - \left(\dfrac{A^2 - 1}{A^2 v^2}\right)vx\right] \end{cases}$$

§ 5.3. O Fator de Poincaré

Vamos introduzir o fator generalizado de Lorentz, que nós denominaremos de fator de Poincaré e será definida pela relação:

$$A \equiv \Gamma = \frac{1}{\sqrt{1 - R^2 \left(\dfrac{v^2}{c^2} \right)}}$$

Onde c é um fator de velocidade, que nas variedades lorentzianas correspondem a velocidade da luz no vácuo e R é uma unidade hipercomplexa e poder ser: parabólica (dual)[12], hiperbólica (perplexo)[13] ou polar (imaginário) que. Por simplicidade, chamaremos esta unidade de anelar. Escolheremos sempre um sistema de unidades onde a constante c seja igual a unidade. Assim, o fator de Poincaré será escrito como:

$$A \equiv \Gamma = \frac{1}{\sqrt{1 - R^2 v^2}}$$

O fator de Poincaré apresenta a seguinte propriedade:

$$\frac{\Gamma^2 - 1}{\Gamma^2} = \left(1 - R^2 v^2\right)\left(\frac{1}{1 - R^2 v^2} - 1\right)$$

$$\frac{\Gamma^2 - 1}{\Gamma^2} = \left(1 - R^2 v^2\right)\left(\frac{1 - 1 + R^2 v^2}{1 - R^2 v^2}\right)$$

$$\frac{\Gamma^2 - 1}{\Gamma^2} = R^2 v^2$$

Substituindo essa relação na equação do tempo, obtemos:

---

[12] Para informações mais detalhadas sobre o anel dos números duais e suas aplicações, o leitor deve consultar: Veldkam (1976), Fischer (1999), Vasantha, Smarandache (2012), Ozdemir (2018).

[13] Para informações mais detalhadas sobre o anel dos números perplexos e suas aplicações (em particular na relatividade especial), o leitor deve consultar: Fjelstad (1986), Assis, (1991), Borota, Osler (2002), Khrennikov, Segre (2005), Catoni, Boccaletti, Cannata, Catoni, Nichelatti, Zampetti (2008), Sabadini, Shapiro, Sommen, (2009), Poodiack (2009), Sabadini, Sommen (2011), Catoni, Boccaletti, Cannata, Catoni, Zampetti (2011), Catoni, Zampetti (2012), P Kisil, (2013), Gargoubi, Kossentini (2016), Amorim, Santos, Carvalho, Massa (2018), Boccaletti, Catoni, Catoni (2018), Ozdemir (*op cit*).

$$t' = \Gamma\left[t - \left(\frac{\Gamma^2 - 1}{\Gamma^2 v^2}\right)vx\right]$$

$$t' = \Gamma\left[t - \left(\frac{R^2 v^2}{v^2}\right)vx\right]$$

$$t' = \Gamma\left(t - R^2 vx\right)$$

Assim as transformações de coordenadas serão:

$$\begin{cases} x' = \Gamma\left(x - vt\right) \\ y' = y \\ z' = z \\ t' = \Gamma\left(t - R^2 vx\right) \end{cases}$$

§ 5.4. Invariância do Fator R

Vamos provar que a unidade anelar é um invariante relativístico e obter a transformação do fator de Poincaré. Para isso, definamos a velocidade da partícula no sistema O':

$$\frac{x'}{t'} = \frac{\Gamma_v\left(x - vt\right)}{\Gamma_v\left(t - R_v^2 vx\right)}$$

$$\frac{x'}{t'} = \frac{x - vt}{t - R_v^2 vx}$$

Essa é a forma fundamental do grupo. Vamos agora construir um terceiro sistema de coordenadas O'' e estabelecer as transformações para o sistema O' e O.

$$\frac{x''}{t''} = \frac{x' - ut'}{t' - R_u^2 ux'}$$

$$\frac{x''}{t''} = \frac{\Gamma_v\left(x - vt\right) - u\Gamma_v\left(t - R_v^2 vx\right)}{\Gamma_v\left(t - R_v^2 vx\right) - R_u^2 u\Gamma_v\left(x - vt\right)}$$

$$\frac{x''}{t''} = \frac{\Gamma_v \left[x - vt - u\left(t - R_v^2 vx\right) \right]}{\Gamma_v \left[t - R_v^2 vx - R_u^2 u\left(x - vt\right) \right]}$$

$$\frac{x''}{t''} = \frac{\left[x - vt - ut + R_v^2 uvx \right]}{\left[t - R_v^2 vx - R_u^2 ux + R_u^2 uvt \right]}$$

Agora devemos reorganizar os fatores para que eles assumam a forma fundamental do grupo:

$$\frac{x''}{t''} = \frac{\left(1 + R_v^2 uv\right)x - \left(u + v\right)t}{\left(1 + R_u^2 uv\right)t - \left(R_v^2 v + R_u^2 u\right)x}$$

Evidenciando o primeiro fator do denominador, obtemos a forma fundamental:

$$\frac{x''}{t''} = \frac{x - \dfrac{\left(u + v\right)}{\left(1 + R_v^2 uv\right)}t}{\dfrac{\left(1 + R_u^2 uv\right)}{\left(1 + R_v^2 uv\right)}t - \dfrac{\left(R_v^2 v + R_u^2 u\right)}{\left(1 + R_v^2 uv\right)}x}$$

$$\frac{x''}{t''} = \frac{x - wt}{t - R_w^2 wx}$$

Comparando as equações, a primeira parcela no denominador deve ser a unidade:

$$\frac{\left(1 + R_u^2 uv\right)}{\left(1 + R_v^2 uv\right)} = 1$$

$$1 + R_u^2 uv = 1 + R_v^2 uv$$

$$R_u^2 = R_v^2 \equiv R^2$$

A velocidade w é a lei de composição de velocidades relativísticas:

$$w = \frac{u + v}{1 + R^2 uv}$$

Por fim, vamos obter $R^2{}_w$:

$$\frac{\left(R^2 v + R^2 u\right)}{\left(1 + R^2 uv\right)} = R_w^2 w$$

$$R^2 \frac{\left(u + v\right)}{\left(1 + R^2 uv\right)} = R_w^2 w$$

$$R^2 w = R_w^2 w$$

$$R_w^2 = R^2$$

Isso demonstra que o fator anelar R não depende da escolha do sistema de coordenadas.

§ 5.5. Variedades Espaço-Temporais Planas

Na seção anterior discutimos as características do fator R. Agora veremos como o fator R induz a assinatura métrica da variedade. Como há três unidades hipercomplexas, portanto existem três variedades espaço-temporais.

1) Espaço-Tempo de Galileu ($R^2 = 0$)

Se R for o número parabólico (dual), que é nilpotente de segunda ordem, teremos a variedade de Galileu, que se transforma conforme o grupo SO(3), a lei de composição de velocidades e o fator de Poincaré são dados por:

$$\begin{cases} w = u + v \\ \Gamma = 1 \end{cases}$$

As transformações de coordenadas são dadas por:

$$\begin{cases} x' = x - vt \qquad y' = y \\ t' = t \qquad\qquad z' = z \end{cases}$$

Nesse sistema as medidas de comprimento e de período se mantém invariantes em todos os sistemas de coordenadas. A velocidade pode ser composta infinitamente, não existe um limite físico como a velocidade da luz.

2) Espaço-Tempo de Euclides ($R^2 = -1$)

Se R for o número polar (imaginário), que elevado ao quadrado é igual à -1, teremos a variedade de Euclides, que se transforma conforme o grupo SO(4), a lei de composição de velocidades e o fator de Poincaré são dados por:

$$\begin{cases} w = \dfrac{u+v}{1-uv} \qquad \Gamma = \dfrac{1}{\sqrt{1+v^2}} \end{cases}$$

As transformações de coordenadas são dadas por:

$$\begin{cases} x' = \dfrac{1}{\sqrt{1+v^2}}(x-vt) \\ y' = y \\ z' = z \\ t' = \dfrac{1}{\sqrt{1+v^2}}(t+vx) \end{cases}$$

Nesse sistema as medidas os comprimentos se dilatam e os períodos se contraem na direção do movimento. A velocidade da luz opera como uma velocidade limite sobre certas condições, porém, é possível obter velocidades maiores que a da luz por meio da composição de quadros inerciais.

3) Espaço-Tempo de Euclides ($R^2 = +1$)

Se R for o número hiperbólico (perplexo), que elevado ao quadrado é igual à +1, teremos a variedade de Lorentz, que se transforma conforme o grupo SO(1,3), a lei de composição de velocidades e o fator de Poincaré são dados por:

$$\begin{cases} w = \dfrac{u+v}{1+uv} \\ \Gamma = \dfrac{1}{\sqrt{1-v^2}} \end{cases}$$

As transformações de coordenadas são dadas por:

$$\begin{cases} x' = \dfrac{1}{\sqrt{1-v^2}}\left(x-vt\right) \\[2ex] y' = y \\[1ex] z' = z \\[1ex] t' = \dfrac{1}{\sqrt{1-v^2}}\left(t-vx\right) \end{cases}$$

Nesse sistema as medidas os comprimentos se contraem e os períodos se dilatam na direção do movimento. A velocidade da luz opera como uma velocidade limite, e é impossível obter velocidades maiores que a da luz por meio da composição de quadros inerciais. Essa variedade também tem como consequência a constância da velocidade da luz, quer a luz seja uma ondulação no éter ou não.

Desta maneira, a escolha da variedade que corresponde ao nosso espaço-tempo depende da determinação do fator R. Por isso devemos estudar outras as consequências do princípio da relatividade e do princípio da inércia e de nossa formulação para obtermos maneiras em que a experiência nos permita decidir qual é o valor de R.

§ 5.6. A Medida do Ângulo do Espaço-Tempo (1-1)[14]

No espaço-tempo (1-1), a medida do ângulo é calculado pelo quadrado do bivetor (2-vetor) $e_x e_t$:

$$\left(e_x e_t\right)^2 = \left(e_x e_t\right)\left(e_x e_t\right)$$

$$\left(e_x e_t\right)^2 = -\left(e_t e_x\right)\left(e_x e_t\right)$$

$$\left(e_x e_t\right)^2 = -e_t \left(e_x\right)^2 e_t$$

$$\left(e_x e_t\right)^2 = -\left(e_t\right)^2 \left(e_x\right)^2$$

---

[14] Como abordaremos alguns elementos de álgebras geométricas para detalhes recomendamos: Jancewicz (1989). Vaz Jr. (1997, 2000), Hestenes (1998, 2002, 2003, 2015) Doran, Lasenby (2003), Arthur (2011), Vaz Jr, Rocha Jr. (2012), Kanatani (2015), Vaz Jr., Mann, (2018), Josipović (2019).

Como a componente espacial é euclidiana, então $(e_x)^2 = 1$, então:

$$\left(e_x e_t\right)^2 = -\left(e_t\right)^2$$

Desta forma, será o quadrado do vertor temporal que irá definir a medida do ângulo do espaço-tempo. Com base nesse resultado, vamos introduzir o vetor e_r,

$$\begin{cases} \left(e_r\right)^2 = -1 \\ e_t = \left(cR\right)e_r \end{cases}$$

com R sendo a característica do ideal do anel dos números híbridos Z; c, a velocidade da luz no vácuo. Por simplicidade, escolheremos um sistema de unidades onde $c = 1$, de forma que nosso vetor temporal seja escrita como:

$$e_t = Re_r$$

Nestas condições, a medida do ângulo será definida por:

$$\left(e_x e_t\right)^2 = -\left(e_t\right)^2 = -\left(Re_r\right)^2 = -R^2\left(e_r\right)^2 = -R^2\left(-1\right) = R^2$$

Consequentemente, a norma do bivetor será igual ao quadrado da característica R.

$$\left(e_x e_t\right)^2 = R^2$$

E a medida do ângulo e a natureza geométrica do espaço-tempo serão induzidas por R. A Tabela abaixo sintetiza algumas destas propriedades induzidas:

R	Espaço-Tempo	Medida do Ângulo	Geometria	Trigonometria	(m, n)
i	Euclidiano	Elíptica	Euclidiana	Polar	$(0, -1)$
ε	Galileano	Parabólica	Não-Euclidiana	Parabólica	$(0, 0)$
h	Minkowskiano	Hiperbólica	Pseudo-Euclidiana	Hiperbólica	$(0, +1)$

Tabela 1: Espaço-tempos e propriedades induzidas pela característica R.
Fonte: Autoral.

§ 5.7. Álgebra de Lie do Espaço-Tempo (1-1)

Como as transformações entre referenciais inerciais são lineares e ortogonais, elas formam um grupo SO. Todo grupo SO apresenta uma álgebra de Lie so que permite a construção de invariantes que preservam a estrutura do espaço. Este foi o método empregado por Poincaré (1905, 1906) e Minkowski (1909). Para construirmos um invariante da álgebra de Lie do espaço-tempo empregaremos o método proposto por Hestenes (1998, 2002, 2003, 2015) conhecido como STA (Space-Time Algebra). Inicialmente vamos construir dois 1-vetores S e S':

$$\begin{cases} S = Xe_x + Te_t \\ S' = X'e'_x + T'e'_t \end{cases}$$

O quadrado da norma de 1-vetor é um invariante da Álgebra de Lie:

$$\begin{cases} S^2 = \left(Xe_x + Te_t \right)\left(Xe_x + Te_t \right) \\ S'^2 = \left(X'e_x + T'e_t \right)\left(X'e_x + T'e_t \right) \\ S^2 = X^2 \left(e'_x \right)^2 + XT\left(e'_x e'_t + e'_t e'_x \right) + T^2 \left(e'_t \right)^2 \\ S'^2 = X'^2 \left(e'_x \right)^2 + X'T'\left(e'_x e'_t + e'_t e'_x \right) + T'^2 \left(e'_t \right)^2 \end{cases}$$

Destas expressões, definimos a Álgebra de Clifford do espaço tempo:

$$\begin{cases} \left(e_x \right)^2 = \left(e'_x \right)^2 = 1, \quad \left(e_t \right)^2 = \left(e'_t \right)^2 = -R^2, \\ e_x e_t + e_t e_x = 0, \qquad e'_x e'_t + e'_t e'_x = 0. \end{cases}$$

Nestas condições, o invariante do espaço-tempo pode ser escrito como:

$$\begin{cases} S^2 = X^2 - R^2 T^2 \\ S'^2 = X'^2 - R^2 T'^2 \\ \quad S'^2 = S^2 \end{cases}$$

Essa expressão é chamada de *Forma Quadrática Fundamental do Espaço-Tempo*.

Para determinarmos A, determinaremos o valor K. Para isso utilizaremos uma variante de um método proposto por Lugonov (2004). Primeiro, façamos uma mudança de variáveis:

$$\begin{cases} t = T - KvX \\ T = t + KvX \end{cases}$$

Substituindo na forma quadrática fundamental, obtemos:

$$S'^2 = X^2 - R^2\left(t + KvX\right)^2$$
$$S'^2 = X^2 - R^2\left(t^2 + 2KvXT + K^2v^2X^2\right)$$
$$S'^2 = X^2\left(1 - R^2K^2v^2\right) - 2R^2KvXT - R^2t^2$$

Denotando o termo em parêntesis de Γ^2:

$$S'^2 = \Gamma^2 X^2 - R^2KvXT - R^2t^2$$

Vamos completar o quadrado, em relação a variável X:

$$S'^2 = \Gamma^2 X^2 - 2R^2KvXT + R^4K^2\Gamma^{-2}v^2t^2 - R^4K^2\Gamma^{-2}v^2t^2 - R^2t^2$$
$$S'^2 = \left(\Gamma X - R^2K\Gamma^{-1}vt\right)^2 - R^2\left(1 - R^2K^2v^2\Gamma^{-2}\right)t^2$$
$$S'^2 = \Gamma^{-2}\left(\Gamma^2 X - R^2Kvt\right)^2 - R^2\Gamma^{-2}\left(\Gamma^2 - R^2K^2v^2\right)t^2$$

Calculemos o termo no segundo parêntesis:

$$\Gamma^2 - R^2K = 1 - R^2K^2v^2 - R^2K^2v^2$$
$$\Gamma^2 - R^2K = 1$$

Substituindo esse valor,

$$S'^2 = \Gamma^{-2}\left(\Gamma^2 X - R^2Kvt\right)^2 - R^2\Gamma^{-2}t^2$$

Substituindo o valor de t e Γ, obtemos:

$$S'^2 = \Gamma^{-2}\left(\Gamma^2 X - R^2Kv\left[T - KvX\right]\right)^2 - R^2\Gamma^{-2}\left(T - KvX\right)^2$$
$$S'^2 = \Gamma^{-2}\left(\left[1 - R^2K^2v^2\right]X - R^2Kv\left[T - KvX\right]\right)^2 - R^2\Gamma^{-2}\left(T - KvX\right)^2$$
$$S'^2 = \Gamma^{-2}\left(\left[1 - R^2K^2v^2\right]X + R^2K^2v^2X - R^2KvT\right)^2 - R^2\Gamma^{-2}\left(T - KvX\right)^2$$
$$S'^2 = \Gamma^{-2}\left(\left[1 - R^2K^2v^2 + R^2K^2v^2\right]X - R^2KvT\right)^2 - R^2\Gamma^{-2}\left(T - KvX\right)^2$$

$$S'^{2} = \Gamma^{-2}\left(X - R^{2}KvT\right)^{2} - R^{2}\Gamma^{-2}\left(T - KvX\right)^{2}$$

Escrevendo o lado direito da equação, obtemos:

$$X'^{2} - R^{2}T'^{2} = \Gamma^{-2}\left(X - R^{2}KvT\right)^{2} - R^{2}\Gamma^{-2}\left(T - KvX\right)^{2}$$

Desta igualdade, obtemos as transformações de X e de T:

$$X' = \Gamma^{-1}\left(X - R^{2}KvT\right)$$
$$T' = \Gamma^{-1}\left(T - KvX\right)$$

Por outro lado, as expressões das transformadas gerais que obtivemos são:

$$X' = A\left(X - vT\right)$$
$$T' = A\left(T - KvX\right)$$

Comparando as duas equações para a transformação do tempo, obtemos:

$$A = \Gamma^{-1} = \left(1 - R^{2}K^{2}v^{2}\right)^{-1/2}$$

Elevando ao quadrado, obtemos:

$$A^{2} = \Gamma^{-2}$$

Pela equação de X, obtemos os valores de K. Porém, devido a possibilidade de R poder ser nilpotente de ordem 2, vamos analisar esse problema em duas partes.

§ 5.7.1. Quando $R^{2} \neq 0$

Nesta circunstância, temos que:

$$R^{2} \in \{-1, +1\}, \quad R^{4} = 1$$

Igualando as transformações de X, obtemos:

$$A\left(X - vT\right) = A\left(X - R^{2}KvT\right)$$
$$X - vT = X - R^{2}KvT$$
$$\left(R^{2}K - 1\right)vT = 0$$

Como o fator vT é arbitrário, resulta que o termo em parêntesis deve ser nulo:

$$R^2 K = 1$$

Multiplicando por R^2, e levando em conta que $R^4 = 1$, obtemos o valor de K:

$$K = R^2$$

Portanto o valor de A^2 é único e igual à:

$$A^2 = \frac{1}{1 - R^2 v^2}$$

Se extrairmos a raiz, teremos dois valores possíveis, correspondente da remoção do módulo de A. Porém, devemos escolher o valor positivo para garantir que as transformações formem um grupo[15].

$$A = \frac{1}{\sqrt{1 - R^2 v^2}}$$

Se escolhermos, R^2 igual à 1, obtemos as transformações de Lorentz. Se tomarmos $R^2 = -1$, obtemos um novo tipo de transformação que chamaremos de transformações de Euclides. As transformadas do espaço se torna:

$$X' = A\left(X - R^2 R^2 vT\right)$$
$$X' = A\left(X - R^4 vT\right)$$
$$X' = A\left(X - vT\right)$$

que é a transformação do espaço, que obtivemos anteriormente.

Desta forma, as transformações do espaço e do tempo para essas duas variedades serão:

$$X' = A\left(X - vT\right)$$
$$T' = A\left(T - R^2 vX\right)$$
$$A = \frac{1}{\sqrt{1 - R^2 v^2}}$$

---

[15] Para detalhes ver Poincaré (1906), Einstein (1905, 1907), Minkowski (1909), Miller (1986, 1997), Neto (2008), Bassalo e Cattani (2013), Hall (2016).

§ 5.7.2. Quando $R^2 = 0$

Da forma quadrática fundamental, obtemos a seguinte igualdade:

$$\begin{cases} S^2 = X^2 \\ S'^2 = X'^2 \end{cases} \qquad \begin{aligned} S'^2 &= S^2 \\ X'^2 &= X^2 \end{aligned}$$

Por meio da relação entre A e o fator Γ, podemos determinar o valor de K, para isso vamos usar as expressões elevadas ao quadrado:

$$A^2 = \Gamma^{-2}$$
$$\left(1 - Kv^2\right)^{-1} = \left(1 - R^2 K^2 v^2\right)^{-1}$$
$$1 - Kv^2 = 1 - R^2 K^2 v^2$$
$$\left(1 - R^2 K\right) Kv^2 = 0$$

Para v arbitrário, obtemos:

$$\left(1 - R^2 K\right) K = 0$$

Como R^2 é nulo, resulta que:

$$K = 0 = R^2$$

Levando em consideração que para R^2 não-nulo, K também é igual a R^2, então para todos os valores possíveis de R, temos que $K = R^2$. Também é fácil ver que nesse caso, A^2 é igual a unidade:

$$A^2 = 1 \quad \rightarrow \quad A = +1$$

onde escolhemos o valor positivo, novamente para que as transformações formem um grupo. Desse fato, decorre que:

$$X' = X,$$
$$T' = T$$

A transformação de X decorre da invariância da forma quadrática fundamental do espaço-tempo de Galileu. Porém, ainda não provamos que a expressão

$$X' = A\left(X - vT\right)$$

mantém invariante a forma quadrática fundamental. Façamos a demonstração:

$$X^2 = A^2 \left(X - vT \right)^2$$

$$X^2 = A^2 X^2 - 2A^2 vTX + A^2 v^2 T^2$$

$$A^2 X^2 - X^2 + A^2 v^2 T^2 - 2A^2 vTX = 0$$

Vamos completar os quadrados em X:

$$A^2 X^2 - 2X^2 + X^2 - 2A^2 vTX + A^2 v^2 T^2 = 0$$

$$X^2 - 2A^2 vTX + A^2 v^2 T^2 = 2X^2 - A^2 X^2$$

$$\left(X - AvT \right)^2 = \left(2 - A^2 \right) X^2$$

Como A é igual a unidade, as equações se tornam:

$$\left(X - 1vT \right)^2 = \left(2 - 1 \right) X^2$$

$$\left(X - vT \right)^2 = X^2$$

mas, o lado direito é justamente X':

$$X'^2 = X^2$$

que demonstra que a transformação de X' mantém invariante a forma quadrática.

§ 5.8. Teorema da Adição de Velocidades pelo Método da Álgebra Geométrica Induzida

Em 1905, Poincaré e Einstein obtiveram a regra de composição de velocidades relativísticas. Esse mesmo resultado pode ser deduzido por meio da álgebras geométrica. Nessa seção mostraremos esse procedimento. Para detalhes o leitor deverá consultar Josipovic (2019, p. 102). Inicialmente vamos introduzir o conceito de paravetor do espaço tempo. Um paravetor é um multivetor construído a partir do produto direto das álgebras de extensão $\wedge^0 \left(\mathbb{R} \right)$ e $\wedge^1 \left(\mathbb{R} \right)$, que pode ser escrito como a seguinte aplicação bilinear:

$$\psi : \mathbb{R} \times \mathbb{E} \to \wedge^0 \left(\mathbb{R} \right) \oplus \wedge^1 \left(\mathbb{R} \right)$$

$$\psi \left(v_o, \vec{v} \right) = v_o + R\vec{v}$$

Chamaremos de involutor de um paravetor como o paravetor construído a partir da operação involução, definida por:

$$\bar{\psi} : \mathbb{R} \times \mathbb{E} \to \wedge^0 (\mathbb{R}) \oplus \wedge^1 (\mathbb{R})$$

$$\bar{\psi}(v_o, \vec{v}) = v_o - R\vec{v}$$

O produto de um paravetor por seu involutor define um invariante denominado norma ao quadrado:

$$\psi^2 : \wedge^0 (\mathbb{R}) \oplus \wedge^1 (\mathbb{R}) \times \wedge^0 (\mathbb{R}) \oplus \wedge^1 (\mathbb{R}) \to \mathbb{R}$$

$$\psi^2 : \psi\bar{\psi} = v_o^2 - R^2 v^2$$

Para nossa dedução introduziremos dois paravetores: tempo próprio e a velocidade própria, definidos, respectivamente, como:

$$\begin{cases} \tau = t + R\vec{x} \\ \bar{\tau} = t - R\vec{x} \\ \tau^2 = t^2 - R^2 x^2 \end{cases} \qquad \begin{cases} u = A(1 + R\vec{v}) \\ \bar{u} = A(1 - R\vec{v}) \\ u^2 = A^2(1 - R^2 v^2) \end{cases}$$

Evidenciando o valor t^2 do invariante do tempo próprio, obtemos:

$$\tau^2 = t^2 \left(1 - R^2 x^2 / t^2\right)$$

$$\tau^2 = t^2 \left(1 - R^2 v^2\right)$$

$$\frac{t^2}{\tau^2} = \frac{1}{\left(1 - R^2 v^2\right)}$$

Expressando a razão por meio do coeficiente A,

$$\frac{t^2}{\tau^2} = A^2$$

Por essa razão, é fácil ver que o invariante velocidade própria é a unidade (c):

$$u^2 = A^2 \frac{1}{A^2} = 1$$

A composição de velocidades no espaço-tempo (1-1) é o produto dos *boosts* na direção do movimento do observador em repouso ($u_0 = 1$) e dos observadores em movimento (u_1, u_2).

$$u = u_0 u_1 u_2$$

Substituindo os valores das velocidades:

$$u = A_1\left(1 + R\vec{v}_1\right) A_2\left(1 + R\vec{v}_2\right)$$

$$u = A_1 A_2\left[1 + R\vec{v}_2 + R\vec{v}_1 + R^2 v_1 v_2\right]$$

$$u = A_1 A_2\left[1 + R^2 v_1 v_2 + R\left(\vec{v}_2 + \vec{v}_1\right)\right]$$

$$u = A_1 A_2\left[1 + R^2 v_1 v_2 + R\left(v_2 + v_1\right)e_x\right]$$

Evidenciando o fator $1 + R^2 v_1 v_2$ (para os valores que ele seja diferente de zero),

$$u = A_1 A_2\left(1 + R^2 v_1 v_2\right)\left[1 + R\frac{\left(v_2 + v_1\right)}{1 + R^2 v_1 v_2}e_x\right]$$

Escrevendo usando a definição de paravetor, obtemos:

$$u = A\left(1 + R\vec{v}\right) \qquad \begin{cases} A = A_1 A_2\left(1 + R^2 v_1 v_2\right) \\ \vec{v} = \dfrac{\left(v_2 + v_1\right)}{1 + R^2 v_1 v_2}e_x \end{cases}$$

A parte escalar é a transformação do fator A e o vetor v é o vetor composição de velocidades. Antes de encerrarmos vamos verificar para quais valores $1 + R^2 v_1 v_2$ é nulo.

$$1 + R^2 v_1 v_2 \neq 0$$

$$-R^2 v_1 v_2 \neq 1$$

Extraindo a raiz quadrada e escrevendo explicitamente a velocidade da luz c:

$$\sqrt{-R^2 v_1 v_2} \neq c$$

Na variedade de Minkowski essa restrição está associada ao fato de todo corpo com velocidade diferente (reciprocamente: igual) da luz apresentará velocidade diferente (reciprocamente: igual) da luz em todos os referenciais inerciais.

§ 5.9. Por que o Espaço-Tempo é Minkowskiano?

O princípio da relatividade de Poincaré implica o que espaço-tempo é um espaço afim ou cuja medida do ângulo é parabólico. Isso reduz as nove geometrias de Cayley aos espaços Euclideano, Galileano e Minkowskiano. Naturalmente, somos levados a perguntar qual melhor espaço-tempo se adequa a realidade física? Para isso recorremos a experiência, mais precisamente como dois observadores registram um evento no espaço-tempo.

Suponha que durante um instante T_1, dois observadores inerciais O' e O se cruzam e sincronizam seus relógios. Chamaremos esse evento de O. Ela combinam que quando seus relógios próprios registrarem o instante T_2, eles irão trocar sinais para confirmar se seus relógios ainda estão sincronizados. Porém, como não dispomos de um método para medir a velocidade da luz em um único sentido, imediatamente a recepção do sinal (T_3), ele será refletido, retornando ao seu emissor (T). Esse é o processo proposto por Poincaré (1898, 1900, 1904) e Einstein (1905) para realizar a medida do tempo entre referenciais em movimento.

Devido a homogeneidade e a isotropia do espaço, cada observador irá alegar que no tempo T_2, o outro observador se deslocou uma distância $x = vT_2$. O sinal emitido irá percorrer uma distância X dada por $x + c(T_3 - T_2)$. Podemos expressar essa equação de forma mais compacta: $X = cT$ se considerarmos que a velocidade de ida e volta é o mesmo. Nestas condições, teremos:

$$\begin{cases} X = cT \\ X' = cT' \end{cases}$$

Se elevarmos ao quadrado, as duas expressões, obtemos o seguinte invariante:

$$\begin{cases} X^2 = c^2T^2 & \leftrightarrow & X^2 - c^2T^2 = 0 \\ X'^2 = c^2T'^2 & \leftrightarrow & X'^2 - c^2T'^2 = 0 \end{cases}$$

E, portanto:

$$X^2 - c^2T^2 = X'^2 - c^2T'^2 = 0$$

Essa é a forma quadrática fundamental para conexões do tipo-luz em um espaço Minkowskiano. Se assumirmos o postulado da constância da velocidade da luz, como fez Einstein em 1905, somos induzidos a escolher o espaço de Minkowski. É possível, tornar essa condição ainda mais forte, do ponto de vista empírico, utilizando as linhas coordenadas de Plücker e Cayley, pois somente no espaço de Minkowski verifica-se uma total concordância entre as leis do eletromagnetismo e a estrutura geométrica do espaço-tempo.

§ 6. Caracterização Topológica do Espaço-Tempo

Até aqui caracterizamos o espaço-tempo quadrimensional por meio do conceito de ortogonalidade. Por meio da análise topológica, concluímos que há apenas 3 estruturas que admitem que o eixo do tempo seja ortogonal aos eixos espaciais: a variedade de Galileu, a variedade de Euclides e a variedade de Lorentz. Porém, há outra forma de chegarmos a estas conclusões e descobrir novas propriedades sobre a natureza destes espaços.

Para isso utilizaremos três anéis numéricos: os números duais (nilpotentes), os números complexos e os números perplexos (hipercomplexos). Para cada uma das variedades, associaremos um anel, que chamaremos de estrutura característica.

Antes de adentrarmos no assunto, vamos introduzir uma aplicação homeomórfica de $\mathbb{R}^3$ em R, que denominaremos de posição r:

$$r : \mathbb{R}^3 \to \mathbb{R}$$

$$r = \sqrt{x^2 + y^2 + z^2}$$

Esta aplicação pode ser entendida da seguinte forma:

"Para cada coordenada de R³ associa-se a um único número na reta dos reais. Em particular, se tomarmos y e z como constantes, a operação será um endomorfismo de R."

§ 6.1. A Topologia do Tempo

Quando estudamos a história do tempo[16] descobrimos que a ontologia do tempo é uma questão tão antiga quanto a caracterização do espaço. Das diferentes concepções sobre o tempo, podemos classifica-la em dois grupos: aquelas que defendem que o tempo é linear e aquelas que defendem que o tempo é cíclico. A primeira concepção se tornou bastante difundida no ocidente, principalmente por movimentos religiosos como

---

[16] A parte histórica citada nesta seção pode ser vista em Whitrow (1993) e Martins (2012b).

judaísmo, cristianismo e islamismo. O tempo cíclico se tornou a base ontológica da cultura hinduísta, as três formas de Brahma, representam a criação, a persistência e a destruição, em um processo que se repete de tempos em tempos. Sidartha Gautama (Buda) incorporou essa concepção em sua doutrina por meio do conceito de Samsara, o círculo das existências. Para os budistas, o samsara é uma ilusão criada pela mente e que nos prende em círculos de nascimento e morte. Somente por meio do Nirvana (extinção) é possível superar essa ilusão. Outras doutrinas orientais como Taoísmo e o Confuncionismo também adotam visões cíclicas do tempo. Os povos pré-colombianos, em particular os Maias, também tinham noções avançadas sobre o tempo cíclico.

Naturalmente, essas questões foram absorvidas pelos filósofos e foram submetidas aos escrutínios da razão. Em suas complexas ponderações, Kant tentou compreender a ontologia do espaço e do tempo, introduzindo conceitos modernos e relativamente complicados como a orientabilidade e quirilidade. Voltaire abordou a questão do tempo cíclico por meio da racionalização de Deus, concluindo que se o tempo é cíclico é porque Deus tem necessidade de estar sempre criando o Universo, mas se Deus tem uma necessidade que não pode ser saciada, isso compromete sua onisciência e sua onipotência. Nietzsche, sobre influência do budismo, preferiu uma visão mais refinada do tempo cíclico. Apesar dos esforços empreendidos, a questão ainda se encontra sem solução, principalmente porque ainda não fomos capaz de construir uma topologia para o tempo.

> Os filósofos debateram questões como as seguintes: O tempo pode ser "fechado" ou "circular"? Os debates geralmente assumem que é claro o que significa dizer, por exemplo, que o tempo é "circular", e o debate se concentra em saber se a possibilidade de tal estrutura de tempo é uma possibilidade real. Acontece, no entanto, que a noção de topologia do tempo assume uma qualidade bastante ilusória no contexto dos espaços-tempos relativísticos. (EARMAN, 1977, p. 211)

Portanto, o problema ontológico do tempo se torna um problema topológico. Como construir uma topologia para o tempo?

> Um procedimento que sempre pode ser aplicado é atribuir a topologia de projeção do espaço quociente $M/T(V)$, ou seja, se $p: M \to M/T(V)$ denota o mapa de projeção natural, então um subconjunto $X \subset M/T(V)$ é considerado aberto se $p^{-1}(X)$ estiver

aberto em *M*. É um lema padrão que a topologia de projeção seja a maior topologia em que *p* é C^o. A topologia de projeção também possui o bom recurso de se comportar bem em relação aos subespaços. Seja *Y* um subconjunto de *M/T(V)*. Há duas maneiras de atribuir uma topologia a *Y*: a topologia do subespaço que ela herda de *M/T(V)* ou a topologia de projeção que ela herda de *p: $p^{-1}(Y)$* → *Y*. Devido ao fato de que p: *M* → *M/T(V)* é um mapa aberto, essas duas topologias para *Y* coincidem. (EARMAN, 1977, p. 212)

Essa abordagem, embora seja um caminho viável para construir uma topologia do tempo apresenta um inconveniente ela exclui todas soluções em que o tempo não pode ser separado em classes laterais, como observa Earman:

> Essa abordagem assume que o espaço-tempo <*M, g*> em consideração admite uma família *ɑ* de fatias de tempo que particionam *M*. Essa é uma forte suposição. Isso exclui muitos modelos cosmológicos interessantes. Por exemplo, o espaço-tempo de Godel não possui uma única fatia de tempo; e há outros tempos espaciais que possuem alguns intervalos de tempo, mas não podem ser particionados por eles. Mas se a abordagem de projeção estiver no caminho certo, pode-se argumentar que a pergunta "Qual é a topologia do tempo?" não está bem posicionado quando a suposição falha. Quando a suposição é válida, podemos considerar a topologia do tempo, dada por *ɑ*, como a topologia da projeção de *M/ɑ*. (EARMAN, 1977, p. 214)

O método da projeção pode ser enunciado em duas definições equivalentes, propostas por Earman (1977, p. 214-215):

> **Definição 1**: O tempo em <*M, g*> pode ser considerado *linear* se houver uma família *ɑ* tal que *M/ɑ* ≅ *R*. Da mesma forma, o tempo em <*M, g*> pode ser considerado circular se houver uma família *ɑ'* tal que M/*ɑ'* ≅ S^1.

> **Definição 2**: Função *t* é uma *função de tempo linear* para <*M, g*> se *t: M* → *R* é C^o e aumenta ao longo de cada curva temporal futura direcionada. A função *c* é uma função de tempo circular para <*M, g*> se *c: M* → S^1 é C^o e para, e para qualquer *w, x, y, z* ∈ *M* distinto, se houver uma curva *timelike* direcionada futura que vá de *w* a *x* a *y* a *z* que não re-intercepte a superfície nivelada de *c* de onde ela começa, então *c(w), c(y)* par separa *c(x), c(z)* em S^1.

Em nossa topologia qualquer dimensão associada ao eixo dos números reais e perplexos será positiva e isomórfica a uma linha reta. As dimensões associadas a um número nilpotente de ordem dois (dual) terá dimensionalidade zero. Por fim, as dimensões associadas à números imaginários terão dimensões negativas e, portanto, serão curvas fechadas isomórficas à S^I. Por simplicidade, partiremos da premissa que as dimensões do espaço são positivas e associadas à $\mathbb{R}^3$. Trataremos de casos mais gerais sobre a dimensionalidade do espaço ao final desta pesquisa.

$$\mathbb{R} \mapsto R \qquad \mathbb{D} \mapsto 0$$
$$\mathbb{H} \mapsto R \qquad \mathbb{C} \mapsto S^1$$

O nosso modelo topológico será construído para variedades do tipo plana, isto é, variedades onde as conexões afins são nulas em todos os pontos:

$$\nabla_{\vec{V}}(\vec{u}) = 0 \qquad\qquad \vec{V}, \vec{u} \in M$$

Por essa razão não iremos entrar nos domínios dos modelos cosmológicos ou sistemas que dependam da distribuição de massa, energia e momento no espaço. Nestas condições a abordagem projetiva se torna adequada e suficiente para os fins de nossa pesquisa.

§ 6.2. Espaço-Tempo de Galileu e os Números Duais

Em nossa análise anterior, vimos que a dimensionalidade do tempo no espaço de Galileu era nula, pois o fator de escala do tempo deveria ser zero. Nestas condições, o tempo seria um eixo nulo e pela álgebra linear sabemos que a dimensão de um vetor nulo é sempre zero. Porém, há uma maneira diferente de caracterizar esse espaço, usando os números duais, também chamados de nilpotentes ou parabólicos.

Definimos o anel dos números duais da seguinte forma:

$$\mathbb{D} : \left\{ d = r + \varepsilon\tau \mid r, \tau \in \mathbb{R}, \ \varepsilon^2 = 0, \ \bar{\varepsilon} = -\varepsilon \right\}$$

Observe que o número e elevado a segunda potência é zero. Todos os elementos que para uma potência n são nulos são chamados de elementos nilpotentes de ordem n e definem uma álgebra de Grasmann de ordem n sobre um espaço E e seu dual:

$$\varepsilon^n = 0 \rightarrow \begin{cases} \Lambda^n E \\ \Lambda^n E^* \end{cases}$$

Definimos o número dual de d pela seguinte relação:

$$d^* = r + \overline{\varepsilon}\tau$$

$$d^* = r - \varepsilon\tau$$

A norma de um número dual é calculada a partir do produto de d por seu dual:

$$d^2 = dd^* = (r + \varepsilon\tau)(r - \varepsilon\tau)$$

$$d^2 = r^2 - \varepsilon^2\tau^2$$

$$d^2 = r^2$$

Em uma dimensão, essa equação corresponde a parametrização de uma parábola. Por isso esses números também podem ser chamados de parabólicos. Procuremos agora o automorfismo que define as transformações nesse espaço, isto é, as matrizes que satisfazem a equação do automorfismo interno:

$$G^{-1}dG = d$$

Como os números duais são um anel, eles apresentam classes laterais, o que nos permite efetuar o produto tanto pela esquerda quanto pela direita. Se multiplicarmos a equação do automorfismo por G a esquerda, obteremos:

$$(GG^{-1})dG = Gd$$

$$IdG = Gd$$

$$dG = Gd$$

Agora vamos montar a equação matricial:

$$(r \quad \tau)\begin{pmatrix} a & b \\ c & d \end{pmatrix} = \begin{pmatrix} a & b \\ c & d \end{pmatrix}(r \quad \tau)$$

$$(ar + c\tau \quad br + d\tau) = (ar + b\tau \quad cr + d\tau)$$

Essa igualdade nos leva ao sistema de equações:

$$ar + c\tau = ar + b\tau$$
$$br + d\tau = cr + d\tau$$

De onde tiramos a igualdade:

$$c = b$$

A equação de automorfismo exige que a transformação seja ortogonal:

$$G^{-1} = G^T = \begin{pmatrix} a & b \\ b & d \end{pmatrix}$$

Impondo que o produto de uma matriz por sua inversa é a identidade:

$$GG^{-1} = I$$

$$\begin{pmatrix} a & b \\ b & d \end{pmatrix}\begin{pmatrix} a & b \\ b & d \end{pmatrix} = \begin{pmatrix} 1 & 0 \\ 0 & 1 \end{pmatrix}$$

$$\begin{pmatrix} a^2 + b^2 & ab + bd \\ ab + bd & b^2 + d^2 \end{pmatrix} = \begin{pmatrix} 1 & 0 \\ 0 & 1 \end{pmatrix}$$

Que nos leva a um sistema de equações:

$$\begin{cases} a^2 + b^2 = 1 \\ b(a+d) = 0 \end{cases} \qquad \begin{aligned} b^2 + d^2 &= 1 \\ a^2 - d^2 &= 0 \end{aligned}$$

Onde a última equação foi obtida pela subtração da primeira equação pela terceira equação. Da segunda linha podemos obter duas soluções:

$$\begin{cases} b = 0 \\ a = -d \end{cases}$$

A primeira solução satisfaz a condição de um grupo e como as transformações automórficas são um grupo, então a solução que procuramos é $b = 0$.

$$\begin{cases} a^2 = 1 \\ b = 0 \\ d^2 = 1 \end{cases}$$

Outra condição para que a matriz G forme um grupo é que seu determinante seja próprio, isto é, positivo. Esta condição admite duas soluções:

$$I : \begin{cases} a = +1 \\ b = 0 \\ d = +1 \end{cases} \qquad II : \begin{cases} a = -1 \\ b = 0 \\ d = -1 \end{cases}$$

A escolha dos sinais apenas altera o sentido da transformação, por isso adotaremos, sem perda de generalidade, o sinal positivo. Portanto a matriz de transformação dual é a matriz identidade.

$$G = \begin{pmatrix} 1 & 0 \\ 0 & 1 \end{pmatrix}$$

Este é justamente o gerador da álgebra de Lie da variedade de Galileu. Portanto, podemos concluir que o anel dos números duais é o anel característico da álgebra de Galileu. Outro fato que corrobora nossa hipótese é a matriz de rotação parabólica:

$$P = \begin{pmatrix} 1 & 1 \\ 1 & 0 \end{pmatrix}$$

Se aplicarmos o operador P sobre um número dual, ele sofrerá uma rotação parabólica sobre a variedade:

$$Pd = \begin{pmatrix} 1 & 1 \\ 0 & 1 \end{pmatrix} \begin{pmatrix} r & \tau \end{pmatrix}$$

$$Pd = \begin{pmatrix} r + \tau & \tau \end{pmatrix}$$

Essa aplicação também é um automorfismo interno de D.

$$P^{-1}dP = \begin{pmatrix} 1 & -1 \\ 0 & 1 \end{pmatrix} \begin{pmatrix} r & \tau \end{pmatrix} \begin{pmatrix} 1 & 1 \\ 0 & 1 \end{pmatrix}$$

$$P^{-1}dP = \begin{pmatrix} r - \tau \\ \tau \end{pmatrix} \begin{pmatrix} 1 & 1 \\ 0 & 1 \end{pmatrix}$$

$$P^{-1}dP = \begin{pmatrix} r & \tau \end{pmatrix}$$

$$P^{-1}dP = d$$

Se tomarmos o τ como o produto da velocidade pelo tempo, vt, a transformação P corresponde a uma transformação de Galileu. Em outras palavras, uma transformação de Galileu equivale a uma rotação parabólica na variedade dual, onde o ângulo parabólico é a velocidade dos referenciais inerciais.

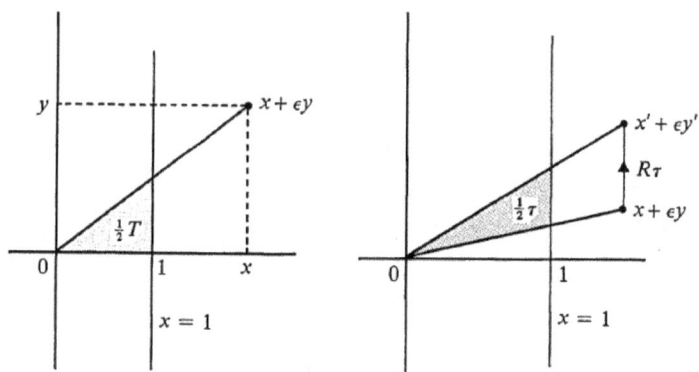

Transformação Parabólica no plano dual. **FONTE**: Rooney (1978, p. 95)

Nas transformações parabólicas, os eventos simultâneos são aqueles cujo ângulo de rotação é nulo. Além disso, sinais emitidos em sentidos contrários são observados da mesma maneira por todos referenciais inerciais, sem que o espaço necessite se contrair e o tempo se dilatar.

Se adotarmos que a variedade de Galileu tem como anel característico o anel dual, fica fácil entender porque o tempo não apresenta dimensionalidade. O tempo está associado ao eixo do número ε que é nilpotente de segunda ordem. Quando tomamos a sua forma quadrática fundamental por meio da norma, o tempo não participa da equação devido ao caráter nilpotente de ε. Por exemplo, se definirmos a distância entre dois pontos na variedade de Galileu,

$$d(r,t) = \sqrt{\Delta r^2 + \varepsilon^2 \Delta (vt)^2}$$

Mas como o número ε é nilpotente de segunda ordem:

$$d(r,t) = \sqrt{\Delta x^2 + \Delta y^2 + \Delta z^2}$$

Portanto, o fato do tempo (e da velocidade) entre dois referenciais inerciais não dependerem do tempo é uma consequência do anel característico da variedade que é o dos números duais que tem uma unidade nilpotente de segunda ordem. Do ponto de vista qualitativo, essa é uma interpretação diferente da usual, pois agora a variedade de Galileu é um espaço-tempo, há um eixo temporal não-nulo, mas nilpotente. Como demonstrarei, o que define a dimensionalidade real, isto é, aquele que podemos associar a um número real inteiro, do tempo é o quadrado do seu número caraterístico, como o número característico do tempo na variedade de Galileu é um número nilpotente de segunda ordem, a dimensão real é zero. Há uma outra consequência interessante dessa nova forma de interpretar o espaço de Galileu. No século XIX, o físico-matemático francês P. S. Laplace forneceu uma importante teoria que ficou conhecida como teoria do potencial. Na ausência de fontes, a equação do potencial é descrita pela equação de Laplace-Beltrami:

$$\nabla^2 \varphi = 0$$

Em nosso nova interpretação, deveríamos escrever a equação do potencial de forma ligeiramente diferente:

$$\nabla^2 \varphi - \varepsilon^2 \frac{\partial^2 \varphi}{\partial \tau^2} = 0$$

Essa é a equação se assemelha a equação da onda derivada por D'Alambert, mas como o número dual ao ser elevado quadrado se torna zero, por sua natureza nilpotente, retornamos a equação de Laplace. Alguém poderá argumentar que essa modificação é apenas uma forma "elegante" de se escrever a equação de Laplace. De fato, quantitativamente as duas equações são idênticas, porém, como veremos ao estudar os espaços euclidianos e lorentzianos, a modificação tem severas consequências qualitativas e é a partir delas que derivaremos a natureza dimensional do tempo.

Essa é a equação se assemelha a equação da onda derivada por D'Alambert, mas como o número dual ao ser elevado quadrado se torna zero, por sua natureza nilpotente, retornamos a equação de Laplace. Alguém poderá argumentar que essa modificação é apenas uma forma "elegante" de se escrever a equação de Laplace. De fato, quantitativamente as duas equações são idênticas, porém, como veremos ao estudar os espaços euclidianos e lorentzianos, a modificação tem severas consequências qualitativas e é a partir delas que derivaremos a natureza dimensional do tempo.

Registre que essa não é a única equação associada aos números duais. Com efeito, como veremos, a equação euclidiana é uma equação elíptica temporal, a equação minkowskiana, é uma equação hiperbólica temporal. Por outro lado, a equação de Laplace é uma equação elíptica no espaço. A equação parabólica temporal corresponde a equação da difusão de Fourier, essa é a segunda equação associada aos números duais. A demonstração que faremos é uma variante daquela sugerida por Cerejeiras, Kähler e Sommen (2005, p. 1717) e é realizada usando os operadores parabólicos de Dirac. Primeiro vamos introduzir dois números duais e a sua álgebra de Clifford:

$$\nabla \equiv \sum e_j \partial_{x_j} \qquad \{f, f^+\} \equiv ff^+ + f^+ f = 1$$

$$\nabla^2 \equiv \left(\sum e_j \partial_{x_j}\right)^2 \qquad \{f, e_j\} \equiv fe_j + e_j f = 0$$

$$f^2 = \left(f^+\right)^2 = 0 \qquad \{f^+, e_j\} \equiv f^+ e_j + f^+ e_j = 0$$

Agora, consideremos o operador definido por:

$$D_{x,t} = \sum e_j \partial_{x_j} + f \partial_t - f^+$$

Elevando ao quadrado:

$$D_{x,t}^2 = \left(\sum e_j \partial_{x_j} + f\partial_t \pm f^+\right)^2 = \left(\sum e_j \partial_{x_j}\right)^2 + f^2 \partial_t^2$$
$$+ \left(f^+\right)^2 - \{f, f^+\}\partial_t + \sum\left(\{f, e_j\}\partial_t - \{f^+, e_j\}\right)\partial_{x_j}$$

Pelas relações da álgebra da Clifford, obtemos a forma do operador $D^2_{x,t}$:

$$D_{x,t}^2 = \nabla^2 - \partial_t$$

Aplicando esse operador a uma função φ e igualando a zero, obtemos a equação da difusão:

$$D_{x,t}^2\varphi = 0 \quad \leftrightarrow \quad \nabla^2\varphi - \partial_t\varphi = 0$$
$$\therefore \quad \nabla^2\varphi = \partial_t\varphi$$

§ 6.3. Espaço-Tempo de Lorentz e os Números Perplexos

O espaço-tempo de Poincaré-Minkowski, ou apenas de Minkowski, é uma variedade diferenciável chamada de Minkowskiana ou Lorentziana, pois as transformações automórficas são as transformações de Lorentz descobertas por H. Lorentz em 1904 e aprimoradas por H. Poincaré em 1905. Nesta variedade o tempo tem dimensionalidade unitária e é acompanhado de um fator de escala, a velocidade da luz. Assim como ocorre com o espaço de Galileu, há uma maneira diferente de caracterizar esse espaço, usando os números perplexos, também chamados de hiperbólicos.

Definimos o anel dos números perplexos da seguinte forma:

$$\mathbb{P}: \left\{ w = r + h\tau \mid r, \tau \in \mathbb{R}, \ h^2 = 1, \ \overline{h} = -h \right\}$$

Definimos o conjugado perplexo de w pela seguinte relação:

$$\overline{w} = r + \overline{h}\tau$$
$$\overline{w} = r - h\tau$$

A norma de um perplexo é calculada a partir do produto de w por seu conjugado:

$$w^2 = w\overline{w} = (r + h\tau)(r - h\tau)$$
$$w^2 = r^2 - h^2\tau^2$$

Em uma dimensão, essa equação corresponde a parametrização de uma hipérbole. Por isso esses números também podem ser chamados de hiperbólicos. Nas seções anteriores estudamos a exaustão as propriedades desse tipo de configuração, por isso iremos nos atentar em outros fatos. O primeiro que gostaríamos de registrar é que esse anel admite divisor em zero e norma negativa. Esse é o resultado que esperaríamos, já que o espaço-tempo admite vetores do tipo-tempo, tipo-luz e tipo-espaço. O segundo fato é que o automorfismo que define as transformações nesse espaço são as matrizes de Lorentz:

$$\Lambda^{-1} w \Lambda = w$$

Essas matrizes de Lorentz correspondem as rotações hiperbólicas no espaço-tempo, que são o equivalente as rotações parabólicas no espaço-tempo de Galileu. Se adotarmos que a variedade de Lorentz tem como anel característico o anel perplexo, fica fácil entender porque o tempo apresenta dimensionalidade. O tempo está associado ao eixo do número p. Quando tomamos a sua forma quadrática fundamental por meio da norma, o tempo participa da equação devido ao de h.

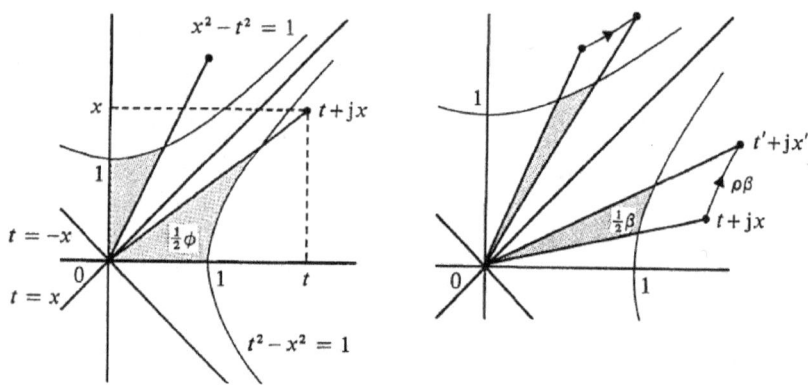

Transformação Hiperbólica no plano perplexo.

FONTE: Rooney (1978, p. 95)

Por exemplo, se definirmos a distância entre dois pontos na variedade de Lorentz, teremos:

$$d(x,t) = \sqrt{\Delta x^2 - p^2 \Delta t^2}$$

$$d(x,t) = \sqrt{\Delta x^2 - \Delta t^2}$$

Portanto, o fato do tempo (e da velocidade) entre dois referenciais inerciais dependerem do tempo é uma consequência do anel característico da variedade que é o dos números perplexos. Há outras consequências interessantes envolvendo os números perplexos quando passamos para o campo da análise. Vamos definir uma função perplexa como uma aplicação de $\mathbb{R}^2$ em P, expressa como:

$$p : \mathbb{R} \times \mathbb{R} \to \mathbb{P}$$

$$p(r,\tau) = \varphi(r,\tau) + h\phi(r,\tau)$$

A analiticidade dessa função é definida pelas condições de Cauchy-Riemann que nos implicam que o limite de h em um ponto da variedade deve ser o mesmo por qualquer caminho que pertença ao domínio conexo. Nós definimos a derivada na variedade perplexa, por meio do seguinte limite:

$$\frac{dh}{dw} = \lim_{\substack{\Delta r \to 0 \\ \Delta \tau \to 0}} \frac{\varphi(r + \Delta r, \tau + \Delta \tau) + p\phi(\Delta r + r, \tau + \Delta \tau)}{\Delta r + p\Delta \tau}$$

A derivada da função existe e é continua (classe C^1) se satisfizer a condição de Cauchy-Riemann:

$$\lim_{\substack{\Delta r \to 0 \\ \Delta \tau = 0}} \frac{\varphi(r + \Delta r, \tau) + p\phi(\Delta r + r, \tau)}{\Delta r} = \lim_{\substack{\Delta r = 0 \\ \Delta \tau \to 0}} \frac{\varphi(r, \tau + \Delta \tau) + p\phi(r, \tau + \Delta \tau)}{p\Delta \tau}$$

Abrindo as frações:

$$\lim_{\Delta r \to 0} \left[\frac{\varphi(r + \Delta r, \tau)}{\Delta r} + p\frac{\phi(\Delta r + r, \tau)}{\Delta r} \right] = \lim_{\Delta \tau \to 0} \left[\frac{\varphi(x, \tau + \Delta \tau)}{p\Delta \tau} + \frac{p\phi(r, \tau + \Delta \tau)}{p\Delta \tau} \right]$$

Multiplicando o primeiro termo da direita por p/p e simplificando a segunda parcela:

$$\lim_{\Delta r \to 0} \left[\frac{\varphi(r + \Delta r, \tau)}{\Delta r} + p\frac{\phi(\Delta r + r, \tau)}{\Delta r} \right] = \lim_{\Delta \tau \to 0} \left[p\frac{\varphi(x, \tau + \Delta \tau)}{p^2 \Delta \tau} + \frac{\phi(r, \tau + \Delta \tau)}{\Delta \tau} \right]$$

Levando em consideração que p^2 é a unidade e a definição de derivada parcial:

$$\frac{\partial \varphi}{\partial r} + p\frac{\partial \phi}{\partial r} = p\frac{\partial \varphi}{\partial \tau} + \frac{\partial \phi}{\partial \tau}$$

Igualando as partes perplexas e reais obtemos as condições de Cauchy-Riemann:

$$\begin{cases} \dfrac{\partial \varphi}{\partial r} = \dfrac{\partial \phi}{\partial \tau} \\[2mm] \dfrac{\partial \phi}{\partial r} = \dfrac{\partial \varphi}{\partial \tau} \end{cases}$$

Se diferenciarmos a primeira equação em relação a r e a segunda equação em relação à τ, obtemos:

$$\begin{cases} \dfrac{\partial^2 \varphi}{\partial r^2} = \dfrac{\partial^2 \phi}{\partial r \partial \tau} \\[2ex] \dfrac{\partial^2 \phi}{\partial \tau \partial r} = \dfrac{\partial^2 \varphi}{\partial \tau^2} \end{cases}$$

Como a função é analítica, as derivadas parciais comutam:

$$\begin{cases} \dfrac{\partial^2 \varphi}{\partial r^2} = \dfrac{\partial^2 \phi}{\partial r \partial \tau} \\[2ex] \dfrac{\partial^2 \phi}{\partial r \partial \tau} = \dfrac{\partial^2 \varphi}{\partial \tau^2} \end{cases}$$

Substituindo a primeira equação na segunda, obtemos a equação diferencial associado a variedade:

$$\frac{\partial^2 \varphi}{\partial r^2} = \frac{\partial^2 \varphi}{\partial \tau^2}$$

$$\frac{\partial^2 \varphi}{\partial r^2} - \frac{\partial^2 \varphi}{\partial \tau^2} = 0$$

$$\nabla^2 \varphi - \frac{\partial^2 \varphi}{\partial \tau^2} = 0$$

Como t está associado a velocidade da luz, em situações não relativísticas, a parcela temporal tende a zero e a equação tende ao laplaciano. Agora, iremos mostrar que essa é a equação do potencial de Laplace-Beltrami na variedade de Lorentz. Para isso usaremos o conceito de 4-vetor covariante em Lorentz. O vetor nabla ou vetor *del* em sistemas gerais de coordenadas é um vetor covariante. Em análise em variedades pode-se provar que nabla são os vetores da base do espaço cotangente e, portanto, o dual do vetor diferencial *dr* e, em coordenadas ortogonais, a base recíproca. Nós definimos que o 4-vetor gradiente covariante a partir das regras:

$$\nabla_i = \left(\frac{1}{c} \partial_t, \nabla \right), \quad \nabla'_i = \left(\frac{1}{c} \partial'_t, \nabla' \right)$$

$$\partial_i \equiv \frac{\partial}{\partial x_i}$$

Nabla é um vetor covariante, então sua transformação de Lorentz direta e inversa são, respectivamente:

$$\frac{\partial'_t}{c} = \frac{1}{c}\cosh a\,\partial_t - \sinh a\,\partial_x \qquad \frac{\partial_t}{c} = \frac{1}{c}\cosh a\,\partial'_t + \sinh a\,\partial'_x$$

$$\partial'_x = \cosh a\,\partial_x - \frac{1}{c}\sinh a\,\partial_t \qquad \partial_x = \cosh a\,\partial'_x + \frac{1}{c}\sinh a\,\partial'_t$$

$$\partial'_y = \partial_y \qquad\qquad \partial_y = \partial'_y$$

$$\partial'_z = \partial_z \qquad\qquad \partial_z = \partial'_z$$

Multiplicando a primeira equação por c e abrindo as funções hiperbólicas:

$$\partial'_t = \gamma\left(\partial_t - v\partial_x\right) \qquad \partial_t = \gamma\left(\partial'_t + v\partial'_x\right)$$

$$\partial'_x = \gamma\left(\partial_x - \frac{v}{c^2}\partial_t\right) \qquad \partial_x = \gamma\left(\partial'_x + \frac{v}{c^2}\partial'_t\right)$$

$$\partial'_y = \partial_y \qquad\qquad \partial_y = \partial'_y$$

$$\partial'_z = \partial_z \qquad\qquad \partial_z = \partial'_z$$

Portanto nosso 4-vetor nabla tem a seguinte forma:

$$\nabla'_i = \partial'_i = \left(\gamma\left(\partial_t - v\partial_x\right), \gamma\left(\partial_x - \frac{v}{c^2}\partial_t\right), \partial_y, \partial_z\right)$$

No referencial próprio, podemos definir o 4-vetor nabla próprio:

$$\partial^o_i = \left(\frac{\partial_t}{c}, \nabla^o\right)$$

E com as coordenadas no sistema estacionário, temos que:

$$\partial_i = \left(\frac{\partial^t}{c}, \nabla\right), \qquad \partial^i = \left(\frac{\partial_t}{c}, -\nabla\right)$$

Aplicando a regra de construção de invariantes, teremos que:

$$\frac{1}{c^2}\frac{\partial^2}{\partial t^2} - \nabla^2 = \frac{1}{c^2}\frac{\partial^2}{\partial t'^2} - \nabla'^2$$

Que é a expressão da equação da onda e do D'Alambertiano. Portanto, o operador D'Alambertiano é um invariante relativístico:

$$\Box = \frac{1}{c^2}\frac{\partial^2}{\partial t^2} - \nabla^2$$

$$\Box' = \Box$$

Definindo $\tau = ct$, então o potencial relativístico será:

$$\Box = 0$$

$$\nabla^2\varphi - \frac{\partial^2\varphi}{\partial\tau^2} = 0$$

Essa equação pode ser escrita em função da sua característica perplexa:

$$\nabla^2\varphi - p^2\frac{\partial^2\varphi}{\partial\tau^2} = 0$$

Assim como no espaço-tempo de Galileu, a inclusão da unidade perplexa parece apenas um detalhe irrelevante, porém, ela nos permitirá generalizar as equações do potencial como uma característica topológica da variedade.

§ 6.4. Espaço-Tempo de Euclides e os Números Complexos

O espaço-tempo de Euclides é uma variedade diferenciável supersimétrica, pois as transformações automórficas são elementos do grupo de rotações SO(4) curvas fechadas no espaço e no tempo. Nesta variedade o tempo tem dimensionalidade unitária negativa (ou imaginária) e é acompanhado de um fator de escala, a velocidade da luz. Assim como ocorre com o espaço de Galileu, há uma maneira diferente de caracterizar esse espaço, usando os números complexos. Visto que os números complexos são bastante difundidos nas teorias físicas, iremos apenas recapitular algumas de suas propriedades elementares. Definimos o anel dos números perplexos da seguinte forma:

$$\mathbb{C}:\left\{z = r+i\tau \mid r,\tau \in \mathbb{R},\ i^2 = -1,\ \overline{i} = -i\right\}$$

Definimos o conjugado perplexo de w pela seguinte relação:

$$\overline{z} = r+\overline{i}\,\tau$$

$$\overline{z} = r-i\tau$$

A norma de um complexo é calculada a partir do produto de z por seu conjugado:

$$z^2 = z\bar{z} = (r + i\tau)(r - i\tau)$$
$$z^2 = r^2 - i^2\tau^2$$
$$z^2 = r^2 + \tau^2$$

Em uma dimensão, essa equação corresponde a parametrização de uma circunferência ou de uma elipse. Por isso esses números também podem ser chamados de polares. O automorfismo que define as transformações nesse espaço são as matrizes de Lorentz, como já provamos anteriormente:

$$R^{-1}zR = z$$

onde as matrizes de rotação são:

$$R = \begin{pmatrix} \cos\theta & \sin\theta \\ -\sin\theta & \cos\theta \end{pmatrix}, \qquad R^{-1} = \begin{pmatrix} \cos\theta & -\sin\theta \\ \sin\theta & \cos\theta \end{pmatrix}$$

Essas matrizes de Lorentz correspondem as rotações hiperbólicas no espaço-tempo, que são o equivalente as rotações parabólicas no espaço-tempo de Galileu. Se adotarmos que a variedade de Euclides tem como anel característico o anel complexo, fica fácil entender porque o tempo apresenta dimensionalidade imaginária ou negativa. O tempo está associado ao eixo do número i. Quando tomamos a sua forma quadrática fundamental por meio da norma, o tempo participa da equação devido ao de i.

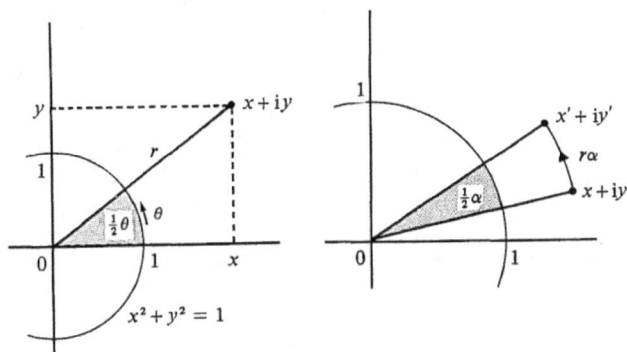

Transformação Elíptica no plano complexo.

FONTE: Rooney (1978, p. 95)

Por exemplo, se definirmos a distância entre dois pontos na variedade de Euclides, teremos:

$$d(x,t) = \sqrt{\Delta x^2 - i^2 \Delta t^2}$$

Mas como o número i^2 é a unidade negativa:

$$d(x,t) = \sqrt{\Delta x^2 + \Delta t^2}$$

Que é a expressão da diagonal de um hipercubo de quatro dimensões e, portanto, a generalização 4-dimensional do Teorema de Pitágoras. Observe que se o tempo perplexo contribui com uma dimensão positiva, pois o número perplexo ao quadrado é a unidade. O tempo imaginário deve contribuir com uma dimensão negativa, pois o número imaginário ao quadrado é a unidade negativa. Portanto, o fato do tempo (e da velocidade) entre dois referenciais inerciais dependerem do tempo é uma consequência do anel característico da variedade que é o dos números complexos. Assim como fizemos com os perplexos, vamos estudar a analiticidade definindo uma função perplexa como uma aplicação de R^2 em C, expressa como:

$$q : \mathbb{R} \times \mathbb{R} \to \mathbb{C}$$
$$q(r,\tau) = \varphi(r,\tau) + i\phi(r,\tau)$$

A analiticidade dessa função é definida pelas condições de Cauchy-Riemann que nos implicam que o limite de q em um ponto da variedade deve ser o mesmo por qualquer caminho que pertença ao domínio conexo (plano complexo). Definimos a derivada na variedade complexa, por meio do limite:

$$\frac{dq}{dz} = \lim_{\substack{\Delta r \to 0 \\ \Delta \tau \to 0}} \frac{\varphi(r + \Delta r, \tau + \Delta \tau) + i\phi(\Delta r + r, \tau + \Delta \tau)}{\Delta r + i\Delta \tau}$$

A derivada da função existe e é continua (classe C^1) se satisfizer a condição de Cauchy-Riemann:

$$\lim_{\substack{\Delta r \to 0 \\ \Delta \tau = 0}} \frac{\varphi(r + \Delta r, \tau) + i\phi(\Delta r + r, \tau)}{\Delta r} = \lim_{\substack{\Delta r = 0 \\ \Delta \tau \to 0}} \frac{\varphi(r, \tau + \Delta \tau) + i\phi(r, \tau + \Delta \tau)}{i\Delta \tau}$$

Abrindo as frações:

$$\lim_{\Delta r \to 0}\left[\frac{\varphi(r+\Delta r, \tau)}{\Delta r}+i\frac{\phi(\Delta r+r, \tau)}{\Delta r}\right]=\lim_{\Delta \tau \to 0}\left[\frac{\varphi(x, \tau+\Delta \tau)}{i\Delta \tau}+\frac{i\phi(r, \tau+\Delta \tau)}{i\Delta \tau}\right]$$

Multiplicando o primeiro termo da direita por i/i e simplificando o segundo.

$$\lim_{\Delta r \to 0}\left[\frac{\varphi(r+\Delta r, \tau)}{\Delta r}+i\frac{\phi(\Delta r+r, \tau)}{\Delta r}\right]=\lim_{\Delta \tau \to 0}\left[i\frac{\varphi(x, \tau+\Delta \tau)}{i^2\Delta \tau}+\frac{\phi(r, \tau+\Delta \tau)}{\Delta \tau}\right]$$

Como i^2 é a unidade negativa e a definição de derivada parcial:

$$\frac{\partial \varphi}{\partial r}+i\frac{\partial \phi}{\partial r}=-i\frac{\partial \varphi}{\partial \tau}+\frac{\partial \phi}{\partial \tau}$$

Igualando as partes perplexas e reais obtemos as condições de Cauchy-Riemann:

$$\begin{cases}\dfrac{\partial \varphi}{\partial r}=\dfrac{\partial \phi}{\partial \tau} \\[2mm] \dfrac{\partial \phi}{\partial r}=-\dfrac{\partial \varphi}{\partial \tau}\end{cases}$$

Toda função que satisfaz estas condições são chamadas de holomórficas. As funções holomórficas permitem construir mapas por meio das transformações conformes, que também são chamados de holomorfismos. Uma transformação conforme é uma aplicação 1-1 que a cada segmento da variedade, faz corresponder um novo segmento, que sofre uma rotação elíptica constante.

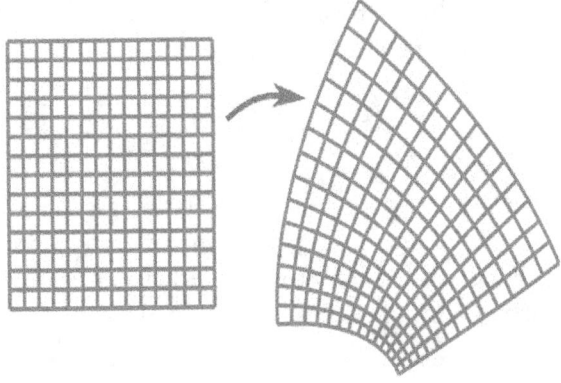

Transformação holográfica.

Se diferenciarmos a primeira equação em relação a r e a segunda equação em relação à τ, obtemos:

$$\begin{cases} \dfrac{\partial^2 \varphi}{\partial r^2} = \dfrac{\partial^2 \phi}{\partial r \partial \tau} \\[4mm] \dfrac{\partial^2 \phi}{\partial \tau \partial r} = -\dfrac{\partial^2 \varphi}{\partial \tau^2} \end{cases}$$

Como a função é analítica, as derivadas parciais comutam:

$$\begin{cases} \dfrac{\partial^2 \varphi}{\partial r^2} = \dfrac{\partial^2 \phi}{\partial r \partial \tau} \\[4mm] \dfrac{\partial^2 \phi}{\partial r \partial \tau} = -\dfrac{\partial^2 \varphi}{\partial \tau^2} \end{cases}$$

Substituindo a primeira equação na segunda, obtemos a equação diferencial associado a variedade:

$$\frac{\partial^2 \varphi}{\partial r^2} = -\frac{\partial^2 \varphi}{\partial \tau^2}$$

$$\frac{\partial^2 \varphi}{\partial r^2} + \frac{\partial^2 \varphi}{\partial \tau^2} = 0$$

$$\nabla^2 \varphi + \frac{\partial^2 \varphi}{\partial \tau^2} = 0$$

Essa é a expressão do potencial na variedade euclidiana que apresenta uma estrutura semelhante ao laplaciano de Laplace e Beltrami. Para fenômenos locais a grandeza t tende a zero devido a magnitude da velocidade da luz e, novamente, obtemos a expressão galileana do potencial. Agora, permita-me escrever esse novo potencial usando a unidade imaginária:

$$\nabla^2 \varphi - i^2 \frac{\partial^2 \varphi}{\partial \tau^2} = 0$$

Agora que temos os potenciais associados a cada variedade de espaço-tempo que satisfazem o princípio da relatividade, podemos generalizar nossos resultados em uma nova teoria do potencial e uma nova teoria da dimensionalidade do tempo.

§ 6.5. Espaço-Tempo e o Anel dos Números Híbridos

Na introdução desse ensaio definimos o parâmetro R como a característica do ideal do anel do anel do números hipercomplexos. Isso permitiu associar cada espaço-tempo a um anel de números hipercomplexos: dual, perplexo, complexo. Porém, essa não é única forma de definir R, de fato, podemos definir R a partir de uma estrutura muito mais rica e que permitirá unificar todos estes espaços, o anel dos números híbridos Z.

Para atingirmos esse objetivo, precisaremos introduzir alguns conceitos associados aos números híbridos. A discussão que apresentaremos aqui de forma sumarizada foi baseada no trabalho *Introduction to Hybrid Numbers* (Özdemir, 2018)[17] a qual o leitor deverá consultar para mais detalhes.

Definimos um número híbrido como um número quarteniônico da seguinte forma:

$$\mathbb{K}:\big\{ Z = a + b\mathbf{i} + c\boldsymbol{\varepsilon} + d\,\mathbf{h}, \mathbf{i}^2 = -1, \boldsymbol{\varepsilon}^2 = 0,$$

$$\mathbf{h}^2 = +1, \mathbf{ih} = -\mathbf{hi} = \boldsymbol{\varepsilon} + \mathbf{i},\ a,b,c,d \in \mathbb{R} \big\}$$

O número real a é chamado de parte escalar e é denotado por $\mathbf{S}(Z)$. A parte $b\mathbf{i} + c\boldsymbol{\varepsilon} + d\mathbf{h}$ é chamada de parte vetorial e é denotada por $\mathbf{V}(Z)$.

$$Z = \mathbf{S}(Z) + \mathbf{V}(Z)$$

O conjugado de um número híbrido é definido da seguinte forma:

$$\bar{Z} = a - b\mathbf{i} - c\boldsymbol{\varepsilon} - d\,\mathbf{h}$$

Multiplicando um número híbrido por seu conjugado, obtemos seu módulo:

$$Z\bar{Z} = a^2 + (b-c)^2 - c^2 + d^2$$

A partir desse produto definimos o **vetor representação de Z,** denotado por $\mathcal{V}_z$.

$$\mathcal{V}_z = \big(a, (b-c), c, d\big)$$

$$C(Z) \equiv \langle \mathcal{V}_z, \mathcal{V}_z \rangle_{\mathbb{E}_2^4} = -Z\bar{Z},$$

$$Sign\,\mathbb{E}_2^4 = (+,+,-,-)$$

---

[17] Uma extensão desse trabalho aparece em Özdermir (2019). Para uma abordagem alternativa dos números híbridos, porém equivalente, ver: Dattoli (2018).

O produto interno do vetor representação permite classificar o número híbrido em três categorias: tipo-tempo ($C_V(\mathbf{Z}) > 0$); tipo-luz ($C_V(\mathbf{Z}) = 0$); tipo-espaço ($C_\mathcal{E}(\mathbf{Z}) < 0$).

Analogamente, podemos definir um novo vetor, usando apenas a parte vetorial de Z, que denominamos de **vetor híbrido** e denotamos por $\mathcal{E}_Z$:

$$\mathcal{E}_z = \left((b-c), c, d\right)$$

$$C_\mathcal{E}(Z) \equiv \langle \mathcal{E}_z, \mathcal{E}_z \rangle_{\mathbb{E}_1^3} = -(b-c)^2 + c^2 + d^2,$$

$$Sign\,\mathbb{E}_1^3 = (-, +, +,)$$

O produto interno do vetor híbrido permite classificar o número híbrido em mais três categorias: hiperbólico ou tipo-hiper ($C_\mathcal{E}(\mathbf{Z}) > 0$); parabólico ou tipo-dual ($C_\mathcal{E}(\mathbf{Z}) = 0$); elíptico ou tipo-complexo ($C_\mathcal{E}(\mathbf{Z}) < 0$). Por meio do produto interno, podemos definir a norma do vetor híbrido $\mathcal{N}(\mathbf{Z})$:

$$\mathcal{N}(Z) = \sqrt{C_\mathcal{E}(Z)}$$

Há uma importante relação entre as categorias definidas por $C_V(\mathbf{Z})$ e $C_\mathcal{E}(\mathbf{Z})$, que sintetizamos na tabela abaixo:

Tipo-Espaço	Tipo-Luz	Tipo-Tempo
Hiperbólico (Tipo-Perplexo)	Hiperbólico	Hiperbólico
--------------------	Parabólico (Tipo-Dual)	Parabólico
--------------------	--------------------------	Elíptico (Tipo-Complexo)

Tabela 1: Relação entre as categorias dos números híbridos.
Fonte: Özdemir (2018, p. 09)

Por meio da parte vetorial e da norma do vetor híbrido, podemos definir uma nova grandeza que chamaremos de **versor híbrido**:

$$V_0 = \frac{V(Z)}{\mathcal{N}(Z)}$$

Elevando ao quadrado esse versor, pode-se demonstrar que ele pode assumir apenas três valores:

$$V_0^2 = \begin{cases} -1, & se \ Z \ for \ elíptico \\ 0, & se \ Z \ for \ parabólico \\ +1, & se \ Z \ for \ hiperólico \end{cases}$$

Portanto, o versor V_0 corresponde ao parâmetro R:

$$R \equiv V_0 = \frac{V(Z)}{\mathcal{N}(Z)}$$

Portanto, ao invés de descrevermos cada espaço-tempo como sendo gerado pela característica do ideal de um anel hipercomplexo, podemos dizer que o espaço-tempo é uma estrutura gerada pela álgebra dos números híbridos. Desta forma não necessitamos de três anéis para gerar todos os espaço-tempos planos, mas apenas um anel: o do números híbridos. Por meio do estudo dos números híbridos podemos deduzir de maneira puramente algébrica como cada espaço-tempo se estrutura e as transformações de coordenadas.

Forma Polar	Característica		
Categoria	Tipo-Espaço	Tipo-Luz	Tipo-Tempo
Elíptico	$\emptyset$	$\emptyset$	$\cos\theta + V_0\sin\theta$
Hiperbólico	$\sinh\theta + V_0\cosh\theta$	$a\,(1+V_0)$	$\cosh\theta + V_0\sinh\theta$
Parabólico	$\emptyset$	$\emptyset$	$(\epsilon + V_0), \ \epsilon = sgn \ S(Z)$

Tabela 2: Representação polar dos números híbridos.
Fonte: Özdemir (2018, p. 17)

Por esta tabela podemos ver que o espaço-tempo hiperbólico (Minkowskiano) apresenta três regiões: a região do tipo-tempo, que representa os eventos conectados for fenômenos que se propagam mais devagar que a luz. A região do tipo luz, que consiste em eventos conectados por interações que se propagam com a mesma velocidade que a luz no vácuo. A região do tipo-espaço, que corresponde uma região onde os eventos interagem por vínculos mais rápidos que a velocidade da luz. Por outro lado, o espaço-tempo elíptico (Euclidiano) e o espaço-tempo parabólico (Galileano) apresentam apenas regiões com vínculo casual (tipo-tempo).

§ 6.6. Topologias das Variedades Espaço-Tempo pela Característica de seus Anéis Hipercomplexos.

Como vimos cada espaço-tempo está associado a um anel, que chamamos de anel característico.

$$
\begin{cases}
\text{Anel Complexo } r = i, \text{ o tempo é uma dimensão negativa e a variedade é euclidiana} \\[4pt]
\text{Métrica } E^{3-1}\left(\mathbb{R}^3 \times \mathbb{C}\right): \ ds^2 = dx^2 + dy^2 + dz^2 - i^2 k^2 dt^2 \\[4pt]
\text{Anel Nilpotente } r = e, \text{ o tempo não possui dimensão e a variedade é galileana} \\[4pt]
\text{Métrica } G^{3+0}\left(\mathbb{R}^3 \times \mathbb{D}\right): \ ds^2 = dx^2 + dy^2 + dz^2 - \varepsilon^2 k^2 dt^2 \\[4pt]
\text{Anel Perplexo } r = p, \text{ o tempo é uma dimensão positiva e a variedade é lorentziana} \\[4pt]
\text{Métrica } M^{3+1}\left(\mathbb{R}^3 \times \mathbb{H}\right): \ ds^2 = dx^2 + dy^2 + dz^2 - p^2 k^2 dt^2
\end{cases}
$$

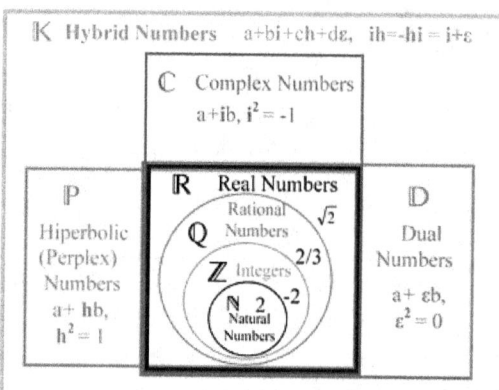

$\mathbb{K}$ Hybrid Numbers $\quad a+bi+ch+d\varepsilon,\ ih=-hi=i+\varepsilon$

$\mathbb{C}$ Complex Numbers
$a+ib,\ i^2 = -1$

$\mathbb{P}$ Hiperbolic (Perplex) Numbers $a + hb,\ h^2 = 1$

$\mathbb{R}$ Real Numbers
Rational $\quad \sqrt{2}$
$\mathbb{Q}$ Numbers $\quad 2/3$
$\mathbb{Z}$ Integers $\quad -2$
$\mathbb{N}$ 2 Natural Numbers

$\mathbb{D}$ Dual Numbers $a + \varepsilon b,\ \varepsilon^2 = 0$

$\mathbb{N}$ is a semiring,
$\mathbb{Z}$ is a commutative ring,
$\mathbb{Q}$ is a field,
$\mathbb{R}$ is a field,
$\mathbb{C}$ is a field,
$\mathbb{D}$ is a commutative ring,
$\mathbb{P}$ is a commutative ring,
$\mathbb{K}$ is a non-commutative ring.

$$\mathbb{C} \cap \mathbb{D} \cap \mathbb{P} = \mathbb{R},$$
$$\mathbb{C} \cup \mathbb{D} \cup \mathbb{P} \subset \mathbb{K}$$

$$\mathbb{N} \subset \mathbb{Z} \subset \mathbb{Q} \subset \mathbb{R} \subset \mathbb{C} \subset \mathbb{K}$$

$$
P : \begin{cases}
x' = \dfrac{1}{\sqrt{\left(1 - R^2 \dfrac{v^2}{k^2}\right)}} \left(x - vt\right) \\[20pt]
t' = \dfrac{1}{\sqrt{1 - R^2 \dfrac{v^2}{k^2}}} \left(t - R^2 \dfrac{v}{k^2} x\right)
\end{cases}
$$

$$
w = \frac{u + v}{1 + R^2 \dfrac{uv}{k^2}}
$$

§ 6.7. Sincronização de Relógios no Espaço-Tempo

Na seção anterior discutimos o problema do sincronismo de relógios. Nossa análise nos levou a concluir que não é possível, usando sinais ópticos, fazer uma sincronização absoluta. Mas, essa limitação esgota as possibilidades de sincronização?

Finalmente, devemos observar ainda que outro método de sincronização poderia ter sido considerado acima, a saber: sincronização com sinais instantâneos ou mais rápidos que a luz. No entanto, sabemos experimentalmente que a velocidade da luz representa um limite superior para a velocidade com a qual um sinal pode ser enviado entre dois pontos. É uma característica fundamental da relatividade que este seja o caso, de modo que a velocidade da luz desempenhe o papel de uma velocidade limitante. Embora, é claro, matematicamente, não há razão para que não possamos considerar e calcular efeitos com esse procedimento de sincronização. Por exemplo, pode-se mostrar que tais sinais levariam a violações de causalidade (*A. EINSTEIN: Ann. D. Phys., 23, 371 (1907); ver também C. MOLLER, p. 52, W. PAULI, P. 16*) se eles se propagaram em um modo invencível de Lorentz. Se eles não se propagassem de uma forma invariante de Lorentz, eles destacariam localmente um quadro de referência privilegiado (o chamado quadro absoluto ou éter); seria então muito difícil entender por que a invariância de Lorentz provou ser tão útil e experimentalmente verificável sobre uma enorme gama de energias. (TANGHERLINI, 1961, p. 06).

Vamos verificar se o uso de sinais instantâneos ou mais rápidos que a luz, é nos permite obter a sincronização absoluta dentro de uma teoria que tome como postulado o princípio da relatividade, incluindo a variedade de Galileu. Tomemos a lei de composição de velocidades relativísticas para dois corpos:

$$w = \frac{u+v}{1+R^2\dfrac{uv}{k^2}}$$

Fazendo a velocidade u do sinal tender ao infinito, teremos:

$$\lim_{u \to \infty} w = \lim_{u \to \infty} \frac{u+v}{1+R^2\dfrac{uv}{k^2}}$$

$$\lim_{u \to \infty} w = \lim_{u \to \infty} \frac{u + v}{uv\left(\dfrac{1}{uv} + \dfrac{R^2}{k^2}\right)}$$

$$\lim_{u \to \infty} w = \lim_{u \to \infty} \frac{1}{v\left(\dfrac{1}{uv} + \dfrac{R^2}{k^2}\right)} + \lim_{u \to \infty} \frac{v}{u\left(\dfrac{1}{uv} + \dfrac{R^2}{k^2}\right)}$$

Com um pouco de álgebra podemos escrever o limite acima da seguinte forma:

$$\lim_{u \to \infty} w = \lim_{u \to \infty} \frac{1}{\left(\dfrac{1}{u} + \dfrac{vR^2}{k^2}\right)} + \lim_{u \to \infty} \frac{v^2}{u} \lim_{u \to \infty} \frac{1}{\left(\dfrac{1}{u} + \dfrac{vR^2}{k^2}\right)}$$

$$\lim_{u \to \infty} w = \frac{k^2}{R^2 v} + \frac{vk^2}{R^2}\left(\lim_{u \to \infty} \frac{1}{u}\right)$$

Este último tende a zero e o chamaremos de limite fundamental:

$$\lim_{u \to \infty} w = \frac{1}{v}\frac{k^2}{R^2} + v\frac{k^2}{R^2}\varepsilon^2$$

Agora devemos fazer uma análise separada para o caso de R ser nilpotente de ordem n. Os números duais apresentam divisor em zero, portanto a segunda parcela não é nula, por isso vamos calcular o divisor de zero:

$$k^n = \varepsilon^2$$

$$k^{n-2}k^2 = \varepsilon^2$$

$$\frac{k^2}{\varepsilon^2} = \frac{1}{k^{n-2}}$$

Substituindo os valores no limite,

$$\lim_{u \to \infty} w = \frac{1}{v}\frac{k^2}{\varepsilon^2} + v\frac{k^2}{\varepsilon^2}\varepsilon^2$$

$$\lim_{u \to \infty} w = \frac{1}{v}\frac{1}{k^{n-2}} + vk^2$$

$$\lim_{u \to \infty} w = vk^2\left(\frac{1}{v^2 k^n} + 1\right)$$

Porém, se k não for nulo e nem nilpotente, o limite não existirá. Por fim, há outra forma de se analisar a questão. Tomemos a fórmula de composição de velocidades.

$$\lim_{u\to\infty} w = \lim_{u\to\infty} \frac{u+v}{1+\varepsilon^2 \dfrac{uv}{k^2}}$$

Se k não for nilpotente e nem zero, nós teremos:

$$\lim_{u\to\infty} w = \lim_{u\to\infty} (u+v)$$

Esse limite existe e é infinito. Em termos conceituais, a variedade espaço-tempo de Galileu exige uma análise mais sofisticada devido a sua natureza nilpotente. Para encerrarmos a nossa análise sobre a variedade de Galileu, vejamos o que acontece com a composição de velocidades quando tomamos k é nilpotente de ordem n. Substituindo na equação da composição da velocidade:

$$w = \frac{u+v}{1+uv\dfrac{\varepsilon^2}{k^2}}$$

$$w = \frac{u+v}{1+uvk^{n-2}}$$

Já as variedades de Lorentz e Euclides são muito mais simples de serem analisadas. Retomemos o nosso limite fundamental:

$$\lim_{u\to\infty} w = \frac{1}{v}\frac{k^2}{R^2} + v\frac{k^2}{R^2}\varepsilon^2$$

Embora os números perplexos admitam divisores em zero, a unidade perplexa p não é divisor de zero. Portanto, a segunda parcela do limite deve ser nula:

$$\lim_{u\to\infty} w = \frac{1}{v}\frac{k^2}{R^2}$$

Na variedade de Euclides, R tem é imaginário, portanto o limite irá se tornar:

$$\lim_{u\to\infty} w = -\frac{k^2}{v}$$

Uma maneira de se interpretar esse resultado é: desde que o tempo tem dimensão negativa e, portanto, é uma curva suave fechada, o sinal luminoso se moveria no sentido horário, no sentido para o passado. Outra forma de interpretar é que, se o observador se localiza em um ponto P_1 do tempo fechado, existe um único ponto P_2 que define uma reta euclidiana passando pelo centro do *loop*. Quando P_1 emite o sinal, P_2 também emite um sinal no sentido negativo. Como a ordem dos eventos de P_1 e P_2 são invertidos. Os sinais chegam simultaneamente a P_1 e P_2 como se tivessem vindo do passado.

Na variedade de Lorentz, R é perplexo, portanto o limite irá se tornar:

$$\lim_{u \to \infty} w = \frac{k^2}{v}$$

Portanto, independe da variedade ser de Euclides ou de Lorentz a velocidade w não é infinita. Portanto dois eventos simultâneos em um referencial inercial S não será simultâneo em outros referenciais inerciais. Mesmo que os operadores estacionários pudessem trocar sinais instantâneos, para um observador em movimento relativo, esses eventos não seriam instantâneos e nem simultâneos. Isso implica que nenhum tipo de sinal pode ser usado para realizar a sincronização absoluta de relógios.

§ 6.8. O Espaço-Tempo Híbrido

O que aconteceria se misturássemos números reais, perplexos, complexos e duais? A resposta é bastante simples: obtemos um objeto matemático chamado quatérnion híbrido ou números híbridos. Sem dúvida, o quatérnion mais importante é aquele devido a Sir W. Hamilton e que tem importantes aplicações em teorias físicas envolvendo em rotações e é um exemplo de corpo não comutativo. Há um segundo quatérnion chamado de hipercomplexo, onde os três números imaginários de Hamilton são substituídos por três números perplexos. Esse quatérnion apresenta semelhanças com o espaço de Lorentz, porém uma investigação mais detalhada mostra que a sua estrutura é de um sub-grupo, já que a álgebra não é associativa, nem comutativa e não preserva a igualdade da distribuição lateral. Também podemos criar um quatérnion formado por um número real, um perplexo, um comp lexo e um dual, o chamado número híbrido. A tábua de produtos desse número é dado por (ÖZDEMIR, 2018):

Hybrid multiplication

×	1	i	ε	h
1	1	i	ε	h
i	i	-1	$1-h$	$\varepsilon+i$
ε	ε	$1+h$	0	$-\varepsilon$
h	h	$-\varepsilon-i$	ε	1

A partir desta tabela podemos estabelecer as álgebra de Clifford e de Lie do quatérnion:

$$\{i,h\}=0 \qquad [1,h]=0$$
$$\{h,\varepsilon\}=0 \qquad [1,\varepsilon]=0$$
$$\{\varepsilon,i\}=2 \qquad [1,i]=0$$

E as regras do produto dos vetores da base:

$$1 \cdot h = h \cdot 1 \qquad i \cdot h = -h \cdot i$$
$$1 \cdot \varepsilon = \varepsilon \cdot 1$$
$$1 \cdot i = i \cdot 1 \qquad p \cdot \varepsilon = -p \cdot \varepsilon$$

As dificuldades parte do produto do dual com o imaginário que não forma uma álgebra não comutativa de Grassmann. Por isso, não efetuaremos nossos estudos com o anel quatérnion híbrido, mas com sub-anéis, a fim de descobrir novas variedades. Vamos começar com uma variedade espaço-tempo híbrida de Lorentz, que eu chamarei de variedade de Poincaré:

$$\mathscr{P}:\left\{l=r+h\tau+\varepsilon T \mid r,\tau,T \in \mathbb{R},\ h^2=1,\ \overline{h}=-h,\varepsilon^2=0,\ \overline{\varepsilon}=-\varepsilon\right\}$$

Vamos investigar a norma desse número, primeiro vamos observar que seus conjugados apresentam a seguinte forma:

$$l=r+h\tau+\varepsilon T$$
$$\overline{l}=r-h\tau-\varepsilon T$$

Agora vamos calcular a sua norma:

$$l\overline{l}=(r+h\tau+\varepsilon T)(r-h\tau-\varepsilon T)$$

$$-l^2 = r^2 - rh\tau - \varepsilon r\mathrm{T} + rh\tau - h^2\tau^2 - h\varepsilon\tau\mathrm{T} + \varepsilon r\mathrm{T} - \varepsilon h\tau\mathrm{T} - \varepsilon^2\mathrm{T}^2$$

Computando os números perplexos e duais, realizando as permutações e os cancelamentos, obtemos:

$$-l^2 = r^2 - \tau^2$$
$$l^2 = \tau^2 - r^2$$

Que é a mesma estrutura do espaço de Lorentz. Devido a presença do número nilpotente, a contribuição do T de se esvanece. Essa seria a variedade daqueles que defendem a existência de um tempo absoluto localizado no éter, além da incerteza relativística. Do ponto de vista de entes observáveis, ele corresponde ao espaço de Lorentz, porém quando consideramos entidades metafísicas, os espaços são diferentes, pois temos uma coordenada de tempo sem dimensionalidade. O potencial para essa variedade de Poincaré é dada por:

$$\nabla^2\varphi - p^2\frac{\partial^2\varphi}{\partial\tau^2} - \varepsilon^2\frac{\partial^2\varphi}{\partial T^2} = 0$$

$$\nabla^2\varphi - \frac{\partial^2\varphi}{\partial\tau^2} = 0$$

Que é o potencial usual do espaço-tempo de Lorentz. Vejamos agora a dimensionalidade desse espaço:

$$\dim P = \dim S + p^2 + \varepsilon^2$$
$$\dim P = 3 + 1 + 0$$
$$\dim P = 3 + 1$$

Que justamente a dimensão do espaço de Lorentz. Em outras palavras o espaço híbrido de Poincaré é um espaço de Lorentz, mas com uma coordenada de tempo absoluto associado a um número nilpotente. Quando buscamos a forma quadrática, a natureza do número dual faz com que todos os valores do tempo absoluto se esvaneçam e apenas sobre o tempo vulgar, o tempo relacional. É por essa razão que não podemos medir o tempo absoluto. Na variedade de Poincaré, porque ele esvanece e por isso é imponderável e na variedade de Lorentz porque ele não existe. Quantitativamente as duas variedades são equivalentes, qualitativamente não. Vamos agora estudar uma variedade espaço-tempo híbrida de Lorentz e Euclides, que eu chamarei de variedade de Einstein:

$$\mathcal{E}: \left\{ m = r + h\tau + it \mid r, \tau, t \in \mathbb{R},\ h^2 = 1,\ \overline{h} = -h, i^2 = -1,\ \overline{i} = -i \right\}$$

Vamos investigar a norma desse número, primeiro vamos observar que seus conjugados apresentam a seguinte forma:

$$m = r + h\tau + it$$
$$\overline{m} = r - h\tau - it$$

Agora vamos calcular a sua norma:

$$m\overline{m} = (r + h\tau + it)(r - h\tau - it)$$
$$-m^2 = r^2 - rh\tau - irt + rh\tau - h^2\tau^2 - hi\tau t + irt - ih\tau t - i^2 t^2$$

Computando os números, realizando as permutações e os cancelamentos:

$$l^2 = \tau^2 - r^2 - t^2$$

Essa é uma estrutura semelhante a um cone de luz. O espaço e o tempo formam curvas fechadas temporais que rodeiam o cone. O tempo real o espaço formam hiberbolóides de duas folhas homotéticos, cujos cortes ortogonais são esferas S^1 e o tempo real e imaginário também formam essas hipérboles. Também teremos pares de retas constituídas por vetores de tempo imaginário e de espaço. Topologicamente esse espaço se assemelha ao espaço Anti-de Sitter com duas componentes de tempo. A equação do potencial apresenta a seguinte forma:

$$\nabla^2 \varphi - p^2 \frac{\partial^2 \varphi}{\partial \tau^2} - i^2 \frac{\partial^2 \varphi}{\partial t^2} = 0$$

$$\nabla^2 \varphi + \frac{\partial^2 \varphi}{\partial t^2} - \frac{\partial^2 \varphi}{\partial \tau^2} = 0$$

E dimensionalidade desse espaço:

$$\dim P = \dim S + p^2 + i^2$$
$$\dim P = 3 + 1 - 1$$

Outras combinações, nos forneceram outras variedades híbridas e características ainda mais exóticas, mas que podem ser relacionadas aos espaços torcidos e curvados pela ação de pressões e energia negativa.

§ 6.9. A Inteligibilidade do Grupo de Lorentz

Essa análise também sugere uma nova perspectiva para se tratar as variedades galileanas. Como foi exposto por Minkowski, costuma assumir que o grupo de Galileu, G_∞, descreve os fenômenos para sistemas que a velocidade da luz é infinita (instantânea), é por isso que fazendo c tender ao infinito o grupo de Lorentz G_c tende à G_∞. Segundo Minkowski, é essa característica que torna o grupo de Lorentz mais inteligível. Recordemos suas palavras:

> Fica claro que o grupo completo pertencente à Mecânica Newtoniana é simplesmente o grupo G_c, com o valor de $c = \infty$. Nesse estado de coisas, e como G_c é matematicamente mais inteligível que G_∞, um matemático pode, por um jogo livre de imaginação, se deparar com o pensamento de que os fenômenos naturais possuem uma invariância não apenas para o grupo G_∞, mas de fato também para um grupo G_c, em que c é finito, mas extremamente grande em comparação com as unidades de medição usuais. (MINKOWSKI, 1909, p. 04)

Essa análise sugere uma nova perspectiva para se tratar as variedades galileanas. Como foi exposto por Minkowski, costuma assumir que o grupo de Galileu, G_∞, descreve os fenômenos para sistemas que a velocidade da luz é infinita (instantânea), é por isso que fazendo c tender ao infinito o grupo de Lorentz G_c tende à G_∞. Entretanto, em nossa abordagem, o grupo de Galileu é gerado por SO(3), porque a componente temporal dessa variedade vem multiplicada por um número nilpotente de segunda ordem, também chamado de número dual ou parabólico. Em outras palavras, a nulidade temporal na métrica decorre do caráter nilpotente do tempo e não porque a velocidade da luz é infinita.

Pode-se dizer que os grupos G_c, G_{ic}, com c tendendo a infinito, e $G_{\varepsilon c}$ são isomorfos à G_∞. Nessas condições, G_c, G_{ic}, $G_{\varepsilon c}$ são todos igualmente inteligíveis, já que em todos eles pode-se assumir "que c é finito, mas extremamente grande em comparação com as unidades de medição usuais." (MINKOWSKI, 1909, p. 04).

$$\left.\begin{array}{c} \lim\limits_{c \to \infty} G_c \\[4pt] G_{\varepsilon c} \\[4pt] \lim\limits_{c \to \infty} G_{ic} \end{array}\right\} \simeq G_\infty$$

Portanto, o argumento que nos guiou até o momento na escolha da variedade não, a inteligibilidade, perde sua eficácia, já que podemos construir uma variedade galileana com a velocidade da luz finita, além, de uma variedade euclidiana. Nesse caso, somos obrigados, como Einstein, em buscar formas empíricas de decidir qual a variedade mais adequada. Porém, ao estudar todas as variedades tangentes planas, a uma vizinhança infinitamente pequena do espaço-tempo, que satisfazem o princípio da relatividade, descobrimos, para nossa sorte, que a qualquer fato empírico que seja equivalente ao segundo postulado de Einstein, a constância da velocidade da luz, é um fato empírico que determina as qualidades da variedade.

Como aponta Langevin (1922), a Teoria da Relatividade surgiu a partir dos esforços de Larmor, Lorentz, Hertz, Helmholtz e Poincaré em fornecer uma descrição eletromagnética dos fenômenos físicos, em substituição da antiga descrição mecânica. Portanto, buscamos na teoria eletromagnética e na geometria diferencial, a conexão entre a variedade, a assinatura de sua métrica definida pelo fator R e um fenômeno físico mensurável que permita decidir qual é a variedade mais inteligível. Nas próximas seções desenvolveremos essa análise, mas antes introduziremos um novo tipo de função que depende do fator R e generaliza as funções trigonométricas: as funções de Poincaré.

§ 7. Funções de Poincaré

Para uma variedade espaço-tempo de característica anelar R, as transformações automórficas do espaço e do tempo são:

$$P: \begin{cases} x' = \dfrac{1}{\sqrt{\left(1 - R^2 \dfrac{v^2}{k^2}\right)}}\left(x - vkt\right) \\[6ex] t' = \dfrac{1}{\sqrt{\left(1 - R^2 \dfrac{v^2}{k^2}\right)}}\left(t - R^2 \dfrac{v}{k^2} x\right) \end{cases}$$

Essas transformações podem ser escritas em termos de um conjunto de funções, que chamaremos, de funções de Poincaré:

$$P_+^R(v) = \dfrac{1}{\sqrt{\left(1 - R^2 \dfrac{v^2}{k^2}\right)}}$$

$$P_-^R(v) = \dfrac{v}{k} P_+^R(v)$$

observe que a função P_+ é par e a função P_- é ímpar.

$$P_+^R(-v) = P_+^R(v)$$

$$P_-^R(-v) = -P_-^R(v)$$

Assim, as transformações do espaço-tempo se tornam:

$$P: \begin{cases} x' = P_+^R(v)x - P_-^R(v)t \\[2ex] t' = P_+^R(v)t - \dfrac{R^2}{k} P_-^R(v)x \end{cases}$$

Isso prova que as transformações do espaço dependem da característica do anel e, a presença do termo R^2 mostra que o anel define sobre a topologia do tempo. Como propõe Minkowski, podemos sempre construir um sistema de medidas onde a constante k seja a unidade.

$$P: \begin{cases} x' = P_+^R(v)x - P_-^R(v)t \\ t' = P_+^R(v)t - R^2 P_-^R(v)x \end{cases}$$

Isso revela que a só existe uma simetria entre as transformações do espaço e do tempo na variedade de Lorentz, pois só nessa configuração $R^2 = 1$.

§ 7.1. Álgebra das Funções de Poincaré

As funções de Poincaré são as rotações anelares da variedade:

E^{3-1}	G^{3+0}	M^{3+1}
$P_+^i(\theta) = \cos\theta$	$P_+^\varepsilon(\theta) = 1$	$P_+^p(\theta) = \cosh\theta$
$P_-^i(\theta) = \sin\theta$	$P_-^\varepsilon(\theta) = \theta$	$P_+^p(\theta) = \sinh\theta$
$P_+^i(\theta) = \dfrac{e^{i\theta} + e^{-i\theta}}{2}$	$P_+^\varepsilon(\theta) = \dfrac{e^{\varepsilon\theta} + e^{-\varepsilon\theta}}{2}$	$P_+^p(\theta) = \dfrac{e^{p\theta} + e^{-p\theta}}{2}$
$P_-^i(\theta) = \dfrac{e^{i\theta} - e^{-i\theta}}{2i}$	$P_-^\varepsilon(\theta) = \dfrac{e^{\varepsilon\theta} - e^{-\varepsilon\theta}}{2\varepsilon}$	$P_+^p(\theta) = \dfrac{e^{p\theta} - e^{-p\theta}}{2p}$

Para uma variedade espaço-tempo, as funções de Poincaré se conectam as funções exponenciais pela seguinte regra:

$$P_+^R(v) = \frac{e^{R\theta} + e^{-R\theta}}{2}$$

$$P_-^R(v) = \frac{e^{R\theta} - e^{-R\theta}}{2R}$$

Que nos permitem derivar as identidades exponenciais:

$$e^{+R\theta} = P_+^R(\theta) + RP_-^R(\theta)$$

$$e^{-R\theta} = P_+^R(\theta) - RP_-^R(\theta)$$

Que para cada variedade espaço-tempo assumem a forma:

$$E^{3-1} \qquad\qquad G^{3+0} \qquad\qquad M^{3+1}$$

$$e^{i\theta} = \cos\theta + i\sin\theta \qquad e^{\varepsilon\theta} = 1 + \varepsilon\theta \qquad e^{p\theta} = \cosh\theta + p\sinh\theta$$

$$e^{-i\theta} = \cos\theta - i\sin\theta \qquad e^{-\varepsilon\theta} = 1 - \varepsilon\theta \qquad e^{-p\theta} = \cosh\theta - p\sinh\theta$$

Por isso é fácil ver que a elas se aplicam a fórmula de duplicação de arcos:

$$P_+^R\left(\theta_1 \pm \theta_2\right) = P_+^R\left(\theta_1\right)P_+^R\left(\theta_2\right) \pm R^2 P_-^R\left(\theta_1\right)P_-^R\left(\theta_2\right)$$

$$P_-^R\left(\theta_1 \pm \theta_2\right) = P_+^R\left(\theta_1\right)P_-^R\left(\theta_2\right) \pm P_-^R\left(\theta_1\right)P_+^R\left(\theta_2\right)$$

Além disso, essas funções satisfazem a identidade trigonométrica generalizada:

$$\left[P_+^R\left(v\right)\right]^2 - R^2\left[P_-^R\left(v\right)\right]^2 = 1$$

E, estão garantidas os valores das funções em 0:

$$P_+^R\left(0\right) = 1, \qquad\qquad P_-^R\left(0\right) = 0$$

§ 7.2. A Função Tangente de Poincaré

Assim como na trigonometria elementar e hiperbólica, convém introduzir uma função tangente definida como a razão das funções de Poincaré par e ímpar. Também introduziremos as funções arco, das quais o arco tangente irá desempenhar um papel fundamental na construção do teorema da composição das velocidades. Formalmente, definimos as funções tangentes pelos seguintes homeomorfismos:

$$P_{\mp}^R\left(\theta\right) : \mathbb{R} \to \mathfrak{R} \qquad P_{\pm}^R\left(\theta\right) : \mathbb{R} \to \mathfrak{R}$$

$$P_{\mp}^R\left(\theta\right) = \frac{P_-^R\left(\theta\right)}{P_+^R\left(\theta\right)} \qquad P_{\pm}^R\left(\theta\right) = \frac{P_+^R\left(\theta\right)}{P_-^R\left(\theta\right)} \qquad \mathfrak{R} = \begin{cases} \mathbb{D} \\ \mathbb{H} \\ \mathbb{C} \end{cases}$$

A primeira será denominada de tangente de Poincaré e a segunda função será denominada de cotangente de Poincaré. Os sinais duplos indicam a ordem da razão entre as funções de Poincaré. É fácil ver que, estas funções são iguais ao fator beta de Lorentz generalizado:

$$P_{\mp}^{R}(\theta)=\frac{v}{k} \qquad P_{\pm}^{R}(\theta)=\frac{k}{v}$$

$$P_{\mp}^{R}(\theta)=\mathrm{B} \qquad P_{\pm}^{R}(\theta)=\mathrm{B}^{-1}$$

Por questão de comodidade, vamos introduzir uma nova função tangente, que chamaremos de tangente e cotangente de Poincaré R, que será definida como:

$$P_{\odot}^{R}(\theta):\mathbb{R}\to\mathfrak{R} \qquad P_{\otimes}^{R}(\theta):\mathbb{R}\to\mathfrak{R}$$

$$P_{\odot}^{R}(\theta)=R^{2}P_{\mp}^{R}(\theta) \qquad P_{\otimes}^{R}(\theta)=R^{2}P_{\pm}^{R}(\theta)$$

A partir da identidade trigonométrica generalizada, podemos estabelecer relações fundamentais envolvendo as tangentes de Poincaré R.

$$\left[P_{+}^{R}(v)\right]^{2}-R^{2}\left[P_{-}^{R}(v)\right]^{2}=1$$

$$1-\left[P_{\odot}^{R}(\theta)\right]^{2}=\left[P_{+}^{R}(\theta)\right]^{-2}$$

$$1-\left[P_{\otimes}^{R}(\theta)\right]^{2}=\left[P_{-}^{R}(\theta)\right]^{-2}$$

Onde defimos o fator grande gama (ou fator de Poincaré) como:

$$\Gamma=\frac{1}{\sqrt{1-\left[P_{\odot}^{R}(\theta)\right]^{2}}}$$

Para desenvolvermos a análise nas variedades espaço-temporais, devemos deduzir a regra de soma de arcos para a tangente e a cotangente de Poincaré:

$$P_{\mp}^{R}(\theta_{1}\pm\theta_{2})=\frac{P_{-}^{R}(\theta_{1}\pm\theta_{2})}{P_{+}^{R}(\theta_{1}\pm\theta_{2})}$$

$$P_{\mp}^{R}(\theta_{1}\pm\theta_{2})=\frac{P_{+}^{R}(\theta_{1})P_{-}^{R}(\theta_{2})\pm P_{-}^{R}(\theta_{1})P_{+}^{R}(\theta_{2})}{P_{+}^{R}(\theta_{1})P_{+}^{R}(\theta_{2})\pm R^{2}P_{-}^{R}(\theta_{1})P_{-}^{R}(\theta_{2})}$$

Evidenciando as funções pares do numerador e do denominador:

$$P_{\mp}^{R}(\theta_1 \pm \theta_2) = \frac{P_{+}^{R}(\theta_1)P_{+}^{R}(\theta_2)\left[\dfrac{P_{-}^{R}(\theta_2)}{P_{+}^{R}(\theta_2)} \pm \dfrac{P_{-}^{R}(\theta_1)}{P_{+}^{R}(\theta_1)}\right]}{P_{+}^{R}(\theta_1)P_{+}^{R}(\theta_2)\left[1 \pm R^2 \dfrac{P_{-}^{R}(\theta_1)P_{-}^{R}(\theta_2)}{P_{+}^{R}(\theta_1)P_{+}^{R}(\theta_2)}\right]}$$

$$P_{\mp}^{R}(\theta_1 \pm \theta_2) = \frac{\left[\dfrac{P_{-}^{R}(\theta_2)}{P_{+}^{R}(\theta_2)} \pm \dfrac{P_{-}^{R}(\theta_1)}{P_{+}^{R}(\theta_1)}\right]}{\left[1 \pm R^2 \dfrac{P_{-}^{R}(\theta_1)P_{-}^{R}(\theta_2)}{P_{+}^{R}(\theta_1)P_{+}^{R}(\theta_2)}\right]}$$

Usando a função tangente de Poincaré, obtemos:

$$P_{\mp}^{R}(\theta_1 \pm \theta_2) = \frac{P_{\mp}^{R}(\theta_2) \pm P_{\mp}^{R}(\theta_1)}{1 \pm R^2 P_{\mp}^{R}(\theta_1)P_{\mp}^{R}(\theta_2)}$$

Para a cotangente teremos:

$$P_{\pm}^{R}(\theta_1 \pm \theta_2) = \frac{1 \pm R^2 P_{\pm}^{R}(\theta_1)P_{\pm}^{R}(\theta_2)}{P_{\pm}^{R}(\theta_2) \pm P_{\pm}^{R}(\theta_1)}$$

Para as tangentes R, teremos:

$$P_{\odot}^{R}(\theta_1 \pm \theta_2) = \frac{R^4}{R^2}\frac{P_{\mp}^{R}(\theta_2) \pm P_{\mp}^{R}(\theta_1)}{1 \pm R^2 P_{\mp}^{R}(\theta_1)P_{\mp}^{R}(\theta_2)}$$

$$P_{\odot}^{R}(\theta_1 \pm \theta_2) = R^2\frac{R^2 P_{\mp}^{R}(\theta_2) \pm R^2 P_{\mp}^{R}(\theta_1)}{R^2 \pm R^2 P_{\mp}^{R}(\theta_1)R^2 P_{\mp}^{R}(\theta_2)}$$

$$P_{\odot}^{R}(\theta_1 \pm \theta_2) = R^2\frac{P_{\odot}^{R}(\theta_2) \pm P_{\odot}^{R}(\theta_1)}{R^2 \pm P_{\odot}^{R}(\theta_1)P_{\odot}^{R}(\theta_2)}$$

E para a cotangente R,

$$P_{\otimes}^{R}(\theta_1 \pm \theta_2) = R^2\left(\frac{R^2 \pm P_{\odot}^{R}(\theta_1)P_{\odot}^{R}(\theta_2)}{P_{\odot}^{R}(\theta_2) \pm P_{\odot}^{R}(\theta_1)}\right)$$

Essas são as funções tangentes e as suas propriedades algébricas

§ 7.3. O Teorema de Adição de Velocidades

Um dos mais importantes resultados da Teoria da Relatividade Especial é a composição das velocidades. Há duas formas de deduzir esse resultado, para as componentes paralelas. Nessa seção apresentaremos um destes métodos que consiste em utilizar uma função bijetora entre o espaço matemático dos ângulos de rotação e o espaço das grandezas físicas associadas: velocidade, fator beta e fator gama. Vamos construir três sistemas inerciais K, K' e K''. Sem perda de generalidade, convencionaremos que o sistema K é o sistema estacionário e o sistema K' se desloca na direção x com velocidade v_1 em relação ao sistema K e velocidade v_2, também na direção x, em relação ao sistema K'', enquanto o sistema K'' se de desloca com velocidade v_3 na direção x em relação ao referencial K. Queremos determinar a velocidade v_3 em função das velocidades v_1 e v_2. Cada deslocamento produz uma rotação de Poincaré a. Portanto a rotação de Poincaré total a_3 entre o referencial K e o referencial K'', é a soma das rotações hiperbólicas a_1, entre os sistemas K e K', e a_2, entre os sistemas K' e K'', isto é, $a_3 = a_1 + a_2$.

Vamos agora procurar uma aplicação bijetora que a cada valor de a associa a um valor de v. Como vimos, a função tangente de Poincaré transforma um vetor do espaço A em um vetor do espaço das velocidades V dividido pela velocidade k. Assim a nossa aplicação pode ser definida como:

$$L : A \to V$$
$$L(a) \mapsto v \qquad v = kP_{\mp}^{R}(a)$$

Portanto a velocidade v_3 é definida pela seguinte regra:

$$v_3 = kP_{\mp}^{R}(a_3)$$
$$v_3 = kP_{\mp}^{R}(a_1 + a_2)$$

Agora podemos aplicar a regra de soma de arcos da tangente de Poincaré:

$$v_3 = k\left[\frac{P_{\mp}^{R}(a_2) + P_{\mp}^{R}(a_1)}{1 + R^2 P_{\mp}^{R}(a_1) P_{\mp}^{R}(a_2)}\right]$$

Substituindo os valores da tangente de Poincaré, obtermos o teorema de adição de velocidades em função dos fatores beta:

$$v_3 = k \left[\frac{B_1 + B_2}{1 + R^2 B_1 B_2} \right],$$

$$B_3 = \frac{B_1 + B_2}{1 + R^2 B_1 B_2}$$

Abrindo os fatores B, obtemos a lei de composição de velocidades:

$$\frac{v_3}{k} = \frac{\dfrac{v_1}{k} + \dfrac{v_2}{k}}{1 + R^2 \dfrac{v_1 v_2}{kk}}$$

$$\frac{v_3}{k} = \frac{1}{k} \frac{v_1 + v_2}{1 + R^2 \dfrac{v_1 v_2}{k^2}}$$

Cancelando as velocidades da luz, chegamos ao teorema convencional da composição relativística de velocidades na direção paralela:

$$v_3 = \frac{v_1 + v_2}{1 + R^2 \dfrac{v_1 v_2}{k^2}}$$

Pelo mesmo método podemos calcular a transformação do fator gama entre o sistema K e o sistema K''. Desta vez usaremos a função par de Poincaré:

$$R : A \to \mathfrak{F}$$
$$R(a) \mapsto \Gamma$$
$$\Gamma = P_{\mp}^{R}(a)$$

Portanto o fator Γ_3 é definida pela seguinte regra:

$$\Gamma_3 = P_{+}^{R}(a_3)$$
$$\Gamma_3 = P_{+}^{R}(a_1 + a_2)$$
$$\Gamma_3 = P_{+}^{R}(a_1) P_{+}^{R}(a_2) + R^2 P_{-}^{R}(a_1) P_{-}^{R}(a_2)$$
$$\Gamma_3 = \Gamma_1 \Gamma_2 + R^2 \Gamma_1 \Gamma_2 B_1 B_2$$

Evidenciando os fatores comuns, obtemos a transformação Γ:

$$\Gamma_3 = \Gamma_1\Gamma_2\left(1 + R^2\Gamma_1\Gamma_2\right)$$

$$\Gamma_3 = \Gamma_1\Gamma_2\left(1 + R^2\frac{\Gamma_1\Gamma_2}{k^2}\right)$$

Também poderíamos ter utilizado a função ímpar de Poincaré:

$$B_3\Gamma_3 = P_-^R\left(a_3\right)$$

$$B_3\Gamma_3 = P_-^R\left(a_1 + a_2\right)$$

$$B_3\Gamma_3 = P_+^R\left(a_1\right)P_-^R\left(a_2\right) + P_-^R\left(a_1\right)P_+^R\left(a_2\right)$$

$$B_3\Gamma_3 = \Gamma_1\Gamma_2 B_1 + \Gamma_1\Gamma_2 B_2$$

$$\frac{\left(B_1 + B_2\right)}{1 + R^2 B_1 B_2}\Gamma_3 = \Gamma_1\Gamma_2\left(B_1 + B_2\right)$$

$$\Gamma_3 = \Gamma_1\Gamma_2\left(1 + R^2 B_1 B_2\right)$$

§ 7.4. Álgebra Geométrica do Espaço-Tempo

Vamos agora obter a métrica do espaço-tempo plano. Em um espaço-tempo ortocrônico, teremos quatro versores: três espaciais e um temporal.

$$B = \left\{\hat{e}_x, \hat{e}_t\right\}$$

Definimos a métrica como o produto interno dos versores da base:

$$\begin{cases}\eta_{xx} = \left\langle\hat{e}_x, \hat{e}_x\right\rangle = 1 \\ \eta_{tt} = \left\langle\hat{e}_t, \hat{e}_t\right\rangle = T\end{cases} \quad \eta_{ij} = 0, \quad \forall i \neq j$$

Na forma matricial é escrita como:

$$\eta_{ij} = \begin{pmatrix} 1 & 0 \\ 0 & T \end{pmatrix}$$

A diagonalidade da métrica decorre da ortogonalidade dos versores. Não conhecemos os versores de t, por essa razão não conhecemos o valor da norma ao quadrado de t. Para determinar esse valor, que denotamos por T, usaremos a condição de automorfismo:

$$\Lambda^i_{\ j}\eta_{ij}\Lambda^j_{\ i} = \eta_{ij}$$

$$\begin{bmatrix} A & -vA \\ -R^2vA & A \end{bmatrix}\begin{bmatrix} 1 & 0 \\ 0 & T \end{bmatrix}\begin{bmatrix} A & -R^2vA \\ -vA & A \end{bmatrix} = \begin{bmatrix} 1 & 0 \\ 0 & T \end{bmatrix}$$

$$\begin{bmatrix} A & -vAT \\ -R^2vA & AT \end{bmatrix}\begin{bmatrix} A & -R^2vA \\ -vA & A \end{bmatrix} = \begin{bmatrix} 1 & 0 \\ 0 & T \end{bmatrix}$$

$$\begin{bmatrix} A^2+v^2A^2T & -R^2vA^2-vA^2T \\ -R^2vA^2-vA^2T & R^4v^2A^2+A^2T \end{bmatrix} = \begin{bmatrix} 1 & 0 \\ 0 & T \end{bmatrix}$$

Desta relação, extraímos três equações lineares em T:

$$\begin{cases} A^2+v^2A^2T = a \\ R^2vA^2+vA^2T = 0 \\ R^4v^2A^2+A^2T = T \end{cases}$$

Vamos operar a segunda equação, para obtermos o valor de T.

$$\begin{cases} \left(R^2+T\right)vA^2 = 0 \\ T = -R^2 \end{cases}$$

Vamos usar as duas equações para retirar a prova real:

$$\begin{cases} A^2 - R^2v^2A^2 = 1 \\ A^2\left(1-R^2v^2\right)1 = 1 \\ A^2\dfrac{1}{A^2} = 1 \\ 1 = 1 \quad (Q.E.D) \end{cases}\qquad \begin{cases} R^4v^2A^2 - A^2R^2 = -R^2 \\ A^2\left(R^2v^2-1\right)R^2 = -R^2 \\ -A^2\dfrac{R^2}{A^2} = -R^2 \\ -R^2 = -R^2 \quad (Q.E.D) \end{cases}$$

Portanto as componentes da métrica serão:

$$\eta_{ij} = \begin{pmatrix} 1 & 0 \\ 0 & -R^2 \end{pmatrix} \qquad \det\left(\eta_{ij}\right) = -R^2$$

De forma que cada unidade hipercomplexa induz o valor do determinante da métrica:

$$\det \eta_{ij} = \begin{cases} -1, & espaço-tempo\,de\,Minkowski \\ 0, & espaço-tempo\,de\,Galileu \\ +1, & espaço-tempo\,de\,Euclides \end{cases}$$

Assim, podemos usar o determinante da métrica do espaço-tempo para determinar a medida do ângulo.

O elemento de linha na variedade espaço-tempo é definida a partir da métrica pela relação:

$$ds^2 = \sum_{i=1}^{2}\sum_{j=1}^{2} \eta_{ij} dx^i dx^j$$

Expandindo as somas, obtemos a forma quadrática fundamental:

$$ds^2 = \eta_{xx} dxdx + \eta_{tt} dtdt$$
$$ds^2 = dx^2 - R^2 dt^2$$

Determinada a métrica geral do espaço-tempo plano, devemos estudar as expressões das funções de Poincaré para cada número hipercomplexo e verificar como estes números induzem a métrica da variedade.

§ 7.4.1. Função Parabólica de Poincaré e a Variedade de Galileu

$$P_\varepsilon^+(v) = 1 + \sum_{n=0}^{\infty}\left(\varepsilon^2\right)^n \frac{v^{2n}}{(2n)!} \qquad P_\varepsilon^-(v) = v + \sum_{n=1}^{\infty}\left(\varepsilon^2\right)^n \frac{v^{2n+1}}{(2n+1)!}$$

$$P_\varepsilon^+(v) = 1 + \sum_{n=0}^{\infty}(0)^n \frac{v^{2n}}{(2n)!} \qquad P_\varepsilon^-(v) = v + \sum_{n=1}^{\infty}(0)^n \frac{v^{2n+1}}{(2n+1)!}$$

$$P_\varepsilon^+(v) = 1 + \sum_{n=0}^{\infty} 0 \cdot \frac{v^{2n}}{(2n)!} \qquad P_\varepsilon^-(v) = v + \sum_{n=1}^{\infty} 0 \cdot \frac{v^{2n+1}}{(2n+1)!}$$

$$P_\varepsilon^+(v) = 1 \qquad\qquad\qquad P_\varepsilon^-(v) = v$$

Na forma matricial, teremos:

$$\Lambda^i_j = \begin{bmatrix} 1 & -v \\ -v\varepsilon^2 & 1 \end{bmatrix} \quad \rightarrow \quad G^i_j = \begin{bmatrix} 1 & -v \\ 0 & 1 \end{bmatrix}$$

Essa matriz G corresponde a uma rotação parabólica. A métrica desse espaço será dado por:

$$ds^2 = dx^2 - \varepsilon^2 dt^2$$
$$ds^2 = dx^2 - 0dt^2$$
$$ds^2 = dx^2$$

§ 7.4.2. Função Hiperbólica de Poincaré e a Variedade de Lorentz

$$P^+_h(v) = 1 + \sum_{n=0}^{\infty} \left(h^2\right)^n \frac{v^{2n}}{(2n)!} \qquad P^-_h(v) = v + \sum_{n=1}^{\infty} \left(h^2\right)^n \frac{v^{2n+1}}{(2n+1)!}$$

$$P^+_h(v) = 1 + \sum_{n=0}^{\infty} (1)^n \frac{v^{2n}}{(2n)!} \qquad P^-_h(v) = v + \sum_{n=1}^{\infty} (1)^n \frac{v^{2n+1}}{(2n+1)!}$$

$$P^+_h(v) = \cosh(v) \qquad P^-_h(v) = \sinh(v)$$

Na forma matricial, teremos:

$$\Lambda^i_j = \begin{bmatrix} \cosh(v) & -\sinh(v) \\ -\sinh(v)h^2 & \cosh(v) \end{bmatrix} \quad \rightarrow \quad L^i_j = \begin{bmatrix} \cosh(v) & -\sinh(v) \\ -\sinh(v) & \cosh(v) \end{bmatrix}$$

Essa matriz L corresponde a uma rotação hiperbólica. A métrica desse espaço será dado por:

$$ds^2 = dx^2 - h^2 dt^2$$
$$ds^2 = dx^2 - dt^2$$

Se parametrizarmos as coordenadas espaciais como cosseno hiperbólico e a coordenada temporal como seno hiperbólico, deduzimos que nesse espaço, o tempo opera como um eixo ortogonal aos eixos espaciais e as transformações de Lorentz, são rotações hiperbólicas. As assíntotas da hipérbole são retas de 45°, definidas pelo produto da velocidade da luz pelo tempo. Dada a isotropia da velocidade da luz, essas assíntotas definem uma superfície cônica. Os eventos interiores a superfície são os causais, os eventos na superfície são os simultâneos e os eventos fora da superfície são aqueles que as consequências antecedem as causas.

§ 7.4.3. Função Polar de Poincaré e a Variedade de Euclides

$$P_i^+(v) = 1 + \sum_{n=0}^{\infty} \left(i^2\right)^n \frac{v^{2n}}{(2n)!} \qquad P_i^-(v) = v + \sum_{n=1}^{\infty} \left(i^2\right)^n \frac{v^{2n+1}}{(2n+1)!}$$

$$P_i^+(v) = 1 + \sum_{n=0}^{\infty} \left(-1\right)^n \frac{v^{2n}}{(2n)!} \qquad P_i^-(v) = v + \sum_{n=1}^{\infty} \left(-1\right)^n \frac{v^{2n+1}}{(2n+1)!}$$

$$P_i^+(v) = \cos(v) \qquad\qquad P_i^-(v) = \sin(v)$$

Na forma matricial, teremos:

$$\Lambda^i_j = \begin{bmatrix} \cos(v) & -\sin(v) \\ -\sin(v)i^2 & \cos(v) \end{bmatrix} \rightarrow E^i_j = \begin{bmatrix} \cos(v) & -\sin(v) \\ \sin(v) & \cos(v) \end{bmatrix}$$

Essa matriz E corresponde a uma rotação elíptica. A métrica desse espaço será dado por:

$$ds^2 = dx^2 - i^2 dt^2$$
$$ds^2 = dx^2 + dt^2$$

Se parametrizarmos as coordenadas espaciais como cosseno polar e a coordenada temporal como seno polar, deduzimos que nesse espaço, o tempo é uma circunferência (esfera S^1) ortogonal aos eixos espaciais e as transformações de Euclides, são rotações esféricas. Esse é o espaço onde o tempo apresenta loops fechados, semelhante as latitudes de um globo. Por estar associado a um número imaginário, esse tempo é denominado de imaginário ou de tempo euclidiano (Windred, 1935).

§ 7.5. Desigualdade Triangular do Espaço-Tempo

Seja $\vec{u}$ e u_t vetores unitários espacial e temporal respectivamente, vamos calcular a norma do bivetor gerado pelo produto exterior destes dois vetores:

$$\vec{u} \wedge \vec{u}_t = b\left(e_x e_t\right)$$
$$\left|\vec{u} \wedge \vec{u}_t\right|^2 = b^2 \left|\left(e_x e_t\right)\right|^2$$
$$\left|\vec{u} \wedge \vec{u}_t\right|^2 = b^2 \left|R\right|^2$$

Assim como para os números hipercomplexos, definimos a norma ao quadrado de R pelo seu produto por seu conjugado. Como os vetores são unitários, segue que:

$$|\vec{u} \wedge \vec{u}_t|^2 = b^2\left(R\bar{R}\right)$$

$$|\vec{u} \wedge \vec{u}_t|^2 = -b^2 RR$$

$$|\vec{u} \wedge \vec{u}_t|^2 = -b^2 R^2$$

Agora vamos continuar desenvolvendo a equação:

$$|\vec{u} \wedge \vec{u}_t|^2 = \left(\vec{u} \wedge \vec{u}_t\right)\left(\vec{u}_t \wedge \vec{u}\right)$$

$$|\vec{u} \wedge \vec{u}_t|^2 = \left(\vec{u}\vec{u}_t - \vec{u} \cdot \vec{u}_t\right)\left(\vec{u}_t\vec{u} - \vec{u}_t \cdot \vec{u}\right)$$

$$|\vec{u} \wedge \vec{u}_t|^2 = |\vec{u}|^2 |\vec{u}_t|^2 - \left(\vec{u} \cdot \vec{u}_t\right)^2$$

Igualando as duas expressões que obtivemos:

$$\left(\vec{u} \cdot \vec{u}_t\right)^2 = \left(|\vec{u}|^2 |\vec{u}_t|^2 + b^2 R^2\right)$$

Agora vamos obter os três casos possíveis da desigualdade:

$$\left(\vec{u} \cdot \vec{u}_t\right)^2 \begin{cases} \leq |\vec{u}|^2 |\vec{u}_t|^2, & se\ R^2 = -1, \\ (\textit{Espaço de Euclides}) \\ = |\vec{u}|^2 |\vec{u}_t|^2, & se\ R^2 = 0, \\ (\textit{Espaço de Galileu}) \\ \geq |\vec{u}|^2 |\vec{u}_t|^2, & se\ R^2 = +1 \\ (\textit{Espaço de Minkowski}) \end{cases}$$

Para quaisquer vetores, a norma ao quadrado de sua soma é dado pela relação fundamental:

$$|\boldsymbol{u} + \boldsymbol{v}|^2 = |\boldsymbol{u}|^2 + |\boldsymbol{v}|^2 + 2\left(\boldsymbol{u} \cdot \boldsymbol{v}\right)$$

Observe que no caso da soma de um vetor espacial e um temporal, teremos:

$$\left|u^x e_x + u^t e_t\right| = \left|\vec{u} + \vec{u}_t\right|$$

que a definição de um quadrivetor do espaço-tempo:

$$|\boldsymbol{u}| = |\vec{u} + \vec{u}_t|$$

$$|\boldsymbol{u}|^2 = |\vec{u} + \vec{u}_t|^2$$

por outro lado, temos que:

$$|\vec{u} + \vec{u}_t|^2 = |\vec{u}|^2 + |\vec{u}_t|^2 + 2(\vec{u} \cdot \vec{u}_t)$$

$$|\boldsymbol{u}|^2 = |\vec{u}|^2 + |\vec{u}_t|^2 + 2(\vec{u} \cdot \vec{u}_t)$$

conforme as relações que obtivemos para o produto interno, teremos as seguintes relações de (des)igualdade para cada espaço-tempo:

$$|\boldsymbol{u}| = |\vec{u} + \vec{u}_t| \begin{cases} \leq |\vec{u}| + |\vec{u}_t|, & se\ R^2 = -1 \\ (Espaço\ de\ Euclides) \\ = |\vec{u}|, & se\ R^2 = 0 \\ (Espaço\ de\ Galileu) \\ \geq |\vec{u}| + |\vec{u}_t|, & se\ R^2 = +1 \\ (Espaço\ de\ Minkowski) \end{cases}$$

Isso implica que a passagem do tempo próprio para viajantes acelerados, como no caso do paradoxo dos gêmeos, é uma propriedade geométrica da variedade:

§ 7.5.1. Desigualdade Triangular na Variedade de Euclides

$$|\boldsymbol{u}| = |\vec{u} + \vec{u}_t| \leq |\vec{u}| + |\vec{u}_t|$$

O espaço Euclidiano opera como um espelho do espaço Lorentziano, isto está ligado a uma propriedade matemática chamada de dualidade. No caso da desigualdade triangular envolvendo viagens no espaço e no tempo, isso implica que o paradoxo dos gêmeos, é o gêmeo inercial que envelhece menos. Nesta variedade, quanto maior a velocidade de um corpo de teste, mais rápido o tempo irá passar, em outras palavras, o tempo sofre uma contração, enquanto o espaço se dilata. Além disso, o efeito Doppler-Fizeau da luz ocorre no sentido contrário: a luz sofre um desvio para o vermelho quando vai de encontro para um corpo e sofre um desvio para o azul quando se afasta do corpo.

§ 7.5.2. Desigualdade Triangular na Variedade de Galileu

$$|u| = |\vec{u} + \vec{u}_t| = |\vec{u}|$$

Isso significa que a norma de quadrivetor na variedade de Galileu depende apenas de suas componentes espaciais. Em outras palavras, é como se o tempo se contraísse em um ponto, pois seu comprimento é nulo. Fisicamente, isso significa que os eventos mensuráveis na variedade de Galileu se encontram todos na hipersuperfície do presente, de forma que a simultaneidade entre eventos separados seja absoluta. Esse resultado contraria a afirmação de Minkowski de que a variedade de Galileu exige um grupo G_∞, isto é, quando a velocidade da luz é instantânea (infinita). A variedade de Galileu $G_{\varepsilon c}$ é isomórfica a variedade de G_∞, sem exigir uma velocidade da luz instantânea. Nesse caso, a velocidade da luz deixa de ser a mesma para todos os referenciais inerciais e passa a depender do estado de movimento do observador. Como veremos, isso exige modificações nas transformações dos campos elétricos e magnéticos. O fato de uma construção mecânica do eletromagnetismo ser impossível, deriva do fato que o grupo de deslocamento da mecânica racional é G_∞ ou $G_{\varepsilon c}$, e as medidas empíricas sobre o comportamento do campo eletromagnético serem compatíveis com G_{pc}.

§ 7.5.3. Desigualdade Triangular na Variedade de Lorentz

$$|u| = |\vec{u} + \vec{u}_t| \geq |\vec{u}| + |\vec{u}_t|$$

Na variedade Lorentziana a desigualdade triangular revela que qualquer linha do mundo não inercial tem um comprimento menor que uma linha inercial (seguimento de reta). Fisicamente, um observador acelerado sofre uma dilatação do tempo em relação aos observadores inerciais, resultando no famoso paradoxo dos gêmeos. Por se tratar um exemplo amplamente discutido na literatura, não iremos explorar esse exemplo. Ao leitor indicamos o livro *Teoria da Relatividade Especial* (Bohm, 2015), inclusive por sua

§ 7.6. Análise das Funções de Poincaré

Agora vamos calcular sua derivada e depois generalizar para a *n-ésima* ordem:

$$\frac{de^{R\theta}}{d\theta} = \frac{dP_+^R(\theta)}{d\theta} + R\frac{dP_-^R(\theta)}{d\theta}$$

$$Re^{R\theta} = P_+'^R(\theta) + RP_-'^R(\theta)$$

$$\frac{de^{-R\theta}}{d\theta} = \frac{dP_+^R(\theta)}{d\theta} - R\frac{dP_-^R(\theta)}{d\theta}$$

$$-Re^{-R\theta} = P_+'^R(\theta) - RP_-'^R(\theta)$$

Somando as duas equações, obtemos:

$$2P_+'^R(\theta) = R\left(e^{R\theta} - e^{-R\theta}\right)$$

$$2P_+'^R(\theta) = R\left(P_+^R(\theta) + RP_-^R(\theta) - P_+^R(\theta) - RP_-^R(\theta)\right)$$

$$2P_+'^R(\theta) = 2R^2 P_-^R(\theta)$$

Portanto, a derivada da função par de Poincaré será:

$$P_+'^R(\theta) = R^2 P_-^R(\theta)$$

Para obtermos a derivada da função ímpar, basta realizarmos o mesmo processo, mas subtraindo as equações:

$$2RP_-'^R(\theta) = R\left(e^{R\theta} + e^{-R\theta}\right)$$

$$2P_-'^R(\theta) = \left(P_+^R(\theta) + RP_-^R(\theta) + P_+^R(\theta) - RP_-^R(\theta)\right)$$

$$2P_-'^R(\theta) = 2P_+^R(\theta)$$

Portanto, a derivada da função par de Poincaré será:

$$P_-'^R(\theta) = P_+^R(\theta)$$

Agora vamos calcular o valor da enésima derivada.

$$P_+''^R(\theta) = R^2 P_-'^R(\theta) \qquad\qquad P_-''^R(\theta) = P_+'^R(\theta)$$

Substituindo o valor da derivada primeira:

$$P_+''^R(\theta) = R^2 P_+^R(\theta) \qquad\qquad P_-''^R(\theta) = R^2 P_-^R(\theta)$$

Se tomarmos a derivada terceira:

$$P_+'''^R(\theta) = R^2 P_+'^R(\theta) \qquad\qquad P_-'''^R(\theta) = R^2 P_-'^R(\theta)$$

$$P_+'''^R(\theta) = R^4 P_-^R(\theta) \qquad\qquad P_-'''^R(\theta) = R^2 P_+^R(\theta)$$

E para quarta derivada, teremos:

$$P_+''''^R(\theta) = R^4 P_-'^R(\theta) \qquad\qquad P_-''''^R(\theta) = R^2 P_+'^R(\theta)$$

$$P_+''''^R(\theta) = R^4 P_+^R(\theta) \qquad\qquad P_-''''^R(\theta) = R^4 P_-^R(\theta)$$

Portanto é fácil ver que a regra da enésima derivada é dada por:

$$\frac{d^n}{d\theta^n} P_+^R(\theta) = \begin{cases} R^{2n} P_-^R(\theta), & \text{se } n \text{ for ímpar} \\ R^n P_+^R(\theta), & \text{se } n \text{ for par} \end{cases}$$

$$\frac{d^n}{d\theta^n} P_-^R(\theta) = \begin{cases} R^{n-1} P_+^R(\theta), & \text{se } n \text{ for ímpar} \\ R^n P_-^R(\theta), & \text{se } n \text{ for par} \end{cases}$$

Agora vamos calcular a integral:

$$\int e^{R\theta} d\theta = \int P_+^R(\theta) d\theta + R\int P_-^R(\theta) d\theta$$

$$\frac{e^{R\theta}}{R} = \int P_+^R(\theta) d\theta + R\int P_-^R(\theta) d\theta$$

$$e^{R\theta} = R\int P_+^R(\theta) d\theta + R^2 \int P_-^R(\theta) d\theta$$

$$\int e^{-R\theta} d\theta = \int P_+^R(\theta) d\theta - R\int P_-^R(\theta) d\theta$$

$$-\frac{e^{-R\theta}}{R} = \int P_+^R(\theta) d\theta - R\int P_-^R(\theta) d\theta$$

$$-e^{-R\theta} = R\int P_+^R(\theta) d\theta - R^2 \int P_-^R(\theta) d\theta$$

Somando as equações, obtemos:

$$e^{R\theta} - e^{-R\theta} = R\int P_+^R(\theta)d\theta + R^2\int P_-^R(\theta)d\theta$$
$$+ R\int P_+^R(\theta)d\theta - R^2\int P_-^R(\theta)d\theta$$

$$2R\int P_+^R(\theta)d\theta = e^{R\theta} - e^{-R\theta}$$

$$\int P_+^R(\theta)d\theta = \frac{e^{R\theta} - e^{-R\theta}}{2R}$$

Pondo na forma da função de Poincaré e adicionando a constante de integração.

$$\int P_+^R(\theta)d\theta = P_-^R(\theta) + C$$

Para obtermos a integral da função ímpar de Poincaré, devemos considerar dois casos distintos:

1) Se R for um número nilpotente de ordem 2:

$$\int P_-^\varepsilon(\theta)d\theta = \int \theta d\theta$$

$$\int P_-^\varepsilon(\theta)d\theta = \frac{\theta^2}{2} + C$$

$$\int P_-^\varepsilon(\theta)d\theta = \frac{\left[P_-^\varepsilon(\theta)\right]^2}{2} + C$$

2) Se R não for um número nilpotente:

$$R\int P_+^R(\theta)d\theta + R^2\int P_-^R(\theta)d\theta$$
$$-R\int P_+^R(\theta)d\theta + R^2\int P_-^R(\theta)d\theta = e^{R\theta} + e^{-R\theta}$$

$$2R^2\int P_-^R(\theta)d\theta = e^{R\theta} + e^{-R\theta}$$

$$\int P_-^R(\theta)d\theta = \frac{e^{R\theta} + e^{-R\theta}}{2R^2}$$

Como R só pode ser imaginário ou perplexo, então R^4 sempre será a unidade. Por isso se multiplicarmos a fração por R^2/R^2, obtemos:

$$\int P_-^R(\theta)\,d\theta = R^2\,\frac{e^{R\theta}+e^{-R\theta}}{2}$$

Escrevendo a função de Poincaré e adicionando a constante de integração.

$$\int P_-^R(\theta)\,d\theta = R^2 P_+^R(\theta) + C$$

Portanto, a regra geral de integração para função de Poincaré ímpar será:

$$\int P_-^R(\theta)\,d\theta = \begin{cases} \dfrac{\left[P_-^\varepsilon(\theta)\right]^2}{2} + C, & \text{se } R \text{ for nilpotente de ordem 2} \\[2ex] R^2 P_+^R(\theta) + C, & \text{se } R \text{ não for nilpotente} \end{cases}$$

§ 7.7. Transformada de Laplace

Vamos agora estudar a transformação unilateral de Laplace das funções de Poincaré. Tomemos a transformada de Laplace das identidade exponencial positiva:

$$L\{e^{R\theta}\} = L\{P_+^R(\theta) + RP_-^R(\theta)\}$$

$$L\{e^{R\theta}\} = L\{P_+^R(\theta)\} + RL\{P_-^R(\theta)\}$$

$$\frac{1}{S-R} = L\{P_+^R(\theta)\} + RL\{P_-^R(\theta)\}$$

E a identidade exponencial negativa:

$$L\{e^{-R\theta}\} = L\{P_+^R(\theta) - RP_-^R(\theta)\}$$

$$L\{e^{-R\theta}\} = L\{P_+^R(\theta)\} - RL\{P_-^R(\theta)\}$$

$$\frac{1}{S+R} = L\{P_+^R(\theta)\} - RL\{P_-^R(\theta)\}$$

Somando as equações, obtemos a seguinte relação:

$$L\left\{P_+^R\left(\theta\right)\right\} + RL\left\{P_-^R\left(\theta\right)\right\} + L\left\{P_+^R\left(\theta\right)\right\} - RL\left\{P_-^R\left(\theta\right)\right\} = \frac{1}{S-R} + \frac{1}{S+R}$$

$$2L\left\{P_+^R\left(\theta\right)\right\} = \frac{S+R+S-R}{\left(S-R\right)\left(S+R\right)}$$

$$2L\left\{P_+^R\left(\theta\right)\right\} = \frac{2S}{S^2 - R^2}$$

Assim, a transformada de Laplace da função de Poincaré par será:

$$L\left\{P_+^R\left(\theta\right)\right\} = \frac{S}{S^2 - R^2}$$

Para obtermos a transformação da função ímpar de Poincaré, basta subtrairmos a transformação de Laplace da identidade exponencial:

$$L\left\{P_+^R\left(\theta\right)\right\} + RL\left\{P_-^R\left(\theta\right)\right\} - L\left\{P_+^R\left(\theta\right)\right\} + RL\left\{P_-^R\left(\theta\right)\right\} = \frac{1}{S-R} - \frac{1}{S+R}$$

$$2RL\left\{P_-^R\left(\theta\right)\right\} = \frac{S+R-S+R}{\left(S-R\right)\left(S+R\right)}$$

$$2RL\left\{P_-^R\left(\theta\right)\right\} = \frac{2R}{S^2 - R^2}$$

Assim, a transformada de Laplace da função de Poincaré par será:

$$L\left\{P_-^R\left(\theta\right)\right\} = \frac{1}{S^2 - R^2}$$

A tabela abaixo sintetiza os resultados que obtivemos:

$f(t)$	$F(s)$
$P_+^R\left(t\right)$	$\dfrac{S}{S^2 - R^2}$
$P_-^R\left(t\right)$	$\dfrac{1}{S^2 - R^2}$

De modo similar podemos calcular as transformações de Fourier, porém, neste trabalho, não faremos isso.

§ 7.8. Cálculo-K Generalizado

Hermann Bondi (1980) introduziu um método bastante interessante para se deduzir os fenômenos relativísticos a partir da análise da simultaneidade em um diagrama de Minkowski. Até onde conheço, só há quatro obras em língua portuguesa esse método: os livros *A Teoria da Relatividade Restrita* (BOHM, 2012), *Relatividade e Bom Senso: Um Novo Enfoque das Ideias de Einstein* (BONDI, 1971) e o ensaio *Cálculo K: Uma abordagem alternativa para a relatividade especial* (CONTO, LIMA, ORTEGA, SCHMITZ, 2013).

Nessa seção apresentaremos uma síntese das ideias de Bondi, seguindo a abordagem a apresentada por David Bohm (2012, p. 175-190) e generaliza-la para variedades espaço-temporais planas arbitrárias, por meio das funções de Poincaré. Para tornar mais simples as deduções, usaremos os diagramas convencionais de Minkowski, porém os resultados são válidas para espaços euclidianos e galielanos, pois a variedade de Lorentz é homeomórfica as variedades de Galileu e Euclides. Este homeomorfismo será definido como uma aplicação linear que preserva as coordenadas *t* e *x,* mas transforma as transformações de Lorentz em funções de Poincaré:

$$R : \mathbb{H} \to \mathfrak{R}$$

$$R\left(xP_+^p(\theta) \pm ktP_-^p(\theta)\right) = x^\mu P_+^R(\theta) \pm ktP_-^R(\theta)$$

$$R\left(ktP_+^p(\theta) \pm xP_-^p(\theta)\right) = ktP_+^R(\theta) \pm xRP_-^R(\theta)$$

Vamos construir um diagrama de Minkowski. Tomemos dois segmentos de reta ortogonais OA e OB que representam, respectivamente, o eixo *ct* e o eixo *x.* Cada ponto nesse diagrama representa um evento que é representado por suas coordenadas especiais e temporal. Para um observador estacionário *S',* todos os eventos se encontram na linha AO, que denominamos de linha de mundo de *S'.* A linha OB representa todos os fenômenos simultâneos ao observador *S'.* Suponha que no evento O seja disparado uma onda esférica luminosa de raio *ct.* Para o observador a posição desse raio no eixo OB, devido ao prinícpio da isotropia, a linha de mundo dessse raio deverá ser descrito, pela seguinte função: $x = \pm ct,$ que correspondem, respectivamente, aos eixos OC

$(+ct)$ e OD $(-ct)$. Para obtermos a inclinação da reta, tomemos o arco-tangente das retas OC e OA:

$$\delta = \arctan\left(\frac{OC}{OA}\right)$$

$$\delta = \arctan\left(\frac{ct}{ct}\right)$$

$$\delta = \arctan(1)$$

$$\delta = \pi/4 \quad (45°)$$

Portanto os raios OC e OD formam ângulos de 45 graus com os eixos OA e OB. Como observa Bohm (2012, p. 177) "é claro que em três dimensões há muitas direções possíveis para um raio de luz, de modo que todo o conjunto de raios de luz através de O é representado por um cone. As linhas OC e OD correspondem então à intersecção deste "cone de luz" com o plano x-ct." Vamos supor um observador S se desloca com velocidade constante v em relação ao observador S'. Do ponto de vista geométrico, o observador S equivale a uma rotação hiperbólica dos eixos OA e OB com um ângulo θ. Se denotarmos por OE e por OF os eixos ct' e x', respectivamente, o diagrama de Minkowski, na perspectiva de S', apresentará a seguinte representação:

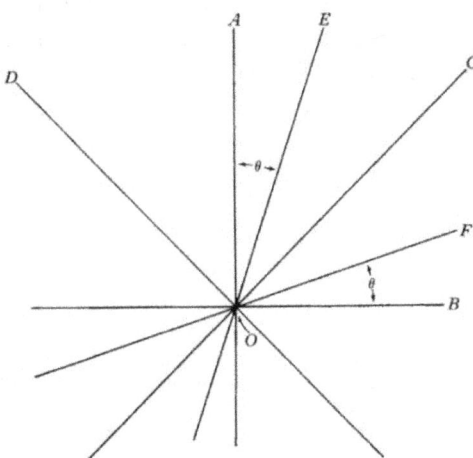

E as transformações será dada por:

$$OE = OAP_+^R(\theta) - OB\left(RP_-^R(\theta)\right)$$

$$OF = OBP_+^R(\theta) - OAP_-^R(\theta)$$

Se um evento for simultâneo no referencial S isso implica que o intervalo OE deve ser nulo.

$$0 = OAP_+^R(\theta) - OBP_-^R(\theta)$$

$$OAP_+^R(\theta) = OBR^2 P_-^R(\theta)$$

$$OA = OBP_\odot^R(\theta)$$

Portanto os eventos simultâneos de S se localizam na reta OF e por isso no referencial S', estes eventos não serão simultâneos. Se tomarmos a perspectiva do referencial S', o diagrama de Minkowski assume o seguinte aspecto:

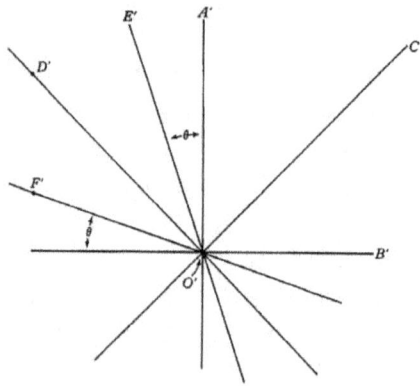

Suponha que os observadores S e S' portam relógios idênticos e síncronos. Vamos supor que em intervalos constantes, o observador estacionário S' envia sinais N_1, N_2, ..., N_n para o observador S. Estes sinais viajam à velocidade da luz e alcançam o observador S nos eventos N'_1, N'_2, ..., N'_n.

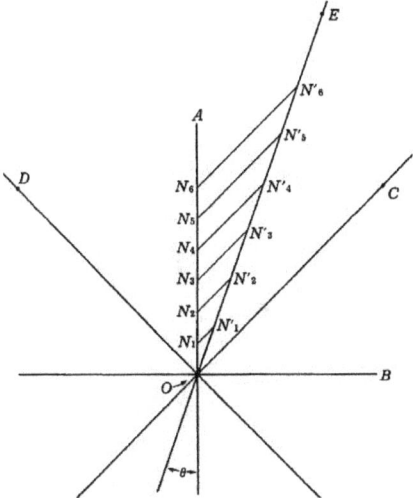

Se o observador S' envia sinais em intervalos regulares T_o, o observador S receberá estes sinais em intervalos T devido ao efeito Doppler-Fizeau. Como já observamos, essa é uma consequência da própria natureza ondulatória da luz e não do princípio da relatividade. De qualquer forma, podemos definir uma constante K que é a razão entre os dois períodos.

$$K = \frac{T}{T_o}$$

Suponha que o pulso é recebido pelo observador em S, ele é imediatamente refletido para o observador S'. Assim, podemos dizer que o referencial S emite sinais M_1, M_2, ..., M_n em intervalos regulares T_o e que são recebidos em M'_1, M'_2, ..., M'_n em intervalos T'. Para este referencial podemos definir uma constante K,

$$K' = \frac{T'}{T_o}$$

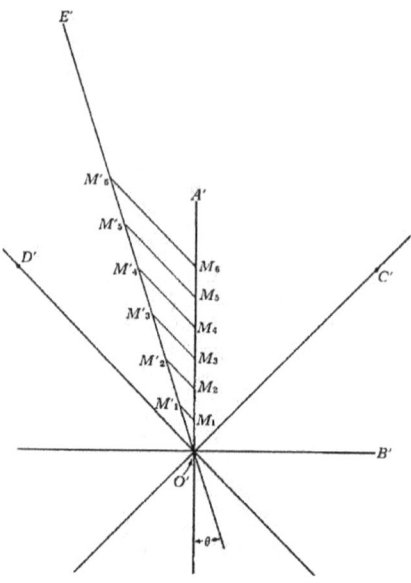

Observe que entre os eventos N_i e N'_i e os eventos M_j e M'_j, traçamos linhas $N_iN'_i$ e $M_jM'_j$. Como estas linhas representam as linhas de mundo de raios luminosos trocados entre os referenciais S' e S, as linhas N_iN' devem ser parelelas ao eixo OC e as linhas $M_jM'_j$, paralelas a OD. Bohm (2012, p. 180) assinala que: "os caminhos dos sinais de rádio, com uma inclinação de 45°, indicam que em ambos os sistemas a velocidade da luz tem o mesmo valor, c. É assim que incorporamos no diagrama de Minkowski o fato observado de que a velocidade da luz é invariante, a mesma para todos os observadores.". Se o espaço a propagação da velocidade da luz é isotrópica e não existe um referencial privilegiado, isto é, os referenciais S' e S são equivalentes, como impõe o princípio da relatividade, a razão dos períodos não deve depender do referencial adotado,

$$K = K'$$

Devemos nos lembrar, no entanto, que o exposto é verdadeiro apenas em uma teoria relativista, na qual a luz tem a mesma velocidade em cada sistema de referência. Assim, na mecânica newtoniana, os raios de luz seriam representados como linhas a 45 ° dos eixos apenas em um sistema em repouso no éter, de modo que o raciocínio pelo qual mostramos a igualdade de K e K' não seria insustentável. (BOHM, 2012, p. 182).

Após essas considerações, vamos introduzir o cálculo K. Suponha que na posição O, os observadores em S' e S troquem sinais luminosos e sincronizem seus relógios. Como nessa posição, ambos ocupam o praticamente o mesmo espaço, a troca de sinais luminosos será praticamente instantânea. Nesse momento, os observadores ajustam seus relógios para marcar o tempo zero.

$$t = t' = 0$$

No instante T_o, que corresponde ao evento N, o observador S' emite um sinal para o observador em S. Esse sinal é recebido no tempo T, que corresponde à $T = KT_o$, no evento N'. O pulso é imediatamente refletido e atinge o observador em S' no instante T_1, que corresponde à $T_1 = KT$, no evento N''. Substituindo o valor de T, obteremos: $T_1 = KT^2_o$.

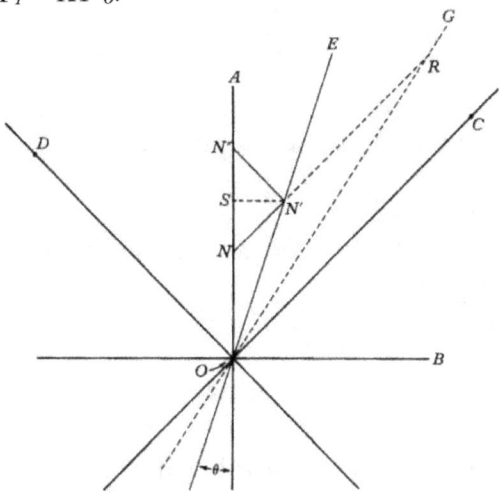

Observe que no diagrama de Minkowski, o evento S corresponde ao ponto médio da linha NN''. As linhas $N'N''$ e NN' formam um ângulo de 45° com a linha SN'. As linhas SN e SN'' formam um ângulo de 90° com a linha SN'. Isso implica que os triângulos SNN' e $SN'N''$ são isósceles. Portanto, a medida de NN' e de SN' e SN'' e $N'N''$ são iguais. Nestas condições, podemos escrever as seguintes relações:

$$SN = SN' = SN'' = \frac{NN''}{2}$$

Do triângulo retângulo OSN', podemos concluir que o ângulo entre as linhas ON' e OS é θ. As retas SN' e OS se relacionam pela tangente de Poincaré desse ângulo (registre que estamos em um "plano hipercomplexo").

$$SN = SN' = OSP_{\odot}^{R}(\theta) = \frac{NN''}{2}$$

É imediato que o seguimento OS pode ser escrito como a soma de suas partes:

$$OS = ON + NS = ON + \frac{NN''}{2}$$

O evento N corresponde a emissão do sinal em T_o. Portanto, o período entre a sincronização dos relógios e a emissão do sinal por S', será:

$$ON = T_o$$

De forma equivalente, o período entre a sincronização dos relógios e a emissão do sinal pelo observador S, será:

$$ON' = T$$

A diferença entre a emissão e o retorno do sinal em S', $T_1 - T_o$, será o intervalo NN'':

$$NN'' = T_1 - T_o$$
$$NN'' = (K^2 - 1)T_o$$

Usando as duas equações envolvendo OS, podemos determinar o valor de K.

$$OS = ON + \frac{NN''}{2}$$

$$OSP_{\odot}^{R}(\theta) = \frac{NN''}{2}$$

Multiplicando a primeira equação pela tangente de Poincaré,

$$OSP_{\odot}^{R}(\theta) = \left(ON + \frac{NN''}{2}\right)P_{\odot}^{R}(\theta)$$

Substituindo esse valor na segunda equação:

$$\frac{NN''}{2} = \left(ON + \frac{NN''}{2}\right)P_{\odot}^{R}(\theta)$$

Isolando ON, obtemos a relação:

$$ON = \frac{\left(1 - P_\odot^R(\theta)\right)NN''}{2P_\odot^R(\theta)}$$

Substituindo os valores dos segmentos,

$$T_o = \frac{\left(1 - P_\odot^R(\theta)\right)\left(K^2 - 1\right)T_o}{2P_\odot^R(\theta)}$$

$$\left(1 - P_\odot^R(\theta)\right)\left(K^2 - 1\right) = 2P_\odot^R(\theta)$$

$$K^2 - K^2 P_\odot^R(\theta) - 1 + P_\odot^R(\theta) = 2P_\odot^R(\theta)$$

$$K^2\left(1 - P_\odot^R(\theta)\right) = 1 + P_\odot^R(\theta)$$

$$K^2 = \frac{1 + P_\odot^R(\theta)}{1 - P_\odot^R(\theta)}$$

Extraindo a raiz quadrada, concluímos o cálculo de K:

$$K = \sqrt{\frac{1 + P_\odot^R(\theta)}{1 - P_\odot^R(\theta)}}$$

A expressão acima pode ser escrita da seguinte forma:

$$K = \sqrt{\frac{k + Rv}{k - Rv}}$$

O fator K corresponde ao efeito Doppler relativístico. Isso não é nenhuma surpresa, visto que como o referencial S se desloca em relação à S' com velocidade constante, a constância da velocidade da luz impõe que os pulsos sofram uma transformação de suas frequências. Vamos usar o cálculo K para achar a transformação do período. A coordenada t corresponde ao seguimento OS.

$$OS = ON + NS = ON + \frac{NN''}{2}$$

$$t = T_o + \frac{\left(K^2 - 1\right)T_o}{2}$$

$$t = \frac{\left(K^2 + 1\right)T_o}{2}$$

No sistema S, o tempo corresponde ao eixo ON'

$$t' = ON' = T = KT_o$$

Dividindo as t por t':

$$\frac{t}{t'} = \frac{\left(K^2 + 1\right)}{2K}$$

Substituindo o valor de K^2:

$$\frac{t}{t'} = \left(\frac{1 + P_\odot^R(\theta)}{1 - P_\odot^R(\theta)} + 1\right)\frac{1}{2K}$$

$$\frac{t}{t'} = \left(\frac{1}{1 - P_\odot^R(\theta)}\right)\sqrt{\frac{1 - P_\odot^R(\theta)}{1 + P_\odot^R(\theta)}}$$

$$\frac{t}{t'} = \sqrt{\frac{1}{\left(1 - P_\odot^{R2}(\theta)\right)}}$$

Usando as relações de Poincaré, obtemos: a fórmula da dilatação do tempo:

$$t = t'\sqrt{P_+^{R2}(\theta)}$$

$$t = t'P_+^R(\theta) = \Gamma t'$$

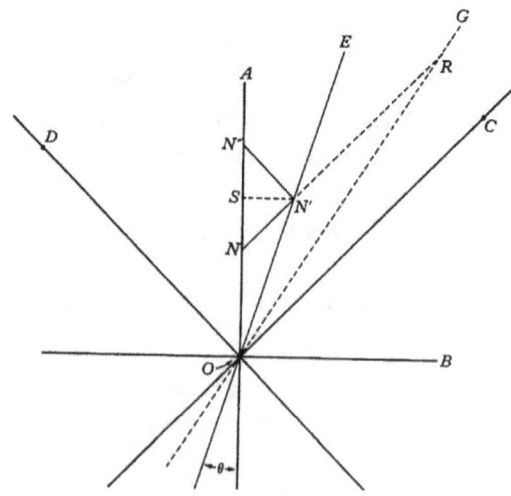

Agora estudaremos a composição das velocidades relativísticas usando fator K. Para isso vamos assumir a existência de um terceiro observador S'' descrita pela linha de mundo OG e que se desloca em relação à S' com velocidade constante w. No instante T_0 o ocorre um evento N: o observador S' emite um sinal na direção do observador OG que é recebido no evento R no tempo T_2. Esses eventos se relacionam pela equação:

$$T_2 = K(w)T_o$$

Por outro lado, consideremos que o observador S' emita no evento N um sinal para o observador S, que desloca com velocidade constante v. Este sinal é recebido por S' no evento N'. Portanto, o tempo medido pelo observador S, será:

$$T_1 = K(v)T_o$$

Assim que o observador S recebe o sinal de S', no evento N', ele retransmite esse sinal para o observador S'', que se desloca com velocidade constante u. O sinal é recebido no instante T_2 e marca o evento R.

$$T_2 = K(u)T_1$$

Usando as três relações que obtivemos, podemos escrever as equações:

$$T_2 = K(w)T_o = K(u)T_1$$
$$K(w)T_o = K(u)K(v)T_o$$
$$K(w) = K(u)K(v)$$

Essa propriedade do cálculo K permite demonstrar que eles apresentam uma estrutura de grupo, assim como as transformações de Lorentz. Portanto, existe um importante grupo associado ao cálculo K que é o grupo de dos fatores K ou grupo de Bondi. Sem mais delongas, voltemos ao cálculo da composição da velocidade:

$$K(w) = K(u)K(v)$$
$$K^2(w) = K^2(u)K^2(v)$$

Abrindo as funções K quadráticas e as tangentes hiperbólicas:

$$\left(\frac{1+P_\odot^R w}{1-P_\odot^R w}\right) = \left(\frac{1+P_\odot^R u}{1-P_\odot^R u}\right)\left(\frac{1+P_\odot^R v}{1-P_\odot^R v}\right)$$

$$\left(\frac{k+Rw}{k-Rw}\right) = \left(\frac{k+Ru}{k-Ru}\right)\left(\frac{k+Rv}{k-Rv}\right)$$

$$\left(\frac{k+Rw}{k-Rw}\right) = \left(\frac{k^2+uRk+vRk+R^2vu}{k^2-uRk-vRk+R^2vu}\right)$$

Vamos multiplicar os fatores em cruz para evidenciar a velocidade resultante w.

$$(k+Rw)(k^2-uRk-vRk+R^2vu) = (k-Rw)(k^2+uRk+vRk+R^2vu)$$

$$(k^3-uRk^2-vRk^2+vukR^2+wk^2R-uwkR^2-vwkR^2+vuwR^4) =$$

$$(k^3+uRk^2+vRk^2+vukR^2-wk^2R-uwkR^2-vwkR^2-vuwR^4)$$

Realizando as implicações algébricas, chegamos a equação:

$$2wRk^2+2wvuR^4 = 2uRk^2+2vRk^2$$

$$w(k^2+vuR^2)R^2 = (u+v)R^2k^2$$

$$w = \frac{(u+v)k^2}{(k^2+R^2vu)}$$

Evidenciando a velocidade da luz no denominador e simplificando com o numerador, obtemos a regra de composição de velocidades

$$w = \frac{u+v}{1+R^2\dfrac{vu}{k^2}}$$

Bohm (2012, p. 186-187), faz uma importante observação sobre processos de medida:

> Como a velocidade da luz é a mesma para todos os observadores, não precisamos de padrões separados de tempo e distância. Por esta razão, é suficiente que todos os observadores tenham relógios equivalentemente construídos. Não é necessário assumir além disso que eles têm bastões de medida padrão. Isso torna as fundações lógicas do procedimento de medição muito simples, porque é possível usar os períodos de vibrações de átomos ou moléculas como

relógios padrão, que podem depender de funcionar de maneira equivalente para todos os observadores.

Por fim, vamos deduzir as transformadas de Lorentz do tempo usando o método K: Para isso construiremos uma nova linha de mundo representado pela linha SP, que inicialmente se encontra fora do cone de luz, mas em um dado instante intercepta a linha OC e passa a fazer parte da região de vínculos casuais dos observadores S e S'. Em um instante T_1, o observador em S' inicia um evento M. S' emite um pulso para o observador S, que é recebido no evento N. Instantaneamente, o observador S emite um sinal para um observador S'' que registra esse evento P, e reflete o sinal que atinge o S no evento Q e S' no evento R, no instante T_2.

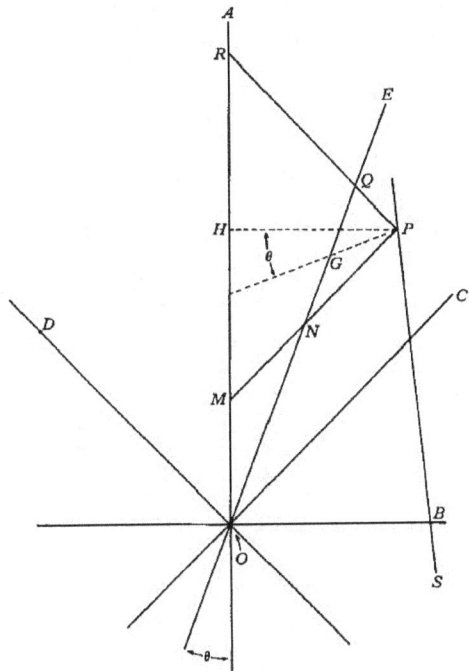

Pela simetria do problema, o seguimento MR corresponde a duração T_2. Porém esse seguimento é a soma dos seguimentos MP e PR. Porém, pelo princípio da reflexão, estes dois seguimentos devem ter o mesmo comprimento:

$$MR = MP + PR$$

$$MP = PR$$

$$MP = \frac{MR}{2}$$

O pulso é emitido no evento M, no tempo T_1 e retorna no instante T_2, portanto o seguimento MR tem "comprimento" $T_2 - T_1$

$$MR = T_2 - T_1$$

$$MP = \frac{T_2 - T_1}{2}$$

Queremos determinar em qual instante ocorre o evento P, segundo o observador no referencial S'. Pela geometria elementar, temos que:

$$MP = P - M$$

$$P = M + PM$$

O evento M ocorre no instante T_1, substituindo na equação:

$$P = T_1 + \frac{T_2 - T_1}{2}$$

$$P = \frac{T_2 + T_1}{2}$$

Se multiplicarmos o segmento MP por k, obtemos o "tempo próprio":

$$\tau = k \frac{T_2 - T_1}{2}$$

Se multiplicarmos o ponto P por k, obtemos o "espaço próprio":

$$s = k \frac{T_2 + T_1}{2}$$

Portanto existe uma relação simples entre os períodos e as medidas de comprimento e tempo:

$$s - \tau = kT_1$$

$$s + \tau = kT_2$$

O princípio da relatividade nos impõe que as mesmas medidas devem ser realizadas pelo observador em S:

$$\tau' = k\frac{T_2' - T_1'}{2}, \qquad s' = k\frac{T_2' + T_1'}{2}$$

$$s' + \tau' = kT_2', \qquad s' - \tau' = kT_1'$$

Mas, segundo o cálculo-K,

$$T_1' = KT_1,$$
$$T_2 = KT_2'$$

que nos conduz a relação:

$$T_1'T_2' = T_1T_2$$

Substituindo as relações entre os tempos e comprimentos:

$$\frac{(s' + \tau')(s' - \tau')}{k^2} = \frac{(s + \tau)(s' - \tau')}{k^2}$$

$$\left(\tau'^2 - s'^2\right) = \left(\tau^2 - s^2\right)$$

Essa é a forma "quadrática própria". As coordenadas próprias e locais de tempo e espaço se relacionam por meio das relações:

$$\begin{cases} s = x \\ R\tau = kt \end{cases}$$

Que é a forma quadrática do espaço-tempo. Das relações entre os dois sistemas inerciais, temos as seguintes relações:

$$T_1 = \frac{T_1'}{K}$$
$$T_2 = KT_2'$$

Vamos agora obter a transformação de Lorentz, substituindo a relação x:

$$s = k\frac{KT_2' - \left(T_1'/K\right)}{2}$$

$$s = \frac{K^2\left(kT_2'\right) - \left(kT_1'\right)}{2K}$$

$$s = \frac{K^2\left(\tau' + s'\right) - \left(\tau' - s'\right)}{2K}$$

$$s = \frac{\left(K^2 - 1\right)\tau' + \left(K^2 + 1\right)s'}{2K}$$

Vamos calcular os o valor dos termos nos parêntesis:

$$\left(K^2 - 1\right) = \frac{1 + P_\odot^R\left(\theta\right)}{1 - P_\odot^R\left(\theta\right)} - 1 \qquad\qquad \left(K^2 + 1\right) = \frac{1 + P_\odot^R\left(\theta\right)}{1 - P_\odot^R\left(\theta\right)} + 1$$

$$\left(K^2 - 1\right) = \frac{2P_\odot^R\left(\theta\right)}{1 - P_\odot^R\left(\theta\right)} \qquad\qquad \left(K^2 + 1\right) = \frac{2}{1 - P_\odot^R\left(\theta\right)}$$

Substituindo os valores do fator K:

$$s = \frac{2s' + \left(2\tau' P_\odot^R\left(\theta\right)\right)}{2K\left(1 - P_\odot^R\left(\theta\right)\right)}$$

Agora vamos calcular o fator no denominador:

$$K\left(1 - P_\odot^R\left(\theta\right)\right) = \left(\sqrt{\frac{1 + P_\odot^R\left(\theta\right)}{1 - P_\odot^R\left(\theta\right)}}\right)\left(1 - P_\odot^R\left(\theta\right)\right)$$

$$K\left(1 - P_\odot^R\left(\theta\right)\right) = \left(\sqrt{\left(1 + P_\odot^R\left(\theta\right)\right)\left(1 - P_\odot^R\left(\theta\right)\right)}\right)$$

$$K\left(1 - P_\odot^R\left(\theta\right)\right) = \left(\sqrt{\left(1 - P_\odot^{R2}\left(\theta\right)\right)}\right)$$

$$K\left(1 - P_\odot^R\left(\theta\right)\right) = \frac{1}{P_+^R\left(\theta\right)}$$

Substituindo na equação,

$$\tau = P_+^R(\theta)\left(\tau' + s'P_\odot^R(\theta)\right)$$

$$R\tau = R\tau'P_+^R(\theta) + R^2 s'P_-^R(\theta)$$

$$kt = kt'P_+^R(\theta) + R^2 x'P_-^R(\theta)$$

$$t = t'P_+^R(\theta) + R^2 \frac{x'}{k} P_-^R(\theta)$$

Essa é a transformação da coordenada t. Vamos obter a transformação do espaço.

$$s = k \frac{KT_2' + \left(T_1'/K\right)}{2}$$

$$s = \frac{\left(K^2 + 1\right)s' + \left(K^2 - 1\right)\tau'}{2K}$$

$$s = P_+^R(\theta)\left(s' + P_\odot^R(\theta)\right)$$

$$s = s'P_+^R(\theta) + R\tau'P_-^R(\theta)$$

$$x = x'P_+^R(\theta) + kt'P_-^R(\theta)$$

Para encerrarmos este tópico sobre cálculo K, recorremos as reflexões de Bohm:

> É evidente que o cálculo K nos fornece uma maneira muito direta de obter muitas das relações que foram historicamente derivadas primeiro com base na transformação de Lorentz. A vantagem do cálculo de K é que torna muito evidente a conexão entre essas relações e os princípios e fatos básicos subjacentes à teoria. De fato, partindo do princípio da relatividade e da invariância da velocidade da luz, vimos que a própria transformação de Lorentz se segue simplesmente de certas características geométricas e estruturais dos padrões de certos conjuntos de eventos físicos. No entanto, por mais elegante e direto que seja, o cálculo de K ainda não foi desenvolvido o suficiente para substituir a transformação de Lorentz em todas as diferentes relações que são significativas

na teoria da relatividade. Assim, a situação atual é que a abordagem da transformação de Lorentz e a abordagem do cálculo do K se complementam, no sentido de que cada uma delas oferece percepções que não são prontamente obtidas na outra. Além disso, o cálculo de K é relativamente novo, de modo que a maior parte da literatura existente é expressa em termos da abordagem de transformação de Lorentz. Embora seja possível que o cálculo de K possa eventualmente ser desenvolvido o suficiente para substituir a transformação de Lorentz como uma fundação da teoria matemática, parece que por algum tempo, pelo menos, a transformação de Lorentz continuará a ser o principal modo de expressar a teoria matemática, enquanto o cálculo K servirá para fornecer insights adicionais sobre o significado da teoria.

Assim, o cálculo K de Bondi está generalizado para qualquer variedade Espaço-Tempo e podemos usa-la com a mesma eficiência no espaço euclidiano e galileano.

§ 7.7. Derivada Arbitrária: Homeomórifca, Automórfica e Negativa

Durante o estudo da função de Poincaré vimos que é possível definir uma regra única para a derivada de uma função de Poincaré, independente de sua característica anelar. Por outro lado, o mesmo não se aplica ao estudo da integral, pois esta depende se R é um número nilpotente de segunda ordem ou não. Esse fato, fez-me rever as fundações do cálculo diferencial e integral e, desta forma, distinguir dois tipos de operadores diferenciais, homeomórficos e automórficos, que nos permitirão, como veremos mais adiante, cogitar sobre a existência de curvas fechadas no tempo.

§ 7.7.1. Semi-Grupo de Liouville

Inicialmente vamos introduzir um conjunto formado pelas funções $1/s^\beta$, onde β é um real positivo, k é um número complexo.

$$G_L = \left\{ \frac{k}{s^\beta} \right\} \equiv \left\{ \lambda_\beta^k \right\}$$

O conjunto G não forma um grupo, mas um semi-grupo abeliano em relação ao produto, pois G é fechado:

$$\forall \left(\beta_1 + \beta_2 \right) \in R_+^*, \ \left(k_1 \cdot k_2 \right) \in \mathbb{C}$$

$$\lambda_{\beta_1}^{k_1} \cdot \lambda_{\beta_2}^{k_2} = \frac{k_1}{s^{\beta_1}} \cdot \frac{k_2}{s^{\beta_2}}$$

$$\lambda_{\beta_1}^{k_1} \cdot \lambda_{\beta_2}^{k_2} = \frac{k_1 k_2}{s^{\beta_1 + \beta_2}}$$

$$\lambda_{\beta_1}^{k_1} \cdot \lambda_{\beta_2}^{k_2} = \lambda_{\beta_1 + \beta_2}^{k_1 k_2}$$

$$\therefore \lambda_{\beta_1 + \beta_2}^{k_1 k_2} \in G_L$$

Associativo

$$\left(\lambda_{\beta_1}^{k_1} \cdot \lambda_{\beta_2}^{k_2} \right) \cdot \lambda_{\beta_3}^{k_3} = \lambda_{\beta_1 + \beta_2}^{k_1 k_2} \cdot \lambda_{\beta_3}^{k_3}$$

$$\left(\lambda_{\beta_1}^{k_1} \cdot \lambda_{\beta_2}^{k_2} \right) \cdot \lambda_{\beta_3}^{k_3} = \lambda_{(\beta_1 + \beta_2) + \beta_3}^{(k_1 k_2) k_3}$$

$$\left(\lambda_{\beta_1}^{k_1} \cdot \lambda_{\beta_2}^{k_2} \right) \cdot \lambda_{\beta_3}^{k_3} = \lambda_{\beta_1 + (\beta_2 + \beta_3)}^{k_1 (k_2 k_3)}$$

$$\left(\lambda_{\beta_1}^{k_1} \cdot \lambda_{\beta_2}^{k_2} \right) \cdot \lambda_{\beta_3}^{k_3} = \lambda_{\beta_1}^{k_1} \cdot \left(\lambda_{\beta_2}^{k_2} \cdot \lambda_{\beta_3}^{k_3} \right)$$

E comutativo:

$$\lambda_{\beta_1}^{k_1} \cdot \lambda_{\beta_2}^{k_2} = \lambda_{\beta_1 + \beta_2}^{k_1 k_2}$$

$$\lambda_{\beta_1}^{k_1} \cdot \lambda_{\beta_2}^{k_2} = \lambda_{\beta_2 + \beta_1}^{k_2 k_1}$$

$$\lambda_{\beta_1}^{k_1} \cdot \lambda_{\beta_2}^{k_2} = \lambda_{\beta_2}^{k_2} \cdot \lambda_{\beta_1}^{k_1}$$

Em particular se $k = 1$, omitiremos o índice k. Doravante, chamaremos esse semi-grupo de grupóide ou semi-grupo de Liouville.

§ 7.7.2. Derivada Arbitrária de Liouville

Após explorarmos as propriedades elementares do semi-grupo de Liouville, vamos obter a segunda fórmula de Liouville do cálculo fracionário usando a transformada de Laplace. *A primeira fórmula de Liouville do cálculo fracionário*, estabelece que:

$$\frac{d^\alpha e^{rs}}{ds^\alpha} = r^\alpha e^{rs}$$

Agora utilizaremos a transformada de Laplace para deduzir a derivada arbitrária. Primeiro recordemos a propriedade da derivada:

$$L\{t^n f(t)\} = (-1)^n \frac{d^n L\{f(t)\}}{ds^n}$$

A primeira identidade de Liouville do cálculo fracionário nos permite permutar o índice n por um índice α arbitrário.

$$L\{t^\alpha f(t)\} = (-1)^\alpha \frac{d^\alpha L\{f(t)\}}{ds^\alpha}$$

Isolando a derivada arbitrária, obtemos a seguinte regra[18]:

$$\frac{d^\alpha L\{f(t)\}}{ds^\alpha} = (-1)^{-\alpha} L\{t^\alpha f(t)\}$$

Para prosseguirmos em nossos cálculos, tomemos a seguinte função:

$$f(t) = \frac{t^{\beta-1}}{\Gamma(\beta)}$$

Substituindo na regra da derivada arbitrária:

$$\frac{d^\alpha}{ds^\alpha} L\left\{\frac{t^{\beta-1}}{\Gamma(\beta)}\right\} = (-1)^{-\alpha} L\left\{\frac{t^{\alpha+\beta-1}}{\Gamma(\beta)}\right\}$$

Calculando as duas transformadas de Laplace, nós obtemos:

$$\frac{d^\alpha}{ds^\alpha}\left(\frac{\Gamma(\beta)}{\Gamma(\beta)s^\beta}\right) = (-1)^{-\alpha} \frac{\Gamma(\alpha+\beta)}{\Gamma(\beta)s^{\alpha+\beta}}$$

$$\frac{d^\alpha}{ds^\alpha}\left(\frac{1}{s^\beta}\right) = (-1)^{-\alpha} \frac{\Gamma(\alpha+\beta)}{\Gamma(\beta)s^{\alpha+\beta}}$$

Portanto, podemos escrever a regra de derivação arbitrária como:

$$D^\alpha \lambda_\beta = (-1)^{-\alpha} \frac{\Gamma(\alpha+\beta)}{\Gamma(\beta)} \lambda_{\alpha+\beta}$$

$$(-1)^{-\alpha} \frac{\Gamma(\alpha+\beta)}{\Gamma(\beta)} \in \mathbb{C}, \quad \lambda_{\alpha+\beta} \in G_L$$

---

[18] No apêndice, eu demonstro como essa regra pode ser usada para generalizar a segunda identidade de Liouville do Cálculo Fracionário.

$$\therefore D^{\alpha} \lambda_{\beta} \in G_L$$

Portanto a aplicação derivada arbitrária, que chamaremos de derivada de Liouville, é um endomorfismo em G_L:

$$D^{\alpha} : G_L \to G_L$$

$$D^{\alpha} \lambda_{\beta} = (-1)^{-\alpha} \frac{\Gamma(\alpha + \beta)}{\Gamma(\beta)} \lambda_{\alpha + \beta}$$

Vamos analisar as condições de existência da derivada de Liouville. Observe que todas elas dependem da condição de existência da função gama. Estou ciente que a função gama admite valores negativos por meio de um processo de prolongamento analítico, entretanto, por questões de simplicidade, tomaremos apenas a parte positiva para que o domínio seja simplesmente conexo. Nesse caso, a derivada estará definida se:

$$\beta > 0, \quad \alpha > -\beta$$

A primeira condição é naturalmente satisfeita já que β é um número real positivo. A segunda condição depende da escolha de β. Em geral, tomamos α como um número real não-negativo. Nesse caso, a condição é automaticamente satisfeita. Vamos provar que para $\alpha \geq 0$ a derivada Liouville é um endomorfismo bijetivo, i.e, é um automorfismo. A aplicação é injetora porque a soma de dois números reais é um único real. A aplicação é bijetora, pois dada uma função de Liouville podemos gerar qualquer função que pertença ao grupo já que a condição limite é que: $\lambda_{\alpha+\beta} \to \alpha + \beta > 0$. Como podemos escolher α, portanto a aplicação D^{α} é um automorfismo sobre o semi-grupo G_L. Veja que como β é real, podemos impor que α também seja real. Da condição de existência: $\alpha > -\beta$, podemos definir uma derivada de Liouville negativa, pois:

$$\{\forall \beta > 0 \to \exists -\alpha < 0 \,|\, -\alpha > -\beta\}$$

Assim, para evitarmos ambiguidades, vamos escolher α como sendo sempre um número real não-negativo. Nestas condições, definimos a derivada negativa de uma função de Liouville pela seguinte regra:

$$D^{-\alpha} : G_L \to G_L$$

$$D^{-\alpha} \lambda_\beta = (-1)^\alpha \frac{\Gamma(\beta-\alpha)}{\Gamma(\beta)} \lambda_{\beta-\alpha}$$

$$(-\alpha > -\beta), \quad D^{-\alpha}\lambda_\beta \in G_L$$

Provaremos que essas relações são um automorfismo interno, pois satisfazem a condição de automorfismo:

$$D^{-\alpha} \lambda D^\alpha = \lambda$$

$$D^{-\alpha} \left(D^\alpha \lambda_\beta \right) = \lambda_\beta$$

$$D^{-\alpha} \left((-1)^{-\alpha} \frac{\Gamma(\alpha+\beta)}{\Gamma(\beta)} \lambda_{\alpha+\beta} \right) = \lambda_\beta$$

$$\left((-1)^{-\alpha} \frac{\Gamma(\alpha+\beta)}{\Gamma(\beta)} \right) D^{-\alpha} \lambda_{\alpha+\beta} = \lambda_\beta$$

$$\left((-1)^{-\alpha} \frac{\Gamma(\alpha+\beta)}{\Gamma(\beta)} \right) \left((-1)^\alpha \frac{\Gamma(\beta+\alpha-\alpha)}{\Gamma(\alpha+\beta)} \lambda_{\beta+\alpha-\alpha} \right) = \lambda_\beta$$

$$\therefore \qquad \lambda_\beta = \lambda_\beta$$

Que demonstra que a derivada é um automorfismo interno. Da teoria elementar das estruturas sabemos que o conjunto dos automorfismos internos é um grupo. Portanto, as derivadas arbitrárias formam um grupo em relação a operação composição. Vejamos agora qual significado podemos atribuir a derivada negativa. Para isso, tomemos a função λ_n, onde n é um inteiro positivo e a sua respectiva derivada negativa de ordem 1:

$$D^{-1}\lambda_{n+1} = (-1)^1 \frac{\Gamma(n+1-1)}{\Gamma(n+1)} \lambda_{n+1-1}$$

$$D^{-1}\lambda_{n+1} = -\frac{\Gamma(n)}{\Gamma(n+1)} \lambda_n$$

$$D^{-1}\lambda_{n+1} = -\frac{\Gamma(n)}{n\Gamma(n)} \lambda_n$$

$$D^{-1}\lambda_{n+1} = -\frac{\lambda_n}{n}$$

É fácil ver que a derivada negativa é apenas a integral da função λ_n, sem a contestante de integração.

$$D^{-1}\lambda_{n+1} - k \equiv \int \lambda_{n+1}ds - k$$

$$\int \lambda_{n+1}ds - k = -\frac{\lambda_n}{n}$$

Por essa razão, somos forçados a concluir que a integral e a derivada negativa são operadores diferentes.

§ 7.7.3. Derivada Homeomórfica e Automórfica

A ausência da constante de integração não é um mero detalhe, mas uma evidência de que existem dois tipos de derivada e dois tipos de integrais (ou derivadas duais): a derivada homeomórfica (homomórfica) e a derivada automófica, e suas respectivas duais. Para esclarecermos, tomemos a derivada da função:

$$D^{-1}\lambda_1 = (-1)^1 \frac{\Gamma(0)}{\Gamma(1)} \lambda_0$$

A função gama não está definida em zero, quando se aproxima desse valor pela esquerda, a função diverge para o infinito. Portanto, podemos concluir que a derivada negativa de ordem 1 de λ_1 não está definida nesse ponto. Porém, a integral dessa função existe:

$$\int \lambda_1 ds = \ln|s| + k$$

Observe que a integral transformou um elemento de G_L em um elemento de outro semi-grupo aditivo (logaritmos mais constantes) G_N. Portanto aplicação é um homeomofismo de G_L em G_N. Retornamos de G_N ao grupo G_L. Nesse caso teremos um homeomofismo de G_N em G_L. Por meio destes casos, podemos estabelecer a definição para derivada e a integral homeomórfica:

Definição (Derivada Homeomórfica D_H^α):
Seja um conjunto de funções contínuas G_f em um aberto intervalo I. Definimos derivada homeomórfica D_H^α como a aplicação que a cada f de G_f transforma em uma única função g de um conjunto G_g.

$$D_H^\alpha : G_f \to G_g$$

$$D_H^\alpha (f) = g$$

Definição (Integral Homeomórfica $D_H^{\alpha *}$):

Seja um conjunto de funções contínuas G_g em um aberto intervalo I. Definimos a integral homemórifca $D_H^{\alpha *}$, também denominada de derivada homeomórfica dual como a aplicação que a cada g de G_g transforma em uma única função f de um conjunto G_f.

$$D_H^{\alpha *} : G_g \to G_f$$

$$D_H^{\alpha *} (g) = f + k$$

O teorema fundamental do cálculo de Newton-Leibniz-Barrow é uma decorrência das propriedades da dualidade, estudadas em álgebra multilinear:

Teorema fundamental do Cálculo Homeomórfico

$$D_H^\alpha D_H^{\alpha *} = D_H^{\alpha *} D_H^\alpha = I$$

Corolários

1: A derivada homeomórfica é um isomorfismo.

2: A derivada homeomórfica e a sua dual comutam.

Agora, vamos definir o conceito de derivada automórfica:

Definição (Derivada Automórfica D_A^α):

Seja um conjunto de funções contínuas G_f em um aberto intervalo I. Definimos derivada automórifca D_A^α como a aplicação que a cada f de G_f transforma em uma única função f de um conjunto G_f.

$$D_A^\alpha : G_f \to G_f$$

$$D_A^\alpha (f) = g$$

Definição (Integral Automórfica $D_A^{\alpha *}$):

Seja um conjunto de funções contínuas G_f em um aberto intervalo I. Definimos a integral automórfica $D_A^{\alpha*}$, também denominada de derivada automórfica dual como a aplicação que a cada g de G_f transforma em uma única função f de um conjunto G_f:

$$D_A^{\alpha*} : G_f \to G_f$$

$$D_A^{\alpha*}(g) = f$$

O teorema fundamental do cálculo de Newton-Leibniz-Barrow só está definido pela esquerda ou pela direita, pois a derivada automórfica e sua dual nem sempre comuta:

Teorema fundamental do Cálculo Automórfico

$$D_A^{\alpha} D_A^{\alpha*} = I \, ,$$

$$D_A^{\alpha*} D_A^{\alpha} = I$$

Corolário: A derivada automórfica e a sua dual não comutam.

§ 7.7.4. Relações entre a Derivada Homeomórfica e Automórfica

Cota da Derivada Automórfica– Se a condição de existência de uma derivada automórfica for um intervalo aberto $I =]a, b[$. Então se existir uma derivada arbitrária de índice c maior ou igual a b ou menor ou igual a, será uma derivada homoeomórfica.

Lema das Classes Laterais de Derivadas– Seja D^{β} uma derivada arbitrária. Suponha que D^{β} ao atuar sobre f esteja fora da cota, portanto D^{β} deverá ser uma derivada homoemórfica. Seja uma derivada automórfica D^{α} que atua sobre uma função f proporcionando uma nova cota, que satisfaça a condição de automorfismo de D^{β}. Nessas condições diremos que D^{β} é uma derivada automórfica a esquerda. Observe para que as derivadas D^{β} e D^{α} comutem, a derivada automórfica D^{α} deve ser uma derivada homeomórfica a esquerda.

$$D_A^{\beta} D_A^{\alpha} f = D_H^{\alpha} D_H^{\beta} f$$

Reciprocamente dizemos que D^α é uma derivada automórfica a direita e D^β uma derivada homeomórfica a esquerda. A lateralidade das derivadas define as classes laterais da derivada.

Teorema do Índice de Lagrange: Seja uma classe lateral de derivadas automórficas ou de derivadas homeomórficas. Para estas derivadas verifica-se o teorema de Lagrange:

$$D_A^\beta D_A^\alpha f = D_A^{\beta+\alpha} f \qquad \textit{Lema das Classes Laterias}$$
$$D_H^\beta D_H^\alpha f = D_H^{\beta+\alpha} f \qquad\qquad D_A^{\beta+\alpha} f = D_H^{\alpha+\beta} f$$

Observe que embora a soma de dois números reais comute, convém manter a ordem para que possamos aplicar o teorema da decomposição e recordarmos que o produto das derivadas automórficas, em geral, não comutam.

Teorema da Decomposição: Se a soma dos índices do produto das derivadas $D^\alpha D^\beta$ sobre f pertencer a cota de automorfismo, então D_A^α é uma derivada automórfica a direita e D_A^β uma derivada automórfica a esquerda.

Prova: Se $\alpha+\beta$ pertence a cota, por definição, $D_H^{\alpha+\beta} f$ é automórfica, então essa derivada satisfaz o lema das classes $D_H^{\alpha+\beta} f = D_A^{\beta+\alpha} f$, portanto esse produto pode ser decomposto em função de suas derivadas automórficas laterais: $D_A^{\beta+\alpha} f = D_A^\beta D_A^\alpha f$.

§ 7.7.5. Derivada Fracionária das Funções de Poincaré

A primeira fórmula de Liouville do Cálculo Fracionário nos permite calcular a derivada arbitrária de uma exponencial.

$$\frac{d^\alpha e^{R\theta}}{d\theta^\alpha} = R^\alpha e^{R\theta}, \qquad \frac{d^\alpha e^{-R\theta}}{d\theta^\alpha} = (-R)^\alpha e^{-R\theta}$$

Expandindo essas funções em termos da função de Poincaré:

$$\frac{d^\alpha}{d\theta^\alpha}\left[P_+^R(\theta) + R P_-^R(\theta) \right] = R^\alpha \left[P_+^R(\theta) + R P_-^R(\theta) \right]$$

$$\frac{d^{\alpha}}{d\theta^{\alpha}}\left[P_{+}^{R}(\theta)-RP_{-}^{R}(\theta)\right]=(-R)^{\alpha}\left[P_{+}^{R}(\theta)-RP_{-}^{R}(\theta)\right]$$

Realizando as distributividades:

$$\frac{d^{\alpha}P_{+}^{R}(\theta)}{d\theta^{\alpha}}+R\frac{d^{\alpha}P_{-}^{R}(\theta)}{d\theta^{\alpha}}=R^{\alpha}P_{+}^{R}(\theta)+R^{\alpha+1}P_{-}^{R}(\theta)$$

$$\frac{d^{\alpha}P_{+}^{R}(\theta)}{d\theta^{\alpha}}-R\frac{d^{\alpha}P_{-}^{R}(\theta)}{d\theta^{\alpha}}=(-R)^{\alpha}P_{+}^{R}(\theta)+(-R)^{\alpha+1}P_{-}^{R}(\theta)$$

Somando as duas expressões, obtemos:

$$2\frac{d^{\alpha}P_{+}^{R}(\theta)}{d\theta^{\alpha}}=R^{\alpha}P_{+}^{R}(\theta)+R^{\alpha+1}P_{-}^{R}(\theta)+(-R)^{\alpha}P_{+}^{R}(\theta)+(-R)^{\alpha+1}P_{-}^{R}(\theta)$$

Que pode ser escrito da seguinte forma:

$$\frac{d^{\alpha}P_{+}^{R}(\theta)}{d\theta^{\alpha}}=\frac{R^{\alpha}}{2}\left[1+(-1)^{\alpha}\right]P_{+}^{R}(\theta)+\frac{R^{\alpha+1}}{2}\left[1+(-1)^{\alpha+1}\right]P_{-}^{R}(\theta)$$

$$\frac{d^{\alpha}P_{+}^{R}(\theta)}{d\theta^{\alpha}}=\frac{R^{\alpha}}{2}\left\{\left[1+(-1)^{\alpha}\right]P_{+}^{R}(\theta)+R\left[1-(-1)^{\alpha}\right]P_{-}^{R}(\theta)\right\}$$

Se subtrairmos a equação expandida, obtemos a derivada ímpar de Poincaré.

$$2R\frac{d^{\alpha}P_{-}^{R}(\theta)}{d\theta^{\alpha}}=R^{\alpha}P_{+}^{R}(\theta)+R^{\alpha+1}P_{-}^{R}(\theta)-(-R)^{\alpha}P_{+}^{R}(\theta)-(-R)^{\alpha+1}P_{-}^{R}(\theta)$$

Que pode ser escrito da seguinte forma:

$$\frac{d^{\alpha}P_{-}^{R}(\theta)}{d\theta^{\alpha}}=\frac{R^{\alpha-1}}{2}\left[1-(-1)^{\alpha}\right]P_{+}^{R}(\theta)+\frac{R^{\alpha}}{2}\left[1+(-1)^{\alpha}\right]P_{-}^{R}(\theta)$$

$$\frac{d^{\alpha}P_{-}^{R}(\theta)}{d\theta^{\alpha}}=\frac{R^{\alpha-1}}{2}\left\{\left[1-(-1)^{\alpha}\right]P_{+}^{R}(\theta)+R\left[1+(-1)^{\alpha}\right]P_{-}^{R}(\theta)\right\}$$

Tomemos um número β que por hipótese é não-negativo, portanto $-\beta$ será um número negativo. Vamos estudar determinar a derivada negativa:

Função de Poincaré Par

$$\frac{d^{-\beta} P_+^R (\theta)}{d\theta^{-\beta}} = \frac{R^{-\beta}}{2}\left\{\left[1+(-1)^{-\beta}\right] P_+^R(\theta) + R\left[1-(-1)^{-\beta}\right] P_-^R(\theta)\right\}$$

$$\frac{d^{-\beta} P_+^R (\theta)}{d\theta^{-\beta}} = \frac{1}{2R^{\beta}}\left\{\left[1+(-1)^{-\beta}\right] P_+^R(\theta) + R\left[1-(-1)^{-\beta}\right] P_-^R(\theta)\right\}$$

Função de Poincaré Impar

$$\frac{d^{-\beta} P_-^R (\theta)}{d\theta^{-\beta}} = \frac{R^{-\beta-1}}{2}\left\{\left[1-(-1)^{-\beta}\right] P_+^R(\theta) + R\left[1+(-1)^{-\beta}\right] P_-^R(\theta)\right\}$$

$$\frac{d^{-\beta} P_-^R (\theta)}{d\theta^{-\beta}} = \frac{1}{2R^{\beta+1}}\left\{\left[1-(-1)^{-\beta}\right] P_+^R(\theta) + R\left[1+(-1)^{-\beta}\right] P_-^R(\theta)\right\}$$

Para estudar essas derivadas devemos assumir que as funções de Poincaré estão definidas sobre um espaço vetorial híbrido de 4 dimensões definidos pelo quatérnion híbrido de Ségre (real, imaginária, perplexa e dual). A álgebra desse quatérnion é definida pela tábua de Ségre:

×	1	i	ε	p
1	1	i	ε	p
i	i	-1	$1-p$	$\varepsilon + i$
ε	ε	$1+p$	0	$-\varepsilon$
p	p	$-\varepsilon - i$	ε	1

Observe que a derivada positiva está definida para enésima ordem para qualquer R. Portanto, não existe limite lateral superior para as derivadas arbitrárias de Poincaré. Em outras palavras, todas as derivadas positivas de Poincaré são automórficas. Por outro lado, as derivadas negativas automórficas dependem da condição nilpotente de R. Se R for nilpotente de ordem dois, existe a derivada negativa automórfica de primeira ordem da função par de Poincaré, mas não existe da função ímpar. Porém, todas as derivadas negativas não inteiras são automórficas para as funções de Poincaré. Se R não for nilpotente, todas as derivadas negativas são automórficas.

Agora deixe-me ilustrar como as derivada fracionárias podem ser a chave para curvas fechadas no tempo. Vamos tomar apenas a derivada da função par, já que a derivada da função impar tem uma estrutura quase idêntica. Tomemos α como um número racional da forma $n/2$ onde n é um inteiro positivo:

$$\frac{d^{n/2}P_+^p(\theta)}{d\theta^{n/2}} = \frac{p^{n/2}}{2}\left\{\left[1+(-1)^{n/2}\right]P_+^p(\theta)+p\left[1-(-1)^{n/2}\right]P_-^p(\theta)\right\}$$

O teorema das raízes de Moivré permite que qualquer número perplexo seja escrito como:

$$p^{n/2} = c_1 + pc_2$$

Onde c_1 e c_2 são constantes que dependem do ângulo hiperbólico no plano perplexo e da norma de p. Substituindo na equação e definindo a metade c_1 c_2 como novas constantes k_1 e k_2, obtemos:

$$\frac{d^{n/2}P_+^p(\theta)}{d\theta^{n/2}} = (k_1+k_2p)\left\{\left[1+i^n\right]P_+^p(\theta)+p\left[1-i^n\right]P_-^p(\theta)\right\}$$

$$\frac{d^{n/2}P_+^p(\theta)}{d\theta^{n/2}} = \left\{(k_1+k_2p)\left[1+i^n\right]P_+^p(\theta)+(k_1+k_2p)p\left[1-i^n\right]P_-^p(\theta)\right\}$$

$$\frac{d^{n/2}P_+^p(\theta)}{d\theta^{n/2}} = \left\{\left[k_1+k_2p+k_1i^n+k_2pi^n\right]P_+^p(\theta)+\left(k_1p+k_2p^2\right)\left[1-i^n\right]P_-^p(\theta)\right\}$$

$$\frac{d^{n/2}P_+^p(\theta)}{d\theta^{n/2}} = \left\{\left[k_1+k_2p+k_1i^n+k_2pi^n\right]P_+^p(\theta)+\left[k_1p+k_2-k_1pi^n-k_2i^n\right]P_-^p(\theta)\right\}$$

observe que pi não comutam, portanto não podemos alterar a ordem do produto.

Para n par, as derivadas são inteiras e portanto, triviais. Como i é cíclico, precisamos apenas estudar dois casos quando $n = 1$ e $n = 3$ e para valores maiores, aplicar a fórmula de recorrência.

Para $n = 1$:

$$\frac{d^{n/2}P_+^p(\theta)}{d\theta^{n/2}} = \left\{\left[k_1+k_2p+k_1i+k_2pi\right]P_+^p(\theta)+\left[k_1p+k_2-k_1pi-k_2i\right]P_-^p(\theta)\right\}$$

Usando a tábua de Ségre para calcular o produto de pi:

$$\frac{d^{n/2}P_+^p(\theta)}{d\theta^{n/2}} = \left\{\left[k_1 + k_2 p + k_1 i - k_2\left(\varepsilon + i\right)\right]P_+^p(\theta) + \left[k_1 p + k_2 + k_1\left(\varepsilon + i\right) - k_2 i\right]P_-^p(\theta)\right\}$$

$$\frac{d^{n/2}P_+^p(\theta)}{d\theta^{n/2}} = \left\{\left[k_1 + k_2 p + \left(k_1 - k_2\right)i - k_2\varepsilon\right]P_+^p(\theta) + \left[k_1 p + k_2 + \varepsilon k_1 + \left(k_1 - k_2\right)i\right]P_-^p(\theta)\right\}$$

Para $n = 3$:

$$\frac{d^{n/2}P_+^p(\theta)}{d\theta^{n/2}} = \left\{\left[k_1 + k_2 p + k_1 i - k_2 pi\right]P_+^p(\theta) + \left[k_1 p + k_2 + k_1 pi - k_2 i\right]P_-^p(\theta)\right\}$$

Usando a tábua de Ségre para calcular o produto de *pi*:

$$\frac{d^{n/2}P_+^p(\theta)}{d\theta^{n/2}} = \left\{\left[k_1 + k_2 p + k_1 i + k_2\left(\varepsilon + i\right)\right]P_+^p(\theta) + \left[k_1 p + k_2 - k_1\left(\varepsilon + i\right) - k_2 i\right]P_-^p(\theta)\right\}$$

$$\frac{d^{n/2}P_+^p(\theta)}{d\theta^{n/2}} = \left\{\left[k_1 + k_2 p + \left(k_1 + k_2\right)i + k_2\varepsilon\right]P_+^p(\theta) + \left[k_1 p + k_2 - \varepsilon k_1 - \left(k_1 + k_2\right)i\right]P_-^p(\theta)\right\}$$

Veja que esta derivada da função de Poincaré Perplexa a leva para um espaço híbrido. Por isso, suponha que tenhamos uma transformação do tempo dada por: $t' = tP_+^p(\theta)$. Tomemos agora a derivada fracionária de ordem *n/2* para *t* sendo o tempo próprio da partícula e, portanto, constante:

$$\frac{d^{n/2}t'}{d\theta^{n/2}} = t\frac{d^{n/2}P_+^p(\theta)}{d\theta^{n/2}}$$

$$\frac{d^{n/2}t'}{d\theta^{n/2}} = t\left[k_1 + k_2 p + \left(k_1 + k_2\right)i + k_2\varepsilon\right]P_+^p(\theta)$$

$$+ t\left[k_1 p + k_2 - \varepsilon k_1 - \left(k_1 + k_2\right)i\right]P_-^p(\theta)$$

A derivada fracionária do tempo impróprio é uma variedade de 4 dimensões temporais, incluindo uma dimensão fechada. O que dificulta nosso trabalho é dar um significado para o tempo dual. Se tomarmos k_2 igual a zero (para algum *n*) e o ângulo tendendo a zero, nossa equação se torna:

$$\frac{d^{n/2}t'}{d\theta^{n/2}} = k_1 t\left(1 + i\right)$$

Teremos um tempo real e um tempo imaginário, este último, como sabemos, seria fechado. Como podemos interpretar essa equação? Devemos tomar o princípio da relatividade como nosso guia. Imagine que um observador de 35 anos, munido de um relógio esteja sobre o efeito dessa equação. Suponha que o tamanho do *loop* seja de 35 anos. Decorrido os 35 anos, o observador voltará no tempo de partida (devido a componente imaginária), porém ele não terá mais 35 anos, mas sim 70 anos, pois segundo o seu relógio (tempo real) passaram-se 35 anos. Em outras palavras, nosso observador pode voltar no tempo, mas seu tempo biológico continua a apontar para o "futuro". É claro que essa interpretação é puramente conjectural, embora consistente. Somente o desenvolvimento da análise das derivadas arbitrária sobre variedades do tipo espaço-tempo poderá nos fornecer respostas.

§ 8. Um Programa de Erlangen para o Espaço-Tempo

No quinto capítulo, analisamos que cada espaço-tempo pode ser associado a um conjunto numérico: Galileu → Dual; Euclides → Complexo; Lorentz → Perplexo. Cada um destes conjuntos apresenta a estrutura de um anel em relação a operação soma e a operação produto, portanto podemos definir uma característica R para cada um destes anéis: ε → *dual; i* → *complexo; p* → *perplexo.* O tempo se comporta como um eixo associado a característica de cada anel e sua dimensão é igual a característica R ao quadrado. Desta forma o tempo galileano tem dimensão zero e o tempo lorentziano tem dimensão 1, mas o tempo euclidiano, em nosso modelo tem dimensão negativa: -1. Um estudo topológico da variedade euclidiana revela que o tempo deve se ruma curva suave fechada. Ocorre que na teoria das dimensões inteiras, as dimensões negativas correspondem a família de eixos que se entortam em curvas fechada.

Todos estes resultados por si só são interessantes e merecem a nossa atenção, pois trazem uma nova forma de ler problemas de dimensionalidade e simetria na física, porém, não satisfeitos em revelar esse aspecto distinto do espaço-tempo, empreendemos uma tarefa ainda mais importante: a construção das funções de Poincaré. Na matemática, um dos mais importantes conceitos é o de estrutura. Ao invés de estudar cada conjunto separado e seus elementos, construímos uma estrutura com certo grau de generalidade, impomos as suas condições e qualquer coleção de objetos matemáticos que satisfaça os requisitos pertencem a estrutura e todos os teoremas e proposições da estrutura se aplicam a cada integrante. As funções de Poincaré desempenham essa função. A partir dela, nós vamos criar uma única estrutura: espaço-tempo plano cuja a regra essencial é o postulado do princípio da relatividade de Poincaré. De agora, em diante, todas as deduções serão feitas para a estrutura e se aplicam a todos os três espaços-tempos. A característica do anel será vital, pois as peculiaridades de cada variedade serão dadas pela escolha de R.

Iniciaremos a nossa discussão com assunto mais elementar e importante em um trabalho de topologia: o estudo dos grupos. Como sabemos, o grupo de Galileu é SO(3), o grupo de Lorentz SO(1,3) e o grupo de Euclides SO(4), inicialmente desenvolveremos uma estrutura gere os três grupos.

§ 8.1. S-Grupo de Lorentz

$$\mathbf{SO}\big(\langle \mathbf{p,R}\rangle, 3+\langle \mathbf{i,R}\rangle\big)$$

Definimos a matriz s-transformação de Lorentz pela aplicação:

$$\Lambda^R(a) = \begin{pmatrix} P_+^R(a) & -P_-^R(a) \\ -R^2 P_-^R(a) & P_+^R(a) \end{pmatrix}$$

Vamos agora provar que as s-transformadas de Lorentz formam um grupo abeliano. Matematicamente, dizemos que um conjunto G_{GL} munido de uma operação interna que chamaremos por produto, $G_{GL}\big(\Lambda^R(a_i), \cdot\big)$, é um grupo se para todo elemento do conjunto verificam-se as quatro primeiras propriedades abaixo:

1. $\Lambda^R(a_3) = \Lambda^R(a_1)\Lambda^R(a_2) \mid \Lambda^R(a_3) \in G_{GL}\big(\Lambda^R(a_i), \cdot\big)$

2. $\Lambda^R(a_1)\big[\Lambda^R(a_2)\Lambda^R(a_3)\big] = \big[\Lambda^R(a_1)\Lambda^R(a_2)\big]\Lambda^R(a_3)$

3. $\exists \Lambda^R(I) \mid \Lambda^R(I)\Lambda^R(a_i) = \Lambda^R(a_i)\Lambda^R(I) = \Lambda^R(a_i)$

4. $\exists \Lambda^R(a_j) \equiv \big(\Lambda^R\big)^{-1}(a_i) \mid \Lambda^R(a_j)\Lambda^R(a_i) = \Lambda^R(a_i)\Lambda^R(a_j) = \Lambda^R(I)$

5. $\Lambda^R(a_1)\Lambda^R(a_2) = \Lambda^R(a_2)\Lambda^R(a_1) \mid \forall \Lambda^R(a_1)\Lambda^R(a_2) \in G_{GL}\big(\Lambda^R(a_i), \cdot\big)$

Se grupo satisfaz a quinta propriedade é chamado de comutativo ou abeliano. Vamos primeiro verificar a primeira propriedade (fechamento):

$$\Lambda^R(a_3) = \Lambda^R(a_1)\Lambda^R(a_2) \mid \Lambda^R(a_3) \in G_{GL}\big(\Lambda^R(a_i), \cdot\big)$$

$$\Lambda^R(a_3) = \begin{pmatrix} P_+^R(a_1) & -P_-^R(a_1) \\ -R^2 P_-^R(a_1) & P_+^R(a_1) \end{pmatrix} \cdot \begin{pmatrix} P_+^R(a_2) & -P_-^R(a_2) \\ -R^2 P_-^R(a_2) & P_+^R(a_2) \end{pmatrix}$$

$$\Lambda^R(a_3) = \begin{pmatrix} P_+^R(a_1)P_+^R(a_2)+R^2 P_-^R(a_1)P_-^R(a_2) & -P_+^R(a_1)P_-^R(a_2)-P_-^R(a_1)P_+^R(a_2) \\ -R^2 P_-^R(a_1)P_+^R(a_2)-R^2 P_+^R(a_1)P_-^R(a_2) & R^2 P_-^R(a_1)P_-^R(a_2)+P_+^R(a_1)P_+^R(a_2) \end{pmatrix}$$

$$\Lambda^R(a_3) = \begin{pmatrix} P_+^R(a_1)P_+^R(a_2)+R^2 P_-^R(a_1)P_-^R(a_2) & -\big[P_+^R(a_1)P_-^R(a_2)+P_-^R(a_1)P_+^R(a_2)\big] \\ -R^2\big[P_-^R(a_1)P_+^R(a_2)+P_+^R(a_1)P_-^R(a_2)\big] & P_+^R(a_1)P_+^R(a_2)+R^2 P_-^R(a_1)P_-^R(a_2) \end{pmatrix}$$

Usando as regras de soma de arc os, obtemos:

$$\Lambda^R(a_3)=\begin{pmatrix} P_+^R(a_1+a_2) & -P_-^R(a_1+a_2) \\ -R^2P_-^R(a_1+a_2) & P_+^R(a_1+a_2) \end{pmatrix}$$

$$\Lambda^R(a_3)=\begin{pmatrix} P_+^R(a_3) & -P_-^R(a_3) \\ -R^2P_-^R(a_3) & P_+^R(a_3) \end{pmatrix}$$

Observe que o lado direito é a definição da transformação de Lorentz para um ângulo a_3, portanto $\Lambda^R(a_3)\in G_{GL}\left(\Lambda^R(a_i),\cdot\right)$. Por esta fórmula podemos concluir que:

$$\Lambda^R(a_3)=\Lambda^R(a_1)\Lambda^R(a_2)=\Lambda^R(a_1+a_2)$$

Vamos usa-la para demonstrar a associatividade:

$$\Lambda^R(a_1)\left[\Lambda^R(a_2)\Lambda^R(a_3)\right]=\left[\Lambda^R(a_1)\Lambda^R(a_2)\right]\Lambda^R(a_3)$$

$$\Lambda^R(a_1)\left[\Lambda^R(a_2+a_3)\right]=\left[\Lambda^R(a_1+a_2)\right]\Lambda^R(a_3)$$

$$\Lambda^R(a_1+[a_2+a_3])=\Lambda^R([a_1+a_2]+a_3)$$

como a soma dos ângulos é associativa, então a igualdade é verdadeira.

Agora, vamos provar a comutatividade, pois assim não precisaremos provar que o elemento neutro e o elemento inverso comutam, já que a comutatividade é assegurada para todos os ângulos.

$$\Lambda^R(a_1)\Lambda^R(a_2)=\Lambda^R(a_1+a_2)$$

$$\Lambda^R(a_1+a_2)=\Lambda^R(a_2+a_1)$$

$$\Lambda^R(a_1)\Lambda^R(a_2)=\Lambda^R(a_2)\Lambda^R(a_1)$$

como a soma de ângulos comuta, então a igualdade está garantida.

Agora vamos determinar quem é o elemento identidade das s-transformações de Lorentz.

$$\Lambda^R(I)\Lambda^R(a_i)=\Lambda^R(a_i)$$

$$\Lambda^R(I+a_i)=\Lambda^R(a_i)$$

$$I+a_i=a_i\Rightarrow I=0$$

como o ângulo zero pertence ao conjunto dos ângulos e é único, portanto existe um único elemento neutro ou identidade, que é expresso pela seguinte matriz:

$$\Lambda^R(0) = \begin{pmatrix} P_+^R(0) & -P_-^R(0) \\ -R^2 P_-^R(0) & P_+^R(0) \end{pmatrix}$$

$$\Lambda^R(0) = \begin{pmatrix} 1 & 0 \\ 0 & 1 \end{pmatrix}$$

Por fim, iremos calcular o elemento inverso:

$$\exists \Lambda^R(a_j) \equiv \left(\Lambda^R(a_i)\right)^{-1} \mid \Lambda^R(a_j)\Lambda^R(a_i) = \Lambda^R(a_i)\Lambda^R(a_j) = \Lambda^R(I)$$

$$\Lambda^R(a_j)\Lambda^R(a_i) = \Lambda^R(0)$$

$$\Lambda^R(a_j + a_i) = \Lambda^R(0)$$

$$a_j + a_i = 0$$

$$a_j = -a_i$$

Como o domínio dos ângulos são os números reais, então $-a_i$ é um elemento do conjunto e é único, portanto existe um único elemento inverso. A matriz inversa será dada por:

$$\Lambda(-a_i) = \begin{pmatrix} P_+^R(-a_i) & -P_-^R(-a_i) \\ -R^2 P_-^R(-a_i) & P_+^R(-a_i) \end{pmatrix}$$

$$\Lambda(-a_i) = \begin{pmatrix} P_+^R(a_i) & -\left[-P_-^R(a_i)\right] \\ -R^2\left[-P_-^R(a_i)\right] & P_+^R(a_i) \end{pmatrix}$$

$$\Lambda^{-1}(a_i) = \Lambda(-a_i) = \begin{pmatrix} P_+^R(a_i) & P_-^R(a_i) \\ R^2 P_-^R(a_i) & P_+^R(a_i) \end{pmatrix}$$

Portanto, provamos que as transformadas de Lorentz formam um grupo abeliano. O uso de funções de Poincaré torna a demonstração extremamente simples e elegante. Agora convém mostrar porque chamamos esse grupo de $\mathbf{SO}(\langle\mathbf{p},\mathbf{R}\rangle, \mathbf{3} \text{-} \langle\mathbf{i},\mathbf{R}\rangle)$.

Da teoria dos quatérnions, estabelecemos as seguintes relações de ortogonalidade:

$$\langle i,i \rangle = -1 \qquad \langle \varepsilon,\varepsilon \rangle = 0 \qquad \langle p,p \rangle = 1$$
$$\langle i,\varepsilon \rangle = 0 \qquad \langle i,\varepsilon \rangle = 0 \qquad \langle p,i \rangle = 0$$
$$\langle i,p \rangle = 0 \qquad \langle p,\varepsilon \rangle = 0 \qquad \langle p,\varepsilon \rangle = 0$$

Observe que se tomarmos R como a unidade imaginária, teremos o grupo de rotações no espaço-tempo euclidiano SO(4):

$$\mathbf{SO}\left(\langle \mathbf{p,i} \rangle, 3 - \langle \mathbf{i,i} \rangle\right)$$

$$\Lambda^i(a) = \begin{pmatrix} P^i_+(a) & -P^i_-(a) \\ -i^2 P^i_-(a) & P^i_+(a) \end{pmatrix}$$

Substituindo os valores obtemos:

$$\mathbf{SO(0,4) \equiv SO(4)}$$

$$\Lambda^i(a) = \begin{pmatrix} \cos(a) & -\sin(a) \\ \sin(a) & \cos(a) \end{pmatrix}$$

Agora, tomando R como a unidade dual, teremos o grupo de rotações no espaço de Galileu, SO(3):

$$\mathbf{SO}\left(\langle \mathbf{p,\varepsilon} \rangle, 3 - \langle \mathbf{i,\varepsilon} \rangle\right)$$

$$\Lambda^\varepsilon(a) = \begin{pmatrix} P^\varepsilon_+(a) & -P^\varepsilon_-(a) \\ -\varepsilon^2 P^i_-(a) & P^\varepsilon_+(a) \end{pmatrix}$$

Substituindo os valores obtemos:

$$\mathbf{SO(0,3) \equiv SO(3)}$$

$$\Lambda^\varepsilon(a) = \begin{pmatrix} 1 & -a \\ 0 & 1 \end{pmatrix}$$

Por fim, para obter o grupo de Lorentz SO(1,3), tome $R = p$.

$$\mathbf{SO}\left(\langle \mathbf{p,p} \rangle, 3 - \langle \mathbf{i,p} \rangle\right)$$

$$\Lambda^p(a) = \begin{pmatrix} P^p_+(a) & -P^p_-(a) \\ -p^2 P^p_-(a) & P^p_+(a) \end{pmatrix}$$

Substituindo os valores obtemos:

SO(1,3)

$$\Lambda^p(a) = \begin{pmatrix} \cosh(a) & -\sinh(a) \\ \sinh(a) & \cosh(a) \end{pmatrix}$$

Portanto, o grupo generalizado de Lorentz $SO(\langle \mathbf{p}, \mathbf{R} \rangle, \mathbf{3} \cdot \langle \mathbf{i}, \mathbf{R} \rangle)$ permite gerar, por meio da variação do parâmetro R, as três principais grupo de rotações que geram as variedades de Galileu, Lorentz e Euclides.

Observe que se admitimos a existência de dimensões negativas, podemos admitir a existência de um grupo com parâmetro negativo. O estudo desse grupo se mostrará bastante simples, graças ao seguinte teorema:

Teorema:

"O grupo SO(-1, n-1) é isomórfico à SO(n)"

Prova:

Tomemos o número hipercomplexo q definido por:

$$q = \sum_{i=1}^{n-1} x_i + it$$

De acordo com nosso modelo t corresponde a uma dimensão negativa devido à presença do número imaginário, portanto o grupo dos elementos q é composto de $n-1$ elementos espaciais positivos e um temporal negativo, *SO(-1,n-1)*. Se tomarmos a norma ao quadrado de q obteremos:

$$\langle q, \overline{q} \rangle = x_1^2 + x_2^2 + x_3^2 + \cdots + x_{n-1}^2 + t^2$$

Que é a forma quadrática fundamental de uma hiperesfera de n dimensões que é gerada pelo grupo das rotações em n-dimensões *SO(n)*. Portanto tanto *SO(-1, n-1)* quanto *SO(n)* são geradores das rotações euclidianas, portanto os dois grupos são isomórficos.

§ 8.2. Geradores Infinitesimais do Espaço-Tempo

Vamos agora calcular os geradores do espaço-tempo. Usando a equação de Poincaré para calcular os geradores necessários:

$$\text{var } j = \frac{n^2 - n}{2}$$

$$n = 4 \rightarrow \text{var } j = 6$$

Portanto precisamos de seis parâmetros livres para calcular os geradores do espaço-tempo. Essa é a razão da álgebra de Lie não abeliana do espaço-tempo, que corresponde as linhas de universo serem descritas por 6-vetores. Quem são os nossos seis parâmetros? São as rotações espaciais (*rot*) (três parâmetros) e os boosts de Lorentz (três parâmetros). Portanto as equações com seus parâmetros são (POINCARÉ, 1906):

$$Rot \begin{cases} f_1 = x + y\delta z - z\delta y \\ f_2 = y - x\delta z + z\delta x \\ f_3 = z + x\delta y - y\delta x \end{cases} \qquad Boosts \begin{cases} f_4 = R^2\left(x + kt\delta y + y\delta kt\right) \\ f_5 = R^2\left(y + kt\delta z + z\delta kt\right) \\ f_0 = R^2\left(z + kt\delta x + x\delta kt\right) \end{cases}$$

Vamos determinar os geradores infinitesimais:

$$X_0 = M_{00}\partial_0 + M_{10}\partial_1 + M_{20}\partial_2 + M_{30}\partial_3$$

$$X_1 = M_{01}\partial_0 + M_{11}\partial_1 + M_{21}\partial_2 + M_{31}\partial_3$$

$$X_2 = M_{02}\partial_0 + M_{12}\partial_1 + M_{22}\partial_2 + M_{32}\partial_3$$

$$X_3 = M_{03}\partial_0 + M_{13}\partial_1 + M_{23}\partial_2 + M_{33}\partial_3$$

$$X_4 = M_{04}\partial_0 + M_{14}\partial_1 + M_{24}\partial_2 + M_{34}\partial_3$$

$$X_5 = M_{05}\partial_0 + M_{15}\partial_1 + M_{25}\partial_2 + M_{35}\partial_3$$

Substituindo os índices das derivadas:

$$X_0 = M_{00}\partial_t + M_{10}\partial_x + M_{20}\partial_y + M_{30}\partial_z$$

$$X_1 = M_{01}\partial_t + M_{11}\partial_x + M_{21}\partial_y + M_{31}\partial_z$$

$$X_2 = M_{02}\partial_t + M_{12}\partial_x + M_{22}\partial_y + M_{32}\partial_z$$

$$X_3 = M_{03}\partial_t + M_{13}\partial_x + M_{23}\partial_y + M_{33}\partial_z$$

$$X_4 = M_{04}\partial_t + M_{14}\partial_x + M_{24}\partial_y + M_{34}\partial_z$$

$$X_5 = M_{05}\partial_t + M_{15}\partial_x + M_{25}\partial_y + M_{35}\partial_z$$

Agora vamos calcular os valores dos coeficientes *Mij*:

$$M_{i1}(ct,x,y,z) = \frac{\partial f_i(ct,x,y,z,\delta ct,\delta x,\delta y,\delta z)}{\partial(\delta a_l)}$$

$$M_{01} = \frac{\partial(x+y\delta z-z\delta y)}{\partial(\delta kt)}$$

$$M_{01} = 0$$

$$M_{02} = \frac{\partial(y-x\delta z+z\delta x)}{\partial(\delta kt)}$$

$$M_{02} = 0$$

$$M_{03} = \frac{\partial(z+x\delta y-y\delta x)}{\partial(\delta kt)}$$

$$M_{03} = 0$$

$$M_{04} = R^2\frac{\partial(x+kt\delta y+y\delta kt)}{\partial(\delta kt)}$$

$$M_{04} = R^2 y$$

$$M_{05} = R^2\frac{\partial(y+ct\delta z+z\delta kt)}{\partial(\delta kt)}$$

$$M_{05} = R^2 z$$

$$M_{00} = R^2\frac{\partial(z+kt\delta x+x\delta kt)}{\partial(\delta kt)}$$

$$M_{00} = R^2 x$$

$$M_{11} = \frac{\partial(x+y\delta z-z\delta y)}{\partial(\delta x)}$$

$$M_{11} = 0$$

$$M_{12} = \frac{\partial(y-x\delta z+z\delta x)}{\partial(\delta x)}$$

$$M_{12} = z$$

$$M_{13} = \frac{\partial(z+x\delta y-y\delta x)}{\partial(\delta x)}$$

$$M_{13} = -y$$

$$M_{14} = R^2\frac{\partial(x+kt\delta y+y\delta kt)}{\partial(\delta x)}$$

$$M_{14} = 0$$

$$M_{15} = R^2\frac{\partial(y+kt\delta z+z\delta kt)}{\partial(\delta x)}$$

$$M_{15} = 0$$

$$M_{10} = R^2\frac{\partial(z+kt\delta x+x\delta kt)}{\partial(\delta x)}$$

$$M_{10} = R^2 kt$$

$$M_{21} = \frac{\partial(x+y\delta z-z\delta y)}{\partial(\delta y)}$$

$$M_{21} = -z$$

$$M_{22} = \frac{\partial(y-x\delta z+z\delta x)}{\partial(\delta y)}$$

$$M_{22} = 0$$

$$M_{23} = \frac{\partial(z + x\delta y - y\delta x)}{\partial(\delta y)}$$

$$M_{23} = x$$

$$M_{24} = R^2 \frac{\partial(x + kt\delta y + y\delta kt)}{\partial(\delta y)}$$

$$M_{24} = R^2 kt$$

$$M_{25} = R^2 \frac{\partial(y + kt\delta z + z\delta kt)}{\partial(\delta y)}$$

$$M_{25} = 0$$

$$M_{20} = R^2 \frac{\partial(z + kt\delta x + x\delta kt)}{\partial(\delta y)}$$

$$M_{20} = 0$$

$$M_{31} = \frac{\partial(x + y\delta z - z\delta y)}{\partial(\delta z)}$$

$$M_{31} = y$$

$$M_{32} = \frac{\partial(y - x\delta z + z\delta x)}{\partial(\delta z)}$$

$$M_{32} = -x$$

$$M_{33} = \frac{\partial(z + x\delta y - y\delta x)}{\partial(\delta z)}$$

$$M_{33} = 0$$

$$M_{34} = R^2 \frac{\partial(x + kt\delta y + y\delta kt)}{\partial(\delta z)}$$

$$M_{34} = 0$$

$$M_{25} = R^2 \frac{\partial(y + kt\delta z + z\delta kt)}{\partial(\delta z)}$$

$$M_{35} = R^2 kt$$

$$M_{30} = R^2 \frac{\partial(z + kt\delta x + x\delta kt)}{\partial(\delta z)}$$

$$M_{30} = 0$$

Substituindo os valores dos coeficientes M nas equações dos geradores infinitesimais:

$$X_0 = R^2 x\partial_t + R^2 kt\partial_x + 0\partial_y + 0\partial_z \qquad X_0 = R^2\left(x\partial_t + kt\partial_x\right)$$

$$X_1 = 0\partial_t + 0\partial_x - z\partial_y + y\partial_z \qquad X_1 = y\partial_z - z\partial_y$$

$$X_2 = 0\partial_t + z\partial_x + 0\partial_y - x\partial_z \qquad X_2 = z\partial_x - x\partial_z$$

$$X_3 = 0\partial_t - y\partial_x + x\partial_y + 0\partial_z \qquad X_3 = x\partial_y - y\partial_x$$

$$X_4 = R^2 y\partial_t + 0\partial_x + R^2 kt\partial_y + 0\partial_z \qquad X_4 = R^2\left(y\partial_t + kt\partial_y\right)$$

$$X_5 = R^2 z\partial_t + 0\partial_x + 0\partial_y + R^2 kt\partial_z \qquad X_5 = R^2\left(z\partial_t + kt\partial_z\right)$$

Os geradores infinitesimais do espaço-tempo são os vetores de Killing do grupo de Lorentz $\mathbf{SO}\left(\langle \mathbf{p,R}\rangle, 3 - \langle \mathbf{i,R}\rangle\right)$.

§ 8.3 Constantes da Estrutura do Espaço-Tempo

Vamos agora calcular os tensores da estrutura espaço-tempo por meio dos seus geradores infinitesimais. Deveremos expandir 15 colchetes de Lie, porém como os geradores são funções lineares, os cálculos são simples. Fixando o gerador X_0, teremos:

$$[X_0, X_1] = C_{01}^0 e_t + C_{01}^1 e_x + C_{01}^2 e_y + C_{01}^3 e_z$$

$$[X_0, X_1] = R^2 \left(x\partial_t + kt\partial_x\right)\left(y\partial_z - z\partial_y\right) - R^2 \left(y\partial_z - z\partial_y\right)\left(x\partial_t + kt\partial_x\right)$$

$$[X_0, X_1] = C_{01}^0 = C_{01}^1 = C_{01}^2 = C_{01}^3 = 0$$

$$[X_0, X_2] = C_{02}^0 e_t + C_{02}^1 e_x + C_{02}^2 e_y + C_{02}^3 e_z$$

$$[X_0, X_2] = R^2 \left(x\partial_t + kt\partial_x\right)\left(z\partial_x - x\partial_z\right) - R^2 \left(z\partial_x - x\partial_z\right)\left(x\partial_t + kt\partial_x\right)$$

$$[X_0, X_2] = -R^2 kt\partial_x \left(x\partial_z\right) - R^2 z\partial_x \left(x\partial_t\right)$$

$$[X_0, X_2] = -R^2 \left(z\partial_t + kt\partial_z\right) = -X_5$$

$$C_{02}^0 = -R^2 z, \quad C_{02}^3 = -R^2 kt, \quad C_{02}^1 = C_{02}^2 = 0$$

$$[X_0, X_3] = C_{03}^0 e_t + C_{03}^1 e_x + C_{03}^2 e_y + C_{03}^3 e_z$$

$$[X_0, X_3] = R^2 \left(x\partial_t + kt\partial_x\right)\left(x\partial_y - y\partial_x\right) - R^2 \left(x\partial_y - y\partial_x\right)\left(x\partial_t + kt\partial_x\right)$$

$$[X_0, X_3] = R^2 kt\partial_x \left(x\partial_y\right) + y\partial_x \left(x\partial_t\right)$$

$$[X_0, X_3] = R^2 \left(kt\partial_y + y\partial_t\right) = X_4$$

$$C_{03}^0 = -R^2 z, \quad C_{03}^3 = -R^2 kt, \quad C_{03}^1 e_x = C_{03}^2 = 0$$

$$[X_0, X_4] = C_{04}^0 e_t + C_{04}^1 e_x + C_{04}^2 e_y + C_{04}^3 e_z$$

$$[X_0, X_4] = R^4 \left(x\partial_t + kt\partial_x\right)\left(y\partial_t + kt\partial_y\right) - R^4 \left(y\partial_t + kt\partial_y\right)\left(x\partial_t + kt\partial_x\right)$$

$$[X_0, X_4] = R^4 x\partial_t \left(kt\partial_y\right) - R^4 y\partial_t \left(kt\partial_x\right)$$

$$[X_0, X_4] = R^4 \left(x\partial_y - y\partial_x\right) = R^4 X_3$$

$$C_{04}^0 = C_{04}^3 = 0, \quad C_{04}^1 = -R^4 y, \quad C_{04}^2 = R^4 x$$

$$[X_0, X_5] = C_{05}^0 e_t + C_{05}^1 e_x + C_{05}^2 e_y + C_{05}^3 e_z$$

$$[X_0, X_5] = R^4 \left(x\partial_t + kt\partial_x \right)\left(z\partial_t + kt\partial_z \right) - R^4 \left(z\partial_t + kt\partial_z \right)\left(x\partial_t + kt\partial_x \right)$$

$$[X_0, X_5] = R^4 x\partial_t \left(kt\partial_z \right) - R^4 z\partial_t \left(kt\partial_x \right)$$

$$[X_0, X_5] = R^4 \left(x\partial_z - z\partial_x \right) = R^4 X_2$$

$$C_{05}^0 = C_{05}^2 = 0, \quad C_{05}^1 = -R^4 z, \ C_{05}^3 = R^4 x$$

Veja que a álgebra de Lie desse espaço, corresponde a rotações no espaço-tempo que preservam a forma quadrática. A partir de X_0 já geramos X_2, X_3, X_4 e X_5. Vamos calcular, os comutadores fixando $X_1, X_2, ..., X_4$.

$$[X_1, X_2] = C_{12}^0 e_t + C_{12}^1 e_x + C_{12}^2 e_y + C_{12}^3 e_z$$

$$[X_1, X_2] = \left(y\partial_z - z\partial_y \right)\left(z\partial_x - x\partial_z \right) - \left(z\partial_x - x\partial_z \right)\left(y\partial_z - z\partial_y \right)$$

$$[X_1, X_2] = y\partial_z \left(z\partial_x \right) - x\partial_z \left(z\partial_y \right)$$

$$[X_1, X_2] = y\partial_x - x\partial_y = -X_3$$

$$[X_1, X_2] = C_{12}^0 = C_{12}^3 e_x = 0, \quad C_{12}^1 = y, \ C_{12}^2 = -x$$

$$[X_1, X_3] = C_{13}^0 e_t + C_{13}^1 e_x + C_{13}^2 e_y + C_{13}^3 e_z$$

$$[X_1, X_3] = \left(y\partial_z - z\partial_y \right)\left(x\partial_y - y\partial_x \right) - \left(x\partial_y - y\partial_x \right)\left(y\partial_z - z\partial_y \right)$$

$$[X_1, X_3] = z\partial_y \left(y\partial_x \right) - x\partial_y \left(y\partial_z \right)$$

$$[X_1, X_3] = z\partial_x - x\partial_z = X_2$$

$$C_{13}^1 = z, \ C_{13}^3 = -x, \quad C_{13}^0 = C_{13}^2 = 0$$

$$[X_1, X_4] = C_{14}^0 e_t + C_{14}^1 e_x + C_{14}^2 e_y + C_{14}^3 e_z$$

$$[X_1, X_4] = R^2 \left(y\partial_z - z\partial_y \right)\left(y\partial_t + kt\partial_y \right) - R^2 \left(y\partial_t + kt\partial_y \right)\left(y\partial_z - z\partial_y \right)$$

$$[X_1, X_4] = -R^2 z\partial_y \left(y\partial_t \right) - kt\partial_y \left(y\partial_z \right)$$

$$[X_1, X_4] = -R^2 \left(z\partial_t + ct\partial_z \right) = -X_5$$

$$C_{14}^1 = C_{14}^2 = 0, \quad C_{04}^0 = -R^2 z, \ C_{04}^3 = -R^2 kt$$

$$[X_1, X_5] = C^0_{15}e_t + C^1_{15}e_x + C^2_{15}e_y + C^3_{15}e_z$$

$$[X_1, X_5] = R^2\left(y\partial_z - z\partial_y\right)\left(z\partial_t + kt\partial_z\right) - R^2\left(z\partial_t + kt\partial_z\right)\left(y\partial_z - z\partial_y\right)$$

$$[X_1, X_5] = R^2 y\partial_z\left(z\partial_t\right) + R^2 kt\partial_z\left(z\partial_x\right)$$

$$[X_1, X_5] = R^2\left(y\partial_t + kt\partial_x\right) = X_4$$

$$C^2_{15} = C^3_{15} = 0, \quad C^0_{15} = R^2 y, \ C^3_{15} = R^2 kt$$

$$[X_2, X_3] = C^0_{23}e_t + C^1_{23}e_x + C^2_{23}e_y + C^3_{23}e_z$$

$$[X_2, X_3] = \left(z\partial_x - x\partial_z\right)\left(x\partial_y - y\partial_x\right) - \left(x\partial_y - y\partial_x\right)\left(z\partial_x - x\partial_z\right)$$

$$[X_2, X_3] = z\partial_x\left(x\partial_y\right) - y\partial_x\left(x\partial_z\right)$$

$$[X_2, X_3] = z\partial_x - y\partial_z = -X_1$$

$$C^1_{23} = z, \ C^3_{23} = y, \quad C^0_{23} = C^2_{23} = 0$$

$$[X_2, X_4] = C^0_{24}e_t + C^1_{24}e_x + C^2_{24}e_y + C^3_{24}e_z$$

$$[X_2, X_4] = R^2\left(z\partial_x - x\partial_z\right)\left(y\partial_t + kt\partial_y\right) - R^2\left(y\partial_t + kt\partial_y\right)\left(z\partial_x - x\partial_z\right)$$

$$C^0_{24} = C^1_{24} = C^2_{24} = C^3_{24} = 0$$

$$[X_1, X_3] = C^0_{13}e_t + C^1_{13}e_x + C^2_{13}e_y + C^3_{13}e_z$$

$$[X_1, X_3] = \left(y\partial_z - z\partial_y\right)\left(x\partial_y - y\partial_x\right) - \left(x\partial_y - y\partial_x\right)\left(y\partial_z - z\partial_y\right)$$

$$[X_1, X_3] = z\partial_y\left(y\partial_x\right) - x\partial_y\left(y\partial_z\right)$$

$$[X_1, X_3] = z\partial_x - x\partial_z = X_2$$

$$C^1_{13} = z, \ C^3_{13} = -x, \quad C^0_{13} = C^2_{13} = 0$$

$$[X_1, X_4] = C^0_{14}e_t + C^1_{14}e_x + C^2_{14}e_y + C^3_{14}e_z$$

$$[X_1, X_4] = R^2\left(y\partial_z - z\partial_y\right)\left(y\partial_t + kt\partial_y\right) - R^2\left(y\partial_t + kt\partial_y\right)\left(y\partial_z - z\partial_y\right)$$

$$[X_1, X_4] = -R^2 z\partial_y\left(y\partial_t\right) - kt\partial_y\left(y\partial_z\right)$$

$$[X_1, X_4] = -R^2\left(z\partial_t + ct\partial_z\right) = -X_5$$

$$C^1_{14} = C^2_{14} = 0, \quad C^0_{04} = -R^2 z, \ C^3_{04} = -R^2 kt$$

$$[X_1, X_5] = C_{15}^0 e_t + C_{15}^1 e_x + C_{15}^2 e_y + C_{15}^3 e_z$$
$$[X_1, X_5] = R^2 \left(y\partial_z - z\partial_y \right)\left(z\partial_t + kt\partial_z \right) - R^2 \left(z\partial_t + kt\partial_z \right)\left(y\partial_z - z\partial_y \right)$$
$$[X_1, X_5] = R^2 y\partial_z \left(z\partial_t \right) + R^2 kt\partial_z \left(z\partial_x \right)$$
$$[X_1, X_5] = R^2 \left(y\partial_t + kt\partial_x \right) = X_4$$
$$C_{15}^2 = C_{15}^3 = 0, \quad C_{15}^0 = R^2 y, \quad C_{15}^3 = R^2 kt$$

$$[X_2, X_3] = C_{23}^0 e_t + C_{23}^1 e_x + C_{23}^2 e_y + C_{23}^3 e_z$$
$$[X_2, X_3] = \left(z\partial_x - x\partial_z \right)\left(x\partial_y - y\partial_x \right) - \left(x\partial_y - y\partial_x \right)\left(z\partial_x - x\partial_z \right)$$
$$[X_2, X_3] = z\partial_x \left(x\partial_y \right) - y\partial_x \left(x\partial_z \right)$$
$$[X_2, X_3] = z\partial_x - y\partial_z = -X_1$$
$$C_{23}^1 = z, \quad C_{23}^3 = y, \quad C_{23}^0 = C_{23}^2 = 0$$

$$[X_2, X_4] = C_{24}^0 e_t + C_{24}^1 e_x + C_{24}^2 e_y + C_{24}^3 e_z$$
$$[X_2, X_4] = R^2 \left(z\partial_x - x\partial_z \right)\left(y\partial_t + kt\partial_y \right) - R^2 \left(y\partial_t + kt\partial_y \right)\left(z\partial_x - x\partial_z \right)$$
$$C_{24}^0 = C_{24}^1 = C_{24}^2 = C_{24}^3 = 0$$

$$[X_2, X_5] = C_{25}^0 e_t + C_{25}^1 e_x + C_{25}^2 e_y + C_{25}^3 e_z$$
$$[X_2, X_5] = R^2 \left(z\partial_x - x\partial_z \right)\left(z\partial_t + kt\partial_z \right) - R^2 \left(z\partial_t + kt\partial_z \right)\left(z\partial_x - x\partial_z \right)$$
$$[X_2, X_5] = -R^2 x\partial_z \left(z\partial_t \right) - R^2 kt\partial_z \left(z\partial_x \right)$$
$$[X_2, X_5] = -R^2 \left(x\partial_t + kt\partial_x \right) = -X_0$$
$$C_{25}^2 = C_{25}^3 = 0, \quad C_{25}^0 = -R^2 x, \quad C_{25}^1 = -R^2 kt$$

$$[X_3, X_4] = C_{34}^0 e_t + C_{34}^1 e_x + C_{34}^2 e_y + C_{34}^3 e_z$$
$$[X_3, X_4] = R^2 \left(x\partial_y - y\partial_x \right)\left(y\partial_t + kt\partial_y \right) - R^2 \left(y\partial_t + kt\partial_y \right)\left(x\partial_y - y\partial_x \right)$$
$$[X_3, X_4] = R^2 x\partial_y \left(y\partial_t \right) + R^2 kt\partial_y \left(y\partial_x \right)$$
$$[X_3, X_4] = R^2 \left(x\partial_t + kt\partial_x \right) = X_0$$
$$C_{34}^2 = C_{34}^3 = 0, \quad C_{34}^0 = R^2 x, \quad C_{34}^1 = R^2 kt$$

$$[X_3, X_5] = C_{35}^0 e_t + C_{35}^1 e_x + C_{35}^2 e_y + C_{35}^3 e_z$$

$$[X_3, X_5] = R^2 (x\partial_y - y\partial_x)(z\partial_t + kt\partial_z) - R^2 (z\partial_t + kt\partial_z)(x\partial_y - y\partial_x)$$

$$C_{35}^0 = C_{35}^1 = C_{35}^2 = C_{35}^3 = 0$$

$$[X_4, X_5] = C_{45}^0 e_t + C_{45}^1 e_x + C_{45}^2 e_y + C_{45}^3 e_z$$

$$[X_4, X_5] = R^2 (y\partial_t + kt\partial_y)(z\partial_t + kt\partial_z) - R^2 (z\partial_t + kt\partial_z)(y\partial_t + kt\partial_y)$$

$$[X_4, X_5] = R^2 y\partial_t (kt\partial_z) - R^2 z\partial_t (ct\partial_y)$$

$$[X_4, X_5] = R^2 (y\partial_z - z\partial_x) = R^2 X_1$$

$$C_{45}^0 = C_{45}^2 = 0, \quad C_{45}^1 = -R^2 z, \; C_{45}^3 = R^2 y$$

Portanto, no espaço-tempo de Poincaré-Minkowski há dois tipos de rotação (espaciais e *boosts*), enquanto no espaço euclidiano só existe uma forma de rotação. Além disso, no espaço-tempo existem três rotações que geram valores nulos.

$$[X_3, X_4] = [X_5, X_2] = X_0 \qquad [X_2, X_1] = X_3$$

$$[X_3, X_2] = X_1 \qquad\qquad [X_0, X_4] = R^4 X_3$$

$$[X_4, X_5] = R^2 X_1 \qquad\qquad [X_1, X_5] = [X_0, X_3] = X_4$$

$$[X_1, X_3] = X_2 \qquad\qquad [X_2, X_0] = [X_4, X_1] = X_5$$

$$[X_0, X_5] = R^4 X_2 \qquad\qquad [X_0, X_1] = [X_2, X_4] = [X_3, X_5] = 0$$

Esses permutadores compõe um tensor antissimétrico com 36 componentes, sendo que apenas 12 destas componentes não são nulas, sendo que apenas seis são independentes, que correspondem aos seis geradores do grupo de Lorentz.

§ 8.4. Isomorfismo com o Grupo das Projeções Lineares

Existe uma transformação especial, compatível com o Princípio da Relatividade, definida no corpo dos números complexos, denominada de Transformação de Möbius. Obtemos essa transformação por meio de isomorfismo de grupos de Lie. Observe que o grupo de Poincaré é um grupo do tipo *SO* e, como o grupo $SL(2^{R^4}, \mathbf{R})$ define um mapa de spinores sobre *SO* então o grupo de

Lorentz é isomórfico ao grupo de Möbius $PSL(2^{R^4},\mathbf{R})$. Vamos definir a ação do mapa sobre o espaço-tempo por meio da aplicação:

$$X \mapsto QX\bar{Q}$$

onde X é uma matriz hemertiana e Q uma matriz de determinante unitário, definidas por:

$$X = \begin{pmatrix} Rkt+z & x+y \\ x-y & Rkt-z \end{pmatrix} \qquad X^{\dagger} = \bar{X}^{T} = X$$

$$Q = \begin{pmatrix} \alpha & \beta \\ \chi & \delta \end{pmatrix} \qquad \alpha\delta - \beta\chi = 1$$

As condições impostas sobre X e Q fazem com que o mapa preserve o determinante:

$$\det X \mapsto \det\left(QX\bar{Q}\right)$$

$$\det X \mapsto \left(\det Q\right)\left(\det X\right)\left(\det \bar{Q}\right)$$

$$\det X \mapsto \det X$$

Essa transformação tem a mesma estrutura da transformação conforme de Möbius de uma superfície de Riemann $\mathbf{R}^2$ e o plano hipercomplexo estendido:

$$w \mapsto \frac{\alpha w + \beta}{\chi w + \delta} \qquad \alpha\delta - \beta\chi = 1$$

O determinante da matriz X deve ser preservado, pois ele define o invariante da forma quadrática fundamental do espaço-tempo:

$$\det X = \left(Rkt+z\right)\left(Rkt-z\right) - \left(x+y\right)\left(x-y\right)$$

$$\det X = R^2k^2t^2 - x^2 - y^2 - z^2$$

O que prova que a aplicação é um mapa entre as transformações de Poincaré e as transformações de Möbius. Painléve (1922) mostrou que esse isomorfismo permite violar a lei da inércia e o princípio da propagação retilínea da luz. Tomando estes fatos como verdades empíricas, devemos enunciar um terceiro postulado, impondo que o grupo de Poincaré seja isomórfico apenas a transformação identidade de Möbius.

§ 8.5. 4-Vetores na Variedade Espaço-Tempo

Como mostramos o espaço-tempo plano é definido pela sua característica anelar R^2. Em particular, nossas definições se tornam singulares se R^2 for um número nilpotente de segunda ordem. Para tornarmos as nossas definições o mais geral possível e evitar as singularidades, adotaremos a convenção onde a componente temporal assume o papel de quarta coordenada[19] e vamos definir a métrica do espaço-tempo pela seguinte regra:

$$\eta : \left\{ \eta_{3+R^4 \times 3+R^4}, \ \eta_{ij} = \eta_{ji} \mid \eta_{\mu\nu} = \delta_{\mu\nu}, \ \eta_{4j} = -R^2 \delta_{4j} \right\}$$

Portanto, se R for um número nilpotente de ordem 2, a matriz associada a métrica se torna uma matriz 3x3 que coincide com delta de Kroenecker e a Identidade. Agora podemos estudar a estrutura geral para a construção de 4-vetores de grandezas físicas para podermos estudar como se transformam algumas grandezas mecânicas, eletromagnéticas e ópticas, em variedades do espaço-tempo. Nossos 4-vetores são estruturas algébricas que apresentam quatro componentes:

$$J_i = \left(J_1, J_2, J_3, J_4 \right)$$

Todas as componentes devem ter a mesma dimensão. A componente zero, também chamada de componente *temporal,* é sempre um escalar e, em geral, vem associada com a velocidade da luz no vácuo, pois o eixo x_0 é o eixo espacial kt. As demais componentes, conhecidas como espaciais, são as componentes de um vetor no espaço. Nestas condições, podemos escrever:

$$J_i = \left(\vec{J}, J_4 \right)$$

Existe uma importante relação entre os vetores covariantes e contravariantes envolvendo o tensor métrico do espaço:

$$J_i = \eta_{ij} J^j$$

Sendo a métrica orientada como $(-R^2, 1, 1, 1)$, então as componentes do 4-vetor covariante se relacionam com as contravariantes por meio da lei:

---

[19] Assumiremos o tempo como a quarta coordenada por uma finalidade puramente didática, visto que a convenção não altera os resultados.

$$J_1 = \eta_{11} J^1 \qquad J_1 = J^1 \qquad J^1 = J_1$$
$$J_2 = \eta_{22} J^2 \qquad J_2 = J^2 \qquad J^2 = J_2$$
$$J_3 = \eta_{33} J^3 \quad\Rightarrow\quad J_3 = J^3 \quad\text{ou}\quad J^3 = J_3$$
$$J_4 = \eta_{44} J^4 \qquad J_4 = -R^2 J^4 \qquad J^4 = -R^2 J_4$$

Por meio dos 4vetores podemos construir invariantes relativísticos, forma quadráticas, que relacionam as componentes vetoriais e escalares:

$$J_i J^i = J_1 J^1 + J_2 J^2 + J_3 J^3 + J_4 J^4$$

Substituindo os valores do 4vetor contravariante, obtemos:

$$J_i J^i = J_1 J_1 + J_2 J_2 + J_3 J_3 - R^2 J_4 J_4$$
$$J^2 = J_1^2 + J_2^2 + J_3^2 - R^2 J_4^2$$

As os termos em parêntesis é a definição do quadrado da norma de um vetor:

$$J^2 = \left\| \vec{J} \right\|^2 - R^2 J_4^2$$
$$J^2 = \vec{J} \cdot \vec{J} - R^2 J_4^2$$

O escalar J é um invariante, isto é, não depende da escolha do referencial. Escolheremos J como sendo a medida efetuada no referencial próprio, quando o ângulo de rotação é zero.

$$J_i'' = \left(J_1 P_+^R(0) - J_4 P_-^R(0), J_2, J_3, J_4 P_+^R(0) - R^2 J_1 P_-^R(0) \right)$$

$$J_i^o = \left(J_1^o, J_2^o, J_3^o, J_4^o \right)$$

(*referencial próprio do corpo*)

Portanto nosso invariante pode ser expresso pelas relações:

$$\left\| J^o \right\|^2 = \left\| \vec{J} \right\|^2 - R^2 J_4^2$$
$$\vec{J}^o \cdot \vec{J}^o - R^2 J_4^{o2} = \left\| \vec{J} \right\|^2 - R^2 J_4^2$$

Para 4-vetores não-nilpotentes, existe sempre um referencial onde as componentes espaciais são todas nulas. Nessas condições, podemos escrever a relação:

$$R^2 J_4^{o2} = \left\| \vec{J} \right\|^2 - R^2 J_4^2$$

Uma consequência da covariância é que o módulo de um tensor não depende da escolha dos referenciais. Assim, podemos definir a norma de um vetor a partir da característica anelar:

$$\left\| \vec{J} \right\|^2 = R^2 J_4^{o2} + R^2 J_4^2$$

$$\left\| \vec{J} \right\|^2 = R^2 \left(J_4^{o2} + J_4^2 \right)$$

$$\left\| \vec{J} \right\| = R \left(J_4^{o2} + J_4^2 \right)^{1/2}$$

Essa relação permite estabelecer um isomorfismo entre o espaço da norma dos 4-vetores e o espaço das características anelares.

Assim, a covariância de Lorentz para os 4-vetores será:

COVARIANTE

$$J_i = \left(J_1, J_2, J_3, J_4 \right)$$

$$J_i' = \left(J_1 P_+^R (a) - J_4 P_-^R (a), J_2, J_3, J_0 P_+^R (a) - R^2 J_1 P_-^R (a) \right)$$

$$J_i' = \left(\Gamma [J_1 - \beta J_4], J_2, J_3, \Gamma \left[J_4 - R^2 \beta J_1 \right] \right)$$

CONTRAVARIANTE

$$J^i = \left(J^1, J^2, J^3, J^4 \right)$$

$$J^i = \left(J'^1 P_+^R (a) + J'^4 P_-^R (a), J'^2, J'^3, J'^4 P_+^R (a) + R^2 J'^1 P_-^R (a) \right)$$

$$J^i = \left(\Gamma \left[J'^1 + \beta J'^4 \right], J'^2, J'^3, \Gamma \left[J'^4 + R^2 \beta J'^1 \right] \right)$$

Registre que os p-vetores covariantes são chamados de p-formas ou p-covetores, enquanto os q-vetores contravariantes são chamados de q-vetores.

§ 8.6. Álgebra de Lie Não-Abeliana do Espaço-Tempo

O fato das transformadas de Lorentz formarem um grupo significa que podemos construir uma álgebra de Lie com seus elementos. Sejam x_i e y_j coordenadas do grupo homogêneo de Lorentz definidas por:

$$\begin{cases} x_0 = x_o'P_+^R + x_1'R^2P_-^R \\ x_1 = x_1'P_+^R + x_0'P_-^R \end{cases} \quad \begin{array}{l} x_2 = x_2' \\ x_3 = x_3' \end{array}$$

$$\begin{cases} y_0 = y_o'P_+^R + y_1'R^2P_-^R \\ y_1 = y_1'P_+^R + y_0'P_-^R \end{cases} \quad \begin{array}{l} y_2 = y_2' \\ y_3 = y_3' \end{array}$$

Uma álgebra de Lorentz de Lie pode ser construída por meio pela aplicação do colchete de Lie entre os dois elementos do conjunto:

$$L_{ij} = \left[x_i, y_j \right] = x_i y_j - x_j y_i$$

O colchete de Lie é antissimétrico:

$$\left[x_i, y_j \right] = - \left[y_j, x_i \right]$$

$$L_{ij} = -L_{ji}$$

A antissimetria dos colchetes de Lie implica que para um par de índices repetidos, o valor dos colchetes é zero. Portanto,

$$L_{00} = L_{11} = L_{22} = L_{33} = 0$$

E as componentes independentes serão:

$$L_{01}, L_{02}, L_{03}, L_{32}, L_{13}, L_{21}$$

Essas quantidades são as componentes de um 6-vetor proposto por Arnold Sommerfeld. Vamos ver essas coordenadas se transformam para um referencial K'.

$$L_{01} = x_0 y_1 - x_1 y_0$$

$$L_{01} = \left(x_o'P_+^R + x_1'R^2P_-^R \right)\left(y_1'P_+^R + y_0'P_-^R \right) - \left(x_1'P_+^R + x_0'P_-^R \right)\left(y_o'P_+^R + y_1'R^2P_-^R \right)$$

$$L_{01} = x_0'y_1'\left(\left[P_+^R \right]^2 - R^2\left[P_-^R \right]^2 \right) - x_1'y_0'\left(\left[P_+^R \right]^2 - R^2\left[P_-^R \right]^2 \right)$$

Usando o teorema generalizado da trigonometria complexa:

$$L_{01} = x_0' y_1' - x_1' y_0'$$
$$L_{01} = L_{01}'$$

Agora vamos obter a transformação para a componente L_{02}:

$$L_{02} = x_0 y_2 - x_2 y_0$$
$$L_{02} = \left(x_o' P_+^R + x_1' R^2 P_-^R \right) y_2' - x_2' \left(y_o' P_+^R + y_1' R^2 P_-^R \right)$$
$$L_{02} = x_0' y_2' P_+^R + x_1' y_2' R^2 P_-^R - x_2' y_0' P_+^R - x_2' y_1' R^2 P_-^R$$
$$L_{02} = \left(x_0' y_2' - x_2' y_0' \right) P_+^R + R^2 \left(x_1' y_2' - x_2' y_1' \right) P_-^R$$
$$L_{02} = L_{02}' P_+^R + R^2 L_{12}' P_-^R$$
$$L_{02} = L_{02}' P_+^R - R^2 L_{21}' P_-^R$$

Por cálculos análogos, podemos obter as demais componentes. Portanto, para o grupo de Lorentz teremos as seguintes componentes:

$$L_{01} = L_{01}'$$
$$L_{02} = L_{02}' P_+^R - R^2 L_{21}' P_-^R$$
$$L_{03} = L_{03}' P_+^R + R^2 L_{13}' P_-^R$$
$$L_{32} = L_{32}'$$
$$L_{13} = L_{13}' P_+^R + R^2 L_{03}' P_-^R$$
$$L_{21} = L_{21}' P_+^R - R^2 L_{02}' P_-^R$$

$$L_{01} = L_{01}'$$
$$L_{02} = \Gamma \left(L_{02}' - R^2 \beta L_{21}' \right)$$
$$L_{03} = \Gamma \left(L_{03}' + R^2 \beta L_{13}' \right)$$
$$L_{32} = L_{32}'$$
$$L_{13} = \Gamma \left(L_{13}' + R^2 L_{03}' \right)$$
$$L_{21} = \Gamma \left(L_{21}' - R^2 L_{02}' \right)$$

Essas seis coordenadas apareceram pela primeira vez em trabalhos de J. Plücker (1868) e A. Cayley (1869) como as coordenadas que definem uma linha sobre uma variedade, por essa razão que as coordenadas L_{ij} são chamadas de linhas coordenadas de L. Com estas componentes pode-se escrever o tensor covariante L_{ij} e a sua transformação:

$$L_{ij} = \begin{pmatrix} 0 & L_{01} & L_{02} & L_{03} \\ -L_{01} & 0 & -L_{21} & L_{13} \\ -L_{02} & L_{21} & 0 & -L_{32} \\ -L_{03} & -L_{13} & L_{32} & 0 \end{pmatrix}$$

$$L'_{ij} = \begin{pmatrix} 0 & L_{01} & \Gamma\left(L_{02} - R^2\beta L_{21}\right) & \Gamma\left(L_{03} + R^2 L_{13}\right) \\ -L_{01} & 0 & -\Gamma\left(L_{21} + \beta L_{02}\right) & \Gamma\left(L_{13} + \beta L_{03}\right) \\ -\Gamma\left(L_{02} - R^2\beta L_{21}\right) & \Gamma\left(L_{21} - \beta L_{02}\right) & 0 & -L_{32} \\ -\Gamma\left(L_{03} + R^2\beta L_{13}\right) & -\Gamma\left(L_{13} + \beta L_{03}\right) & L_{32} & 0 \end{pmatrix}$$

As linhas coordenadas se transformam como as componentes do campo elétrico e do campo magnético. De fato, a covariância das equações de Maxwell impõe naturalmente que os vetores associados ao campo elétrico (**E, D**) e ao campo magnético (**B, H**) sejam linhas coordenadas do tensor eletromagnético F_{ij} na variedade de Lorentz.

§ 8.7. S-Grupo de Poincaré

Antes de prosseguirmos em nosso estudo sobre Teoria da Relatividade Especial, vamos discutir a representação dos Super (S-) Grupos de Poincaré e Lorentz, isto é, as generalizações dos grupos realizadas por meio das funções de Poincaré. Esse capítulo tem como principal fonte o livro Matemática para Físicos com Aplicações (BARCELOS NETO, 2010, p. 157-168). Também iremos abordar o conceito de representação *spinorial*.

Tomemos dois sistemas inerciais de referencial no espaço-tempo de Poincaré-Minkowski. Dado intervalo de universo ds^2,

$$ds^2 = \eta_{ij}dx^i dx^j$$

A métrica do espaço-tempo de Poincaré-Minkowski se transforma como um tensor covariante de segunda ordem:

$$\eta_{nm} = \eta_{ij}\frac{\partial x'^i}{\partial x^m}\frac{\partial x'^j}{\partial x^n}$$

Diferenciando a equação em relação a coordenada x^p:

$$\eta_{ij}\frac{\partial^2 x'^i}{\partial x^p \partial x^m}\frac{\partial x'^j}{\partial x^n} + \eta_{ij}\frac{\partial x'^i}{\partial x^m}\frac{\partial^2 x'^j}{\partial x^p \partial x^n} = 0$$

O teorema de Schwarz permite permutar as derivadas, assim podemos trocar a ordem livremente, permutando no segundo termo a derivada em x^m com x^n e x'^i e x'^j,

$$\eta_{ij}\frac{\partial^2 x'^i}{\partial x^p \partial x^m}\frac{\partial x'^j}{\partial x^n}+\eta_{ij}\frac{\partial^2 x'^i}{\partial x^p \partial x^m}\frac{\partial x'^j}{\partial x^n}=0$$

$$\eta_{ij}\frac{\partial^2 x'^i}{\partial x^p \partial x^m}\frac{\partial x'^j}{\partial x^n}=0$$

Tanto o tensor métrico quanto a matriz de transformação (jacobiano) possuem determinante não-singular, portanto, essa igualdade só é válida se:

$$\frac{\partial^2 x'^i}{\partial x^p \partial x^m}=0$$

Integrando a função em relação a x^p e x^m:

$$x'^i=\alpha^i+x^p\left[\Lambda^R\right]^i_p$$

Onde as matrizes são com coeficientes constantes. Qualquer transformação que satisfaça essa relação e forme um grupo é chamado de Grupo de Poincaré ou Grupo Não Homogêneo de Lorentz. Se o coeficiente α^i for nulo, temos o grupo homogêneo de Lorentz. Substituindo essa relação na transformação do tensor métrico:

$$\eta_{nm}=\eta_{ij}\left(\frac{\partial x^p}{\partial x^m}\left[\Lambda^R\right]^i_p\frac{\partial x^p}{\partial x^n}\left[\Lambda^R\right]^j_p\right)$$

As derivadas se transformam como o tensor de Kroenecker:

$$\eta_{nm}=\eta_{ij}\left(\delta^p_m\left[\Lambda^R\right]^i_p\delta^p_n\left[\Lambda^R\right]^j_p\right)$$

$$\eta_{nm}=\eta_{ij}\left(\left[\Lambda^R\right]^i_m\left[\Lambda^R\right]^j_n\right)$$

Em notação absoluta, essa é equação dos automorfismos internos:

$$\eta=\left(\Lambda^R\right)^\dagger\eta\left(\Lambda^R\right)$$

Tomando o determinante:

$$\det\eta=\det\left[\left(\Lambda^R\right)^\dagger\eta\left(\Lambda^R\right)\right]$$

$$\det \eta = \det\left(\Lambda^R\right)^\dagger \det\eta\det\left(\Lambda^R\right)$$

$$\left[\det\left(\Lambda^R\right)\right]^2 = 1$$

Assim teremos duas soluções possíveis:

$$\left|\det\left(\Lambda^R\right)\right| = 1 \quad \rightarrow \quad \begin{cases} \det\left(\Lambda^R\right) = +1 \\ \det\left(\Lambda^R\right) = -1 \end{cases}$$

Expandindo a transformação da métrica:

$$\eta_{nm} = \eta_{ij}\left(\left[\Lambda^R\right]^i_m \left[\Lambda^R\right]^j_n\right)$$

$$\eta_{nm} = \eta_{00}\left(\left[\Lambda^R\right]^0_m \left[\Lambda^R\right]^0_n\right) + \eta_{\mu\nu}\left(\left[\Lambda^R\right]^\mu_m \left[\Lambda^R\right]^\nu_n\right)$$

$$\eta_{nm} = -R^2\left(\left[\Lambda^R\right]^0_m \left[\Lambda^R\right]^0_n\right) + \left(\left[\Lambda^R\right]^\mu_m \left[\Lambda^R\right]^\nu_n\right)$$

Para a coordenada temporal, temos a seguinte transformação:

$$\eta_{00} = -R^2\left(\left[\Lambda^R\right]^0_0 \left[\Lambda^R\right]^0_0\right) + \left(\left[\Lambda^R\right]^\mu_0 \left[\Lambda^R\right]^\nu_0\right)$$

$$-R^2 = -R^2\left(\left[\Lambda^R\right]^0_0\right)^2 + \left(\left[\Lambda^R\right]^\mu_0 \left[\Lambda^R\right]^\nu_0\right)$$

$$R^2\left(\left[\Lambda^R\right]^0_0\right)^2 - R^2 = \left(\left[\Lambda^R\right]^\mu_0 \left[\Lambda^R\right]^\nu_0\right)$$

$$R^2\left\{\left(\left[\Lambda^R\right]^0_0\right)^2 - 1\right\} = \left(\left[\Lambda^R\right]^\mu_0 \left[\Lambda^R\right]^\nu_0\right)$$

Aqui há uma relação que nos permite definir a característica anelar da variedade:

$$R^2 = \frac{\left(\left[\Lambda^R\right]^\mu_0 \left[\Lambda^R\right]^\nu_0\right)}{\left\{\left(\left[\Lambda^R\right]^0_0\right)^2 - 1\right\}}$$

Se R for um número nilpotente de ordem dois, resulta qye:

$$\left(\left[\Lambda^\varepsilon\right]^\mu_0 \left[\Lambda^\varepsilon\right]^\nu_0\right) = 0$$

Para os demais números complexos, teremos:

$$\left(\left[\Lambda^R\right]_0^0\right)^2 = \frac{\left(\left[\Lambda^R\right]_0^\mu\left[\Lambda^R\right]_0^\nu\right)}{R^2} + 1$$

Como o menor valor do produto das matrizes de Lorentz é zero, podemos majorar a expressão acima e concluir que:

$$\left(\left[\Lambda^R\right]_0^0\right)^2 \geq 1$$

Portanto, a matriz temporal de Lorentz admite duas soluções:

$$\left|\left[\Lambda^R\right]_0^0\right| \geq 1 \quad \rightarrow \quad \begin{cases}\left[\Lambda^R\right]_0^0 \geq 1 \\ \left[\Lambda^R\right]_0^0 < 1\end{cases}$$

Denotando por $+$ e $-$ os valores do determinante e por $\uparrow$ e $\downarrow$ os valores da matriz temporal de Lorentz, teremos quatro conjuntos possíveis:

$$\left\{P_{+\uparrow}^R, P_{-\uparrow}^R, P_{+\downarrow}^R, P_{-\downarrow}^R\right\}$$

ORTOCRONO PRÓPRIO

$$P_{+\uparrow}^R$$

PRÓPRIO

$$P_{+\uparrow}^R \cup P_{+\downarrow}^R = P_+^R$$

ORTOCRONO

$$P_{+\uparrow}^R \cup P_{-\uparrow}^R = P_\uparrow^R$$

GRUPO ANTICRONO

$$P_{+\uparrow}^R \cup P_{-\downarrow}^R = P_+^R$$

GRUPO ORTOCRONO PRÓPRIO DE LORENTZ

$$SO\left(\langle p,R\rangle, 3-\langle i,R\rangle\right)$$

$$\left\{\Lambda^R_{(3+|R|^2)\times(3+|R|^2)} \mid \left(\Lambda^R\right)_j^i \in \mathbb{R},\ \left(\Lambda^R\right)^\dagger \eta\left(\Lambda^R\right)=\eta,\ \det\left(\Lambda^R\right)=1,\ \left|\left(\Lambda^R\right)_0^0\right|\geq 1\right\}$$

§ 8.8. S-Transformações Ortocronas de Lorentz

Até o presente momento, trabalhamos apenas com as transformações de Lorentz considerando que o movimento entre os referenciais inerciais fossem longitudinais. Agora, devemos generalizar essas transformações para o movimento inercial arbitrário. Definimos o vetor posição no espaço-tempo de Galileu pela seguinte equação paramétrica:

$$\vec{r}_o = \vec{r} - \vec{v}t, \qquad \vec{r}_o' = \vec{r}' - \vec{v}t$$

Vamos decompor o vetor posição em função de suas componentes longitudinal e transversal a velocidade da partícula em dois referenciais inerciais:

$$\vec{r} = r_{\parallel}\frac{\vec{v}}{v} + \vec{r}_{\perp}$$

$$\vec{r}' = r_{\parallel}'\frac{\vec{v}}{v} + \vec{r}_{\perp}'$$

como a componente longitudinal tem o mesmo sentido da velocidade, o versor da posição longitudinal pode ser definido em função da velocidade. Multiplicando a primeira equação por **v**:

$$\vec{v} \cdot \vec{r} = r_{\parallel}\frac{\vec{v} \cdot \vec{v}}{v} + \vec{v} \cdot \vec{r}_{\perp}$$

$$\vec{v} \cdot \vec{r} = r_{\parallel}v$$

Isolando a componente longitudinal do vetor de posição,

$$r_{\parallel} = \frac{\vec{v} \cdot \vec{r}}{v}$$

Substituindo esse valor na primeira equação,

$$\vec{r} = \frac{(\vec{v} \cdot \vec{r})}{v}\frac{\vec{v}}{\|\vec{v}\|} + \vec{r}_{\perp}$$

$$\vec{r} = \frac{(\vec{v} \cdot \vec{r})}{v^2}\vec{v} + \vec{r}_{\perp}$$

Isolando a componente transversal,

$$\vec{r}_{\perp} = \vec{r} - \frac{(\vec{v} \cdot \vec{r})}{v^2}\vec{v}$$

Com base nas transformações de Lorentz, descobrimos que as componentes transversais se mantém invariantes (LOGUNOV, 2005). Isso permite que escrevamos as seguintes transformações:

$$r'_\parallel = \Gamma\left(r_\parallel - vt\right)$$
$$r'_\perp = r_\perp$$

$$t' = \Gamma\left(t - R^2\frac{v}{k^2}r_\parallel\right)$$

Substituindo os valores da componente longitudinal e transversal em suas respectivas transformações:

$$\frac{\left(\vec{v}\cdot\vec{r'_o}\right)}{v} = \Gamma\left(\frac{\left(\vec{v}\cdot\vec{r_o}\right)}{v} - vt\right)$$

$$\vec{r'} - \frac{\left(\vec{v}\cdot\vec{r'_o}\right)}{v^2}\vec{v} = \vec{r} - \frac{\left(\vec{v}\cdot\vec{r_o}\right)}{v^2}\vec{v}$$

Para obtermos as transformações gerais, vamos operar a segunda equação:

$$\vec{r'} - \left[\frac{\left(\vec{v}\cdot\vec{r'_o}\right)}{v}\right]\frac{\vec{v}}{v} = \vec{r} - \frac{\left(\vec{v}\cdot\vec{r_o}\right)}{v^2}\vec{v}$$

Substituindo a transformação longitudinal no termo em colchetes:

$$\vec{r'} - \Gamma\left(\frac{\left(\vec{v}\cdot\vec{r}\right)}{v} - vt\right)\frac{\vec{v}}{v} = \vec{r} - \frac{\left(\vec{v}\cdot\vec{r}\right)}{v^2}\vec{v}$$

$$\vec{r'} - \Gamma\frac{\left(\vec{v}\cdot\vec{r}\right)}{v^2}\vec{v} + \Gamma t\vec{v} = \vec{r} - \frac{\left(\vec{v}\cdot\vec{r}\right)}{v^2}\vec{v}$$

$$\vec{r'} = \vec{r} + \Gamma\frac{\left(\vec{v}\cdot\vec{r}\right)}{v^2}\vec{v} - \frac{\left(\vec{v}\cdot\vec{r}\right)}{v^2}\vec{v} + \Gamma t\vec{v}$$

Evidenciando, obtemos a transformação geral de Lorentz da posição e, portanto, as transformações gerais de Lorentz para qualquer variedade espaço-temporal plana são:

$$\vec{r'} = \vec{r} + \left(\Gamma - 1\right)\frac{\left(\vec{v}\cdot\vec{r}\right)}{v^2}\vec{v} + \Gamma t\vec{v}$$

$$t' = \Gamma\left(t - \frac{R^2}{k^2}\left(\vec{v}\cdot\vec{r}\right)\right)$$

§ 8.9. Matrizes Ortocronas do S-Grupo de Poincaré

Por meio da Teoria de Grupos estabelecemos que o grupo de Poincaré é um grupo ortocrono próprio do tipo

$$SO\left(R^2,3\right)=\left\{\Lambda^R_{\left(3+R^4\right)\times\left(3+R^4\right)} \mid \left(\Lambda^R\right)^i_j \in \mathbb{R},\right.$$

$$\left.\left(\Lambda^R\right)^\dagger \eta\left(\Lambda^R\right)=\eta,\ \det\left(\Lambda^R\right)=1,\ \left|\left(\Lambda^R\right)^0_0\right|\geq 1\right\}$$

que satisfaz a seguinte equação afim:

$$x'^i = \alpha^i + x^p\left(\Lambda^R\right)^i_p$$

Agora iremos estudar os subgrupos de Poincaré, as matrizes de transformação e *boost*. Detalhes sobre este capítulo pode ser visto em Barcelos Neto (2010, p. 161-168). Podemos representar a matriz de Lorentz da seguinte forma:

$$\left(\Lambda^R\right)^i_p = \begin{pmatrix} P^R & 0 \\ 0 & R_\theta \end{pmatrix}$$

onde *L* é a matriz de rotações no espaço-tempo e *R* são as matrizes de rotação de SO(2).

$$P^R = \begin{pmatrix} P^R_+ & -P^R_- \\ R^2 P^R_- & P^R_+ \end{pmatrix}$$

$$R_\theta = \begin{pmatrix} \cos\theta & -\sin\theta \\ \sin\theta & \cos\theta \end{pmatrix}$$

Se o sistema não apresentar translações (que correspondem a rotações no espaço hipercomplexo), a matriz P^R é a matriz identidade:

$$P^R = \begin{pmatrix} 1 & 0 \\ 0 & 1 \end{pmatrix}$$

Nesse caso, o grupo de Poincaré corresponde ao grupo estacionário de Galileo:

$$\left(\Lambda^R\right)^i_p = \begin{pmatrix} I & 0 \\ 0 & R_\theta \end{pmatrix}$$

Se o sistema não apresentar rotações, a matriz R é a matriz identidade:

$$R_\theta = \begin{pmatrix} 1 & 0 \\ 0 & 1 \end{pmatrix}$$

E teremos a matriz especial de *boosts* de Lorentz:

$$\left(\Lambda^R\right)^i_p = \begin{pmatrix} P^R & 0 \\ 0 & I \end{pmatrix}$$

Podemos ainda obter uma matriz mais geral de *boosts,* que chamaremos de matriz de Poincaré e denotaremos pela letra $\left(\Upsilon^R\right)^i_p$.

$$\left(\Upsilon^R\right)^i_p = \begin{pmatrix} \Upsilon^0_0 & \Upsilon^0_1 & \Upsilon^0_2 & \Upsilon^0_3 \\ \Upsilon^1_0 & \Upsilon^1_1 & \Upsilon^1_2 & \Upsilon^1_3 \\ \Upsilon^2_0 & \Upsilon^2_1 & \Upsilon^2_2 & \Upsilon^2_3 \\ \Upsilon^3_0 & \Upsilon^3_1 & \Upsilon^3_2 & \Upsilon^3_3 \end{pmatrix}$$

A matriz de transformação de Poincaré deve obedecer a transformação do grupo:

$$x'^i = \alpha^i + x^p \left(\Upsilon^R\right)^i_p$$

$$\begin{pmatrix} kt' \\ x' \\ y' \\ z' \end{pmatrix} = \begin{pmatrix} \alpha_0 \\ \alpha_1 \\ \alpha_2 \\ \alpha_3 \end{pmatrix} + \begin{pmatrix} \Upsilon^0_0 & \Upsilon^0_1 & \Upsilon^0_2 & \Upsilon^0_3 \\ \Upsilon^1_0 & \Upsilon^1_1 & \Upsilon^1_2 & \Upsilon^1_3 \\ \Upsilon^2_0 & \Upsilon^2_1 & \Upsilon^2_2 & \Upsilon^2_3 \\ \Upsilon^3_0 & \Upsilon^3_1 & \Upsilon^3_2 & \Upsilon^3_3 \end{pmatrix} \begin{pmatrix} kt \\ x \\ y \\ z \end{pmatrix}$$

Efetuando o produto e a soma das matrizes,

$$\begin{pmatrix} kt' \\ x' \\ y' \\ z' \end{pmatrix} = \begin{pmatrix} \alpha_0 + kt\Upsilon^0_0 + x\Upsilon^0_1 + y\Upsilon^0_2 + z\Upsilon^0_3 \\ \alpha_1 + kt\Upsilon^1_0 + x\Upsilon^1_1 + y\Upsilon^1_2 + z\Upsilon^1_3 \\ \alpha_2 + kt\Upsilon^2_0 + x\Upsilon^2_1 + y\Upsilon^2_2 + z\Upsilon^2_3 \\ \alpha_3 + kt\Upsilon^3_0 + x\Upsilon^3_1 + y\Upsilon^3_2 + z\Upsilon^3_3 \end{pmatrix}$$

Portanto, a determinação dos 16 coeficientes depende de quatro equações lineares e são obtidos por inspeção:

$$kt' = \alpha_0 + kt\,\Upsilon_0^0 + x\Upsilon_1^0 + y\Upsilon_2^0 + z\Upsilon_3^0$$

$$x' = \alpha_1 + kt\,\Upsilon_0^1 + x\Upsilon_1^1 + y\Upsilon_2^1 + z\Upsilon_3^1$$

$$y' = \alpha_2 + kt\,\Upsilon_0^2 + x\Upsilon_1^2 + y\Upsilon_2^2 + z\Upsilon_3^2$$

$$z' = \alpha_3 + kt\,\Upsilon_0^3 + x\Upsilon_1^3 + y\Upsilon_2^3 + z\Upsilon_3^3$$

Tomemos as transformações de coordenadas do espaço-tempo:

$$kt' = \alpha_0 + \Gamma\left(kt - \frac{R^2}{k}(\vec{v}\cdot\vec{r}) \right)$$

$$\vec{r}' = \vec{\alpha} + \vec{r} + (\Gamma - 1)\frac{(\vec{v}\cdot\vec{r})}{v^2}\vec{v} - \Gamma t\vec{v}$$

Vamos expandir as transformações, começando pela temporal:

$$kt' = \alpha_0 + \Gamma kt - \Gamma\frac{R^2}{k}xv_x - \Gamma\frac{R^2}{k}yv_y - \Gamma\frac{R^2}{k}zv_z$$

Definindo a razão v/k como fator beta, nossa equação se torna:

$$kt' = \alpha_0 + \Gamma kt - \Gamma R^2 x\beta_x - \Gamma R^2 y\beta_y - \Gamma R^2 z\beta_z$$

Portanto os coeficientes da primeira linha devem ser:

$$\alpha_0' = \alpha_0,$$

$$\left(\Upsilon^R\right)_0^0 = \Gamma,$$

$$\left(\Upsilon^R\right)_\mu^0 = -\Gamma R^2 \beta_\mu$$

Agora vamos abrir as equações espaciais:

$$\vec{r}' = \vec{\alpha} + \vec{r} + (\Gamma - 1)\frac{(\vec{v}\cdot\vec{r})}{v^2}\vec{v} - \Gamma t\vec{v}$$

$$x_\mu' = \alpha_\mu + x_\mu + (\Gamma - 1)\frac{v_x v_\mu}{v^2}x + (\Gamma - 1)\frac{v_y v_\mu}{v^2}y + (\Gamma - 1)\frac{v_z v_\mu}{v^2}z - \Gamma t v_\mu$$

$$x_\mu' = \alpha_\mu + x_\mu + (\Gamma - 1)\frac{k^2 v_x v_\mu}{k^2 v^2}x + (\Gamma - 1)\frac{k^2 v_y v_\mu}{k^2 v^2}y + (\Gamma - 1)\frac{k^2 v_z v_\mu}{k^2 v^2}z - \Gamma kt\frac{v_\mu}{k}$$

Usando o fator beta de Lorentz, obtemos:

$$x'_\mu = \alpha_\mu + \left(-\Gamma\beta_\mu\right)kt + x_\mu + (\Gamma-1)\frac{\beta_x\beta_\mu}{\beta^2}x + (\Gamma-1)\frac{\beta_y\beta_\mu}{\beta^2}y + (\Gamma-1)\frac{\beta_z\beta_\mu}{\beta^2}z$$

Portanto, as componentes espaciais são:

$$x' = \alpha_x + \left(-\Gamma\beta_x\right)kt + \left[1+(\Gamma-1)\frac{\beta_x^2}{\beta^2}\right]x + (\Gamma-1)\frac{\beta_y\beta_x}{\beta^2}y + (\Gamma-1)\frac{\beta_z\beta_x}{\beta^2}z$$

$$y' = \alpha_y + \left(-\Gamma\beta_y\right)kt + (\Gamma-1)\frac{\beta_x\beta_y}{\beta^2}x + \left[1+(\Gamma-1)\frac{\beta_y^2}{\beta^2}\right]y + (\Gamma-1)\frac{\beta_z\beta_y}{\beta^2}z$$

$$z' = \alpha_z + \left(-\Gamma\beta_z\right)kt + (\Gamma-1)\frac{\beta_x\beta_z}{\beta^2}x + (\Gamma-1)\frac{\beta_y\beta_z}{\beta^2}y + \left[1+(\Gamma-1)\frac{\beta_z^2}{\beta^2}\right]z$$

Portanto as componentes da matriz são:

$$\alpha'_0 = \alpha_0 \qquad\qquad \vec{\alpha}' = \alpha_\mu$$

$$\left(\Upsilon^R\right)^0_0 = \Gamma \qquad\qquad \left(\Upsilon^R\right)^\mu_\mu = 1+(\Gamma-1)\frac{\beta_\mu^2}{\beta^2}$$

$$\left(\Upsilon^R\right)^0_\mu = \left(\Upsilon^R\right)^\mu_0 = -\Gamma R^2\beta_\mu \qquad \left(\Upsilon^R\right)^\mu_\nu = \left(\Upsilon^R\right)^\nu_\mu = (\Gamma-1)\frac{\beta_\mu\beta_\nu}{\beta^2}$$

Essa matriz é consistente com a definição do grupo de Poincaré, pois ela deve ser, como esperado, hermitiana:

$$\left(\Upsilon^R\right)^{i\,\dagger}_j = \left(\overline{\Upsilon}^R\right)^j_i = \left(\Upsilon^R\right)^j_i$$

É fácil verificar que essa matriz é gerada pela seguinte regra:

$$\left(\Upsilon^R\right)^i_j = \begin{cases} \Gamma & (\text{se } i=j=0) \\ \delta_{ij}+(\Gamma-1)\frac{\beta_i\beta_j}{\beta^2} & (\text{se } i \text{ ou } j \neq 0) \end{cases} \qquad \beta_0 = -\Gamma\frac{R^2\beta^2}{(\Gamma-1)}$$

E a matriz de *boosts* de Poincaré será dada por:

$$\left(\Upsilon^R\right)^i_j = \begin{pmatrix} \Gamma & -\Gamma R^2\beta_x & -\Gamma R^2\beta_y & -\Gamma R^2\beta_z \\ -\Gamma R^2\beta_x & 1+(\Gamma-1)\dfrac{\beta_x^2}{\beta^2} & (\Gamma-1)\dfrac{\beta_x\beta_y}{\beta^2} & (\Gamma-1)\dfrac{\beta_x\beta_z}{\beta^2} \\ -\Gamma R^2\beta_y & (\Gamma-1)\dfrac{\beta_x\beta_y}{\beta^2} & 1+(\Gamma-1)\dfrac{\beta_y^2}{\beta^2} & (\Gamma-1)\dfrac{\beta_y\beta_z}{\beta^2} \\ -\Gamma R^2\beta_z & (\Gamma-1)\dfrac{\beta_x\beta_z}{\beta^2} & (\Gamma-1)\dfrac{\beta_y\beta_z}{\beta^2} & 1+(\Gamma-1)\dfrac{\beta_z^2}{\beta^2} \end{pmatrix}$$

Por fim, vamos provar que a matriz de Poincaré é ortogonal. Como a matriz de Poincaré é um automorfismo interno da variedade:

$$\left(\Upsilon^R\right)^i_m \eta_{ij} \left(\Upsilon^R\right)^j_n = \eta_{mn}$$

Multiplicando pelo conjugado da métrica:

$$\left(\Upsilon^R\right)^i_m \eta_{ij} \left(\Upsilon^R\right)^j_n \eta^{nk} = \eta_{mn}\eta^{nk}$$

$$\left(\Upsilon^R\right)_{mj} \left(\Upsilon^R\right)^{jk} = \delta^k_m$$

Multiplicando a equação por $\left(\Upsilon^R\right)^{-1}_{mj}\delta^m_k$

$$\delta^m_k I\left(\Upsilon^R\right)^{jk} = I\left(\Upsilon^R\right)^{-1}_{mj}$$

$$\left(\Upsilon^R\right)^{jm} = \left(\Upsilon^R\right)^{-1}_{mj}$$

Como a matriz é hermitiana, então podemos escrever:

$$\left(\overline{\Upsilon}^R\right)^{jm\,\dagger} = \left(\Upsilon^R\right)^{-1}_{mj}$$

que é a condição de ortogonalidade.

§ 8.10. Representação do S-Grupo de Poincaré

O s-grupo de Poincaré apresenta uma álgebra de Lie e sua matriz é dada por uma exponencial complexa:

$$\Upsilon = e^{-\frac{i}{2}\omega^{ij} L_{ij}}$$

Onde ω^{ij} são estruturas antissimétricas que correspondem aos seis parâmetros do grupo e as matrizes L_{ij} são os geradores do grupo. Expandindo o exponencial em série de Taylor:

$$\Upsilon = 1 + \frac{i}{2}\omega^{ij} L_{ij} + O$$

Onde O corresponde aos termos de ordem maior ou igual à 2. Como estamos buscando os geradores infinitesimais o grupo, podemos descartar os termos O.

$$\Upsilon = 1 + \frac{i}{2}\omega^{ij} L_{ij}$$

As matrizes geradores desse grupo são dados por:

$$\left(L_{ij}\right)^m_n = i\left(\delta^m_i g_{jn} + \delta^m_j g_{in}\right)$$

Inicialmente vamos introduzir as matrizes auxiliares:

$$A_0 = \begin{pmatrix} 1 & 0 \\ 0 & 1 \end{pmatrix}, \qquad A_1 = \begin{pmatrix} 0 & -i \\ -i & 0 \end{pmatrix},$$

$$A_2 = \begin{pmatrix} -i & 0 \\ 0 & -i \end{pmatrix} \qquad A_3 = \begin{pmatrix} 0 & -i \\ 0 & 0 \end{pmatrix},$$

$$A_4 = \begin{pmatrix} 0 & i \\ -i & 0 \end{pmatrix}, \qquad A_5 = \begin{pmatrix} 0 & 0 \\ 0 & -i \end{pmatrix}$$

Por estas matrizes podemos construir as matrizes de Pauling:

$$\sigma_1 \equiv -A_1^2 = \begin{pmatrix} 0 & 1 \\ 1 & 0 \end{pmatrix}, \qquad \sigma_2 \equiv -A_4 = \begin{pmatrix} 0 & -i \\ i & 0 \end{pmatrix},$$

$$\sigma_1 \equiv -A_2^2 = A_0 = \begin{pmatrix} 1 & 0 \\ 0 & 1 \end{pmatrix}$$

Usando a equação dos geradores, obtemos as matrizes que geram o grupo generalizado de Poincaré:

$$L_{01} = \begin{pmatrix} A_1 & 0 \\ 0 & 0 \end{pmatrix}, \quad L_{02} = \begin{pmatrix} 0 & A_2 \\ A_2 & 0 \end{pmatrix}, \quad L_{03} = \begin{pmatrix} 0 & A_3 \\ A_3^T & 0 \end{pmatrix}$$

$$L_{12} = \begin{pmatrix} 0 & A_4 \\ -A_3 & 0 \end{pmatrix}, \quad L_{13} = \begin{pmatrix} 0 & A_5 \\ -A_5 & 0 \end{pmatrix}, \quad L_{23} = \begin{pmatrix} 0 & 0 \\ 0 & A_4 \end{pmatrix}$$

A álgebra de Lie do grupo de Poincaré é dado por:

$$\left[L_{ij}, L_{kl} \right] = i \left(g_{il} L_{jk} + g_{jk} L_{il} - g_{ik} L_{jl} - g_{jl} L_{ik} \right)$$

Vamos construir os vetores de *boosts* K e *rotações* S:

$$K_i = \left(L_{01}, L_{02}, L_{03} \right),$$
$$S_i = \left(L_{12}, L_{13}, L_{23} \right)$$

Que satisfazem as leis de comutação:

$$\left[K_i, K_j \right] = -i\varepsilon_{ijk} S_k,$$
$$\left[S_i, K_j \right] = -i\varepsilon_{ijk} K_k,$$
$$\left[S_i, S_j \right] = +i\varepsilon_{ijk} S_k$$

A primeira relação forma o grupo dos *boosts,* porém esse grupo não apresenta uma álgebra de Lie, pois seus elementos não são todos *boosts*. A terceira relação é o grupo de rotações que por só ter elementos de mesma classe, admite uma álgebra de Lie.

§ 8.11. Spinores e Representação Spinoral

Um spinor é o equivalente algébrico a um vetor do espaço euclidiano em um espaço complexo. Spinores são elementos que se transformam linearmente quando um espaço euclidiano é submetido a uma rotação infinitesimal. Essa associação dos spinores com as rotações fica evidente em seu próprio nome que deriva da palavra *spin.*que se refere ao momento angular das partículas. Definimos o conceito de representação spinorial as

$N(N-1)/2$ matrizes Γ_a tais que (BARCELOS NETO, 2010, p. 148-149):

$$\{\Gamma_a,\Gamma_b\} = \Gamma_a\Gamma_b + \Gamma_b\Gamma_a = 2\delta_{ab}$$

onde o operador $\{\Gamma_a,\Gamma_b\}$ é o anticomutador. O gerador do grupo M_{ab}, satisfaz uma álgebra de Lie:

$$M_{ab} = -\frac{i}{4}[\Gamma_a,\Gamma_b]$$

$$\left[M_{ij},M_{kl}\right] = i\left(\delta_{il}M_{jk} + \delta_{jk}M_{il} - \delta_{ik}M_{jl} - \delta_{jl}M_{ik}\right)$$

Há duas importantes relações envolvendo comutadores e anticomutadores:

$$[AB,C] = A\{B,C\} + \{A,C\}B$$

$$[A,BC] = \{A,B\}C - B\{A,C\}$$

Para o S-Grupo de Poincaré definiremos os seguintes spinores a partir das matrizes de *boost* e as matrizes de *rotação:*

$$J_i = \frac{1}{2}\left(S_i + iK_i\right),$$

$$\overline{J}_i = \frac{1}{2}\left(S_i - iK_i\right)$$

§ 8.12. Parâmetros de Cayley

Os resultados anteriores podem ser associados aos parâmetros de Cayley. Podemos definir o grupo unificado que gera o espaço-tempo como um Cliffor, que chamaremos de de C-Grupo[20]. Nesse novo formalismo, um grupo SO (*m, n*) é construído a partir dos parâmetros de Cayley, da seguinte forma:

m = número de componentes elípticas.

n = número de componentes hiperbólicas

As componentes parabólicas tem valor nulo

---

[20] Cliffor Grupo (C-Grupo).

O grupo de Galileu, associado aos números duais, tem 3 componentes elípticas (espaço) e 1 componente parabólica (tempo), portanto seu grupo é o SO(3,0), que escrevemos, SO(3).

O grupo de Euclides, associado aos números complexos, tem 4 componentes elípticas (três espaciais e uma temporal), portanto seu grupo é o SO(4,0), que escrevemos como SO(4).

O grupo de Lorentz, associado aos números perplexos, tem 3 componentes elípticas (espaço) e 1 hiperbólica (tempo), portanto seu grupo é o SO(3,1), que escrevemos como SO(3,1).

Como o C-Grupo é equivalente ao S-Grupo, então todos os resultados que derivamos anteriormente são preservados.

PARTE III – Implicações Físicas

§ 9. Aplicações do Programa de Erlangen

A topologia unificada para o espaço-tempo que desenvolvemos na seção anterior permite investigarmos as propriedades físicas que são induzidas pelo número hipercomplexo associado a topologia. Nesse capítulo, estudaremos essas implicações para teoria do potencial, o estudo de ondas escalares e para termodinâmica.

§ 9.1. Potenciais do Espaço-Tempo

Da mesma forma, cada uma destas estruturas define uma equação do potencial. Para uma variedade arbitrária, o potencial será definido como:

$$\nabla^2 \varphi - R^2 \frac{\partial^2 \varphi}{\partial \tau^2} = 0$$

onde R é a característica do anel.

Para uma variedade de Galileu, o anel é o dual, r é o número nilpotente ε, a simetria é parabólica e o potencial é a equação de Laplace:

$$\nabla^2 \varphi - \varepsilon^2 \frac{\partial^2 \varphi}{\partial \tau^2} = 0$$

$$\nabla^2 \varphi = 0$$

Para uma variedade de Lorentz, o anel é o perplexo, r é o número perplexo p, a simetria é hiperbólica e o potencial é a equação de D'Alambert:

$$\nabla^2 \varphi - p^2 \frac{\partial^2 \varphi}{\partial \tau^2} = 0$$

$$\nabla^2 \varphi - \frac{\partial^2 \varphi}{\partial \tau^2} = 0$$

Para uma variedade de Euclides, o anel é o complexo, r é o número imaginário i, a simetria é elíptica e o potencial é a equação de Laplace em 4 dimensões:

$$\nabla^2 \varphi - i^2 \frac{\partial^2 \varphi}{\partial \tau^2} = 0$$

$$\nabla^2 \varphi + \frac{\partial^2 \varphi}{\partial \tau^2} = 0$$

Embora estejamos analisando apenas variedades sem fontes de curvatura e torção, como a teoria da relatividade geral parte de uma equação tensorial generalizada de Poisson,

$$\nabla^2 \varphi = 8\pi G_{ij}$$

Onde o operador laplaciano é a derivada covariante de segunda ordem sobre a 0-forma φ, transformando-a em um tensor covariante de segunda ordem. Podemos concluir que φ é uma função da métrica da variedade e, portanto, assim como ocorre para variedades planas, o potencial é uma propriedade topológica. Como as variedades que estudamos são diferenciável, isso significa que localmente a variedade é difeomórfica ao plano euclidiano. Em outras palavras, para uma região muito pequena da variedade sempre verificar-se-á a existência de um potencial de Laplace-Beltrami. Portanto, qualquer variedade diferenciável apresenta localmente uma equação do potencial da forma galileana:

$$\nabla^2 \varphi = 0$$

E, portanto, localmente todas as variedades do espaço-tempo são equivalentes. Podemos afirmar que a dependência do potencial com a métrica o faz um invariante topológico. Outro invariante topológico é a assinatura, como é demonstrado pelo Teorema de Sylvester. Associaremos a dimensão do espaço à assinatura e verificaremos que o espaço euclidiano se caracteriza por uma dimensão negativa. Embora essa conclusão pareça, à primeira vista, estranha a nossa intuição, verificaremos que ela é logicamente consistente. Para isso, regressemos as nossas três variedades de espaço-tempo: Galileu, Lorentz e Euclides.

O grupo que gera o espaço de Galileu é o grupo das rotações SO(3), esse grupo apresenta seis parâmetros: três parâmetros de rotação e três parâmetros de translação. Não há *boosts*, pois nesse espaço o tempo tem dimensionalidade zero. Isso pode ser interpretado de duas maneiras: o tempo é um vetor nulo ou o tempo está associado a um número nilpotente de segunda ordem. Se assumirmos essa segunda hipótese, a dimensão do tempo deve ser dado pelo número dual elevado ao quadrado:

$$\dim G = \dim S + \varepsilon^2$$

Onde S é o número de translações espaciais. Como a variedade de Galileu apresenta três translações espaciais e o número nilpotente ao quadrado é zero, sua dimensão será:

$$\dim G = 3 + 0$$

O grupo que gera o espaço de Lorentz é o grupo das rotações hiperbólicas SO(1,3), esse grupo apresenta dez parâmetros: seis parâmetros de rotação e quatro parâmetros de translação. Entre as rotações temos 3 *boosts*, a saber: *x-t, y-t, z-t*, pois nesse espaço o tempo tem dimensionalidade 1. Isso pode ser interpretado associando ao tempo está associado um número perplexo. Assim, a dimensionalidade deste espaço será:

$$\dim L = \dim S + p^2$$

Sendo novamente S é o número de translações espaciais. Como a variedade de Lorentz apresenta três translações espaciais e o número perplexo ao quadrado é a unidade, sua dimensão será:

$$\dim L = 3 + 1$$

Por fim, o grupo que gera o espaço de Euclides é o grupo das rotações SO(4), esse grupo também apresenta dez parâmetros: seis parâmetros de rotação e quatro parâmetros de translação. Não teremos *boosts*. Este espaço admite curvas fechadas no tempo, isso decorre de sua dimensionalidade ser -1. Isso pode ser interpretado associando ao tempo está associado um número complexo. Assim, a dimensionalidade deste espaço será:

$$\dim E = \dim S + i^2$$

Mais uma vez, o parâmetro S é o número de translações espaciais. Como a variedade de Euclides apresenta três translações espaciais e o número complexo ao quadrado é a unidade negativa, sua dimensão será:

$$\dim E = 3 - 1$$

Qual justificativa para impormos que o espaço tenha uma dimensão negativa de tempo? A primeira delas seria uma indução fraca baseado nas duas fórmulas da dimensão que escrevemos anteriormente. Porém, há outro argumento que me levou a considerar a dimensão negativa como uma possibilidade plausível. Recordemos que a dimensão negativa pode ser interpretada como uma aplicação que transforma rotações em translações e vice-versa.

$$N(a) = a,$$
$$T = N(R),$$
$$R = N(T)$$

Se considerarmos o espaço unidimensional (uma reta) temos 1 translação e nenhuma rotação, portanto o espaço unidimensional negativo terá 1 rotação e nenhuma translação.

$$T = N(0), \qquad R = N(1)$$
$$T = 0 \qquad\qquad R = 1$$

A primeira vista, essa afirmação parece estranha ao nosso espírito acostumado com a geometria euclidiana: o que seria um espaço com rotações, mas sem translações? Porém, a resposta é bastante simples: um espaço sobre uma linha fechada de Jordan ou um loop suave. Seres unidimensionais que habitem o espaço de uma linha fechada jamais transladariam, pois em cada ponto dessa linha existe um vetor tangente não-nulo. Topologicamente esse espaço é chamado de S^1. Assim como uma linha infinita é um isomorfismo com a reta dos números reais, uma linha de dimensão negativa é um isomorfismo com S^1. Estudos de vácuo com pressão e energia negativa dentro das cosmologias admitem soluções fechadas. O tempo imaginário, discutido a exaustão por S. Hawking em seus trabalhos sobre a natureza do tempo, é uma curva fechada sobre uma hipersfera. Em nossa análise sobre essa variedade, mostramos que o tempo imaginário em um modelo bidimensional, corresponderia as latitudes em um globo.

Cada plano espacial que corta esse globo cria uma família de esferas S^1 homotéticas. Como todas essas curvas temporais são isomórficas ao espaço de dimensão negativa -1. Então, podemos afirmar que o tempo na variedade euclidiana apresenta dimensão negativa. Portanto, a equação geral da dimensão de uma variedade é dada por:

$$\dim M = \dim S + R^2$$

Onde S é o número de translações espaciais e R^2 é a característica do anel associado a variedade. Visto que o número de translações espaciais pode ser determinado pelo número das componentes diagonais do tensor métrico, portanto o número de translações espaciais é uma função da assinatura do tensor métrico e a assinatura, como declara o Teorema de Sylvester, é um invariante topológico. Deste resulta que o número de dimensões de uma variedade também é um invariante topológico.

§ 9.2. Potenciais Topológicos

Como agora conhecemos a estrutura dos vetores tangentes e cotangentes a variedade espaço-tempo, podemos construir rigorosamente a teoria dos potenciais topológicos, que inferimos intuitivamente anteriormente. Vamos definir o vetor nabla como um 4-vetor covariante sobre a variedade:

$$\nabla_i = \left(\nabla, \frac{1}{k} \frac{\partial}{\partial t} \right)$$

Tomando a norma do vetor ao quadrado e aplicando a uma função ϕ teremos:

$$\Delta \phi = \nabla^2 \phi - \frac{R^2}{k^2} \frac{\partial^2 \phi}{\partial t^2}$$

Se o laplaciano generalizado for igual a zero, teremos a equação de Laplace-Beltrami para o potencial. Do contrário, teremos a equação de Poisson. Observe que essa equação coincide com os resultados que obtivemos anteriormente. Portanto, podemos concluir que o potencial é definido pela característica anelar da variedade.

Teorema da Invariância

"Dada uma variedade do tipo espaço-tempo com característica anelar R. O potencial topológico associado a essa variedade é um invariante"

Prova: A norma de um 4-vetor é invariante sobre a variedade. Portanto, $\Delta' \phi = \Delta \phi$

$$\nabla'^2\phi - \frac{R^2}{k^2}\frac{\partial^2\phi}{\partial t'^2} = \nabla^2\phi - \frac{R^2}{k^2}\frac{\partial^2\phi}{\partial t^2} \qquad \text{Q.E.D}$$

§ 9.3. O Potencial Topológico de Poincaré

Utilizando o formalismo que desenvolvemos anteriormente, podemos estabelecer consequência da nova teoria dos potenciais. Mais precisamente, faremos o estudo do 4-vetor nabla e suas aplicações a teoria dos campos escalares e vetoriais, permitem definir uma nova função de x e de t que doravante chamaremos de potencial de Poincaré, em homenagem ao físico-matemático francês Henri Poincaré, um dos pesquisadores fundamentais no desenvolvimento da teoria da relatividade e da topologia.

Teorema Potencial Topológico de Poincaré

Seja ϕ um campo escalar que depende da posição (x, y, z) e do tempo (t) e seja ∇ o operador que para cada ponto desse campo escalar associa um vetor gradiente.

$$\vec{\phi}(r,t) = \nabla\phi(r,t)$$

Também podemos definir um campo tensorial a partir do operador 4-gradiente:

$$\phi_i(x_j) = \nabla_i\phi(x_j)$$

e cuja transformação de ϕ entre dois referenciais inerciais deve ser dada por:

$$\phi(x_j) = \phi'(x_j) - \Upsilon(x,t)$$

onde $\Upsilon(x,t)$ é uma função escalar, que chamaremos de potencial de Poincaré, e deve satisfazer a seguinte equação diferencial parcial linear:

$$\frac{\partial^2\Upsilon(x,t)}{\partial x^2} - \frac{R^2}{k^2}\frac{\partial^2\Upsilon(x,t)}{\partial t^2} = 0$$

Prova do Teorema do Potencial Topológico de Poincaré

A demonstração desse teorema é feita a partir da análise da transformação do 4-vetor gradiente do potencial ϕ. Por meio dessa regra, nós podemos generalizar o vetor fluxo de energia térmica como sendo proporcional ao 4-gradiente:

$$\phi_i = \left(\nabla\phi, \frac{1}{k}\frac{\partial\phi}{\partial t}\right), \quad \phi_i' = \left(\nabla'\phi', \frac{1}{c}\frac{\partial\phi'}{\partial t'}\right)$$

Queremos determinar como o potencial ϕ se transforma de um referencial inercial S para um referencial inercial S'. A transformação dessas coordenadas depende da definição do potencial que adotarmos. Porém, podemos obter a sua transformação geral. Vamos analisar apenas a componente transversal do 4-gradiente.

$$\partial_\perp' \phi' = \partial_\perp \phi$$

Da forma como construímos nossos 4-vetores é fácil ver que a derivada das componentes espaciais transversais se transforma da mesma forma para todos os referenciais inerciais:

$$\partial_\perp \phi' = \partial_\perp \phi$$

Essa é uma equação diferencial parcial exata:

$$\partial_\perp (\phi' - \phi) = 0$$

Integrando a equação em relação a derivada transversal:

$$\int \partial_\perp (\phi' - \phi) = 0 \cdot d_\perp$$

como as componentes transversais dependem apenas das coordenadas y e z, então a diferença das funções ϕ deve ser, a menos de uma constante aditiva, uma função apenas da coordenada x e t.

$$\phi' - \phi = \Upsilon(x,t)$$

que resulta na seguinte transformação:

$$\phi = \phi' - \Upsilon(x,t)$$

Agora vamos demonstrar que o potencial de Poincaré satisfaz a equação generalizada do potencial. Basta aplicarmos o método de construção de invariantes para 4-vetores.

$$\nabla'^2 \phi' - \frac{R^2}{k^2}\frac{\partial^2 \phi'}{\partial t'^2} = \nabla^2 \phi - \frac{R^2}{k^2}\frac{\partial^2 \phi}{\partial t^2}$$

$$\Delta'\phi' = \Delta\phi$$

Como o operador laplaciano generalizado é um invariante relativístico, portanto, podemos escrever nossa equação da seguinte forma:

$$\Delta\phi' = \Delta\phi$$
$$\Delta(\phi' - \phi) = 0$$
$$\Delta\Upsilon(x,t) = 0$$

Substituindo a relação que achamos para a diferença de potencial:

$$\nabla^2\Upsilon(x,t) + \frac{R^2}{k^2}\frac{\partial^2\Upsilon(x,t)}{\partial t^2} = 0$$

E está demonstrado o teorema.

Considerações sobre o Potencial Topológico de Poincaré

O potencial ϕ define sobre o espaço-tempo um conjunto de eventos coordenados denominado de eventos equipotenciais. O gradiente do potencial ϕ define um vetor contravariante que mede a taxa de variação máxima entre as linhas equipotenciais. Como as transformações de Lorentz generalizadas representam rotações no espaço-tempo, o potencial ϕ' gera um novo conjunto de eventos e equipotenciais para o sistema após a rotação onde o potencial de Poincaré corresponde a este fator de rotação dos eventos.

Outra interpretação geométrica do 4-gradiente é que suas coordenadas definem um 4-vetor normal de um plano tangente a uma hipersuperfície no espaço tempo. Quando aplicada uma transformação generalizada de Lorentz, a hipersuperfície e o plano normal sofrem uma rotação, exigindo uma transformação das coordenadas no vetor normal. O potencial de Poincaré está associado a rotação do vetor normal. A vantagem do potencial de Poincaré que por ele ser uma característica anelar topológica da variedade. Suas não dependem da maneira como definimos as funções potenciais.

Soluções da Equação dos Potenciais Topológicos

Vamos agora procurar soluções para a equação do potencial:

$$\frac{\partial^2 \Upsilon(x,t)}{\partial x^2} - \frac{R^2}{k^2}\frac{\partial^2 \Upsilon(x,t)}{\partial t^2} = 0$$

Da teoria elementar das equações diferenciais, sabemos que uma solução geral é dada pela equação exponencial:

$$\Upsilon(x,t) = \Upsilon_0 e^{h(Rx-kt)}$$

Onde h é um número híbrido, dado por:

$$h = a + ib + pc + \varepsilon d$$
$$a,b,c,d \in \mathbb{R}$$

E sua álgebra multiplicativa é definida pela tábua:

$\times$	1	i	ε	p
1	1	i	ε	p
i	i	-1	$1-p$	$\varepsilon + i$
ε	ε	$1+p$	0	$-\varepsilon$
p	p	$-\varepsilon - i$	ε	1

Vamos tirar a prova real. Para isso, tomemos as derivadas da segunda:

$$\frac{\partial^2 \Upsilon(x,t)}{\partial x^2} = h^2 R^2 \Upsilon_0 \Upsilon(x,t)$$

$$\frac{\partial^2 \Upsilon(x,t)}{\partial t^2} = h^2 k^2 \Upsilon_0 \Upsilon(x,t)$$

E substituímos na equação diferencial:

$$h^2 R^2 \Upsilon_0 \Upsilon(x,t) - \frac{R^2}{k^2} h^2 k^2 \Upsilon_0 \Upsilon(x,t) = 0$$
$$\left(h^2 R^2 \Upsilon_0 - h^2 R^2 \Upsilon_0\right)\Upsilon(x,t) = 0$$
$$h^2 R^2 \Upsilon_0 = h^2 R^2 \Upsilon_0$$

Agora vamos expandir a solução em termo das funções de Poincaré. Observe que nossa equação pode ser escrita como:

$$\Upsilon(x,t) = \Upsilon_0 e^{hRx} e^{-hkt}$$

Aqui devemos enfatizar que um número híbrido não comuta com um número complexo, apenas com os números reais, por isso a primeira exponencial deve ser escrita na exata ordem dos termos. Abrindo o número híbrido na segunda parcela, teremos:

$$\Upsilon(x,t) = \Upsilon_0 e^{hRx} e^{-(a+ib+pc+\varepsilon d)kt}$$

$$\Upsilon(x,t) = \Upsilon_0 e^{hRx} e^{-akt} e^{-ibkt} e^{-pckt} e^{-\varepsilon dkt}$$

$$\Upsilon(x,t) = \Upsilon_0 e^{hRx} e^{-At} e^{-iBt} e^{-pCt} e^{-\varepsilon Dt}$$

Usando as funções de Poincaré, podemos escrever a solução:

$$\Upsilon(x,t) = \Upsilon_0 e^{hRx} \left[P_+^p(At) - P_-^p(At) \right]\left[P_+^i(Bt) - iP_-^i(Bt) \right]$$
$$\left[P_+^p(Ct) - pP_-^p(Ct) \right]\left[P_+^\varepsilon(Dt) - \varepsilon P_-^\varepsilon(Dt) \right]$$

Vamos detonar a função temporal do potencial de Poincaré pela letra $\amalg$:

$$\amalg(ht) = \Upsilon_0 \left[P_+^p(At) - P_-^p(At) \right]\left[P_+^i(Bt) - iP_-^i(Bt) \right]$$
$$\left[P_+^p(Ct) - pP_-^p(Ct) \right]\left[P_+^\varepsilon(Dt) - \varepsilon P_-^\varepsilon(Dt) \right]$$

Portanto nossa solução geral, será:

$$\Upsilon(x,t) = e^{hRx} \amalg(ht)$$

Estudaremos a parte espacial. Expandindo a função exponencial em séries:

$$e^{hRx} = \sum_{n=0}^{\infty} \frac{(hx)^n R^n}{n!}$$

Essa função pode ser decomposta em suas partes pares e impares. Faremos isso:

$$e^{hRx} = 1 + \sum_{n=1}^{\infty} \frac{(hx)^{2n} R^{2n}}{(2n)!} + hRx + \sum_{n=1}^{\infty} \frac{(hx)^{2n+1} R^{2n+1}}{(2n+1)!}$$

Devemos começar a soma em 1, pois R pode ser nilpotente.

Uma pequena manipulação algébrica, mostra que nossas equações assumem a seguinte forma:

$$e^{hRx} = \left[1 + \sum_{n=1}^{\infty} \left(R^2\right)^n \frac{(hx)^{2n}}{(2n)!}\right] + \left[hx + \sum_{n=1}^{\infty} \frac{(hx)^{2n+1}}{(2n+1)!}\left(R^2\right)^n\right] R$$

Essas são as expansões das funções de Poincaré par e impar:

$$e^{hRx} = P_+^R\left(hx\right) + P_-^R\left(hx\right) R$$

Veja que devido a não comutatividade, R deve ser posto a direita. Nós chamaremos essa nova função de função de Poincaré de segundo tipo à direita:

$$\underline{P}\left(hx\right) = P_+^R\left(hx\right) + P_-^R\left(hx\right) R$$

Embora h não comute, todos os valores da segunda derivada são números reais, portanto h^2 comutará com todos os termos e podemos definir uma segunda solução: a função de Poincaré de segundo tipo à esquerda:

$$\underline{P}\left(hx\right) = P_+^R\left(hx\right) + R P_-^R\left(hx\right)$$

O princípio da sobreposição garante que todas as combinações lineares de soluções, também serão soluções:

$$\Upsilon\left(x,t\right) = \left(k_1 \underline{P}\left(hx\right) + k_2 \underline{P}\left(hx\right)\right) \amalg \left(ht\right)$$

Essas são as soluções gerais do potencial de Poincaré? Na verdade não. São apenas soluções particulares, pois existem infinitas escolhas dos coeficientes a, b, c e d, e para cada escolha teremos uma solução. Isso não é nenhuma novidade, o espaço das equações diferenciais parciais pode ter dimensão infinita. Por isso devemos expressar os nossos resultados em função de uma soma infinita que gera todas as soluções:

$$\Upsilon\left(x,t\right) = \sum_{j=-\infty}^{\infty} \left(P\left(h_j x\right) \amalg \left(h_j t\right) + P\left(\overline{h}_j x\right) \amalg \left(\overline{h}_j t\right)\right)$$

Onde os índices negativos de h correspondem as soluções a esquerda e os índices positivos, as soluções à direita, e o traço sobre o h representa o seu conjugado. Pela dedução empregada, podemos concluir que está equação contém todas as soluções possíveis para equações diferenciais parciais do potencial anelar R.

§ 9.4. Ondas Topológicas de Abraham-Nordströn

Em 1912, Max Abraham propôs uma generalização da equação de Poisson para o potencial gravitacional em uma variedade 4-dimensional (MEHRA, 1974):

$$\frac{\partial^2 \phi}{\partial x^2} + \frac{\partial^2 \phi}{\partial y^2} + \frac{\partial^2 \phi}{\partial z^2} + \frac{\partial^2 \phi}{\partial u^2} = 4\pi G\rho$$

$$u = ict$$

Em resposta ao trabalho de Abraham, o físico alemão Gunnar Nordströn, mostrou que a generalização da equação de Poisson teria como consequência a propagação de ondas gravitacionais no espaço-tempo (MEHRA, 1974).

Nosso estudo sobre potenciais relativísticos se relaciona aos trabalhos de Abraham e Nordströn. Conforme a teoria dos potenciais topológicos, definimos a variável u como:

$$Ru = ct$$

Como esta transformação se aplica a qualquer campo escalar, a interpretação de Nordströn pode ser generalizada para além do potencial gravitacional:

"As mudanças de um campo definido pelo gradiente do potencial se propagam à velocidade k por meio de ondulações no espaço-tempo, ou ondas potenciais, que doravante chamaremos de ondas de Abraham-Nordströn $\Delta\phi(\vec{r},t) = \kappa f(\vec{r},t)$ *"*

Se chamarmos as soluções da equação do potencial de funções anelares, concluímos que o princípio da relatividade nos impõe que as mudanças em campos de temperatura, se propagam por funções anelares de Fourier, mudanças do campo elétrico e magnético, por funções anelares de Maxwell e mudanças do campo gravitacional, por funções anelares gravitacionais. Em particular, se a variedade for de Lorentz, as funções anelares serão ondas, pois a equação diferencial do potencial topológico é uma equação de D'Alambert. Em geral, para qualquer campo definido pelo escalar de um potencial, as mudanças se propagarão por ondas de Abraham-Nordströn.

§ 9.5. Orientação do Tempo e a Entropia

O Grupo de Poincaré permite compreender a orientação do tempo em qualquer variedade do tipo espaço-tempo plana. No espaço-tempo de Galileu (G^{3+0}), cuja variedade tem característica anelar nilpotente, não podemos definir a componente zero da transformação generalizada de Lorentz, pois para essa variedade, verifica-se que:

$$0 = \frac{\left(\left[\Lambda^{\varepsilon} \right]_0^{\mu} \left[\Lambda^{\varepsilon} \right]_0^{\nu} \right)}{\left\{ \left(\left[\Lambda^{\varepsilon} \right]_0^0 \right)^2 - 1 \right\}}$$

Portanto, não existe uma orientação do tempo no espaço-tempo de Galileu. Essa é razão para as equações da mecânica serem preservadas tanto no sentido futuro do tempo quanto no sentido passado. A variedade de Galileu é simétrica no tempo.

No espaço-tempo de Euclides (E^{3-1}), cuja variedade tem característica anelar imaginária, se a componente zero da matriz generalizada de Lorentz for maior que a unidade, temos um tempo negativo, portanto um eixo fechado, orientado no sentido anti-horário. Caso a componente zero menor que a unidade, o caráter antícrono faz com que o tempo esteja orientado no sentido horário. Por derradeiro, no espaço-tempo de Lorentz (M^{3+1}), cuja variedade tem característica anelar perplexa, se a componente zero da matriz generalizada de Lorentz for maior que a unidade, temos um tempo positivo, portanto um eixo aberto, orientado no sentido crescente (futuro). Caso a componente zero menor que a unidade, o caráter antícrono faz com que o tempo esteja orientado no sentido decrescente (passado). Tanto no espaço-tempo de Euclides quanto no de Lorentz há uma antissimetria no tempo, determinado pela componente zero da matriz de Lorentz.

O formalismo adotado nesse trabalho permite explorar a relação entre o tempo e a entropia. Se determinarmos que a variação da entropia é uma função da componente zero da Matriz de Lorentz, mesmo em um universo cíclico (euclidiano), a entropia continua crescente na fase de retorno, pois a componente zero apenas determina o sentido de rotação do tempo. Desta maneira, podemos escrever que:

$$Se \ \left(\Lambda^R\right)_0^0 \geq 1 \quad \rightarrow \quad dS \geq 0$$

$$Se \ \left(\Lambda^R\right)_0^0 < 1 \quad \rightarrow \quad dS < 0$$

Para demonstrar essa relação, recordemos que na formulação geral, temos a seguinte correspondência:

$$\gamma \mapsto \left(\Lambda^R\right)_0^0 \qquad c \mapsto k\left(R\right)$$

Sendo a segunda lei da Termodinâmica é um invariante relativístico (MARTINS, 2012), para tornar nossas equações covariantes precisamos realizar uma pequena alteração na primeira Lei da Termodinâmica.

$$dE = KdQ - dW$$

onde K é uma constante adimensional a ser determinada. Para uma variedade do tipo espaço-tempo, a transformação da energia será dado por:

$$dE = \left|\left(\Lambda^R\right)_0^0\right|\left[\frac{v^2}{k^2} d\left(P_o V_o\right) + dE_o\right]$$

Para deduzir a transformação relativística do trabalho termodinâmico, temos que considerar que a velocidade de uma haste rígida em seu referencial próprio não varia, embora seu momento G sofra um aumento. O diferencial da equação do momento da barra será dada por:

$$-dW = -PdV + \frac{d\vec{G}}{dt} d\vec{r}$$

Pela convenção adotada, como há entrada de energia na barra, o trabalho deve ser negativo para que a variação da energia seja positiva. A força aplicada sobre a barra tende a reduzir seu volume, portanto o volume final tende a ser menor que o inicial.

$$dW = PdV - \frac{d\vec{G}}{dt} d\vec{r}$$

$$dW = PdV - d\vec{G} \frac{d\vec{r}}{dt}$$

$$dW = PdV - d\vec{G} \cdot \vec{v}$$

Usando a relação entalpia-momento (MARTINS, 2012),

$$d\vec{G} = \frac{dH}{k^2}\vec{v}$$

Substituindo esse resultado na relação do trabalho:

$$dW = PdV - \frac{dH}{k^2}v^2$$

$$dW = PdV - \frac{v^2}{k^2}dH$$

$$dW = PdV - \frac{v^2}{k^2}d(PV + E)$$

$$dW = \frac{P_o dV_o}{\left|\left(\Lambda^R\right)_0^0\right|} - \left|\left(\Lambda^R\right)_0^0\right|\frac{v^2}{k^2}d(P_oV_o + E_o)$$

Portanto a transformação do trabalho termodinâmico será:

$$dW = \frac{P_o dV_o}{\left|\left(\Lambda^R\right)_0^0\right|} - \left|\left(\Lambda^R\right)_0^0\right|\frac{v^2}{k^2}d(P_oV_o) - dE_o$$

$$dW = PdV - \frac{v^2}{k^2}d(PV) + E$$

Agora podemos determinar a transformação do calor. Da primeira lei da termodinâmica podemos escrever o diferencial do calor como:

$$KdQ = dE + dW$$

Substituindo os diferenciais de energia e trabalho que calculamos, obtemos:

$$KdQ = \frac{P_o dV_o}{\left|\left(\Lambda^R\right)_0^0\right|} - \left|\left(\Lambda^R\right)_0^0\right|\frac{v^2}{k^2}d(P_oV_o)$$

$$- \left|\left(\Lambda^R\right)_0^0\right|\frac{v^2}{k^2}dE_o + \left|\left(\Lambda^R\right)_0^0\right|\left[\frac{v^2}{k^2}d(P_oV_o) + dE_o\right]$$

$$KdQ = \frac{P_o dV_o}{\left|\left(\Lambda^R\right)_0^0\right|} + \left|\left(\Lambda^R\right)_0^0\right| dE_o - \left|\left(\Lambda^R\right)_0^0\right| \frac{v^2}{k^2} dE_o$$

$$KdQ = \frac{P_o dV_o}{\left|\left(\Lambda^R\right)_0^0\right|} + \left|\left(\Lambda^R\right)_0^0\right| dE_o \left(1 - \frac{v^2}{k^2}\right)$$

$$KdQ = \frac{1}{\left|\left(\Lambda^R\right)_0^0\right|} \left(P_o dV_o + dE_o\right)$$

O termo em parêntesis é a o calor no referencial próprio e se transforma como:

$$KdQ = \frac{dQ_o}{\left|\left(\Lambda^R\right)_0^0\right|}$$

Como a variação da entropia é um invariante relativístico, a desigualdade de Clausius pode ser escrita da seguinte forma:

$$dS \geq \int \frac{dQ}{T}$$

$$dS_o \geq \int \frac{dQ_o}{\left|\left(\Lambda^R\right)_0^0\right| KT_o}$$

Aqui há uma questão conceitual importante.

a) Se assumirmos que K é igual a unidade, a temperatura se transforma de acordo com a análise de Planck (1906).

$$K = 1 \quad \rightarrow \quad dQ = \frac{dQ_o}{\left|\left(\Lambda^R\right)_0^0\right|} \quad \rightarrow \quad T = \frac{T_o}{\left|\left(\Lambda^R\right)_0^0\right|}$$

b) Se assumirmos que K é o inverso da componente zero da matriz de Lorentz, a temperatura é um invariante relativístico, como sugere o físico russo I. Avramov (2003).

$$K = \frac{1}{\left|\left(\Lambda^R\right)_0^0\right|} \quad \rightarrow \quad dQ = dQ_o \quad \rightarrow \quad T = T_o$$

c) *Se assumirmos que K é o inverso ao quadrado da componente zero da matriz de Lorentz, a se transforma de acordo com a análise de Ott.*

$$K = \frac{1}{\left[\left|\left(\Lambda^R\right)_0^0\right|\right]^2} \quad \rightarrow \quad dQ = \left|\left(\Lambda^R\right)_0^0\right| dQ_o \quad \rightarrow \quad T = \left|\left(\Lambda^R\right)_0^0\right| T_o$$

Observe que na formulação de Ott, o calor deve se transformar com a mesma lei que obtivemos para a energia.

d) *Para o caso mais geral, teremos que:*

$$K = \left|\left(\Lambda^R\right)_0^0\right|^n \quad \rightarrow \quad dQ = \frac{dQ_o}{\left|\left(\Lambda^R\right)_0^0\right|^{n+1}} \quad \rightarrow \quad T = \frac{T_o}{\left|\left(\Lambda^R\right)_0^0\right|^{n+1}}$$

Usualmente, assumimos as transformações de Ott como verdadeiras, portanto, a desigualdade Clausius será:

$$dS_o \geq \int \left|\left(\Lambda^R\right)_0^0\right| \frac{dQ_o}{T_o}$$

Da desigualdade de $\left|\left(\Lambda^R\right)_0^0\right|$, deduzimos que:

$$\text{Se } \left|\left(\Lambda^R\right)_0^0\right| \geq 1, \text{ então } dS_o \geq \int \frac{dQ_o}{T_o}$$

$$\text{Se } \left|\left(\Lambda^R\right)_0^0\right| < 1, \text{ então } dS_o < \int \frac{dQ_o}{T_o}$$

No espaço-tempo de Galileu como não podemos determinar a componente zero da matriz de Lorentz, não existe uma justificativa física para relacionarmos a orientação do tempo com a entropia.

§ 10. Um Anel Para Todo Espaço-Tempo Unificar

Nas seções anteriores desenvolvemos uma topologia de baixa dimensão que permite tratar de todas as variedades espaço-temporais usuais: galileana, lorentziana e euclidiana. Mostramos que a teoria do potencial de Laplace pode ser generalizada em uma teoria do potencial topológico, isto é, uma teoria onde o potencial é determinado pela natureza da variedade espaço-temporal. Nesta seção, aprimoraremos essa noção de uma física topológica, uma física determinada pelas qualidades do espaço-tempo. Como incentivo as nossas investigações, estudaremos os dois postulados restantes da teoria da relatividade, propostos por Painléve em 1922: o princípio da inércia e o princípio da forma invariante da luz.

O princípio da inércia mostrará que a transformação de Möbius satisfaz tanto o princípio da relatividade quanto o postulado da forma invariante da luz, pois o grupo generalizado de Lorentz é isomórfico ao grupo de Möbius. Para isso, mostraremos que é necessário assumir o princípio da inércia para que o isomorfismo do grupo generalizado de Lorentz seja restrito a transformação identidade de Möbius. Já o estudo do princípio forma invariante da luz, associado a invariância e a constância da velocidade da luz, mostrará que as propriedades da radiação também apresentam natureza topológica. Como a luz desempenha um papel fundamental tanto na formulação da relatividade especial e na relatividade geral, esse estudo nos permitirá indicar um caminho para construir uma topologia de baixa dimensão baseada nas características anelares para variedades espaço-temporais curvas.

As duas últimas partes dessa seção constituem na construção de um anel que permita construir uma topologia de baixa dimensão unificada para variedades espaço-temporais planas para espaços ainda mais gerais. Como foi exposto na quarta seção, as teorias do espaço partem do postula tácito que as dimensões do espaço são retas reais que geram R^3. Nós iremos rejeitar essa limitação e estudar espaços com dimensões perplexas e complexas e construir novas variedades espaço-temporais. Por meio dos resultados obtidos, finalmente estaremos preparados para construir um anel e unificar a topologia de baixa dimensão do espaço-tempo, como havíamos proposto no começo dessa pesquisa.

§ 10.1. Postulados da Relatividade

Em 1922, o matemático francês Paul Painlevé publicou um livro intitulado *Les Axiomes de la mecanique*, provavelmente inspirado pela formulação axiomática de David Hilbert da geometria. Painléve analisou os axiomas fundamentais da mecânica clássica e os da teoria da relatividade. Ao penetrar no domínio da relatividade, Painléve (1922, p. 98) afirma que:

"A teoria da relatividade repousa sobre o mesmo postulado fundamental que a mecânica clássica e a ótica de Fresnel; nomeadamente:

O Postulado de Kepler-Fresnel. - É possível definir, uma vez por todas e para todo o universo, uma medida de tempo, uma medida de comprimento e um quadro de referência tal que:

1) O movimento de cada partícula que é muito distante de todos os outros é retilíneo e uniforme (*Princípio da inércia*).

2) Longe de toda a matéria a propagação da luz é retilínea e uniforme e tem a mesma velocidade em todas as direções (*Princípio de Kepler-Fresnel*).

De acordo com a doutrina clássica este quadro de referência será aquele adotado pelo grupo de observadores em uma estrela A, que é muito distante de todas as outras e sem rotação em relação às estrelas fixas, se a velocidade absoluta desta estrela é zero. Mas os relativistas acrescentam o seguinte complemento essencial:

Postulado da relatividade. - Se o postulado de Kepler-Fresnel é verdadeiro para os observadores da estrela A (escolhendo esta estrela como corpo de referência), também é verdade para os observadores de uma estrela B escolhendo esta estrela como corpo de referência."

Se acrescentarmos o postulado de Cunningham sobre a invariância da forma da onda, então podemos estabelecer a teoria da relatividade é uma teoria covariante em Lorentz onde se observa o princípio da inércia. Em síntese, podemos partir da construção da relatividade à partir de 3 axiomas:

1)   O Princípio da Relatividade de Poincaré

2)   O Postulado de Kepler-Fresnel.

3)   O Postulado de Voigt-Cunningham

Nas últimas seções, analisamos as propriedades gerais de variedades que satisfazem o princípio da relatividade de Poincaré. Nessa seção analisaremos os efeitos particulares do segundo e do terceiro sobre os fenômenos físicos e a inteligibilidade da variedade espaço-tempo de Lorentz (espaço-tempo de Poincaré-Minkowski).

§ 10.2. O Postulado de Kepler-Fresnel.

"O movimento de cada partícula que é muito distante de todos os outros é retilíneo e uniforme. Longe de toda a matéria a propagação da luz é retilínea e uniforme e tem a mesma velocidade em todas as direções."

O fato do grupo de Lorentz SO (1,3) ser isomórfico ao grupo especial das projeções PSL (2,$\mathbb{C}$), as coordenadas que associam dois sistemas inerciais podem ser as transformações de Lorentz usuais ou as transformações holográficas de Möbius. Uma transformação holográfica é um mapa conforme que preserva o ângulo entre duas curvas. Portanto, sem o princípio de Kepler-Fresnel, dois referenciais inerciais poderiam observar a luz se propagar em uma trajetória curvilínea.

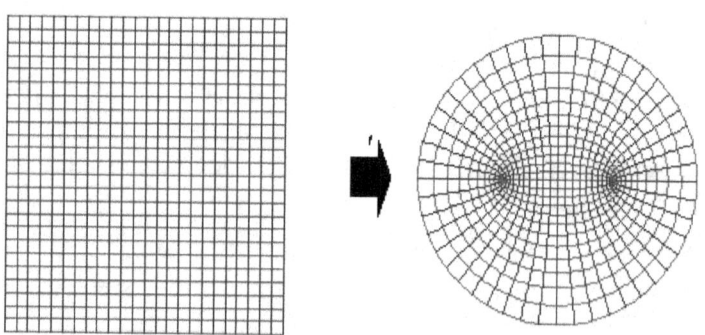

Como esse fenômeno não condiz com a trajetórias das estrelas observadas no céu noturno, precisamos impor que o grupo de deslocamentos que descreve a teoria da relatividade seja um subgrupo de SO(1,3), que denotaremos por SO$^+$(1,3), cuja característica fundamental é ser isomórfico ao subgrupo identidade I de PSL $(2,\mathbb{C})$.

Para acharmos esse grupo, suponha que uma partícula se desloca no espaço-tempo, com velocidade menor que a da luz, Seja e_1 um evento da partícula no espaço-tempo em um diagrama de Minkowski, definido como $e_1 = (ct_1, x_1, y_1, z_1)$. Seja e_2, $e_2 = (ct_2, x_2, y_2, z_2)$, um evento posterior no espaço-tempo com um vínculo casual com e_1. Podemos traçar entre esses dois eventos uma linha que os conecte chamada de *linha de mundo*. Por hipótese, essa linha de mundo deve ser inercial. A transformação de Möbius age como um mapa sobre a transformação de Lorentz na variedade espaço-tempo.

$$w \mapsto \frac{\alpha w + \beta}{\chi w + \delta}$$

$$\alpha \delta - \beta \chi = 1$$

Para definirmos as coordenadas de um evento no espaço-tempo, devemos procurar pontos no plano complexo que não produzem movimentos na esfera de Riemann. Essa transformação estacionária é a transformação identidade, definida como:

$$w \mapsto w$$
$$\alpha_1 = \delta_1 = 1,$$
$$\alpha_2 = \beta = \chi = \delta_2 = 0$$

Os nossos 16 coeficientes se tornam:

$$\begin{pmatrix} A_0 & B_0 & C_0 & D_0 \\ A_1 & B_1 & C_1 & D_1 \\ A_2 & B_2 & C_2 & D_2 \\ A_3 & B_3 & C_3 & D_3 \end{pmatrix} = \begin{pmatrix} 1 & 0 & 0 & 0 \\ 0 & 1 & 0 & 0 \\ 0 & 0 & 1 & 0 \\ 0 & 0 & 0 & 1 \end{pmatrix}$$

Substituindo em nossa transformação de Lorentz, nós obtemos:

$$t' = t \qquad y' = y$$
$$x' = x \qquad z' = z$$

Essas são as coordenadas de um evento no espaço tempo. Sobre o significado físico das transformações de Möbius e sua relação entre as frentes de onda:

> As equações da frente de onda que são conservadas não levam, por si só, às transformações de Lorentz, uma vez que também permitem transformações de Mobius. Para remover este último, pode-se fazer a demanda adicional de que valores finitos das coordenadas iniciais levem a valores finitos dos transformados. Esse requisito adicional é satisfeito apenas se todas as constantes a* na transformação Mobius forem zero, tornando a transformação a identidade. Em vez desse requisito adicional, pode-se fazer outro, a saber, a condição de que o movimento retilíneo uniforme seja conservado (condição (a)); foi assim que procedemos no texto. Qualquer um desses requisitos adicionais leva unicamente à transformação de Lorentz, além de uma possível mudança de escala. Também é importante que a exigência de que as coordenadas permaneçam finitas se refere ao espaço-tempo como um todo, enquanto que a condição de conservação para o movimento uniforme da linha reta é estritamente local. (FOCK, 1958, p. 383-384)

Em 1958, o físico russo V. Fock avaliou a estrutura axiomática da Teoria da Relatividade Especial e concluiu que era necessário rejeitar o segundo postulado de Einstein e enunciar dois novos postulados (FOCK, 1958, 377):

a) Para um movimento retilíneo uniforme nas coordenadas (x_I) deve corresponder um movimento da mesma natureza nas coordenadas (x'_I)

b) Para um movimento retilíneo uniforme à velocidade da luz nas coordenadas (x_I) deve corresponder um movimento da mesma natureza nas coordenadas (x_I).

O primeiro postulado é a junção do Princípio da Relatividade e o de Kepler-Fresnel e o terceiro é o princípio de Voigt-Cunningham que iremos analisar adiante.

§ 10.3. O Postulado de Voigt-Cunningham

"Para um movimento retilíneo uniforme à velocidade da luz nas coordenadas (x_I) deve corresponder um movimento da mesma natureza nas coordenadas (x_J)."

O terceiro postulado que a teoria da relatividade deve satisfazer é uma variação do postulado da constância da luz, proposto por Einstein. Tomemos uma fonte pontual de luz que para um observador O se encontra em repouso. Cada sinal luminoso emitido por essa fonte será na forma de ondas esféricas de raio ct. Se assumirmos que a fonte se encontra na origem do sistema de coordenadas, a equação da esfera de luz será dada por:

$$x^2 + y^2 + z^2 = c^2 t^2$$

O terceiro postulado impõe que o formato dessa onda deve ser o mesmo para todos os referenciais inerciais. Portanto, imaginemos que no instante t', um observador O' com velocidade v na direção x, passe pela origem do sistema de coordenadas em O, onde se localiza a fonte, e simultaneamente seja emitido um pulso luminoso. Para esse observador móvel, a luz também deverá apresentar a forma de uma esfera luminosa dado por suas coordenadas locais:

$$x'^2 + y'^2 + z'^2 = c^2 t'^2$$

Para estabelecermos o vínculo entre esses dois sistemas, basta subtrairmos uma equação da outra:

$$x'^2 - x^2 + y'^2 - y^2 + z'^2 - z^2 = c^2 \left(t'^2 - t^2 \right)$$

Nosso objetivo é buscar todas as transformações de coordenadas, compatíveis com o princípio da relatividade, que satisfazem essa equação. A análise que realizamos nas primeira seções, mostra que as equações devem ser descritas por funções de Poincaré.

$$P : \begin{cases} x' = P_+^R x - k P_-^R t \\ t' = P_+^R t - \dfrac{R^2}{k} P_-^R x \end{cases} \qquad \begin{aligned} y' &= y \\ z' &= z \end{aligned}$$

Substituindo na equação:

$$\left(P_+^R x - kP_-^R t\right)^2 - x^2 + y^2 - y^2 + z^2 - z^2 = c^2\left(P_+^R t - \frac{R^2}{k}P_-^R x^2\right)^2 - c^2 t^2$$

$$\left(P_+^R x - kP_-^R t\right)^2 - x^2 = c^2\left(P_+^R t - \frac{R^2}{k}P_-^R x\right)^2 - c^2 t^2$$

$$\left(P_+^R\right)^2 x^2 - 2kP_+^R P_-^R xt + \left(P_-^R\right)^2 k^2 t^2 - x^2 =$$
$$c^2\left[\left(P_+^R\right)^2 t^2 - 2\frac{1}{k}R^2 P_+^R P_-^R xt + \frac{1}{k^2}R^4\left(P_-^R\right)^2 x^2 - t^2\right]$$

$$\left[\left(P_+^R\right)^2 - 1\right]x^2 - 2kP_+^R P_-^R xt + \left(P_-^R\right)^2 k^2 t^2 =$$
$$c^2\left[\left(P_+^R\right)^2 - 1\right]t^2 - 2\frac{c^2}{k}R^2 P_+^R P_-^R xt + \frac{c^2}{k^2}R^4\left(P_-^R\right)^2 x^2$$

Para obtermos os termos basta usar a equivalência entre polinômios:

$$\left[\left(P_+^R\right)^2 - 1\right] = \frac{c^2}{k^2}R^4\left(P_-^R\right)^2$$

$$2\frac{c^2}{k}R^2 P_+^R P_-^R = 2kP_+^R P_-^R$$

$$k^2\left(P_-^R\right)^2 = c^2\left[\left(P_+^R\right)^2 - 1\right]$$

Como as funções de Poincaré não são nulas em todos os pontos, as equações podem ser escritas da seguinte forma:

$$\left[\left(P_+^R\right)^2 - 1\right] = \frac{c^2}{k^2}R^4\left(P_-^R\right)^2$$

$$R^2 = \frac{k^2}{c^2}$$

$$\left[\left(P_+^R\right)^2 - 1\right] = \frac{k^2}{c^2}\left(P_-^R\right)^2$$

Pela segunda equação, podemos escrever a primeira e a terceira equação como:

$$\left[\left(P_+^R \right)^2 - 1 \right] = \frac{R^4}{R^2} \left(P_-^R \right)^2$$

$$R^2 = \frac{k^2}{c^2}$$

$$\left(P_-^R \right)^2 = R^2 \left[\left(P_+^R \right)^2 - 1 \right]$$

Após a simplificação, teremos a prova que a primeira e a terceira equação são idênticas, portanto, temos que resolver apenas as duas primeiras equações.

$$\left[\left(P_+^R \right)^2 - 1 \right] = R^2 \left(P_-^R \right)^2$$

$$R^2 = \frac{k^2}{c^2}$$

Vamos primeiro determinar o valor da função de Poincaré, para isso usemos a relação entre a função par e a função ímpar de Poincaré:

$$\left(P_-^R \right)^2 = \frac{v^2}{k^2} \left(P_+^R \right)^2$$

$$\left[\left(P_+^R \right)^2 - 1 \right] = R^2 \frac{v^2}{k^2} \left(P_+^R \right)^2$$

$$\left(P_+^R \right)^2 \left[1 - R^2 \frac{v^2}{k^2} \right] = 1$$

Extraindo a raiz quadrada, obtemos os valores da função par e ímpar:

$$\left(P_+^R \right) = \frac{1}{\sqrt{1 - R^2 \frac{v^2}{k^2}}}, \qquad \left(P_-^R \right) = \frac{v}{k} \frac{1}{\sqrt{1 - R^2 \frac{v^2}{k^2}}}$$

Para determinarmos qual o anel mais adequado a variedade, devemos estudar a segunda equação. Na topologia de baixa dimensão unificada que desenvolvemos, há três valores para R.

Variedade de Galileu ($R^2 = 0$)

$$0 = \frac{k^2}{c^2}$$

Só há duas possibilidades que satisfazem essa condição: k é zero ou k é nilpotente de ordem dois. Tomar $k = 0$ não traz nenhuma contradição, pois as equações de transformação envolvem números nilpotentes e esse anel admite divisores em zero. Entretanto, essa escolha nos levaria a uma função ímpar de Poincaré indeterminada, pois ela poderia assumir qualquer valor, enquanto a função par deve ser igual a unidade. O que nos leva a rejeitar a variedade de Galileu são as dificuldades impostas no estudo das coordenadas locais e na composição das velocidades devido a dualidade e a nilpotência do anel. Outro fator que nos leva a desconsiderar essa variedade é que durante a construção da topologia, adotamos k como sendo um número real não negativo.

Variedade de Euclides ($R^2 = -1$)

$$-1 = \frac{k^2}{c^2}$$

Só há duas possibilidades que satisfazem essa condição: c é imaginária, o que seria absurdo já que podemos medir a velocidade da luz e não apenas seu módulo ao quadrado ou o fator k é uma velocidade escalar imaginária.

$$k = jc$$

Qual a interpretação física de uma velocidade imaginária? Uma possibilidade seria imaginar que o espaço das velocidades no espaço euclidiano seja axial e circular e as velocidades angulares sejam polares e lineares. Se tomarmos essa solução, o espaço-tempo euclidiano se torna um espaço-tempo lorentziano com uma pseudo-métrica que admite uma pseudo-norma nula. Conceitualmente, esse espaço poderia ser diferente, já que o produto da unidade imaginária i pela unidade imaginária j poderia ser um outro número. De fato, poderíamos construir um novo anel com característica com uma nova álgebra. Em um trabalho, a ser publicado, iniciei uma investigação das características desse anel, os resultados preliminares são promissoras, mas ainda é cedo para extrair conclusões ou tecer hipóteses. Como nesse trabalho, assumimos que k é um número real não negativo, portanto, devemos rejeitar essa variedade.

Variedade de Lorentz ($R^2 = +1$)

$$1 = \frac{k^2}{c^2}$$

Novamente, há duas possibilidades: k é negativo ou k é positivo. Como assumimos que k é um real não-negativo, devemos toma-lo positivo:

$$k = c$$

Essa solução corresponder a uma variedade é lorentziana. Portanto, dentro de nosso modelo topológico, o postulado de Cunningham-Voigt, é apenas compatível com o espaço-tempo de Poincaré-Minkowski. Podemos dizer que é a invariância da forma esférica da onda que proíbe curvas globais fechadas no tempo e exige um potencial de D'Alambert. De fato, na próxima seção, mostrarei que a forma da luz, é uma característica topológica do espaço-tempo.

§ 10.4. Formas Topológicas da Luz

Na seção passada, descobrimos que a forma esférica da luz só é possível em uma variedade Lorentziana. Nessa seção iremos estudar quais são as formas preservadas em cada variedade espaço-tempo e provar que a sua forma e constância são propriedades topológicas. Ao final, veremos como a topologia atua sobre a métrica.

Para estabelecermos o vínculo entre esses dois sistemas em uma variedade arbitrária, vamos introduzir um número arbitrário L sobre a equação da forma quadrática:

$$x'^2 - x^2 + y'^2 - y^2 + z'^2 - z^2 = L^2 c^2 \left(t'^2 - t^2 \right)$$

Nosso objetivo é buscar todas as transformações de coordenadas, compatíveis com o princípio da relatividade, que satisfazem essa equação. A análise que realizamos nas primeira seções, mostra que as equações devem ser descritas por funções de Poincaré.

$$P: \begin{cases} x' = P_+^R x - kP_-^R t \\ t' = P_+^R t - \dfrac{R^2}{k} P_-^R x \end{cases} \qquad \begin{aligned} y' &= y \\ z' &= z \end{aligned}$$

Substituindo na equação:

$$\left(P_+^R x - kP_-^R t \right)^2 - x^2 + y^2 - y^2 + z^2 - z^2 = L^2 c^2 \left(P_+^R t - \frac{R^2}{k} P_-^R x \right)^2 - L^2 c^2 t^2$$

$$\left[\left(P_+^R \right)^2 - 1 \right] x^2 - 2kP_+^R P_-^R xt + \left(P_-^R \right)^2 k^2 t^2 =$$

$$L^2 c^2 \left[\left(P_+^R \right)^2 - 1 \right] t^2 - 2\frac{L^2 c^2}{k} R^2 P_+^R P_-^R xt + \frac{L^2 c^2}{k^2} R^4 \left(P_-^R \right)^2 x^2$$

Para obtermos os termos, basta usar a igualdade entre polinômios:

$$\left[\left(P_+^R \right)^2 - 1 \right] = \frac{L^2 c^2}{k^2} R^4 \left(P_-^R \right)^2$$

$$2\frac{L^2 c^2}{k} R^2 P_+^R P_-^R = 2kP_+^R P_-^R$$

$$k^2 \left(P_-^R \right)^2 = L^2 c^2 \left[\left(P_+^R \right)^2 - 1 \right]$$

Após a simplificação, teremos a prova que a primeira e a terceira equação são idênticas, portanto, temos que resolver apenas as duas primeiras equações.

$$\left[\left(P_+^R \right)^2 - 1 \right] = R^2 \left(P_-^R \right)^2$$

$$R^2 = \frac{k^2}{L^2 c^2}$$

Extraindo a raiz quadrada, obtemos os valores da função par e ímpar de Poincaré:

$$\left(P_+^R \right) = \frac{1}{\sqrt{1 - R^2 \dfrac{v^2}{k^2}}}, \qquad \left(P_-^R \right) = \frac{v}{k} \frac{1}{\sqrt{1 - R^2 \dfrac{v^2}{k^2}}}$$

Agora vamos determinar o valor do número L em função da característica do anel associado a variedade:

$$L = \frac{1}{R}\sqrt{\frac{k^2}{c^2}}$$

Substituindo na forma quadrática, obtemos:

$$x^2 + y^2 + z^2 - \frac{k^2}{R^2}t^2 = 0$$

A equação diferencial de propagação de uma onda luminosa será:

$$\nabla^2\varphi - \frac{R^2}{k^2}\frac{\partial^2\varphi}{\partial t^2} = 0$$

Que é justamente a equação do potencial topológico. Portanto, a forma invariante da luz é definida pelo potencial topológico da característica anelar da variedade. Para as variedades de Euclides e Lorentz, a forma quadrática e a equação da onda estão bem definidas. Porém, no caso da variedade de Galileu, a forma quadrática não está bem definida. Em particular se k for igual a c, teremos a importante identidade:

$$L \cdot R = R \cdot L = 1$$

Para conseguir dar alguma inteligibilidade a variedade de Galileu, vamos elevar a identidade acima a categoria de axioma. Busquemos uma solução para forma quadrática, por um método não convencional. Observe que se R for nilpotente de ordem 2, o número L^2 será um divisor de zero. Para ver isto, basta elevar a equação ao quadrado:

$$L^2 \cdot R^2 = R^2 \cdot L^2 = 1$$

$$L^2 \cdot 0 = 0 \cdot L^2 = 1$$

Multiplicando a forma quadrática por 0 pela esquerda, obtemos:

$$0\left(x^2 + y^2 + z^2\right) = \left(0L^2\right)c^2t^2$$

Que nos leva ao seguinte resultado:

$$c^2t^2 = 0$$

Portanto, ou c^2 ou t^2 são divisores em zero. Levando esse fato em consideração, a forma quadrática de uma variedade de Galileu é dada por:

$$x^2 + y^2 + z^2 = 0$$

E, a equação associada a forma da onda, será:

$$\nabla^2 \varphi = 0$$

Usando os resultados anteriores, podemos generalizar a forma quadrática e a equação da onda luminosa para qualquer variedade:

$$J^2 = x^2 + y^2 + z^2 - R^2 k^2 t^2$$

$$ds^2 = dx^2 + dy^2 + dz^2 - R^2 k^2 dt^2$$

$$\nabla^2 \varphi - \frac{R^2}{k^2} \frac{\partial^2 \varphi}{\partial t^2} = 0$$

O que prova que a covariância da luz e a sua forma invariante são características topológicas da variedade e de seu anel característico. Sendo a luz a auto-indução dos campos elétricos e magnéticos, que representam as linhas coordenadas da variedade, podemos concluir que estes campos são também de natureza topológica. Por derradeiro, deixe-me mostrar como a forma quadrática generalizada permite demonstrar que as propriedades associadas a propagação da luz e as equações do potencial tem natureza topológica, mesmo em variedades curvadas. Em uma variedade com curvatura, a métrica (ou a pseudo-métrica) será dada pelo seguinte produto tensorial:

$$ds^2 = g_{ij} dx^i \otimes dx^j$$

Para uma métrica plana, teremos:

$$ds^2 = \eta_{ij} dx^i \otimes dx^j$$

Expandindo a métrica, obtemos:

$$ds^2 = \eta_{00} dx^0 \otimes dx^0 + \eta_{11} dx^1 \otimes dx^1 + \eta_{22} dx^2 \otimes dx^2 + \eta_{33} dx^3 \otimes dx^3$$

A métrica plana generalizada, na forma de produto tensorial, é dada por:

$$ds^2 = (-1)\,d\left(Rkt\right)\otimes d\left(Rkt\right) + dx\otimes dx + dy\otimes dy + dz\otimes dz$$

Portanto, as componentes do tensor métrico e dos diferenciais são[21]:

$$\eta_{ij} = diag\left(-1,1,1,1\right)$$
$$\left(x^0, x^1, x^2, x^3\right) = \left(Rkt, x, y, z\right)$$

Agora, vamos expandir a métrica de um espaço geral em sua espacial e mista:

$$ds^2 = \frac{1}{2}\left(2g_{00}dx^0\otimes dx^0 + g_{0\nu}dx^0\otimes dx^\nu + g_{\mu\nu}dx^\mu\otimes dx^\nu\right)$$

Substituindo os valores das componentes temporais, teremos:

$$ds^2 = g_{00}\,d\left(Rkt\right)\otimes d\left(Rkt\right) + \frac{1}{2}\left(g_{0\nu}\,d\left(Rkt\right)\otimes dx^\nu + g_{\mu\nu}dx^\mu\otimes dx^\nu\right)$$

Na forma absoluta, essa métrica deve ser escrita como:

$$ds^2 = g_{00}R^2k^2dt^2 + \frac{1}{2}\left(g_{0\nu}Rk\ dtdx^\nu + g_{\mu\nu}dx^\mu dx^\nu\right)$$

Essa é a métrica do espaço-tempo curvado com característica R. Para essa variedade, ainda são válidas as equações de Einstein-Hilbert, visto que a ação é construída a partir do tensor métrico g_{ij} e a característica da variedade atua sobre o eixo e não sobre o tensor métrico propriamente dito. Observe que o método que desenvolvemos nessa pesquisa permite construir variedades com tempo cíclico e variedades galileanas. Por exemplo, se R^2 for nilpotente, a equação assume a forma:

$$ds^2 = \frac{1}{2}\left(g_{0\nu}\varepsilon k\ dtdx^\nu + g_{\mu\nu}dx^\mu dx^\nu\right)$$

Ou seja, não há componente g_{00}, mas existem componentes cruzadas com a coordenada temporal, o que é bastante peculiar e interessante. Por isso, deixamos ao leitor a questão: quais soluções essa variedade admite?

---

[21] Observe que a escolha de sinais (-,+,+,+) ou (+,+,+,-) é apenas convencional.

§ 10.5. Teoria Topológica do Eletromagnetismo

Na seção anterior, verificamos que a forma invariante da luz e as propriedades associadas a sua constância e invariância são propriedades topológicas. Essa observação sugere que a própria teoria eletromagnética tenha aspectos topológicos. Nessa seção, propomos uma forma topológica para as equações de Maxwell a partir do estudo das linhas coordenadas da variedade que definem a álgebra de Lie generalizada da Variedade.

Para obtermos as equações do eletromagnetismo válidas em qualquer variedade espaço-temporal, não podemos assumir que as equações de Maxwell, modificadas por Lorentz, sejam as mesmas. Para achar as novas equações introduziremos dois postulados:

1)   *As equações devem ser covariantes de Poincaré.*

2)   *As componentes do campo elétrico e magnético devem ser as linhas coordenadas da variedade:*

$$L_{ij} = \begin{pmatrix} 0 & E_x & E_y & E_z \\ -E_x & 0 & B_z & -B_y \\ -E_y & -B_z & 0 & -B_x \\ -E_z & B_y & B_x & 0 \end{pmatrix}$$

$$L'_{ij} = \begin{pmatrix} 0 & E_x & \Gamma\left(E_y + R^2BB_z\right) & \Gamma\left(E_z - R^2BB_y\right) \\ -L_{01} & 0 & -\Gamma\left(B_z + BE_y\right) & \Gamma\left(B_y + BE_z\right) \\ -\Gamma\left(E_y + R^2BB_z\right) & \Gamma\left(B_z - BE_y\right) & 0 & -B_x \\ -\Gamma\left(E_z - R^2BB_y\right) & -\Gamma\left(B_y + BE_z\right) & B_x & 0 \end{pmatrix}$$

Nós poderíamos introduzir um terceiro postulado que afirmaria que devemos buscar a forma que menos modifique as equações de Maxwell. Embora adotemos essa premissa, faremos por uma questão de simplicidade, não porque se impõe ao nosso espírito que soluções mais sofisticadas devam ser rejeitadas. De fato, convidamos ao leitor explorar outras possibilidades. O primeiro postulado é uma condição natural imposta pelo natureza das variedades que estamos analisando: espaço-temporais. O segundo postulado é observado na variedade lorentziana e se os efeitos associados a propagação das ondas eletromagnéticas dependem das qualidades topológicas da variedade, podemos inferir que a teoria eletromagnética é uma qualidade das características do espaço-tempo. Nós procuraremos equações modificadas de Maxwell no vácuo da forma:

$$\nabla \cdot \vec{E} = 0 \qquad\qquad \nabla \times \vec{E} = -\frac{a}{k}\frac{\partial \vec{B}}{\partial t}$$

$$\nabla \cdot \vec{B} = 0 \qquad\qquad \nabla \times \vec{B} = -\frac{b}{k}\frac{\partial \vec{E}}{\partial t}$$

onde a e b são constantes a determinar que podem ser funções da característica-R.

E tomemos as transformações de Poincaré e a lei de transformação das derivadas parciais:

$$x' = \Gamma(x - vt)$$

$$t' = \Gamma\left(t - \frac{B}{k}R^2 x\right)$$

$$\partial_x = \Gamma\left(\partial_{x'} - \frac{BR^2}{k}\partial_{t'}\right)$$

$$\partial_t = \Gamma(\partial_{t'} - v\partial_{x'})$$

Primeiro vamos determinar o coeficiente a. Para isso usaremos apenas a primeira componente da lei de Faraday e a lei de Gauss para o campo magnético:

$$\partial_x B_x + \partial_y B_y + \partial_z B_z = 0$$

$$\frac{a}{k}\partial_t B_x = \partial_y E_z - \partial_z E_y$$

Substituindo as transformações de x e de t, teremos:

$$\Gamma\left(\partial_{x'}B_x - \frac{BR^2}{k}\partial_{t'}B_x\right) + \partial_y B_y + \partial_z B_z = 0$$

$$\frac{a}{k}\Gamma(\partial_{t'}B_x - v\partial_{x'}B_x) = \partial_y E_z - \partial_z E_y$$

E, após distribuir:

$$\frac{a}{k}\partial_t B_x = \partial_y E_z - \partial_z E_y$$

$$\frac{a}{k}\left(\Gamma\partial_{t'}B_x - v\Gamma\partial_{x'}B_x\right) = \partial_y E_z - \partial_z E_y$$

Substituindo o valor da derivada espacial da componente x do campo magnético na primeira componente da equação de Faraday, obtemos:

$$\frac{a}{k}\left(\Gamma\partial_{t'}B_x - v\frac{\Gamma\mathrm{B}R^2}{k}\partial_{t'}B_x + v\partial_y B_y + v\partial_z B_z\right) = \partial_y E_z - \partial_z E_y$$

$$\frac{a}{k}\left(\Gamma\partial_{t'}B_x - \Gamma\mathrm{B}^2 R^2\partial_{t'}B_x + v\partial_y B_y + v\partial_z B_z\right) = \partial_y E_z - \partial_z E_y$$

$$\frac{a\Gamma}{k}\left(1 - \mathrm{B}^2 R^2\right)\partial_{t'}B_x + a\mathrm{B}\partial_y B_y + a\mathrm{B}\partial_z B_z = \partial_y E_z - \partial_z E_y$$

$$\frac{a\Gamma}{k\Gamma^2}\partial_{t'}B_x = \partial_y\left(E_z - a\mathrm{B}B_y\right) - \partial_z\left(E_y + a\mathrm{B}B_z\right)$$

$$\frac{a}{k}\partial_{t'}B_x = \partial_y\Gamma\left(E_z - a\mathrm{B}B_y\right) - \partial_z\Gamma\left(E_y + a\mathrm{B}B_z\right)$$

No sistema S' as equações devem apresentar a mesma forma que no sistema S:

$$\nabla'\cdot\vec{E}' = 0 \qquad \nabla'\times\vec{E}' = -\frac{a}{k}\frac{\partial\vec{B}'}{\partial t'}$$

$$\nabla'\cdot\vec{B}' = 0 \qquad \nabla'\times\vec{B}' = -\frac{b}{k}\frac{\partial\vec{E}'}{\partial t'}$$

Por inspeção, obtemos parte das transformações dos campos:

$$B_{x'} = B_x$$

$$E_{z'} = \Gamma\left(E_z - a\mathrm{B}B_y\right)$$

$$E_{y'} = \Gamma\left(E_y + a\mathrm{B}B_z\right)$$

Para obtermos o valor da constante a, basta compararmos as linhas coordenadas com as componentes do campo elétrico:

$$\Gamma\left(E_z - a\mathrm{B}B_y\right) = \Gamma\left(E_z - R^2\mathrm{B}B_y\right)$$

Portanto,

$$a = R^2$$

Agora vamos determinar o valor da constante b. para isso usaremos apenas a primeira componente da lei de Ampére e a lei de Gauss para o campo elétrico:

$$\partial_x E_x + \partial_y E_y + \partial_z E_z = 0$$

$$\frac{b}{k}\partial_t E_x = \partial_y B_z - \partial_z B_y$$

Substituindo as transformações de x e de t, teremos:

$$\begin{cases} \Gamma\left(\partial_{x'} E_x - \dfrac{BR^2}{k}\partial_{t'} E_x\right) + \partial_y E_y + \partial_z E_z = 0 \\ \dfrac{b}{k}\Gamma\left(\partial_{t'} E_x - v\partial_{x'} E_x\right) = \partial_y B_z - \partial_z B_y \end{cases}$$

$$\begin{cases} \Gamma\partial_{x'} E_x = \dfrac{\Gamma BR^2}{k}\partial_{t'} E_x + \partial_y E_y + \partial_z E_z \\ \dfrac{b}{k}\left(\Gamma\partial_{t'} E_x - v\Gamma\partial_{x'} E_x\right) = \partial_y B_z - \partial_z B_y \end{cases}$$

Substituindo o valor da derivada espacial da componente x do campo magnético na primeira componente da equação de Faraday, obtemos:

$$\frac{b}{k}\left(\Gamma\partial_{t'} E_x - v\frac{\Gamma BR^2}{k}\partial_{t'} E_x + v\partial_y E_y + v\partial_z E_z\right) = \partial_y B_z - \partial_z B_y$$

$$\frac{b}{k}\left(\Gamma\partial_{t'} E_x - \Gamma B^2 R^2\partial_{t'} E_x + v\partial_y E_y + v\partial_z E_z\right) = \partial_y B_z - \partial_z B_y$$

$$\frac{b\Gamma}{k}\left(1 - B^2 R^2\right)\partial_{t'} E_x + bB\partial_y E_y + bB\partial_z E_z = \partial_y B_z - \partial_z B_y$$

$$\frac{b\Gamma}{k\Gamma^2}\partial_{t'} E_x = \partial_y\left(B_z - bBE_y\right) - \partial_z\left(B_y + bBE_z\right)$$

$$\frac{b}{k}\partial_{t'} E_x = \partial_y\Gamma\left(B_z - bBE_y\right) - \partial_z\Gamma\left(B_y + bBE_z\right)$$

No sistema S' as equações devem apresentar à mesma forma que no sistema S (covariância de Poincaré):

$$\nabla' \cdot \vec{E}' = 0 \qquad \nabla' \times \vec{E}' = -\frac{a}{k}\frac{\partial \vec{B}'}{\partial t'}$$

$$\nabla' \cdot \vec{B}' = 0 \qquad \nabla' \times \vec{B}' = -\frac{b}{k}\frac{\partial \vec{E}'}{\partial t'}$$

Por inspeção, obtemos parte das transformações dos campos:

$$E_{x'} = E_x$$

$$-B_{z'} = \Gamma\left(B_z - b\mathrm{B}E_y\right)$$

$$-B_{y'} = \Gamma\left(B_y + b\mathrm{B}E_z\right)$$

Para obtermos o valor da constante a, basta compararmos as linhas coordenadas com as componentes do campo elétrico:

$$\Gamma\left(B_z - b\mathrm{B}E_y\right) = -\Gamma\left(B_z - \mathrm{B}E_y\right)$$

Portanto,

$$b = -1$$

E desta forma, as equações de Maxwell no vácuo para variedades espaço-temporais arbitrárias serão:

$$\nabla' \cdot \vec{E}' = 0 \qquad \nabla' \times \vec{E}' = -\frac{R^2}{k}\frac{\partial \vec{B}'}{\partial t'}$$

$$\nabla' \cdot \vec{B}' = 0 \qquad \nabla' \times \vec{B}' = \frac{1}{k}\frac{\partial \vec{E}'}{\partial t'}$$

§ 10.5.1. Gauge de Poincaré

No eletromagnetismo clássico podemos associar ao campo elétrico um escalar, denominado de potencial escalar elétrico ϕ, e ao campo magnético, um vetor, denominado de potencial vetor magnético **A**. Estes dois potenciais são usados para criar um 4-vetor denominado de 4-potencial eletromagnético.

$$A_i = \left(\frac{\phi}{c}, \vec{A}\right), \qquad A_i' = \left(\frac{\phi'}{c}, \vec{A}'\right)$$

No referencial S' as componentes do 4-potencial se transformam como:

$$\phi' = \Gamma\left(\phi - R^2 B A_x\right) \qquad A'_y = A_y$$
$$A'_x = \Gamma\left(A_x - B\phi\right) \qquad A'_z = A_z$$

No referencial próprio, não há um campo magnético, portanto a partícula terá apenas um escalar potencial elétrico:

$$A_i^o = \left(\phi^o, 0, 0, 0\right)$$

Portanto as equações para construção de nosso invariante são:

$$J_0^o = \phi^o$$
$$J_0 = \phi$$
$$\left\| \vec{J} \right\| = \left\| \vec{A} \right\|$$

Usando a regra dos invariantes relativísticos, obtemos:

$$R^2 \phi^{o2} = R^2 \phi^2 - \left\| \vec{A} \right\|^2$$

Para qualquer referencial inercial é válida a relação:

$$R^2 \phi'^2 - \left\| \vec{A'} \right\|^2 = R^2 \phi^2 - \left\| \vec{A} \right\|^2$$
$$R^2 \left(\phi'^2 - \phi^2\right) = \left\| \vec{A'} \right\|^2 - \left\| \vec{A} \right\|^2$$

Os potenciais elétrico e magnético são os geradores dos campos elétrico e magnético. Para provar essas relações vamos usar as seguintes identidades vetoriais:

$$\nabla \cdot \left(\nabla \times \vec{A}\right) = 0, \qquad \nabla \times \left(\nabla \varphi\right) = 0$$

E as equações de Maxwell na forma vetorial:

$$\nabla \cdot \vec{E} = \rho \qquad \nabla \times \vec{E} = -\frac{R^2}{k} \frac{\partial \vec{B}}{\partial t}$$
$$\nabla \cdot \vec{B} = 0 \qquad \nabla \times \vec{B} = \vec{j} + \frac{1}{k} \frac{\partial \vec{E}}{\partial t}$$

Como o divergente do campo magnético é sempre nulo isso implica, pelas identidades vetoriais, que o campo magnético é gerado pelo rotacional do vetor potencial magnético:

$$\vec{B} = \nabla \times \vec{A}$$

Na ausência de um campo magnético, uma carga q está sujeita a uma força elétrica dada por:

$$\vec{f}_e = -q\nabla\varphi$$

$$\vec{E} = -\nabla\varphi$$

Se considerarmos que a partícula se desloca em uma campo eletromagnético, devemos acrescentar ao campo elétrico um vetor **V** a ser determinado:

$$\vec{E} = -\nabla\varphi + \vec{V}$$

Para determinarmos a forma desse vetor, vamos substituir a lei de formação do campo elétrico na terceira de equação de Maxwell.

$$\nabla \times \left(-\nabla\varphi + \vec{V}\right) = -\frac{R^2}{k}\frac{\partial\vec{B}}{\partial t}$$

Distribuindo o produto vetorial sobre os vetores e substituindo o campo magnético:

$$-\nabla \times \left(\nabla\varphi\right) + \nabla \times \vec{V} = -\frac{R^2}{k}\frac{\partial\left(\nabla \times \vec{A}\right)}{\partial t}$$

Pela identidade vetorial, a primeira parcela do lado esquerdo é zero, além disso, a derivada temporal comuta com o rotacional. Assim, podemos escrever nossa equação da seguinte forma:

$$\nabla \times \vec{V} = \nabla \times \left(-\frac{R^2}{k}\frac{\partial\vec{A}}{\partial t}\right)$$

Portanto, o vetor **V** será dado por:

$$\vec{V} = -\frac{R^2}{k}\frac{\partial\vec{A}}{\partial t}$$

E a regra de formação dos campos elétrico e magnético são:

$$\begin{cases} \vec{E} = -\nabla\phi - \dfrac{R^2}{k}\dfrac{\partial\vec{A}}{\partial t}, \\[2mm] \vec{B} = \nabla\times\vec{A} \end{cases}$$

No sistema S' esses vetores terão coordenadas definidas por:

$$\begin{cases} \vec{E}' = -\nabla'\phi' - \dfrac{R^2}{k}\dfrac{\partial\vec{A}'}{\partial t'}, \\[2mm] \vec{B}' = \nabla'\times\vec{A}' \end{cases}$$

Essas são as transformações do gauge de Poincaré que é válido para qualquer variedade espaço-temporal. Por meio dessa transformação, podemos calcular as transformações do campo elétrico e do campo magnético. Comecemos pelo campo elétrico, para isso escreveremos as equações das componentes do campo elétrico no referencial S' e as do campo magnético no referencial S.

$$E_i = -\left(\partial_i\phi + \dfrac{R^2}{k}\partial_t A_i\right)$$

$$B_x = \left(\partial_y A_z - \partial_z A_y\right)$$

$$B_y = \left(\partial_z A_x - \partial_x A_z\right)$$

$$B_z = \left(\partial_x A_y - \partial_y A_x\right)$$

Começaremos estudando a componente x do campo elétrico. Aplicando as transformações do 4-Gradiente e do 4-Potencial,

$$E'_x = -\Gamma\left(\partial_x\phi' + \dfrac{BR^2}{k}\partial_t\phi' + \dfrac{R^2}{k}\partial_t A'_x + BR^2\partial_x A'_x\right)$$

$$E'_x = -\Gamma^2\left(\partial_x\left(\phi - BR^2 A_x\right) + \dfrac{BR^2}{k}\partial_t\left(\phi - BR^2 A_x\right) + \dfrac{R^2}{k}\partial_t\left(A_x - B\phi\right) + BR^2\partial_x\left(A_x - B\phi\right)\right)$$

$$E'_x = -\Gamma^2\left[\partial_x\left(1 - B^2 R^2\right)\phi + \partial_x\left(BR^2 - BR^2\right)A_x + \partial_t\left(\dfrac{BR^2}{k} - \dfrac{BR^2}{k}\right)\phi + \dfrac{R^2}{k}\partial_t\left(1 - B^2 R^2\right)A_x\right]$$

Usando o fator de Poincaré e realizando as simplificações algébricas:

$$E'_x = -\frac{\Gamma^2}{\Gamma^2}\left[\partial_x\phi + \frac{R^2}{k}\partial_t A_x\right]$$

$$E'_x = -\left[\partial_x\phi + \frac{R^2}{k}\partial_t A_x\right]$$

$$E'_x = E_x$$

Para a componente y, teremos a relação entre o sistema S' e S:

$$E'_y = -\left(\partial'_y\phi' + \frac{R^2}{k}\partial'_t A'_y\right)$$

$$E'_y = -\Gamma\left(\partial_y\left(\phi - BR^2 A_x\right) + \frac{R^2}{k}\partial_t A_y + BR^2\partial_x A_y\right)$$

$$E'_y = -\Gamma\left(\partial_y\phi + \frac{R^2}{k}\partial_t A_y + BR^2\partial_x A_y - BR^2\partial_y A_x\right)$$

$$E'_y = -\Gamma\left(\partial_y\phi + \frac{R^2}{k}\partial_t A_y + BR^2\left(\partial_x A_y - \partial_y A_x\right)\right)$$

$$E'_y = \Gamma\left[-\left(\partial_y\phi + \frac{R^2}{k}\partial_t A_y\right) - BR^2\left(\partial_x A_y - \partial_y A_x\right)\right]$$

A primeira parcela dentro do colchetes é a componente y do campo elétrico e a segunda parcela é a componente z do campo magnético, ambas no referencial S.

$$E'_y = \Gamma\left(E_y - BR^2 B_z\right)$$

E, analogamente, para componente z, teremos:

$$E'_z = -\left(\partial'_z\phi' + \frac{R^2}{k}\partial'_t A'_z\right)$$

$$E'_y = -\Gamma\left(\partial_z\left(\phi - BR^2 A_x\right) + \frac{R^2}{k}\partial_t A_z + BR^2\partial_x A_z\right)$$

$$E'_y = \Gamma\left[-\left(\partial_z\phi + \frac{R^2}{k}\partial_t A_z\right) + BR^2\left(\partial_y A_z - \partial_x A_z\right)\right]$$

A primeira parcela dentro do colchetes é a componente z do campo elétrico e a segunda é a componente y do campo magnético no referencial S.

$$E_z' = \Gamma\left(E_z + BR^2 B_y\right)$$

Para o campo magnético, usaremos o conjunto de equações:

$$B_x' = \left(\partial_y' A_z' - \partial_z' A_y'\right) \qquad B_x = \left(\partial_y A_z - \partial_z A_y\right)$$
$$B_y' = \left(\partial_z' A_x' - \partial_x' A_z'\right) \qquad B_y = \left(\partial_z A_x - \partial_x A_z\right)$$
$$B_z' = \left(\partial_x' A_y' - \partial_y' A_x'\right) \qquad B_z = \left(\partial_x A_y - \partial_y A_x\right)$$

$$E_i = -\left(\partial_i \phi + \frac{R^2}{k}\partial_t A_i\right)$$

Para a componente x do campo magnético, usando o potencial, obtemos:

$$B_x' = \left(\partial_y A_z - \partial_z A_y\right)$$

O termo em parêntesis é a componente B_x, portanto:

$$B_x' = B_x$$

Para a componente y, teremos:

$$B_y' = \left(\partial_z' A_x' - \partial_x' A_z'\right)$$
$$B_y' = \Gamma\left(\partial_z\left(A_x - B\phi\right) - \partial_x A_z - \frac{R^2 B}{k}\partial_t A_z\right)$$
$$B_y' = \Gamma\left(\partial_z A_x - B\partial_z\phi - \partial_x A_z - \frac{R^2 B}{k}\partial_t A_z\right)$$
$$B_y' = \Gamma\left[\left(\partial_z A_x - \partial_x A_z\right) - B\left(\partial_z\phi + \frac{R^2}{k}\partial_t A_z\right)\right]$$

A primeira parcela no colchetes é a componente y do campo magnético e a segunda parcela é a componente z do campo elétrico:

$$B_y' = \Gamma\left(B_y + BE_z\right)$$

Por derradeiro, a componente do z se transforma pela regra:

$$B'_z = \left(\partial'_x A'_y - \partial'_y A'_x \right)$$

$$B'_z = \Gamma \left(\partial_x A_y + \frac{BR^2}{k} \partial_t A_y - \partial_y \left(A_x - B\phi \right) \right)$$

$$B'_y = \Gamma \left(\partial_x A_y - \partial_y A_x + \frac{BR^2}{k} \partial_t A_y + B\partial_y \phi \right)$$

$$B'_y = \Gamma \left[\left(\partial_x A_y - \partial_y A_x \right) + B \left(\partial_y \phi + \frac{R^2}{k} \partial_t A_y \right) \right]$$

A primeira parcela no colchetes é a componente z do campo magnético e a segunda parcela é a componente y do campo elétrico com o sinal invertido:

$$B'_z = \Gamma \left(B_z - BE_y \right)$$

Portanto, deduzimos sem qualquer dificuldade e ambiguidade, as transformações do campo elétrico e do campo magnético. Esse método é ainda mais simples que o método empregado por Lorentz em 1904, Poincaré em 1905-1906 e Einstein em 1905. Observe que nossa formulação difere de outras notações, pois estamos adotando mesmo sistema de medidas adotado por Albert Einstein, conhecido como sistema de coordenadas hertzianos. As convenções adotadas não alteram o significado físico das equações.

§ 10.5.2. Formas Topológicas do Campo Elétrico e Magnético

Para provarmos que nossa formulação é consistente com a topologia do espaço-tempo arbitrário, vamos calcular as equações de propagação do campo elétrico e do campo magnético. Tomemos as equações de Maxwell modificadas:

$$\nabla \cdot \vec{E} = 0 \qquad\qquad \nabla \times \vec{E} = -\frac{R^2}{k} \frac{\partial \vec{B}}{\partial t}$$

$$\nabla \cdot \vec{B} = 0 \qquad\qquad \nabla \times \vec{B} = \frac{1}{k} \frac{\partial \vec{E}}{\partial t}$$

Aplicando o rotacional sobre o rotacional do campo elétrico,

$$\nabla \times \left(\nabla \times \vec{E} \right) = \frac{R^2}{k} \nabla \times \left(\frac{\partial \vec{B}}{\partial t} \right)$$

Como os operadores comutam, podemos reescrever a equação:

$$\nabla \times \left(\nabla \times \vec{E} \right) = \frac{R^2}{k} \frac{\partial}{\partial t} \left(\nabla \times \vec{B} \right)$$

Substituindo o valor do rotacional do campo magnético:

$$\nabla \times \left(\nabla \times \vec{E} \right) = \frac{R^2}{k} \frac{\partial}{\partial t} \left(-\frac{1}{k} \frac{\partial \vec{E}}{\partial t} \right)$$

$$\nabla \times \left(\nabla \times \vec{E} \right) = -\frac{R^2}{k^2} \frac{\partial^2 \vec{E}}{\partial t^2}$$

Usando a identidade de Laplace para o duplo rotacional:

$$\nabla \left(\nabla \cdot \vec{E} \right) - \nabla^2 \vec{E} = -\frac{R^2}{k^2} \frac{\partial^2 \vec{E}}{\partial t^2}$$

Como a divergência do campo elétrico no vácuo é zero,

$$\nabla^2 \vec{E} - \frac{R^2}{k^2} \frac{\partial^2 \vec{E}}{\partial t^2} = 0$$

Aplicando o rotacional sobre o rotacional do campo magnético,

$$\nabla \times \left(\nabla \times \vec{B} \right) = -\frac{1}{k} \nabla \times \left(\frac{\partial \vec{E}}{\partial t} \right)$$

Como os operadores comutam, podemos reescrever a equação:

$$\nabla \times \left(\nabla \times \vec{B} \right) = -\frac{1}{k} \frac{\partial}{\partial t} \left(\nabla \times \vec{E} \right)$$

Substituindo o valor do rotacional do campo elétrico:

$$\nabla \times \left(\nabla \times \vec{B} \right) = \frac{1}{k} \frac{\partial}{\partial t} \left(-\frac{R^2}{k} \frac{\partial \vec{E}}{\partial t} \right)$$

$$\nabla \times \left(\nabla \times \vec{B} \right) = -\frac{R^2}{k^2} \frac{\partial^2 \vec{B}}{\partial t^2}$$

Usando a identidade de Laplace para o duplo rotacional:

$$\nabla\left(\nabla \cdot \vec{B}\right) - \nabla^2 \vec{B} = -\frac{R^2}{k^2}\frac{\partial^2 \vec{B}}{\partial t^2}$$

Como a divergência do campo elétrico no vácuo é zero,

$$\nabla^2 \vec{B} - \frac{R^2}{k^2}\frac{\partial^2 \vec{B}}{\partial t^2} = 0$$

Que coincide com as formas topológicas da luz que calculamos anteriormente, por um processo diferente. Portanto, as modificações que empregamos são consistentes com topologia da luz. Desta forma, o campo elétrico e magnético e as formas de propagação da radiação no vácuo são propriedades topológicas da variedade.

§ 10.5.3 Eletromagnetismo em Variedades Galileanas e Euclidianas

Vamos agora verificar como as equações de Maxwell se comportam nas variedades espaço-temporais Galileana e Euclidiana. A variedade Lorentziana corresponde a teoria eletromagnética usual e dispensa análise. Mais uma vez, escrevamos as equações de Maxwell no vácuo:

$$\nabla \cdot \vec{E} = 0 \qquad\qquad \nabla \times \vec{E} = -\frac{R^2}{k}\frac{\partial \vec{B}}{\partial t}$$

$$\nabla \cdot \vec{B} = 0 \qquad\qquad \nabla \times \vec{B} = \frac{1}{k}\frac{\partial \vec{E}}{\partial t}$$

A única equação que é afetada pela característica-R da variedade é a lei de Faraday. Para uma variedade galileana, R^2 é nilpotente de segunda ordem, portanto é zero. A equação de Faraday assume a seguinte forma:

$$\nabla \times \vec{E} = 0$$

Isso significa que o campo elétrico é irrotacional em todos os pontos e por isso o campo elétrico é apenas uma função do potencial elétrico. Essa equação também indica que não existe indução elétrica por meio da variação de um campo magnético. Além disso, os campos elétricos e magnéticos e a forma da luz, não seriam de ondas esféricas, mas harmônicos esféricos que satisfariam a equação de Laplace-Beltrami:

$$\nabla^2 \vec{E} = 0 \qquad \vec{E}(r,\theta,\varphi) = R(\vec{r}) Y_l^m(\theta,\varphi)$$

$$\nabla^2 \vec{B} = 0 \qquad \vec{B}(r,\theta,\varphi) = R(\vec{r}) Y_l^m(\theta,\varphi)$$

$$\nabla^2 \Psi = 0 \qquad \Psi(r,\theta,\varphi) = R(\vec{r}) Y_l^m(\theta,\varphi)$$

Na variedade de Galileu também não podemos associar a velocidade de propagação desses harmônicos esféricos com a velocidade da luz, pois a constante k de velocidade não está presente. A figura abaixo representa os modos de vibração dos harmônicos esféricos.

Para uma variedade euclidiana, R^2 é a unidade negativa. A equação de Faraday assume a seguinte forma:

$$\nabla \times \vec{E} = \frac{1}{k}\frac{\partial \vec{B}}{\partial t}$$

Isso significa que o campo elétrico sofre uma rotação no sentido oposto, em relação a variedade Lorentziana. Essa equação também indica que a indução por meio da variação de um campo magnético ocorre no sentido contrário do usual. Além disso, os campos elétricos e magnéticos e a forma da luz, não seriam de ondas esféricas, mas harmônicos esféricos associados perturbações periódicas no tempo que satisfazem a equação de Laplace-Beltrami temporal:

$$\nabla^2 \vec{E} + \frac{1}{k^2}\frac{\partial^2 \vec{E}}{\partial t^2} = 0 \qquad \vec{E}(r,\theta,\varphi,t) = R(\vec{r})Y_l^m(\theta,\varphi)\left(Ae^{ikt}\right)$$

$$\nabla^2 \vec{B} + \frac{1}{k^2}\frac{\partial^2 \vec{B}}{\partial t^2} = 0 \qquad \vec{B}(r,\theta,\varphi,t) = R(\vec{r})Y_l^m(\theta,\varphi)\left(Ae^{ikt}\right)$$

$$\nabla^2 \Psi + \frac{1}{k^2}\frac{\partial^2 \Psi}{\partial t^2} = 0 \qquad \Psi(r,\theta,\varphi,t) = R(\vec{r})Y_l^m(\theta,\varphi)\left(Ae^{ikt}\right)$$

Na variedade de Euclides também podemos associar a velocidade de propagação desses harmônicos esféricos com a velocidade da luz, embora o valor de propagação da velocidade da luz possa ser diferente de c. O caráter negativo da dimensão de tempo, inverte a orientação da indução e do rotacional do campo elétrico. Essas propriedades podem de alguma forma estar ligada as exóticas propriedades dos meta-materiais. Caso essa hipótese se verifique, poderíamos supor que o meta-material atua localmente sobre o tempo fazendo que ele apresenta um caráter dimensional negativo e fechado.

§ 10.6. A Topologia da Radiação

Até o presente momento temos caracterizado as equações gerais do espaço-tempo e quais características particulares a unidade hipercomplexa induz a sua forma. Agora vamos determinar a equação diferencial que rege o comportamento da luz e a sua dependência com fator R. Como cada variedade tem uma natureza geométrica única, a forma da luz também deverá ser induzida por *R*. Como foi previsto por Maxwell e confirmado por Hertz, as luz se comporta como uma onda eletromagnética que satisfaz a equação de D'Alambert:

$$\nabla^2\varphi - \frac{\partial^2\varphi}{\partial^2 t} = 0$$

Desta forma: podemos afirmar que se φ é um ente observável associado à radiação eletromagnética, então este deve satisfazer a seguinte relação:

$$\Delta\varphi = 0$$

onde Δ é o operador laplaciano generalizado.

Assim, nosso objetivo será determinar um laplaciano geral para, então, impormos que o fator *R* seja tal que o laplaciano generalizado corresponda ao operador d'alambertiano.

Tomemos o vetor nabla generalizado:

$$\nabla^i = \left(\frac{\partial}{\partial x}, \frac{\partial}{\partial y}, \frac{\partial}{\partial z}, \frac{\partial}{\partial t}\right)$$

Definimos o laplaciano generalizado, pela expressão:

$$\Delta = \sum_{i=1}^{4}\sum_{j=1}^{4}\nabla^i \eta_{ij}\nabla^j$$

Expandindo as duas somas,

$$\Delta = \nabla^1\eta_{11}\nabla^1 + \nabla^2\eta_{22}\nabla^2 + \nabla^3\eta_{33}\nabla^3 + \nabla^4\eta_{44}\nabla^4$$

$$\Delta = \nabla^1\nabla^1 + \nabla^2\nabla^2 + \nabla^3\nabla^3 - R^2\nabla^4\nabla^4$$

$$\Delta = \left(\nabla^1\right)^2 + \left(\nabla^2\right)^2 + \left(\nabla^3\right)^2 - R^2\left(\nabla^4\right)^2$$

Ou de forma compacta,

$$\Delta = \nabla^2 - R^2\frac{\partial^2}{\partial t^2}$$

Aplicando o operador laplaciano generalizado sobre o potencial da radiação eletromagnética, teremos:

$$\Delta\varphi \equiv \nabla^2\varphi - R^2\frac{\partial^2\varphi}{\partial t^2}$$

Como dito anteriormente, cada unidade hipercomplexa irá designar uma forma para radiação eletromagnética.

§ 10.7. Unificando o Eletromagnetismo[22]

Por meio da álgebra geométrica é possível escrever as equações de Maxwell como única equação. Inicialmente, iremos mostrar como essa unificação ocorre em uma variedade minkowskiana. Depois iremos propor duas abordagens que permitem escrever uma equação unificada para todas as variedades planas.

§ 10.7.1. Unificando as Equações de Maxwell

Para este fim, introduziremos o conceito de pseudo-escalar I que permite relacionar o produto vetorial de Gibbs-Heaviside com o produto exterior de Grassmann.

$$\vec{u} \wedge \vec{v} = I\left(\vec{u} \times \vec{v}\right), \qquad onde, \quad I^2 = -1$$

Como o produto exterior de dois vetores produz um bivetor e o produto vetorial, um pseudo-vetor[23], então essas grandezas se associam por meio da equação:

$$\hat{B} = I\vec{B}$$

Para os operadores diferenciais definimos os produtos de Clifford por meio das relações:

$$\nabla \vec{u} = \operatorname{div} \vec{u} + \nabla \wedge \vec{u}$$

$$\nabla \vec{u} = \operatorname{div} \vec{u} + I \operatorname{rot} \vec{u}$$

$$\nabla f = \operatorname{grad} f$$

Vamos definir um novo operador diferencial, denominado de multivetor gradiente:

$$\hat{\nabla} = \nabla + \frac{1}{c}\frac{\partial}{\partial t}$$

Por meio do multivetor gradiente, **as quatro equações de Maxwell-Heaviside** podem ser escritas como **uma única equação**:

$$\hat{\nabla}\left(\vec{E} + \hat{B}\right) = 4\pi\left(\rho - \frac{\vec{J}}{c}\right)$$

---

[22] Essa seção é uma sumarização do trabalho: *Uma mini-introdução à concisa álgebra geométrica do eletromagnetismo* (Ferreira, 2006)

[23] Para detalhes ver: *Da força ao tensor: evolução do conceito físico e da representação matemática do campo eletromagnético* (Silva, 2002).

onde $\vec{E}$, é o vetor campo elétrico, $\hat{B}$, o bivetor campo magnético, ρ é a densidade de carga, $\vec{J}$ é a corrente de deslocamento e c é a velocidade da luz no vácuo.

Para realizarmos a demonstração faremos a substituição direta e, por fim, faremos a comparação das quantidades multivetoriais. Inicialmente, escrevamos o multivetor gradiente por extenso:

$$\left(\nabla + \frac{1}{c}\frac{\partial}{\partial t}\right)\left(\vec{E} + \hat{B}\right) = 4\pi\left(\rho - \frac{\vec{J}}{c}\right)$$

Distribuindo os operadores do lado direito:

$$\nabla\vec{E} + \frac{1}{c}\frac{\partial\vec{E}}{\partial t} + \nabla\hat{B} + \frac{1}{c}\frac{\partial\hat{B}}{\partial t} = 4\pi\left(\rho - \frac{\vec{J}}{c}\right)$$

Aplicando os produtos de Clifford, obtemos:

$$\text{div}\vec{E} + \nabla\wedge\vec{E} + \frac{1}{c}\frac{\partial\vec{E}}{\partial t} + \text{div}\hat{B} + \nabla\wedge\hat{B} + \frac{1}{c}\frac{\partial\hat{B}}{\partial t} = 4\pi\left(\rho - \frac{\vec{J}}{c}\right)$$

Explorando a relação entre produto exterior e o produto vetorial,

$$\text{div}\vec{E} + I\left(\text{rot }\vec{E}\right) + \frac{1}{c}\frac{\partial\vec{E}}{\partial t} + \text{div}\hat{B} + I\left(\text{rot }\hat{B}\right) + \frac{1}{c}\frac{\partial\hat{B}}{\partial t} = 4\pi\left(\rho - \frac{\vec{J}}{c}\right)$$

Substituindo a relação entre o bivetor e o pseudovetor campo magnético:

$$\text{div}\vec{E} + I\left(\nabla\times\vec{E}\right) + \frac{1}{c}\frac{\partial\vec{E}}{\partial t} + I\text{div}\vec{B} + I^2\left(\nabla\times\vec{B}\right) + I\frac{1}{c}\frac{\partial\vec{B}}{\partial t} = 4\pi\left(\rho - \frac{\vec{J}}{c}\right)$$

$$\text{div}\vec{E} + I\left(\text{rot }\vec{E}\right) + \frac{1}{c}\frac{\partial\vec{E}}{\partial t} + I\left(\text{div}\vec{B}\right) - \text{rot }\vec{B} + I\frac{1}{c}\frac{\partial\vec{B}}{\partial t} = 4\pi\left(\rho - \frac{\vec{J}}{c}\right)$$

Vamos organizar a equação em blocos ordenados: escalar, pseudo-escalar, vetor, pseudo-vetor:

$$\left[\text{div}\vec{E}\right] + I\left[\left(\text{div}\vec{B}\right)\right] + \left[\frac{1}{c}\frac{\partial\vec{E}}{\partial t} - \text{rot }\vec{B}\right] + I\left[\left(\text{rot }\vec{E}\right) + \frac{1}{c}\frac{\partial\vec{B}}{\partial t}\right] = 4\pi\left(\rho - \frac{\vec{J}}{c}\right)$$

escalar   pseudo - escalar   vetor   pseudo - vetor   escalar   vetor

Igualando cada bloco, conforme sua natureza algébrica:

$$\text{div}\vec{E} = 4\pi\rho \qquad\qquad \text{div}\vec{B} = 0$$

$$\text{rot}\,\vec{B} = \frac{4\pi}{c}\,\vec{J} + \frac{1}{c}\frac{\partial\vec{E}}{\partial t} \qquad \text{rot}\,\vec{E} = -\frac{1}{c}\frac{\partial\vec{B}}{\partial t}$$

que são as 4 equações de Maxwell-Heaviside (Q.E.D.).

§ 10.7.2. Unificando as Equações de Maxwell em Variedades Arbitrárias (Abordagem I)

Por meio da álgebra geométrica vimos que é possível escrever as equações de Maxwell como única equação. O procedimento que aplicamos foi válido apenas para uma variedade Lorentziana. Para estendermos as nossas definições para as demais variedades, devemos modificar o multivetor gradiente para acomodar o bivetor temporal R. Isso pode ser feito utilizando o conceito de inversão graduada. Para os fins dessa seção, redefiniremos o multivetor gradiente da seguinte forma:

$$\widehat{\nabla}_R = \nabla + \left(R\right)^{p(p-1)}\frac{1}{c}\frac{\partial}{\partial t}$$

onde p representa a gradação do p-vetor.

Por meio dos multivetores gradientes, **as quatro equações de Maxwell-Heaviside** podem ser escritas como **uma única equação**:

$$\widehat{\nabla}_R\left(\vec{E} + \widehat{B}\right) = 4\pi\left(\rho - \frac{\vec{J}}{c}\right)$$

onde $\vec{E}$, é o 1-vetor campo elétrico, $\widehat{B}$, o 2-vetor campo magnético, ρ é o escalar densidade de carga, $\vec{J}$ é o 1-vetor corrente de deslocamento e c é a velocidade da luz no vácuo.

Para realizarmos a demonstração faremos a substituição direta e, por fim, faremos a comparação das quantidades escalares, pseudo-escalares, vetoriais e pseudo-vetoriais. Inicialmente, escrevamos o multivetor gradiente por extenso:

$$\left(\nabla+(R)^{p(p-1)}\frac{1}{c}\frac{\partial}{\partial t}\right)\left(\vec{E}+\widehat{B}\right)=4\pi\left(\rho-\frac{\vec{J}}{c}\right)$$

Distribuindo os operadores do lado direito:

$$\nabla\vec{E}+(R)^{p(p-1)}\frac{1}{c}\frac{\partial\vec{E}}{\partial t}+\nabla\widehat{B}+(R)^{p(p-1)}\frac{1}{c}\frac{\partial\widehat{B}}{\partial t}=4\pi\left(\rho-\frac{\vec{J}}{c}\right)$$

Substituindo as gradações de p, obtemos:

$$\nabla\vec{E}+(R)^{1(1-1)=0}\frac{1}{c}\frac{\partial\vec{E}}{\partial t}+\nabla\widehat{B}+(R)^{2(2-1)=2}\frac{1}{c}\frac{\partial\widehat{B}}{\partial t}=4\pi\left(\rho-\frac{\vec{J}}{c}\right)$$

$$\nabla\vec{E}+\frac{1}{c}\frac{\partial\vec{E}}{\partial t}+\nabla\widehat{B}+R^2\frac{1}{c}\frac{\partial\widehat{B}}{\partial t}=4\pi\left(\rho-\frac{\vec{J}}{c}\right)$$

Aplicando os produtos de Clifford e as relações com os pseudo-escalares, obtemos:

$$\text{div}\vec{E}+I\left(\text{rot }\vec{E}\right)+\frac{1}{c}\frac{\partial\vec{E}}{\partial t}+I\left(\text{div}\vec{B}\right)-\text{rot }\vec{B}+I\left(R^2\frac{1}{c}\frac{\partial\vec{B}}{\partial t}\right)=4\pi\left(\rho-\frac{\vec{J}}{c}\right)$$

Pondo a equação em blocos ordenados: escalar, pseudo-escalar, vetor, pseudo-vetor:

$$\left[\text{div}\vec{E}\right]+I\left[\left(\text{div}\vec{B}\right)\right]+\left[\frac{1}{c}\frac{\partial\vec{E}}{\partial t}-\text{rot }\vec{B}\right]+I\left[\left(\text{rot }\vec{E}\right)+R^2\frac{1}{c}\frac{\partial\vec{B}}{\partial t}\right]=4\pi\left(\rho-\frac{\vec{J}}{c}\right)$$

escalar   pseudo - escalar   vetor   pseudo - vetor   escalar vetor

Igualando cada bloco, conforme sua natureza algébrica:

$$\text{div}\vec{E}=4\pi\rho \qquad\qquad \text{div}\vec{B}=0$$

$$\text{rot }\vec{B}=\frac{4\pi}{c}\vec{J}+\frac{1}{c}\frac{\partial\vec{E}}{\partial t} \qquad\qquad \text{rot }\vec{E}=-R^2\frac{1}{c}\frac{\partial\vec{B}}{\partial t}$$

que são as 4 equações generalizadas de Maxwell-Heaviside (Q.E.D.).

§ 10.7.3. Unificando as Equações de Maxwell em Variedades Arbitrárias (Abordagem II)

Recentemente, eu descobri uma nova abordagem para se unificar as equações de Maxwell em variedades arbitrárias usando a álgebra multivetorial. Esse novo método é muito mais simples e inteligível que o anterior. Sua maior vantagem é que ele define quais grandezas eletromagnéticas são induzidas pelo fator R. Nesse novo formalismo, escrevemos as equações de Maxwell, como a seguinte equação multivetorial:

$$\hat{\Box}(R)\,\hat{F}(R) = 4\pi\hat{J}(R)$$

que doravante chamarei de equação de Capiberibe, cujas componentes são dadas por:

$$\hat{\Box}(R) = \vec{\nabla} + R\frac{1}{c}\frac{\partial}{\partial t} \quad \text{(multi-operador gradiente } R)$$

$$\hat{F}(R) = \vec{E} + R\hat{B} \quad \text{(multivetor eletromagnético } R)$$

$$\hat{J}(R) = \rho - R\frac{1}{c}\vec{J} \quad \text{(paravetor densidade de carga/corrente } R)$$

Para realizarmos a demonstração novamente faremos a substituição direta:

$$\left(\vec{\nabla} + R\frac{\partial}{\partial t}\right)\left(\vec{E} + R\hat{B}\right) = 4\pi\left(\rho - \frac{R}{c}\vec{J}\right)$$

$$\vec{\nabla}\vec{E} + R\vec{\nabla}\hat{B} + R\frac{1}{c}\frac{\partial\vec{E}}{\partial t} + R^2\frac{1}{c}\frac{\partial\hat{B}}{\partial t} = 4\pi\rho - 4\pi\frac{R}{c}\vec{J}$$

$$\nabla\vec{E} + \frac{1}{c}\frac{\partial\vec{E}}{\partial t} + \nabla\hat{B} + R^2\frac{1}{c}\frac{\partial\hat{B}}{\partial t} = 4\pi\left(\rho - \frac{\vec{J}}{c}\right)$$

Aplicando os produtos de Clifford e as relações com os pseudo-escalares, obtemos:

$$\text{div}\vec{E} + I\left(\text{rot }\vec{E}\right) + R\frac{1}{c}\frac{\partial\vec{E}}{\partial t} + IR\left(\text{div}\vec{B}\right)$$

$$- R\left(\text{rot }\vec{B}\right) + I\left(R^2\frac{1}{c}\frac{\partial\hat{B}}{\partial t}\right) = 4\pi\rho - 4\pi R\frac{1}{c}\vec{J}$$

Pondo a equação em blocos ordenados: escalar, pseudo-escalar, vetor, pseudo-vetor:

$$\left[\operatorname{div}\vec{E}\right]+I\left[R\left(\operatorname{div}\vec{B}\right)\right]+\left[R\frac{1}{c}\frac{\partial\vec{E}}{\partial t}-R\left(\operatorname{rot}\vec{B}\right)\right]+I\left[\left(\operatorname{rot}\vec{E}\right)+R^2\frac{1}{c}\frac{\partial\vec{B}}{\partial t}\right]=4\pi\rho-4\pi R\frac{\vec{J}}{c}$$

$\quad$escalar$\qquad$pseudo - escalar$\qquad\qquad$vetor$\qquad\qquad\qquad$pseudo - vetor$\qquad\qquad$escalar$\qquad$vetor

Igualando cada bloco, conforme sua natureza algébrica e realizando as simplificações:

$$\operatorname{div}\vec{E}=4\pi\rho \qquad\qquad \operatorname{div}\vec{B}=0$$

$$\operatorname{rot}\vec{B}=\frac{4\pi}{c}\vec{J}+\frac{1}{c}\frac{\partial\vec{E}}{\partial t} \qquad \operatorname{rot}\vec{E}=-R^2\frac{1}{c}\frac{\partial\vec{B}}{\partial t}$$

que são as 4 equações generalizadas de Maxwell-Heaviside (Q.E.D.).

Agora vamos introduzir a involução (ou conjugado) do operador nabla generalizado:

$$\widehat{\nabla}\left(R^*\right)\equiv\widehat{\nabla}\left(R\right)^*=\nabla-R\frac{1}{c}\frac{\partial}{\partial t}$$

Multiplicando o multivetor nabla pelo seu conjugado, obtemos a expressão do laplaciano generalizado:

$$\Delta\left(R\right)\equiv\widehat{\nabla}\left(R\right)\widehat{\nabla}\left(R^*\right)=\nabla^2-R^2\frac{1}{c^2}\frac{\partial^2}{\partial t^2}$$

Assim para um k-vetor φ_k, o seu potencial será definido pela unidade hipercomplexa.

§ 10.8. Outras Topologias Possíveis do Espaço-Tempo

Vamos construir dois novos quatérnions que chamaremos de quatérnions de Poincaré perplexo, complexo e híbrido:

$$P_H=lx+my+nz+Rt$$

$$x,y,z,t\in\mathbb{R}, \qquad l,m,n,R\in\mathbb{H}\vee\mathbb{C}\vee\mathbb{D}$$

$$l=\frac{p+L}{\sqrt{2}}, \quad m=\frac{p+M}{\sqrt{2}}, \quad n=\frac{p+N}{\sqrt{2}}$$

$$\overline{l}=-\frac{p+L}{\sqrt{2}}, \quad \overline{m}=-\frac{p+M}{\sqrt{2}}, \quad \overline{n}=-\frac{p+N}{\sqrt{2}}$$

Vamos calcular as normas ao quadrado desses quatérnions:

$$P^2 = \left(lx + my + nz + Rt\right)\left(-lx - my - nz - Rt\right)$$

$$P^2 = -\left(l^2 x^2 + m^2 y^2 + n^2 z^2 + R^2 t^2 + \{l,m\} \, xy + \right.$$

$$\left. \{l,n\} \, xz + \{l,R\} \, xt + \{m,n\} \, yz + \{m,R\} \, yt + \{n,R\} \, zt\right)$$

Definindo as relações de comutação entre os números híbridos, podemos gerar basicamente todos os quatérnions e todas variedades espaço-temporais planas possíveis de baixa dimensão. Vamos analisar as variedades não duais, adotando a convenção de Ségre. Nessas condições, todos os anticomutadores se anulam:

$$P^2 = -\left(l^2 x^2 + m^2 y^2 + n^2 z^2 + R^2 t^2\right)$$

Por conveniência, vamos adotar o seguinte postulado: os números espaciais pertencem ao mesmo anel, que denotaremos por A e a soma das coordenadas espaciais ao quadrado denotaremos por r^2:

$$P^2 = -\left[A^2 r^2 + R^2 t^2\right]$$

Como todos os números reais comutam com os números complexos, podemos pôr a equação acima na forma complexa:

$$P^2 = i^2 A^2 r^2 + i^2 R^2 t^2$$

Agora vamos analisar os casos possíveis:

1)   Se os dois anéis forem imaginários puros, teremos o espaço-tempo euclidiano (elíptico):

$$P^2 = r^2 + t^2$$

Esse espaço corresponde, em nosso modelo, a um espaço-tempo com três dimensões negativas e um tempo negativo. Como espaço tridimensional negativo é uma cópia idêntica do espaço tridimensional positivo, essa é razão da escolha de dois anéis imaginários gerarem um espaço euclidiano idêntico ao gerado por um anel real no espaço e um anel imaginário no tempo.

2) Se A for imaginário e R for perplexo, teremos o espaço-tempo lorentziano (hiperbólico de uma folha ou cônico):

$$P^2 = r^2 - t^2$$

Essa configuração é idêntica à forma quadrática convencional do espaço-tempo, porém, os eixos espaciais são de dimensão negativa e o eixo temporal de dimensão positiva. Devida a imponderabilidade do espaço tridimensional positivo e negativo, ele também irá gerar um cone de luz onde os vetores são conectados por vínculos de espaço, tempo e luz, exatamente como a variedade lorentziana.

3) Se A for perplexo puro e R for imaginário, teremos o espaço-tempo pseudo-lorentziano (hiperbólico de duas folhas):

$$P^2 = t^2 - r^2$$

Essa configuração é semelhante à forma quadrática convencional do espaço-tempo, porém existem diferenças conceituais. Nesse espaço, o tempo é uma dimensão que formam anéis perpendiculares aos eixos espaciais. Se realizarmos cortes com planos constantes em uma direção espacial qualquer, teremos hiperboloides de duas folhas, onde os anéis são eixos temporais. Na estrutura desse trabalho, partimos da convenção que o espaço apresenta dimensões reais. Porém, se o nosso espaço apresentar dimensões perplexas, podemos construir um espaço-tempo com as mesmas características das variedades de Lorentz e com tempo fechado. O tempo seria cíclico, se transformaria de acordo com a covariância de Lorentz. Todas as propriedades que estudamos continuariam sendo válidas nesse espaço. O fato dos eventos causais ocorrerem dentro de um hiperboloide de duas folhas, não poderíamos dizer se as dimensões do espaço são reais ou perplexas e, portanto, se o tempo é aberto ou fechado. Parafraseando Poincaré (1902) a escolha é apenas uma questão de conveniência (oportunismo epistemológico).

4) Se os anéis forem perplexos, teremos o espaço-tempo Supra-Luminal:

$$P^2 = -r^2 - t^2$$

Esse seria um espaço euclidiano onde encontramos as partículas denominadas de táquions.

Para verificarmos esse fato, vamos extrair a raiz quadrada de P:

$$P = i\sqrt{r^2 + t^2}$$

O espaço de métricas imaginárias é o espaço dos táquions. Esse espaço é formado pela intersecção das dimensões perplexas de espaço e tempo. Esse espaço admitiria apenas velocidades supra luminais. Desta forma percebemos que se o espaço tridimensional perplexo deve se comportar como o espaço de com três dimensões reais ou imaginárias com um tempo de dimensão invertida. O espaço tridimensional perplexo com tempo positivo (resp: negativo) é idêntico ao espaço tridimensional real com tempo negativo (resp: positivo).

5) *Se os dois anéis forem híbridos, teremos o espaço-tempo* **Luminal:**

Se definirmos, os números híbridos pela seguinte regra:

$l = p + i$	$\overline{l} = -(p+i)$	$l^2 = 0$
$m = q + j$	$\overline{m} = -(q+j)$	$m^2 = 0$
$n = r + k$	$\overline{n} = -(r+k)$	$n^2 = 0$
$R = s + \sqrt{-1}$	$\overline{R} = -\left(s + \sqrt{-1}\right)$	$R^2 = 0$

A partir dessa definição, geraremos os espaços com conexões do tipo luz.

$$P^2 = 0$$

Observe que se trocarmos os números perplexos por números reais, obteríamos o mesmo resultado. Nos espaço-tempo luminal todos os fenômenos ocorreriam a velocidade da luz e todos os eventos seriam simultâneos. O espaço não teria uma forma definida, uma vez que haveria uma compensação das dimensões. As dimensões perplexas cancelariam as dimensões complexas, reduzindo a dimensionalidade do espaço à zero.

Em síntese, se admitirmos que as dimensões do espaço podem ser arbitrárias como as do tempo, teremos outras variedades de espaço-tempo, incluindo uma variedade que admite um tempo cíclico e é covariante em Lorentz.

§ 10.9. Um Anel Para Todos Comandar

Na seção anterior obtivemos importantes resultados ao assumir que o espaço pode não ter dimensões inteiras positivas. Se queremos desenvolver uma topologia de baixa dimensão unificada precisamos construir *um anel* que unifique todos esses resultados. Denotarmos esse "um anel" por R, a característica anelar do espaço por A e do por S (uma singela homenagem à personagem Sauron, do filólogo J. R. Tolkien), teremos a seguinte relação:

$$R^2 = (-1)^{2+\langle A,A \rangle} S^2$$

A característica do anel espacial pode ser a unidade real (e_i), a unidade imaginária (i_i) ou a unidade perplexa (p_i). Assumindo que os índices i e j podem variar de 1 a 3, portanto os possíveis produtos internos entre A e S, serão:

$$\langle e_i, e_i \rangle = +1$$
$$\langle i_i, i_i \rangle = +1$$
$$\langle p_i, p_j \rangle = -1$$

Observe que tanto o anel com característica real (dimensão positiva) como o anel com característica imaginária (dimensão negativa) tem módulo positivo, enquanto o espaço de dimensão perplexa (dimensão positiva) tem módulo negativo. Essa é razão do espaço perplexo inverter as regras do tempo. Deixe-me exemplificar. Tomemos um espaço-tempo de dimensões espaciais perplexas.

$$\mathbb{M}\left(3p^2, R^2\right)$$

Agora vamos calcular o valor do anel R:

$$R^2 = (-1)^{2+\langle p,p \rangle} S^2$$
$$R^2 = (-1)^{2-1} S^2$$
$$R^2 = -S^2$$

Se a variedade temporal for imaginária, teremos:

$$R^2 = -i^2$$
$$R^2 = 1$$

Portanto, o anel central terá característica 1 e terá todas as propriedades de uma variedade de Lorentz, mas com 3 eixos perplexos e 1 eixo imaginário. Se t for perplexa, teremos:

$$R^2 = -p^2$$

$$R^2 = -1$$

A variedade irá se comportar como um euclidiano onde todas as conexões são supra-luminais. Em outras palavras, nossa nova forma de escrever os anéis, recupera todos os resultados que escrevemos anteriormente, assim podemos incluir novas variedades todo tipo espaço-tempo.

As diferentes combinações usando números hipercomplexos, podem criar variedades ainda mais exóticas. Outros métodos topológicos consistem em enxertar topologias diferentes dentro da variedade, como se costurássemos sobre uma manta um novo tecido. Usando as regras aqui deduzidas podemos combinar efeitos e manipular a variedade. Em conclusão, aqui o *um anel,* a estrutura unificada que permite explorar essas possibilidades, dentro dos limites da matemática e da lógica e que pode nos ensinar, senão qual a topologia mais verdadeira, mas qual é a mais cômoda.

A Tabela abaixo apresenta uma síntese dos resultados para construir o um anel:

Anel	Dim. Espacial	Dim. Temporal	<A,A>	S²	Topologia	K $R^2 = (-1)^{2+\langle A,A\rangle}\, S^2$		
						E $R^2=-1$	G $R^2=0$	L $R^2=+1$
R	+	+	+1	+1	$\cong \mathfrak{R}$	$(3i^2, e^2)$	$(3i^2, \varepsilon^2)$	$(3i^2, p^2)$
C	-	-	+1	-1	$\cong s^1$	$(3i^2, f^2)$	$(3i^2, \varepsilon^2)$	$(3p^2, e^2)$
H	+	+	-1	+1	$\cong \mathfrak{R}$	$(3p^2, p^2)$	$(3p^2, \varepsilon^2)$	$(3p^2, f^2)$
D	0	0	0	0	$\cong \varnothing$	Dim M $= (3A^2, S^2)$		*Um Anel*

Funções de Poincaré

$$P_+^R(x) = \Lambda_0^0$$
$$P_-^R(x) = B\Lambda_0^0$$

Conforme proposta por Earman (1970)

TÁBUA DE SÉGRE

×	1	i	ε	p
1	1	i	ε	p
i	i	-1	1-p	ε+i
ε	ε	1+p	0	ε
p	p	-ε-i	ε	1

§ 11. Espaço-Tempo Euclidiano: Possíveis Aplicações

O estudo da variedade espaço-tempo euclidiano é um assunto pouco abordado nas comunicações de físicas, uma vez que na natureza não se tem observado vizinhanças infinitamente pequenas onde a covariância de Lorentz deve ser substituída pela covariância de Euclides. A variedade euclidaiana suscitou algum interesse entre os pesquisadores de curvas fechadas no tempo, pois o tempo euclidiano (ou imaginário) é localmente fechado. Vilenki (1986), James Hartle e Stephen Hawking (1983), dedicaram seus esforços no programa de emergência do tempo imaginário para a cosmologia. Deltete e Guy (1996, p. 185) apresentaram alguns problemas que inviabilizam as pesquisas com tempo imaginário na cosmologia:

> Todos esses modelos conjeturam uma junção entre regiões (ou eras) de tempo imaginário e regiões (ou eras) de tempo real; portanto, para facilitar a referência, chamaremos o último problema de 'problema de junção'. Dizer que o "problema de união" é problemático, no entanto, não significa que os proponentes de tais modelos se preocupem muito com o significado do tempo imaginário ou com a transição do tempo imaginário para o tempo real. Eles não; mas eles deveriam. Pois, como argumentaremos neste ensaio, várias tentativas de interpretar a transição de uma maneira logicamente consistente e fisicamente significativa fracassam. Além disso, como não parece haver nenhuma maneira de resolver o 'problema de junção' de uma maneira logicamente consistente e fisicamente significativa, concluímos que a noção de 'emergir do tempo imaginário' é incoerente. Uma consequência dessa conclusão parece ser que toda a classe de modelos cosmológicos que apelam ao tempo imaginário é assim refutada.

Nesta seção buscamos entender melhor as propriedades de uma variedade plana que emerge a partir de um tempo imaginário ou euclidiano por meio do estudo da inércia da energia para esse espaço-tempo. Nosso estudo sugere que o Mar de Dirac, um desdobramento da previsão da equação de Dirac sobre os estados de energia, é uma variedade euclidiana. Como a variedade euclidiana permite viagens hiper-luminais e curvas fechadas no tempo, é por isso que a propulsão de Alcubierre exige em uma variedade localmente minkowskiana energia ou inércia negativa (ALCUBIERRE, 1994). Nossa hipótese é que essa exigência implique que o espaço-tempo ao redor dos viajantes de Alcubierre seja euclidiano. Também apontamos que os efeitos residuais do mar de Dirac, como efeito Kasimir, são qualidades naturais da variedade de Euclides.

§ 11.1. A Inércia da Energia em Variedades Euclidianas

Nas variedades minkowskianas, a energia contribui para o conteúdo inercial de um sistema fechado, somando a sua massa total (LANGEVIN, 1913, 1922). Nas variedades galileanas, a energia não apresenta inércia. Podemos previamente conjecturar que na variedade euclidiana a energia também contribua para o conteúdo inercial de um sistema fechado, mas subtraindo sua massa total. Para verificarmos essa hipótese, vamos operar as transformações de Euclides que obtivemos anteriormente:

$$\begin{cases} w = \dfrac{u+v}{1-\dfrac{uv}{c^2}} \\[4ex] \Gamma = \dfrac{1}{\sqrt{1+\dfrac{v^2}{c^2}}} \end{cases}$$

Nós precisamos diferenciar a composição das velocidades, mas para tornar os cálculos mais simples, iremos usar um pequeno "truque matemático", que consiste em aplicar *ln* nos dois lados da equação:

$$\ln w = \ln\left(\frac{u+v}{1-\dfrac{uv}{c^2}} \right)$$

$$\ln w = \ln(u+v) - \ln\left(1-\frac{uv}{c^2}\right)$$

Diferenciando a composição das velocidades em relação à *u*:

$$\frac{d(\ln w)}{du} = \frac{d}{du}\left[\ln(u+v) - \ln\left(1-\frac{uv}{c^2}\right)\right]$$

$$\frac{1}{w}\frac{dw}{du} = \frac{1}{(u+v)}\frac{d(u+v)}{du} - \frac{1}{\left(1-\dfrac{uv}{c^2}\right)}\frac{d}{du}\left(1-\frac{uv}{c^2}\right)$$

$$\frac{1}{w}\frac{dw}{du} = \frac{1}{(u+v)} + \frac{v}{c^2\left(1-\dfrac{uv}{c^2}\right)}$$

$$\frac{1}{w}\frac{dw}{du} = \frac{1}{(u+v)} + \frac{v}{(c^2-uv)}$$

$$\frac{1}{w}\frac{dw}{du} = \frac{(c^2-uv)+(u+v)v}{(u+v)(c^2-uv)}$$

$$\frac{1}{w}\frac{dw}{du} = \frac{(c^2-uv)+(v^2+uv)}{(u+v)(c^2-uv)}$$

$$\frac{1}{w}\frac{dw}{du} = \frac{(c^2+v^2)}{(u+v)(c^2-uv)}$$

Evidenciando c^2 no numerador e no denominador, obtemos:

$$\frac{1}{w}\frac{dw}{du} = \frac{c^2\left(1+\dfrac{v^2}{c^2}\right)}{c^2(u+v)\left(1-\dfrac{uv}{c^2}\right)}$$

$$\frac{dw}{du} = \frac{1}{\Gamma^2}\frac{w}{(u+v)\left(1-\dfrac{uv}{c^2}\right)}$$

Substituindo o valor de w:

$$\frac{dw}{du} = \frac{1}{\Gamma^2}\frac{(u+v)}{(u+v)\left(1-\dfrac{uv}{c^2}\right)\left(1-\dfrac{uv}{c^2}\right)}$$

Portanto o diferencial de w será

$$dw = \frac{1}{\Gamma^2}\frac{du}{\left(1-\dfrac{uv}{c^2}\right)^2}$$

No instante em que P está momentaneamente se movendo com as coordenadas K (ou seja, quando $u = 0$, então P está em repouso em K e $w = v$), temos

$$dw = \frac{1}{\Gamma^2}du$$

Tomemos o tempo próprio, para y e z, fixos:

$$d\tau^2 = dx^2 + c^2 dt^2$$

Evidenciando dt, obtemos:

$$c^2 d\tau^2 = c^2 + \frac{dx^2}{dt^2}$$

$$c^2 d\tau^2 = \left(c^2 + v^2\right) dt^2$$

$$d\tau^2 = \left(1 + \frac{v^2}{c^2}\right) dt^2$$

$$d\tau = \sqrt{1 + \frac{v^2}{c^2}}\, dt$$

$$d\tau = \frac{dt}{\Gamma}$$

$$dt = \Gamma d\tau$$

Dividindo dw por dt,

$$\frac{dw}{dt} = \frac{1}{\Gamma^2} \frac{du}{dt}$$

$$\frac{dw}{dt} = \frac{1}{\Gamma^2} \frac{du}{\left(\Gamma d\tau\right)}$$

Levando em consideração que o lado esquerdo é a aceleração no referencial em *movimento* e a derivada do lado direito, a aceleração no referencial *estacionário*, obtemos:

$$a = \frac{a_0}{\Gamma^3}$$

$$a_0 = \Gamma^3 a$$

Agora devemos estudar a transformação das forças longitudinais[24]. Segundo Brown (2012):

> Por simetria, uma força F exercida ao longo do eixo do movimento entre uma partícula em repouso em k em uma partícula idêntica P em repouso em K deve ser de magnitude igual e oposta em relação aos dois quadros de referência. Além disso, por definição, uma força de magnitude F aplicada a uma partícula de "massa em repouso" m_o

---

[24] Para uma derivação mais rigorosa ver: Martins (2012, p. 104-105).

resultará em uma aceleração $a_0 = F/m_o$ em termos de coordenadas inerciais nas quais a partícula está momentaneamente em repouso.

Como as forças longitudinais são invariantes,

$$F = F_0$$

Expressando a força F_o como o produto de sua massa inercial própria pela sua aceleração no referencial próprio:

$$F = m_0 a_0$$

Substituindo a aceleração no referencial próprio pela aceleração no referencial em movimento:

$$F = m_0 \Gamma^3 a$$

Usando a definição de força como a variação da quantidade de movimento:

$$F = \frac{d(mv)}{dt}$$

Podemos escrever a expressão da força da seguinte forma:

$$F = \frac{d(m_0 \Gamma v)}{dt}$$

Portanto, podemos concluir que a transformação da massa será:

$$m = m_0 \Gamma$$

Como variedade euclidiana, à medida que a velocidade aumenta, o fator gama diminui, então, diferente da variedade minkowskiana, à medida que a velocidade do corpo aumenta, a sua inércia diminui. Como explicar esse fato? Na variedade minkowskina atribuímos uma inércia a energia (LANGEVIN, 1913, 1922). Um aumento de velocidade do corpo, corresponde a um aumento de sua energia cinética, e como a energia apresenta inércia, a massa total do corpo também deve aumentar na mesma proporção. Na variedade euclidiana a energia deve apresentar uma inércia negativa, por isso quanto maior a energia transferida ao corpo, menor será sua massa. Para verificarmos esse fato, vamos calcular a relação massa-energia. Novamente iremos tomar o logaritmo da relação e depois deriva-la em relação ao tempo:

$$\ln(m) = \ln(m_0 \Gamma)$$

$$\ln(m) = \ln(m_0) + \ln(\Gamma)$$

$$\ln(m) = \ln(m_0) + \frac{1}{2}\ln\left(\frac{c^2}{c^2 + v^2}\right)$$

$$\ln(m) = \ln(m_0) + \frac{1}{2}\ln(c^2) - \frac{1}{2}\ln(c^2 + v^2)$$

Derivando a função em relação à t:

$$\frac{m'}{m} = -\frac{1}{2}\frac{2vv'}{(c^2 + v^2)}$$

$$\frac{m'}{m} = -\frac{vv'}{(c^2 + v^2)}$$

Evidenciando c^2 no denominador:

$$\frac{m'}{m} = -\frac{vv'}{c^2\left(1 + \dfrac{v^2}{c^2}\right)}$$

$$\frac{m'}{m} = -\frac{v'\Gamma^2 v}{c^2}$$

$$m' = -\frac{m\Gamma^2 v' v}{c^2}$$

Escrevendo a derivada da massa na notação diferencial e usando a transformação da massa,

$$\frac{dm}{dt} = -\frac{m_0 \Gamma^3 v' v}{c^2}$$

Isolando dm e considerando que o termo do numerador é o produto da força longitudinal pela velocidade:

$$dm = -\frac{Fv\,dt}{c^2}$$

Como o produto da velocidade pelo diferencial de tempo é o diferencial de espaço na direção x,

$$dm = -\frac{F dx}{c^2}$$

Usando a definição de trabalho mecânico na direção longitudinal:

$$dm = -\frac{dW}{c^2}$$

Integrando a equação do repouso à uma velocidade arbitrária v e levando em consideração o teorema trabalho-energia:

$$m - m_o = -\frac{\Delta E}{c^2}$$

Isolando a energia, obtemos a relação massa-energia na variedade euclidiana:

$$\Delta E = -(m - m_o)c^2$$

$$\Delta E = -\Delta m c^2$$

Esse resultado confirma nossa hipótese que a inércia associada a energia é negativa e vice-versa.

Assim como ocorre na variedade minkowskiana, existe uma energia de repouso, porém essa energia de repouso é negativa:

$$E = -m_0 c^2$$

Como mostrou Minkowski (1909), a variedade euclidiana é difeomórfica a variedade galileana no limite de c tendendo ao infinito, isso significa que para uma vizinhança pequena, a variedade euclidiana se comporta como uma variedade galileana. Vamos verificar se a nossa equação satisfaz essa correspondência. Explicitando o fator gama, teremos:

$$\Delta E = m_o (1 - \Gamma) c^2$$

Vamos expandir o fator gama em uma série de Taylor:

$$\left(1 + \frac{v^2}{c^2}\right)^{-1/2} = 1 - \frac{v^2}{2c^2} + \sum_{n=2}^{\infty} O\left(\frac{k_n}{c^{2n}}\right)$$

onde k_n são funções constantes da velocidade.

Portanto, a variação da energia assume a seguinte forma:

$$\Delta E = m_o \left(1 - 1 + \frac{v^2}{2c^2} - \sum_{n=2}^{\infty} O\left(\frac{k_n}{c^{2n}} \right) \right) c^2$$

$$\Delta E = m_o \left[\frac{v^2}{2} - \sum_{n=2}^{\infty} O\left(\frac{k_n}{c^{2(n-1)}} \right) \right]$$

Tomando c tendendo ao infinito, o somatório tende a zero e recuperamos a expressão da energia cinética clássica:

$$\Delta E = \frac{m_o v^2}{2}$$

Após essa caracterização da energia na variedade euclidiana, Agora vamos mostrar que essas propriedades correspondem justamente mar de Dirac, previsto pela equação de Dirac-Darwin (que nos referiremos apenas como equação de Dirac).

§ 11.2. Equação de Dirac e a Energia Negativa

Em 1928, Paul Dirac deduziu uma equação relativística para descrever o comportamento do elétron. A solução dessa equação incluí naturalmente a função de *spin*, e levou a previsão do pósitron (antipartícula do elétron) e da energia negativa. Uma apresentação mais detalhada está no livro do Eletrodinâmica Quântica (BASSALO, 2006), o qual o leitor deverá consultar caso sinta que falta algum detalhe. Para tornar o texto menos carregado, adotaremos o sistema de unidades naturais:

$$c = 1 \qquad \hbar = 1$$

Tomemos a equação de Dirac, em coordenadas naturais:

$$\left(\delta_i \hat{p}^i - m\hat{I} \right) |\psi\rangle = 0$$

As componente do spinor de Dirac são:

$$|\psi\rangle = \begin{pmatrix} \psi_0 \\ \psi_1 \\ \psi_2 \\ \psi_3 \end{pmatrix}$$

A solução da equação de Schroedinger para o elétron livre é uma onda plana, dada por:

$$\psi(\vec{r}) = e^{-i\vec{r}\cdot\vec{p}}$$

Portanto, vamos procurar uma solução para equação de Dirac que corresponda a onda plana para velocidades pequenas.

$$\psi(r_i) = e^{-ir_i p^i} u(p^i)$$

Substituindo na equação de Dirac:

$$\left(i\delta_i \nabla^i - mI\right) e^{-ir_i p^i} u = 0$$

$$\left(i\delta_i \nabla^i e^{-ir_i p^i} - mI e^{-ir_i p^i}\right) u = 0$$

$$\left(-iip^i \delta_i e^{-ir_i p^i} - mI e^{-ir_i p^i}\right) u = 0$$

$$\left(p^i \delta_i e^{-ir_i p^i} - mI e^{-ir_i p^i}\right) u = 0$$

Evidenciando o exponencial:

$$\left(p^i \delta_i - mI\right) u e^{-ir_i p^i} = 0$$

Isso implica que as soluções que buscamos são da forma:

$$\left(p^i \delta_i - mI\right) u = 0$$

Expandindo a soma dentro do parêntesis:

$$\left(p^0 \delta_0 + p^1 \delta_1 + p^2 \delta_2 + p^3 \delta_3 - mI\right) u = 0$$

Substituindo as matrizes e as componentes do 4-vetor de momento:

$$
\left[
E\begin{pmatrix} 1 & 0 & 0 & 0 \\ 0 & 1 & 0 & 0 \\ 0 & 0 & -1 & 0 \\ 0 & 0 & 0 & -1 \end{pmatrix}
- p^x \begin{pmatrix} 0 & 0 & 0 & 1 \\ 0 & 0 & 1 & 0 \\ 0 & -1 & 0 & 0 \\ -1 & 0 & 0 & 0 \end{pmatrix}
- p^y \begin{pmatrix} 0 & 0 & 0 & -i \\ 0 & 0 & i & 0 \\ 0 & i & 0 & 0 \\ -i & 0 & 0 & 0 \end{pmatrix}
\right.
$$

$$
\left.
- p^z \begin{pmatrix} 0 & 0 & 1 & 0 \\ 0 & 0 & 0 & -1 \\ -1 & 0 & 0 & 0 \\ 0 & 1 & 0 & 0 \end{pmatrix}
- m \begin{pmatrix} 1 & 0 & 0 & 0 \\ 0 & 1 & 0 & 0 \\ 0 & 0 & 1 & 0 \\ 0 & 0 & 0 & 1 \end{pmatrix}
\right]
\begin{pmatrix} u_0 \\ u_1 \\ u_2 \\ u_3 \end{pmatrix}
=
\begin{pmatrix} 0 \\ 0 \\ 0 \\ 0 \end{pmatrix}
$$

Efetuando essa soma, obtemos a seguinte matriz:

$$
\begin{pmatrix}
E-m & 0 & -p^z & -\left(p^x-ip^y\right) \\
0 & E-m & -\left(p^x+ip^y\right) & p^z \\
p^z & \left(p^x-ip^y\right) & -(E-m) & 0 \\
\left(p^x+ip^y\right) & -p^z & 0 & -(E-m)
\end{pmatrix}
\cdot
\begin{pmatrix}
u_0 \\ u_1 \\ u_2 \\ u_3
\end{pmatrix}
=
\begin{pmatrix}
0 \\ 0 \\ 0 \\ 0
\end{pmatrix}
$$

Realizando o produto das matrizes, obtemos as quatro equações diferencias:

$$(E-m)u_0 + 0u_1 - p^z u_2 - \left(p^x-ip^y\right)u_3 = 0$$

$$0u_0 + (E-m)u_1 - \left(p^x+ip^y\right)u_2 + p^z u_3 = 0$$

$$p^z u_0 + \left(p^x-ip^y\right)u_1 - (E-m)u_2 - 0u_3 = 0$$

$$\left(p^x+ip^y\right)u_0 - p^z u_1 + 0u_2 - (E-m)u_3 = 0$$

Esse sistema de equações é homogêneo e pela regra de Crammer ele só terá solução se o determinante da matriz dos coeficientes que acompanham o *spinor u* for nula.

$$
\det
\begin{pmatrix}
E-m & 0 & -p^z & -\left(p^x-ip^y\right) \\
0 & E-m & -\left(p^x+ip^y\right) & p^z \\
p^z & \left(p^x-ip^y\right) & -(E-m) & 0 \\
\left(p^x+ip^y\right) & -p^z & 0 & -(E-m)
\end{pmatrix}
= 0
$$

O cálculo desse determinante é bastante trabalhoso. O método mais simples é a aplicação da regra de Laplace, seguido da aplicação da regra de Sarrus. Outra forma é o uso de um software de matemática simbólica. Bassalo (2006, p. 123-124) apresenta o cálculo detalhado. Seja qual for o método adoto, esse determinante é igual à:

$$\left(E^2-m^2\right)^2 - 2\left(E^2-m^2\right)\left(p^{x^2}+p^{y^2}+p^{z^2}\right)$$

$$+ p^{x^4} + p^{y^4} + p^{z^4} + 2p^{x^2}p^{y^2} + 2p^{x^2}p^{z^2} + 2p^{y^2}p^{z^2} = 0$$

Levando em consideração que o quadrado e a quarta potência da norma do vetor momento são dadas por:

$$p^2 = p^{x2} + p^{y2} + p^{z2}$$

$$p^4 = p^{x^4} + p^{y^4} + p^{z^4} + 2p^{x^2}p^{y^2} + 2p^{x^2}p^{z^2} + 2p^{y^2}p^{z^2}$$

Substituindo na equação:

$$\left(E^2 - m^2\right)^2 - 2\left(E^2 - m^2\right)p^2 + p^4 = 0$$

Essa expressão pode ser fatorada e escrita como:

$$\left[\left(E^2 - m^2\right) - p^2\right]^2 = 0$$

Realizando a análise dimensional dessa expressão, podemos recuperar a velocidade da luz e escrever a equação na como:

$$E^2 - \left(m^2c^4 + p^2c^2\right) = 0$$

Isolando a energia e extraindo a raiz quadrada:

$$E = \left|\sqrt{\left(m^2c^4 + p^2c^2\right)}\right|$$

Portanto há dois estados de energia: um positivo e um negativo.

$$E_+ = +\sqrt{\left(m^2c^4 + p^2c^2\right)}$$

$$E_- = -\sqrt{\left(m^2c^4 + p^2c^2\right)}$$

No referencial próprio, teremos além da relação massa-energia convencional, uma relação massa-energia negativa:

$$E_+ = +m_0c^2 \qquad E_- = -m_0c^2$$

A primeira solução corresponde a relação massa-energia de uma variedade lorentziana, a segunda equação corresponde a relação massa-energia em uma variedade euclidiana. Como o espaço que corresponde as energias negativas corresponde, na antiga teoria quântica de campos, ao mar de Dirac, então somos forçados a sugerir a seguinte conclusão:

"O mar de Dirac é uma variedade euclidiana"

Há outro resultado igualmente interessante que podemos extrair da análise hipercomplexa (CATONI *et al,* 2008, JANCEWICZ, 1988, ÖZDEMIR, 2018): o dual da unidade imaginária, é a unidade perplexa. Tomemos o elemento de linha de uma variedade espaço-temporal plana qualquer, onde R pode ser uma unidade imaginária ou uma unidade perplexa:

$$ds_R = dr + Rcdt$$
$$ds_R^2 = \langle dr + Rcdt, dr + \bar{R}cdt \rangle$$
$$ds_R^2 = \langle dr + Rcdt, dr - Rcdt \rangle$$
$$ds_R^2 = dr^2 - R^2 c^2 dt^2$$

Tomemos o elemento de linha do dual de R:

$$ds_{*R} = dr + (*R)cdt$$
$$ds_{*R}^2 = \langle dr + (*R)cdt, dr + (*\bar{R})cdt \rangle$$
$$ds_{*R}^2 = \langle dr + (*R)cdt, dr - (*R)cdt \rangle$$
$$ds_{*R}^2 = dr^2 - (*R)^2 c^2 dt^2$$

Sem perda de generalidade, tomemos que $R = p$, i. e, a variedade é minkowskiana,

$$ds_p^2 = dr^2 - p^2 c^2 dt^2$$
$$ds_p^2 = dr^2 - c^2 dt^2$$

Portanto $*R = *p$, i.e., $*R = i,$ e o dual do elemento de linha será:

$$ds_i^2 = dr^2 - (i)^2 c^2 dt^2$$
$$ds_i^2 = dr^2 + c^2 dt^2$$

que corresponde a variedade euclidiana.

Assim podemos concluir que o dual da variedade minkowskiana é a variedade euclidiana e, por conseguinte, a energia negativa é o dual da energia positiva e as antipartículas são as duais das partículas ordinárias, o mar de Dirac é o dual do nosso espaço-tempo.

§ 11.3. A Força de Lorentz em Variedades Euclidianas

A força de Lorentz é uma expressão válida apenas para as variedades lorentzianas, porém, usando os mecanismos de análise de que desenvolvemos nas seções anteriores, podemos generalizar essa expressão para todas as variedades espaço-temporais planas, obtendo uma nova expressão da força que denominamos de *força de Poincaré*. Devido ao caráter nilpotente do número dual, para tornar a demonstração mais simples, mas sem perder o rigor, realizaremos o procedimento em duas partes. Inicialmente obtendo a expressão válida apenas para a variedade galileana e depois uma expressão geral que é válida para a variedade lorentziana e euclidiana, para então, por inspeção, buscar uma expressão geral que seja válida para as três variedades.

Tendo em mãos esse resultado, tomemos a lei de Faraday-Lenz para uma variedade arbitrária:

$$\oint_{R^2 \partial S(t)} \vec{E}(\vec{r},t)\,d\hat{l} = -R^2 \iint_{S(t)} \frac{d\vec{B}(\vec{r}.t)}{dt}\,d\hat{S}$$

Escrevendo o campo elétrico em função da força e da carga elétrica, e comutando os operadores diferenciais:

$$\oint_{R^2 \partial S(t)} \frac{\vec{F}}{q}(\vec{r},t)\,d\hat{l} = -R^2 \frac{d}{dt} \iint_{S(t)} \vec{B}(\vec{r},t)\,d\hat{S}$$

Para uma variedade galileana, $R^2 = 0$, portanto a expressão assume a seguinte forma:

$$\oint_{R^2 \partial S(t)} \frac{\vec{F}}{q}(\vec{r},t)\,d\hat{l} = 0$$

que implica que o integrando deve se anular sobre todo o contorno:

$$\frac{\vec{F}}{q}(\vec{r},t) = 0$$

Portanto a força de Poincaré deve ser zero:

$$\vec{F}(\vec{r},t) = 0$$

Usaremos esse valor como referência para obter a expressão generalizada da força de Lorentz. Agora nos focaremos apenas na análise das variedades lorentzianas e euclidianas, o que implica que

R^2 é igual a +1 ou a -1, respectivamente. Para isso tomaremos uma superfície imaginária *S(t)* cuja fronteira é orientada conforme o fator R^2. Para esta superfície podemos aplicar o Teorema de Stokes Generalizado:

$$\int_{R^2 \partial S(t)} \omega = R^2 \int_{S(t)} d\omega$$

Multiplicando os dois lados da equação por R^2,

$$R^2 \int_{R^2 \partial S(t)} \omega = R^4 \int_{S(t)} d\omega$$

Como R^4 é igual a unidade nas duas variedades, então o Teorema Generalizado de Stokes assume a seguinte forma:

$$\int_{S(t)} d\omega = R^2 \int_{R^2 \partial S(t)} \omega$$

Agora, retomemos a Lei de Faraday-Lenz na forma de força:

$$\oint_{R^2 \partial S(t)} \frac{\vec{F}}{q}(\vec{r},t) d\hat{l} = -R^2 \frac{d}{dt} \iint_{S(t)} \vec{B}(\vec{r},t) d\hat{S}$$

Usando o teorema generalizado de Helmholtz, a integral do lado direito pode ser escrita como:

$$\oint_{R^2 \partial S(t)} \frac{\vec{F}}{q}(\vec{r},t) d\hat{l} = -R^2 \iint_{S(t)} \left(\frac{\partial \vec{B}(\vec{r},t)}{\partial t} + \left[\nabla \cdot \vec{B}(\vec{r},t) \right] \vec{v} \right) d\hat{S}$$
$$+ R^2 \oint_{R^2 \partial S(t)} \left[\vec{v} \times \vec{B}(\vec{r},t) \right] \cdot d\hat{l}$$

Mas a divergência do campo magnético é nulo, então o segundo termo na integral dupla é zero:

$$\oint_{R^2 \partial S(t)} \frac{\vec{F}}{q}(\vec{r},t) d\hat{l} = -R^2 \iint_{S(t)} \frac{\partial \vec{B}(\vec{r},t)}{\partial t} d\hat{S} + R^2 \oint_{\partial S(t)} \left[\vec{v} \times \vec{B}(\vec{r},t) \right] \cdot d\hat{l}$$

Utilizando a lei de Faraday-Maxwell,

$$\oint_{R^2 \partial S(t)} \frac{\vec{F}}{q}(\vec{r},t) d\hat{l} = \iint_{S(t)} \left(\nabla \times \vec{E}(\vec{r},t) \right) d\hat{S} + R^2 \oint_{\partial S(t)} \left[\vec{v} \times \vec{B}(\vec{r},t) \right] \cdot d\hat{l}$$

Usando o Teorema de Stokes Generalizado, a integral dupla pode ser escrita como uma integral de linha sobre a fronteira de *S(t)*.

$$\oint_{R^2 \partial S(t)} \frac{\vec{F}}{q}(\vec{r},t) d\hat{l} = R^2 \oint_{R^2 \partial S(t)} \vec{E}(\vec{r},t) d\hat{l} + R^2 \oint_{\partial S(t)} \left[\vec{v} \times \vec{B}(\vec{r},t) \right] \cdot d\hat{l}$$

que pode ser posta em uma única integral:

$$\oint_{R^2 \partial S(t)} \frac{\vec{F}}{q}(\vec{r},t) d\hat{l} = R^2 \oint_{R^2 \partial S(t)} \left(\vec{E}(\vec{r}.t) + \left[\vec{v} \times \vec{B}(\vec{r}.t) \right] \right) d\hat{l}$$

Essa igualdade será satisfeita se o integrando do lado esquerdo for igual ao integrando do lado direito:

$$\frac{\vec{F}}{q}(\vec{r}.t) = R^2 \left[\vec{E}(\vec{r}.t) + \vec{v} \times \vec{B}(\vec{r}.t) \right]$$

Multiplicando pela carga elétrica, obtemos a expressão da força de Poincaré (força de Lorentz generalizada):

$$\vec{F}(\vec{r}.t) = q \left(\vec{E}(\vec{r}.t) + R^2 \left[\vec{v} \times \vec{B}(\vec{r}.t) \right] \right)$$

Ou em uma notação mais compacta:

$$\vec{F} = qR^2 \left(\vec{E} + \left[\vec{v} \times \vec{B} \right] \right)$$

Se tomarmos $R^2 = 0$, obtemos que a força sobre a carga é nula:

$$\vec{F} = 0$$

que é o valor que calculamos anteriormente para as variedades galileanas. Portanto, a expressão da força de Poincaré que deduzimos é válida para todas as três variedades.

A partir dessa lei, podemos retirar as leis da força elétrica e da força magnética:

$$\vec{F}_e = R^2 \left(q\vec{E} \right),$$

$$\vec{F}_m = R^2 \left(q\vec{v} \times \vec{B} \right)$$

Como estamos interessados nas propriedades da variedade euclidiana, tomemos $R^2 = -1$. Nestas condições, a força de Poincaré adquire a seguinte configuração:

$$\vec{F} = -q \left(\vec{E} + \left[\vec{v} \times \vec{B} \right] \right)$$

Esse resultado nos informa que uma partícula negativa, como o elétron, irá se comportar na presença de um campo eletromagnético como uma partícula positiva. Da mesma forma que uma partícula positiva, como um próton, irá se comportar como uma partícula negativa. Se considerarmos o movimento quase estacionário, em que a variação da inércia é muito pequena, seríamos incapazes de dizer se uma partícula é um elétron em uma variedade euclidiana ou é um pósitron em uma variedade lorentziana.

Igualmente interessante é analisar o comportamento do nêutron. Essas partículas não interagem eletricamente, porém possuem um momento de dipolo magnético permanente e por isso são como pequenos imãs. Nas variedades euclidianas verifica-se a anti-lei de Lenz. Na prática, um observador lorentziano desavisado concluiria que o orientação do momento de dipolo magnético do nêutron está invertido e por isso, está ocorrendo uma inversão da lei de Lenz. Ele também poderia concluir que o nêutron está "voltando no tempo" e com isso salvar a lei de Lenz. Mas estas duas interpretações são justamente o que definem um anti-neutron.

Há outro resultado igualmente interessante que podemos extrair da análise hipercomplexa (CATONI *et al*, 2008, JANCEWICZ, 1988, ÖZDEMIR, 2018): o dual da unidade imaginária, é a unidade perplexa. Tomemos o elemento de linha de uma onde R pode ser uma unidade imaginária ou uma unidade perplexa:

$$ds_R = dr + Rcdt$$
$$ds_R^2 = \langle dr + Rcdt, dr + \bar{R}cdt \rangle$$
$$ds_R^2 = \langle dr + Rcdt, dr - Rcdt \rangle$$
$$ds_R^2 = dr^2 - R^2 c^2 dt^2$$

Tomemos o elemento de linha do dual de R:

$$ds_{*R} = dr + (*R)cdt$$
$$ds_{*R}^2 = \langle dr + (*R)cdt, dr + (*\bar{R})cdt \rangle$$
$$ds_{*R}^2 = \langle dr + (*R)cdt, dr - (*R)cdt \rangle$$
$$ds_{*R}^2 = dr^2 - (*R)^2 c^2 dt^2$$

Sem perda de generalidade, tomemos que $R = p$, i. e, a variedade é lorentziana,

$$ds_p^2 = dr^2 - p^2 c^2 dt^2$$

$$ds_p^2 = dr^2 - c^2 dt^2$$

Portanto $*R = *p$, i.e., $*R = i$, e o dual do elemento de linha será:

$$ds_i^2 = dr^2 - (i)^2 c^2 dt^2$$

$$ds_i^2 = dr^2 + c^2 dt^2$$

que corresponde a variedade euclidiana.

Portanto a nossa conclusão é que nas variedades euclidianas, as partículas lorentzianas se comportam como suas antipartículas, exatamente como ocorre no Mar de Dirac. E que o dual da variedade lorentziana é a variedade euclidiana e, por conseguinte, a energia negativa é o dual da energia positiva e as antipartículas são as duais das partículas, o mar de Dirac é o dual do nosso espaço-tempo.

§ 11.4. A Força de Lorentz em Variedades Euclidianas: Uma Análise Heurística

Outra evidência de que a anti-matéria pode ser compreendida como a matéria ordinária em uma variedade euclidiana, decorre da análise da força de Lorentz. Para obtermos a sua expressão mais geral, vamos utilizar um método heurístico, mas sem comprometer o rigor. A força de Lorentz pode ser escrita como uma combinação linear da força elétrica e da força magnética que atua sobre a partícula (ROSSER, 1968):

$$f_{Lorentz} = f_{elétrica} + f_{magnética}$$

Nosso objetivo é obter a expressão de cada uma dessas forças. Inicialmente, tomemos a equação de Faraday no vácuo:

$$\nabla \times \vec{E} = -R^2 \frac{\partial \vec{B}}{\partial t}$$

Por essa equação podemos inferir que a força magnética que atua sobre a partícula é expressa por (ROSSER, 1968)[25]:

$$f_{magnética} = qR^2 \left(\vec{v} \times \vec{B} \right)$$

O princípio da relatividade nos assegura que existe um referencial inercial onde a partícula está em repouso, portanto a força magnética deve ser de origem elétrica. Como R^2 é constante, então, podemos assumir que qR^2 é o equivalente de carga, portanto a equação da força elétrica pode ser escrita como (ROSSER, 1968):

$$f_{elétrica} = qR^2 \vec{E}$$

Portanto, para uma partícula carregada em um referencial arbitrário, a força de Lorentz deve ser expressa pela relação:

$$f_{Lorentz} = qR^2 \left(\vec{E} + \vec{v} \times \vec{B} \right)$$

Tomemos um elétron na presença de um campo eletromagnético, a expressão de suas força de Lorentz para uma variedade minkowskiana ($R^2 = 1$) será:

$$f_{Lorentz} = -e \left(\vec{E} + \vec{v} \times \vec{B} \right)$$

Entretanto, se tomarmos a expressão dessa força para um elétron em uma variedade euclidiana ($R^2 = -1$), teremos:

$$f_{Lorentz} = -e(-1) \left(\vec{E} + \vec{v} \times \vec{B} \right)$$

$$f_{Lorentz} = e \left(\vec{E} + \vec{v} \times \vec{B} \right)$$

Mas essa é a justamente a força de Lorentz que atua sobre um pósitron (anti-elétron).

Esse resultado é uma evidência favorável à nossa hipótese de que a anti-matéria pode ser compreendida como a matéria ordinária imersa em um espaço-tempo euclidiano.

---

[25] A dedução de Rosser é feita para uma variedade minkowskiana, porém como R^2 apenas altera o sinal, o processo é o exatamente o mesmo.

§ 11.5. Propulsão de Alcubierre e as Variedades Euclidianas

Em 1994, o físico mexicano Miguel Alcubierre estudou sobre quais condições físicas seriam necessárias para que observadores pudessem dobrar o espaço-tempo ou manter uma ponte de Einstein-Rosen estável. A conclusão de Alcubierre é que a componente energética (T_{00}) do tensor momento-energia deve ser negativa e expressa pela seguinte relação (ALCUBIERRE, 1994, L77):

$$-\frac{c^4}{8\pi G}\frac{v_s^2\left(x^2+y^2\right)}{4\left(\det g_{ij}\right)^2 r_s^2}\left(\frac{df}{dr_s}\right)^2$$

Sobre esse resultado, Alucbierre faz os seguintes comentários:

O fato de essa expressão ser negativa em todos os lugares implica que as condições de energia fracas e dominantes são violadas. De maneira semelhante, pode-se mostrar que a forte condição de energia também é violada. Vemos então que, assim como acontece com os buracos de minhoca, é preciso matéria exótica para viajar mais rápido que a velocidade da luz. No entanto, mesmo que se acredite que a matéria exótica seja proibida classicamente, é sabido que a teoria quântica de campos permite a existência de regiões com densidades de energia negativas em algumas circunstâncias especiais (como, por exemplo, no efeito Casimir [4]). Portanto, a necessidade de matéria exótica não elimina necessariamente a possibilidade de usar uma distorção no espaço-tempo, como a descrita acima, para viagens interestelares hiper-rápidas. Como comentário final, mencionarei apenas o fato de que, embora o espaço-tempo descrito pela métrica (8) seja globalmente hiperbólico e, portanto, não contenha curvas causais fechadas, provavelmente não é muito difícil construir um espaço-tempo que contém essas curvas usando uma idéia semelhante à apresentada aqui. (ALCUBIERRE, 1994, L77).

O fato da propulsão de Alcubierre exigir energia negativa é compatível com a variedade euclidiana. De fato, uma das características do tempo euclidiano é que, ao contrário do tempo minkowskiano que é um eixo retilíneo ortogonal aos eixos espaciais, o seu eixo é uma circunferência fechada ortogonal as curvas espaciais em todos os pontos. De nossa análise anterior, concluímos que o mar de Dirac é uma variedade euclidiana, portanto os efeitos a ele relacionados também se relacionam com as propriedades da variedade. Portanto, podemos concluir que as condições de viagem do tempo e viagens hiperluminais discutidas por Alcubierre exigem que o espaço-tempo se comporte naquela região como uma variedade euclidiana.

§ 12. Duas Reflexões sobre o Espaço-Tempo

§ 12.1. Determinação Empírica do Espaço-Tempo

A nossa abordagem, porém, tem a vantagem de permitir por meio dos fenômenos eletromagnéticos identificar qual variedade plana se adequa a descrição dos fenômenos físicos. Isso ocorre porque as linhas coordenadas da variedade correspondem as componentes do tensor eletromagnético. Portanto, os fenômenos eletromagnéticos, em particular, os fenômenos elétricos, são propriedades intrínsecas da variedade.

De nossa análise da teoria do eletromagnetismo, obtivemos ao menos duas formas de identificar a variedade, a saber:

1. A rotacionalidade do campo elétrico.

Na variedade euclidiana, o campo elétrico é irrotacional, portanto o fenômeno de indução elétrica não pode ser observado. Por outro lado, na variedade euclidiana, um fluxo magnético variável induz uma corrente elétrico, mas no sentido inverso da Lei de Lenz. Somente a variedade lorentziana prevê uma indução elétrica que satisfaz a lei de Lenz.

Historicamente, Emil Lenz estabeleceu essa lei qualitativa em 1834 a partir observações empíricas das correntes induzidas por fluxos magnéticos variáveis. Desta forma, mesmo antes da formulação da Teoria da Relatividade Especial, já podíamos determinar o tipo de variedade que melhor corresponde a uma região infinitesimal do espaço-tempo, sem precisar recorrer ao segundo postulado, a constância da velocidade da luz, ou ao argumento de inteligibilidade de Minkowski.

Registre que não para identificação da variedade não é preciso estabelecer a intensidade da corrente induzida, apenas a orientação. A lei de Lenz é suficiente.

2. A Topologia da Radiação.

Das três variedades, a única em que a radiação apresenta a forma de uma onda esférica que oscila no vácuo (ou no éter), em concordância com as experiências de Hertz, é a variedade lorentziana. Desta forma, a experiência nos conduz, ao menos por enquanto, a rejeitar as variedades de Galileu e Euclides. Como as experiências de Hertz datam do século XIX, e eram aceitas, sem restrições, no começo do século XX, se Einstein tivesse seguido essa abordagem, ele poderia ter construído uma relatividade com embasamento mais sólido e recorrendo a um único princípio norteador.

Observe que a partir do estudo da variedade de Lorentz, induzida pela unidade perplexa, podemos deduzir como teoremas a invariância da velocidade da luz e a constância da velocidade da luz. Desta forma, as experiência de Quirino Majorana realizadas em 1919, com fontes de radiação em alto movimento, se tornam testes experimentais que confirmam uma das previsões da teoria e aumentam seu conteúdo empírico.

§ 12.2. A Inteligibilidade do Espaço-Tempo

Hermann Minkowski defendia que o espaço-tempo criado por Poincaré e aprimora do por ele, de todos os espaços era aquele que apresentava maior inteligibilidade. Porém, o que o nosso estudo aponta é que tal conclusão é um tanto precipitada. Inicialmente, construímos três variedades espaço-temporais usando o anel hipercomplexo de característica singular R. Destas três variedades, aquela que parece ser mais adequada a experiência é a variedade lorentziana, pois tanto a forma invariante da luz, a covariância e a invariância da velocidade da luz e os potenciais topológicos que conhecemos se adequam melhor a essa variedade.

Portanto, em um primeiro momento nos sentimos forçados a concordar com Minkowski e descartar as variedades galileanas e euclidianas. Porém, nessa análise existe um pressuposto tácito que parece tão natural ao espírito: o espaço apresenta três dimensões inteiras e positivas. Porém, a teoria das dimensões negativas nos ensina que o espaço seria idêntico, em todos os aspectos, se tivesse três dimensões inteiras negativas. Então assim como Poincaré somos obrigado a concluir que: *"a experiência nos guia nessa escolha e não nos a impõe; nos faz reconhecer qual geometria é mais cômoda e não qual é a mais verdadeira"* (POINCARÉ, 1902, p. 91).

O problema que se punha diante Minkowski era o decidir sobre qual das três variedades melhor se aplicam a experiência. Esse estudo mostrou que aquela que contém as propriedades topológicas mais adequadas é a de Lorentz. Porém, tendo resolvido essa questão, outra mais sútil apareceu: qual variedade de Lorentz? Como provamos não existe uma, mas três variedades de Lorentz: com espaço linear e tempo linear, espaço cíclico e tempo linear, espaço linear (perplexo) e tempo cíclico. Todas estas três variedades apresentam as mesmas propriedades locais e globais em relação ao espaço, as mesmas propriedades locais em relação ao tempo. A variedade com tempo cíclico é globalmente diferente das lineares, porém, ao que tudo indica, os efeitos produzidos por ela seriam indistinguíveis de suas companheiras, de forma que não saberíamos dizer por meio de experiências se globalmente o tempo é linear ou cíclico. Essa é uma questão delicada, e não podemos nos precipitar nas conclusões sem antes fazer uma investigação muito cautelosa, tanto quanto a que empregamos na teoria da dimensionalidade negativa.

No que tange a questão de pesquisa, esse estudo intero é sua resposta, pois ele contém um roteiro pormenorizado de como se construir a topologia de baixa dimensão unificada por meio de um anel. Quanto aos objetivos, conseguimos atingi-los e elucidar uma nova teoria do potencial, relacionar a variação da entropia a componente temporal de Lorentz, provando que a seta do tempo depende da variação da entropia e que mesmo em uma variedade de tempo cíclico a entropia deve continuar crescendo. Em outras palavras, a pesquisa atinge a sua demanda inicial e consegue ir além.

Acredito que o mais importante seja a curiosidade e a imaginação, citando uma frase célebre de Poincaré: "a liberdade é para a ciência o que o ar é para o animal.", sem a liberdade de nos entretermos em questões que nos desafiam, mesmo que para a maioria de nossos colegas pareçam irrelevantes, deixamos de apreciar o que há de melhor na ciência: a satisfação de nossas necessidades intelectuais. Quando escrevi o texto da a dimensionalidade, meu intuito era explorar definições mais apropriadas de dimensão a partir as colocações de Poincaré. Explorei as dimensões negativas como um exercício de imaginação e curiosidade. Na ocasião não conseguia ver alguma utilidade a elas ou imaginar o que seria uma linha sem translações, apenas com rotações. Somente quando eu terminei minha teoria do novo potencial e associei a equação do potencial a característica ao quadrado do anel que tive esse insight. Uma linha fechada suave admite apenas rotações, como o tempo imaginário é um eixo fechado, como as latitudes, ele poderia ter dimensão negativa visto que sua característica ao quadrado é -1. Assim consegui conectar as minhas pesquisas sobre estas três variedades.

É claro que existem muitas questões em aberto como um entendimento melhor sobre dimensões negativas superiores. Compreender as propriedades do espaço-tempo híbrido. Verificar como a curvatura e a torção modificam os potenciais, ou em outras palavras, como a curvatura e a torção alteram a linearidade de nossas equações diferenciais? A estrutura de quatérnions poderá corresponder as nossas variedades ou a outras variedades? As dimensões adicionais exigidas em teorias de vanguarda, elas se relacionam da mesma forma com os nossos anéis? Há mais perguntas do que respostas, mas isso é parte do progresso científico.

Este trabalho não tem como objetivo esgotar as discussões sobre a topologia de baixa dimensão do espaço-tempo, mas levantar possibilidades e ampliar as discussões. Embora concordemos com Poincaré que a experiência não pode nos dizer que se o espaço tridimensional é positivo, negativo ou perplexo e nem se o tempo é linear ou cíclico, não descartamos a possibilidade de que existam efeitos ainda desconhecidos que nos permitam decidir a questão. Para além destas questões ontológicas, nessa pesquisa nos ficamos em variedades planas, por isso é necessária uma extrapolação dessas ideias para variedades curvas ou com torção.

Outro ponto está em uma investigação mais detalhadas do que chamamos de física topológica. Realizamos aplicações à teoria do potencial e a forma da luz, obtendo resultados satisfatórios, é importante verificar essas aplicações para outros campo da física, principalmente a mecânica quântica. As linhas coordenadas (6-vetores) do espaço-tempo correspondem justamente as componentes do campo elétrico e magnético. Pode-se mostrar, sem muita dificuldade, que a teoria das dimensões inteiras (não-negativas e negativas) pode descrever integralmente os fenômenos eletromagnéticos. Porém, a questão que surge é: seriam as linhas coordenadas gerais as expressões do campo elétrico e magnético nas variedades generalizadas? A resposta é positiva, desde que incluamos na lei de Faraday característica-R. Essa modificação nos leva ao Gauge de Poincaré que nada mais é que o Gauge de Lorentz que incluía características anelares. Uma perspectiva de trabalho futuro é um estudo mais sistemático sobre as variedades euclidianas usando o Gauge de Poincaré, estes estudos podem ajudar a compreender se o tempo pode, localmente formar *loops* fechados e permitir uma conexão com as propriedades ópticas dos meta-materiais. Como os meta-materiais apresentam índice de refração negativo e conseguem fazer a luz percorrer eixos curvos, parece-nos razoável assumir que a teoria das dimensões negativas aplicado ao espaço-tempo possa fornecer novas perspectivas nesse campo. Mas para isso, seria necessário, expandir a teoria topológica do eletromagnetismo e derivar desta teoria as propriedades ópticas: reflexão e refração. É possível que física topológica também possa ajudar na nossa compreensão de temperaturas abaixo do zero absoluto e das super máquinas térmicas.

Em conclusão, só consigo pensar na frase célebre de Isaac Newton: *"o que sabemos é uma gota; o que ignoramos é um oceano."*, por isso é preciso de coragem para buscar em campos desconhecidos. Acredito que meu guia, a matemática, em particular a topologia, foi muito bem aproveitado e me manteve distante dos erros triviais e grosseiros, e os equívocos que por ventura eu cometi, são consequências de uma mente audaciosa, e é através de palpites audaciosos e da rupturas dos métodos e tradições que a ciência progride.

Considerações Finais

A questão de pesquisa que norteou esse ensaio era avaliar a possibilidade de construção de um programa de Erlangen para o espaço-tempo. A esta questão apresentamos uma resposta positiva e a justificativa provou-se também um método de se estudar as propriedades gerais para todo espaço-tempo, dos quais o espaço de Galileu e Minkowski são apenas casos particulares. Embora o objetivo modesto (se comparado com a pretensão inicial de F. Klein), a proposta de unificação não visa esgotar as questões sobre esse assunto, mas abrir outras perspectivas de pesquisa. Mencionamos algumas:

1)   Nesse trabalho impusemos a condição de que R é constante, porém, como R é construído a partir das características vetoriais no quartenion híbrido Z, se os escalares reais a, b, c, d forem parametrizados por uma variável u, então o valor de R varia com u, e o espaço-tempo evolui com u. Em particular se u for o tempo cosmológico, obtemos um modelo geodinâmico. Se u é a distribuição de matéria e energia do espaço-tempo em diferentes estágios cosmológicos, o universo poderia passar de Minkowskiano para Euclidiano e Galileano. Por outro lado, se u é algum parâmetro espacial, o espaço-tempo poderia apresentar diferentes métricas, em diferentes regiões. De forma mais geral, um parâmetro u permitiria reduzir o número de cartas espaço-temporais de atlas topológico.

2)   Trabalhos de Herranz, Ortega, Santander (1999), Kisil (2007, 2008), Catoni, Boccaletti, Cannata (2008) e, mais recentes, de Kisil (2012, 2012b), Zaripov (2016), Li, Yang, Qiao (2018) e Gerard et al (2018) indicam a possibilidade de cumprir as exigências de um programa completo de Erlangen, induzindo junto a dimensão temporal, a dimensão espacial. Alguns resultados preliminares de estudos que já realizamos indicam que essa possibilidade poderá ser cumprida se o fator indutor espacial for uma função de algum parâmetro u. É preciso de uma investigação mais detalhada para confirmar essa conjectura.

3)   Em um trabalho já concluído, que se encontra em processo de revisão para a submissão e publicação, realizamos a construção de estruturas algébricas a partir das funções de Poincaré permite unificar os grupos SO (3), SO(4) e SO(1,3) e suas respectivas álgebras de Lie em uma superestrutura induzida por *R*. Desta estrutura também deduzimos propriedades importantes do espaço-tempo geral: os coeficientes de estrutura, representação infinitesimal e spinorial.

4) Em outro trabalho também já concluído, que se encontra em processo de revisão para a submissão e publicação, realizamos a reformulação do cálculo *K* de Bondi por meio das funções de Poincaré, que passam a incluir as variedades Galileana e Euclidiana e permite compreender melhor os processos de simultaneidade e sincronização de relógios em diferentes variedades.

5) Em um trabalho ainda em desenvolvimento, contrariando a tese de Poincaré que a escolha geometria do espaço é apenas convencional, apresentamos uma proposta empírica de se determinar a natureza do espaço. Nossa proposta é construída a partir da álgebra geométrica derivada do estudo das linhas coordenadas de Plücker e Cayley, em um sistema de coordenadas homogêneas. Nossa conclusão preliminar é que os fenômenos eletromagnéticos são equivalentes a estrutura geométrica do espaço-tempo, portanto a forma da luz e das equações do eletromagnetismo, principalmente a equação da indução de Faraday-Lenz.

6) Assim como o Cálculo *K,* essa abordagem também pode ser útil do ponto de vista do ensino de física e teoria de relatividade, à nível superior, pois sugere uma abordagem alternativa para a construção da Relatividade Especial.

Também Fomos capazes de construir uma Teoria da Relatividade Especial sem precisar postular a constância da velocidade da luz. Para decidirmos qual é a assinatura da métrica da variedade tangente plana a uma vizinhança infinitamente pequena do espaço-tempo é mais inteligível apenas recorremos a dados amplamente testados e aceitos como a lei de Lenz e a forma das ondas eletromagnéticas.

Tanto Poincaré (1902) como Einstein (1984) defendiam que o conteúdo empírico de uma teoria era uma medida de sua excelência. Ao rejeitarmos o postulado da constância da velocidade da luz e desenvolvermos um programa baseado apenas nas implicações do princípio da relatividade (isotropia) e da inércia (homogeneidade), somos levados a três variedades planas induzidas pela unidade hipercomplexa R. A determinação da variedade mais inteligível se torna um problema empírico associado a teoria eletromagnética, visto que as linhas coordenadas da variedade coincidem com as componentes do tensor eletromagnético, mais precisamente, os efeitos relacionados ao campo elétrico, como sua rotacionalidade, pois este depende explicitamente do fator R. Nestas condições, a constância da velocidade da luz se torna uma previsão teórica da teoria, que foi confirmada em 1919 por Quirino Majorana (MARTINS, 2015). Do ponto de vista epistemológico, essa nova abordagem é útil, pois aumenta o conteúdo empírico da teoria.

Ao escolhermos um sistema de unidades em que a velocidade da luz é a unidade todas as nossas variedades gozam do citério de inteligibilidade exigido por Minkowski. O mais curioso que somos capazes de preservar a variedade galileana sem que seja necessário exigir que a velocidade da luz no vácuo tenda a infinito. Isso exige que a escolha da variedade seja feito por critérios empíricos. Esses critérios são exatamente os mesmos que permitem transformar o postulado da constância da velocidade da luz, em uma consequência da teoria. Em nossa análise sugerimos dois fatos empíricos qualitativos: a lei de Lenz e a forma da onda luminosa.

Um outro ponto favorável a essa abordagem é que ela relaciona as propriedades geométricas do espaço-tempo a uma unidade hipercomplexa R. A relação entre números hipercomplexos e as propriedades geométricas é um objeto de estudo matemático que ainda está sendo explorado pelos pesquisadores:

> Tais geometrias multidimensionais não foram completamente investigadas e isso nos permite afirmar a seguinte consideração: o tipo de números bidimensionais deriva das soluções de uma equação de grau 2. Encontramos a mesma classificação em outros campos matemáticos. Temos:
>
> • Soluções imaginárias → números complexos → geometria euclidiana → geometria diferencial de Gauss (formas diferenciais quadráticas definidas) → equações diferenciais parciais elípticas;
>
> • Soluções reais → números hiperbólicos → geometria de Minkowski (espaço-tempo) → geometria diferencial nas superfícies de Lorentz (formas diferenciais quadráticas não definidas) → equações diferenciais parciais hiperbólicas.
>
> Além disso, em mais de duas dimensões, sugerimos os seguintes elos gerais:

• O tipo de soluções de uma equação algébrica de grau N → sistemas de números hipercomplexos → grupo multiplicativo → geometrias → geometrias diferenciais.

Dessa maneira, a geometria diferencial em um espaço N-dimensional derivaria de uma forma diferencial de grau N, em vez das formas diferenciais quadráticas euclidianas ou pseudo-euclidianas. Essas propriedades peculiares podem abrir novos caminhos para aplicações em teorias de campo. (CATONI et al, 2008, p. 24-25).

Nesse sentido, essa proposta é a primeira abordagem relativística que associa explicitamente as propriedades físicas do espaço-tempo aos números hipercomplexos, cuja escolha é determinada empiricamente por meio da análise de fenômenos que são induzidos pela unidade hipercomplexa *R*.

Por fim vale a pena parafrasear Silva e Bagdonas (2012, p. 211) "se não há uma postura única para ser defendida como 'o que todos deveriam fazer'" podemos problematizar os métodos existentes, pois "mesmo quando não há consenso, pode-se apresentar uma pluralidade de visões, uma vez que o objetivo do ensino não é doutrinar, mas indicar razões para que se aceite uma visão particular (*Ibid,* p. 211), até porque a história da ciência já nos provou que a confluência de diferentes estilos de pensamento é essencial para a evolução e construção do conhecimento científico.

Anexo 1: Transformações Lineares Ortogonais no Espaço-Tempo (1-1)

Diferentes observadores em diferentes referenciais inerciais realizam medidas com réguas (hastes rígidas graduadas) e relógios idênticos, cujas medidas não são afetadas por informações do passado, e que, segundo o princípio da relatividade, devem ser equivalentes. Como mencionamos anteriormente, essa equivalência entre os referenciais inercias, em um espaço homogêneo e isotrópico, exigem um conjunto de transformações lineares ortogonais, que para o espaço-tempo são chamadas de transformações de Galileu, para o espaço-tempo Galileano, e transformações de Lorentz, para o espaço-tempo Minkowskiano.

Para obtermos a regra geral, das quais as transformações de Galileu e Lorentz são apenas casos particulares, induzidos pela característica R, vamos descrever a situação contemplada por dois observadores inerciais O e O' que se encontram na origem do sistema de coordenadas ($x = x' = 0$) e se deslocam com velocidade relativa v na direção longitudinal (que coincide com os eixos x, x', ambos orientados no mesmo sentido). Da perspectiva do observador O', o observador O se desloca com velocidade v no sentido positivo de x. Reciprocamente, na perspectiva O, é o observador O' que se desloca com velocidade v, mas no sentido negativo de x.

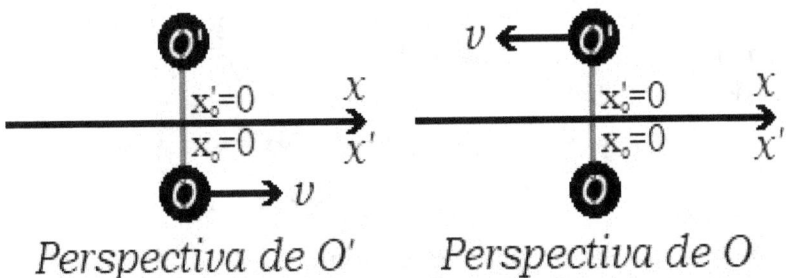

Perspectiva de O'   Perspectiva de O

As transformações lineares ortogonais entre as medidas de espaço e tempo destes dois observadores deve ser da forma:

$$\begin{cases} X' = AX + BT \\ T' = CX + DT \end{cases}$$

que devido a ortogonalidade apresentam a seguinte restrição:

$$\det \begin{bmatrix} A & B \\ C & D \end{bmatrix} = 1$$

$$AD - BC = 1$$

Como temos três equações e quatro parâmetros, o sistema apresenta um grau de liberdade, isso implica que deveremos determinar o valor das incógnitas em função de uma delas, no nosso caso, optaremos por A.

Inicialmente, vamos considerar a situação descrita pelo observador O'. Da sua perspectiva, ele se encontra na origem do sistema de coordenadas e o observador O se desloca com velocidade v no sentido positivo de x.

$$0 = AX + BT$$

$$-BT = AX$$

$$B = -A\frac{X}{T}$$

Como a razão do espaço pelo tempo é sempre constante e igual a velocidade, concluímos que B deve ser igual a:

$$A = -Bv$$

Agora vamos determinar o valor da incógnita D. Para isso, invocaremos o ponto de vista cinemático do observador O. Do ponto de vista de O, ele se encontra na origem do sistema de coordenadas enquanto O' se desloca com velocidade constante no sentido negativo de x.

$$\begin{cases} X' = A0 + BT \\ T' = C0 + DT \end{cases} \sim \begin{cases} X' = BT \\ T' = DT \end{cases}$$

Dividindo as duas equações, encontramos:

$$\frac{X'}{T'} = \frac{B}{D}$$

Levando em conta o valor de B que calculamos e que a velocidade é constante, no sentido negativo de x:

$$-v = -\frac{Av}{D}$$

De onde concluímos que $A = D$.

Para determinarmos C em função de A, usamos a condição de ortogonalidade:

$$AD - BC = 1$$
$$AA - (-vA)C = 1$$
$$A^2 + (vA)C = 1$$
$$C = \frac{1 - A^2}{vA}$$

Por uma questão de conveniência, vamos escrever C da seguinte forma:

$$C = -KAv, \qquad K = \frac{A^2 - 1}{(vA)^2}$$

Convém, por razões que ficarão mais claras adiante, escrever A^2 em função de K:

$$Kv^2 A^2 = A^2 - 1$$
$$A^2 - Kv^2 A^2 = 1$$
$$A^2 (1 - Kv^2) = 1$$
$$A^2 = (1 - Kv^2)^{-1}$$

Portanto, as transformações entre sistemas inerciais são:

$$\begin{cases} X' = A(X - vT) \\ T' = A(T - KvX) \end{cases}$$

Resta apenas determinarmos o valor de A, para isso recorreremos a outro aspecto matemático do espaço-tempo: sua álgebra de Lie.

Anexo 2: Tópicos de Cálculo Fracionário

Generalização da Segunda Fórmula De Liouville

A partir da transformada de Laplace conseguimos deduzir a derivada arbitrária da função $1/s^n$, que é justamente a segunda fórmula do cálculo fracionário de Liouville. Como o proeminente matemático usou variações da função gama, ele não foi capaz de obter uma fórmula mais geral. O resultado que apresentaremos aqui não aparece na literatura do cálculo fracionário. Muito provavelmente, os matemáticos ao criarem formas mais gerais de se obter derivada arbitrária de qualquer função contínua, deixaram de explorar outras possibilidades envolvendo a fórmula de Liouville. Apesar disso, essa generalização não deixa de ser interessante, principalmente para o estudo das derivadas topológicas, visto que esse é um corolário da derivada automórfica. Recordemos a definição de derivada arbitrária, via transformada de Laplace:

$$\frac{dF(s)}{ds^{\alpha}} = (-1)^{\alpha} \, \mathcal{L}\{t^{\alpha} f(t)\}$$

O problema consiste em determinar uma função $f(t)$ que corresponda à $F(s)$, para isso iremos usar a transformação inversa de Laplace. Uma função $F(s)$ apresenta uma transformada inversa se satisfizer o limite abaixo:

$$\lim_{s \to \infty} F(s) = 0$$

Portanto, a generalização da segunda fórmula de Liouville não se aplica a todas funções contínuas, mas apenas um grupo que converge para zero no infinito. Restringindo as funções a essa condição, podemos aplicar a transformada inversa:

$$\mathcal{L}^{-1}\{F(s)\} = f(t)$$

`Substituindo o valor de $f(t)$ na transformação de Laplace, obtemos a generalização da segunda fórmula de Liouville:

$$\frac{dF^{\alpha}(s)}{ds^{\alpha}} = (-1)^{\alpha} \, \mathcal{L}\{t^{\alpha} \mathcal{L}^{-1}\{F(s)\}\}$$

Em geral, consulta-se tabelas para efetuar a transformação inversa de Laplace, porém, existe uma fórmula de inversão dada pela integral:

$$\mathcal{L}^{-1}\{F(s)\} = \frac{1}{2\pi i}\int_{c-i\infty}^{c+i\infty} F(s)e^{st}ds$$

que é chamada de transformação de Mellin. A integral de linha deve ser tomada sobre uma linha vertical no plano complexo, cuja parte real c é arbitrária e deve atender as condições impostas pelo teorema de inversão de Mellin.

$$\frac{d^{\alpha}F(s)}{ds^{\alpha}} = \frac{(-1)^{\alpha}}{2\pi i}\int_{0}^{\infty} t^{\alpha}\left\{\int_{c-i\infty}^{c+i\infty} F(s)e^{st}ds\right\} e^{-st}dt$$

Essa é a segunda fórmula generalizada de Liouville.

Análise Real e a Análise Fracionária

O estudo formal das derivadas e integrais de uma função é feito a partir do estudo da continuidade em um intervalo aberto e do limite desta função sobre certos pontos. Formalmente, definimos a derivada de uma função em um ponto P, por meio do limite:

$$\frac{dF}{ds} = \lim_{s \to p}\frac{F(s) - F(p)}{s - p}$$

Entretanto, a nossa derivada fracionária não foi obtida por um processo de limite, mas a partir das propriedades da transformada de Laplace. Seria possível definir a derivada fracionária em termos de um limite? A resposta mais sincera é: depende do tipo de derivada. Como a literatura nos mostra, não há uma única formulação de derivada fracionária e cada uma delas tem suas peculiaridades. Portanto, vamos restringir a nossa pergunta: é possível definir as derivadas homeomórficas e automórficas em termos de um limite? Por hora, só tivemos sucesso em obter uma definição para as derivadas automórficas, graças a generalização da segunda fórmula de Liouville e as características únicas da derivada exponencial.

A Derivada Automórfica e a Derivada Inteira

Dado um conjunto de funções que forma um semi-grupo cíclico em relação ao produto, é sempre possível definir uma derivada automórfica[26]. Para as funções de Liouville e de Poincaré, a derivada automórfica se relaciona com uma enésima derivada inteira (onde $\alpha - n$ deve satisfazer a condição de automorfismo). As funções de Liouville se relacionam as derivadas de ordem inteira por meio da generalização da segunda fórmula de Liouville:

$$\frac{dF(s)}{ds^{\alpha}} = (-1)^{\alpha} \, \mathfrak{L}\left\{t^{\alpha} \mathfrak{L}^{-1}\left\{F(s)\right\}\right\}$$

$$\frac{dF(s)}{ds^{\alpha}} = (-1)^{\alpha} \, \mathfrak{L}\left\{t^{n} t^{\alpha-n} \mathfrak{L}^{-1}\left\{F(s)\right\}\right\}$$

$$\therefore$$

$$\frac{dF(s)}{ds^{\alpha}} = (-1)^{\alpha-n} \frac{d^{n}}{ds^{n}} \mathfrak{L}\left\{t^{\alpha-n} \mathfrak{L}^{-1}\left\{F(s)\right\}\right\}$$

$$com \ \left| t^{\alpha-n} \mathfrak{L}^{-1}\left\{F(s)\right\} \right| \leq M e^{-st}$$

Para a função exponencial, a relação é ainda mais simples, pois basta impormos que a função exponencial deve ser uma autofunção. Nestas condições, para a exponencial crescente teremos:

$$\frac{d^{\alpha}\left(e^{Rs}\right)}{ds^{\alpha}} = R^{\alpha} e^{Rs}$$

$$\frac{d^{\alpha}\left(e^{Rs}\right)}{ds^{\alpha}} = R^{\alpha-n} \frac{d^{n}\left(e^{Rs}\right)}{ds^{n}}$$

Enquanto, para o exponencial decrescente teremos:

$$\frac{d^{\alpha}\left(e^{-Rs}\right)}{ds^{\alpha}} = (-1)^{\alpha} R^{\alpha} e^{-Rs}$$

$$\frac{d^{\alpha}\left(e^{-Rs}\right)}{ds^{\alpha}} = (-1)^{\alpha-n} R^{\alpha-n} \frac{d^{n}\left(e^{-Rs}\right)}{ds^{n}}$$

---

[26] No caso mais restrito a derivada automórfica é a derivada de ordem zero.

Portanto, para a função Par de Poincaré, teremos:

$$\frac{d^{\alpha}P_{+}^{R}(s)=}{ds^{\alpha}}=R^{\alpha-n}\frac{d^{n}}{ds^{n}}\left[\frac{e^{Rs}+(-1)^{\alpha-n}e^{-Rs}}{2}\right]$$

$$\frac{d^{\alpha}P_{+}^{R}(s)=}{ds^{\alpha}}=\frac{R^{\alpha-n}}{2}\frac{d^{n}}{ds^{n}}\left[\frac{P_{+}^{R}(s)+RP_{-}^{R}(s)+(-1)^{\alpha-n}\left(P_{+}^{R}(s)-RP_{-}^{R}(s)\right)}{2}\right]$$

$$\frac{d^{\alpha}P_{+}^{R}(s)=}{ds^{\alpha}}=\frac{R^{\alpha-n}}{2}\frac{d^{n}}{ds^{n}}\left[P_{+}^{R}(s)\left(1+(-1)^{\alpha-n}\right)+RP_{-}^{R}(s)\left(1-(-1)^{\alpha-n}\right)\right]$$

$$\therefore$$

$$\frac{d^{\alpha}P_{+}^{R}(s)=}{ds^{\alpha}}=\frac{R^{\alpha-n}}{2}\left(1+(-1)^{\alpha-n}\right)\frac{d^{n}P_{+}^{R}(s)}{ds^{n}}+\frac{R^{\alpha-n+1}}{2}\left(1+(-1)^{\alpha-n+1}\right)\frac{d^{n}P_{-}^{R}(s)}{ds^{n}}$$

E para função ímpar de Poincaré, teremos:

$$\frac{d^{\alpha}P_{-}^{R}(s)=}{ds^{\alpha}}=R^{\alpha-n}\frac{d^{n}}{ds^{n}}\left[\frac{e^{Rs}-(-1)^{\alpha-n}e^{-Rs}}{2R}\right]$$

$$\frac{d^{\alpha}P_{-}^{R}(s)=}{ds^{\alpha}}=\frac{R^{\alpha-n-1}}{2}\frac{d^{n}}{ds^{n}}\left[\frac{P_{+}^{R}(s)+RP_{-}^{R}(s)+(-1)^{\alpha-n-1}\left(P_{+}^{R}(s)-RP_{-}^{R}(s)\right)}{2}\right]$$

$$\frac{d^{\alpha}P_{-}^{R}(s)=}{ds^{\alpha}}=\frac{R^{\alpha-n-1}}{2}\frac{d^{n}}{ds^{n}}\left[P_{+}^{R}(s)\left(1+(-1)^{\alpha-n-1}\right)+RP_{-}^{R}(s)\left(1-(-1)^{\alpha-n-1}\right)\right]$$

$$\therefore$$

$$\frac{d^{\alpha}P_{-}^{R}(s)=}{ds^{\alpha}}=\frac{R^{\alpha-n-1}}{2}\left(1+(-1)^{\alpha-n}\right)\frac{d^{n}P_{+}^{R}(s)}{ds^{n}}+\frac{R^{\alpha-n}}{2}\left(1+(-1)^{\alpha-n}\right)\frac{d^{n}P_{-}^{R}(s)}{ds^{n}}$$

A Derivada Automórfica como Limite de uma Função

Uma vez que podemos relacionar as derivadas automórficas das funções de Liouville e de Poincaré às derivadas de ordem inteira, podemos obter a forma limite dessas funções assumindo $n = 1$. Desta forma um problema de análise arbitrária se torna um problema de análise real e está sujeito a todos resultados desse campo. Para as funções de Liouville, a sua forma limite será dado pela seguinte relação:

$$\frac{dF^\alpha(s)}{ds^\alpha} = (-1)^{\alpha-1} \lim_{s\to p} \frac{\mathcal{L}\{t^{\alpha-1}\mathcal{L}^{-1}\{F(s)\}\} - \mathcal{L}\{t^{\alpha-1}\mathcal{L}^{-1}\{F(p)\}\}}{s-p}$$

$$\frac{dF^\alpha(s)}{ds^\alpha} = (-1)^{\alpha-1} \lim_{s\to p} \frac{\mathcal{L}\{t^{\alpha-1}\mathcal{L}^{-1}\{F(s)\}\} - F(p)\mathcal{L}\{t^{\alpha-1}\delta(t)\}}{s-p}$$

Para o delta de Dirac temos a seguinte propriedade:

$$\int_0^\infty G(t)\delta(t)\,dt = G(0)$$

$$\mathcal{L}\{t^{\alpha-1}\delta(t)\} = \int_0^\infty t^{\alpha-1}e^{-st}\delta(t)\,dt = 0 \qquad (\forall\,\alpha > 1)$$

Portanto, a derivada arbitrária será definida pelo limite:

$$\frac{dF^\alpha(s)}{ds^\alpha} = (-1)^{\alpha-1} \lim_{s\to p} \frac{\mathcal{L}\{t^{\alpha-1}\mathcal{L}^{-1}\{F(s)\}\}}{s-p}$$

Para a função exponencial, a relação é direta e dada por:

$$\frac{d^\alpha(e^{Rs})}{ds^\alpha} = R^{\alpha-1} \lim_{s\to p} \frac{e^{Rs} - e^{Rp}}{s-p}$$

$$\frac{d^\alpha(e^{-Rs})}{ds^\alpha} = (-1)^{\alpha-1} R^{\alpha-1} \lim_{s\to p} \frac{e^{-Rs} - e^{-Rp}}{s-p}$$

Enquanto para as funções de Poincaré, teremos:

$$\frac{d^\alpha P_+^R(s)}{ds^\alpha} = \frac{R^{\alpha-1}}{2}\left(1 - (-1)^\alpha\right) \lim_{s\to p} \frac{P_+^R(s) - P_+^R(p)}{s-p}$$
$$+ \frac{R^\alpha}{2}\left(1 + (-1)^\alpha\right) \lim_{s\to p} \frac{P_-^R(s) - P_-^R(p)}{s-p}$$

$$\frac{d^\alpha P_-^R(s)}{ds^\alpha} = \frac{R^\alpha}{2}\left(1 + (-1)^\alpha\right) \lim_{s\to p} \frac{P_+^R(s) - P_+^R(p)}{s-p}$$
$$+ \frac{R^{\alpha-1}}{2}\left(1 + (-1)^{\alpha-1}\right) \lim_{s\to p} \frac{P_-^R(s) - P_-^R(p)}{s-p}$$

Referências

ALCUBIERRE, M. The warp drive: hyper-fast travel within general relativity. *Classical and Quantum Gravity*, 11(5), (1994), L73–L77.

AMORIM, R. G. G. Santos, W. C. Carvalho, L. B. Massa, I. R. Uma Abordagem Física dos Números Perplexos. *Rev. Bras. Ensino Fís.* vol.40, n.3 (2018), e3309.

ARTHUR, J. W. *Understanding Geometric Algebra for Electromagnetic Theory.* New Jersey: John Wiley & Sons, 2011.

ASHTEKAR, A. PETKOV, V. Springer Handbook of Spacetime. Berlin: Springer-Verlag, 2014.

ASSIS, A. K. T. Perplex numbers and quaternions. *Int. J. Math. Educ. Sci. Technol.*, 1991, Vol. 22, No.4, 555-562

BASSALO, J. M. F. *Eletrodinâmica Clássica.* 2ª ed. São Paulo: Livraria da Física, 2012.

BASSALO, J. M. F. *Eletrodinâmica Quântica.* São Paulo: Livraria da Física, 2010.

BASSALO, J. M. F. CATTANI, M. S. D. *Teoria de Grupos.* 2ª ed. São Paulo: Livraria da Física, 2008.

BASSALO, J. M. F. CATTANI, M. S. D. *Cálculo Exterior.* São Paulo: Livraria da Física, 2009.

BOROTA, N. A. OSLER, T. J. Functions of a Spacetime Variable. *Mathematics and Computer Education*, 36 (2002), pp. 231-239

BOCCALETTI, D. CATONI, F. CATONI, V. Space-time trigonometry and formalization of the "Twin Paradox" for uniform and accelerated motions. 2018. *arXiv: physics/0509161v1*

BOHM, D. *A Teoria da Relatividade Restrita.* São Paulo: Editora Unesp, 2015.

BROWN, K. *Reflections on Relativity.* Morrisville: Lulu Press, 2017.

CATONI, F. *et al. The Mathematics of Minkowski Space-Time - with an Introduction to Commutative Hypercomplex Numbers.* Basel: Birkhäuser, 2008.

CATONI, F. *et al. Geometry of Minkowski Space–Time.* New York: Springer, 2011.

CATONI, F. ZAMPETTI, P. Cauchy-Like Integral Formula for Functions of a Hyperbolic Variable. *Adv. Appl. Clifford Algebras* v. 22 (2012), p. 23–37.

DELTETE, R. J. GUY, R. A. Emerging from Imaginary Time. *Synthese*, Vol. 108, No. 2 (Aug., 1996), pp. 185-203

DORAN, C. LASENBY, A. *Geometric Algebra for Physicists.* Cambridge: Cambridge University Press, 2003.

EINSTEIN, Albert. Zur Elektrodynamik bewegter Körper. *Ann. Phys.* v. 17 (1905): pp. 891-921.

FERREIRA, G. F. L. Uma mini-introdução à concisa àlgebra geométrica do eletromagnetismo. *Revista Brasileira de Ensino de Física* 28(4): 441-443 (2006).

FJELSTAD, P. Extending special relativity via the perplex numbers. *Am. J. Phys.* 54, 416 (1986)

FISCHER, I. S. *Dual-Number Methods in Kinematics, Statics and Dynamics.* New York: CRC Press, 1999.

GARGOUBI, H. KOSSENTINI, S. f-Algebra Structure on Hyperbolic Numbers. *Adv. Appl. Clifford Algebras*, 09 fev. 2016.

GOURGOULHON, E. *Special Relativity in General Frames*: From Particles to Astrophysics. Berlin: Springer-Verlag, 2013

HARTLE, J. B. HAWKING, S. W: 1983, 'Wavefunction of the Universe', *Physical Review*, D28, pp. 2960-75

HESTENES, D. *Spacetime Calculus.* Arizona: Arizona State University, 1998.

HESTENES, D. *New Foundations for Classical Mechanics.* New York: Kluwer Academic Publishers, 2002.

HESTENES, D. Oersted Medal Lecture 2002: Reforming the mathematical language of physics. *American Journal of Physics 71*, 104 (2003)

HESTENES, D. Spacetime physics with geometric algebra. *American Journal of Physics 71*, 691 (2003).

HESTENES, D. SOBCZYK, G. *Clifford Algebra to Geometric Calculus*: A Unified Language for Mathematics and Physics. Norwell: Kluwer Academic Publishers, 1984.

JANCEWICZ, Bernard. *Multivectors and Clifford Algebra in Eletrodynamics.* World Scientific: London, 1988.

JOSIPOVIĆ, M. *Geometric Multiplication of Vectors*: An Introduction to Geometric Algebra in Physics. Cham: Birkhäuser, 2019.

KANATANI, K. *Understanding Geometric Algebra*. CRC Press: Florida, 2015.

KHRENNIKOV, A. SEGRE, G. An Introduction to Hyperbolic Analysis. *International Center for Mathematical Modelling in Physics and Cognitive Sciences*, University of Växjö, S-35195, Sweden. *arXiv:math-ph/0507053v2* 8 Dec 2005.

KISIL, V. V. Induced Representations and Hypercomplex Numbers. *Adv. Appl. Clifford Algebras* 23 (2013), 417–440

LANGEVIN, P. L'inertie de l'énergie et ses conséquences. *J. Phys. Theor. Appl.*, 1913, 3 (1), pp.553-591.

LANGEVIN, P. *Le Principe de relativité*. Paris: Éditions Étienne Chiron, 1922

LORENTZ, H. Electromagnetic phenomena in a system moving with any velocity less than that of light. *Versl. K. Ak. van Wet.* 12, p. 986-1009. 1904.

MAJER, U. SCHMIDT, H.-J. *Reflections on Spacetime: Foundations, Philosophy, History*. Berlin: Springer Science + Business Media Dordrecht, 1995.

MARTINS, R. A. *Teoria Relatividade Especial*. São Paulo: Livraria da Física, 2012.

MARTINS, R. A. *A Origem Histórica da Relatividade Especial*. São Paulo: Livraria da Física, 2015.

MCRAE, A. S. Clifford Algebras and Possible Kinematics. *Symmetry, Integrability and Geometry: Methods and Applications (SIGMA)* 3(079), 2007, 29 p.

MINKOWSKI, H. *Raum und Zeit*. Jahresberichte der Deutschen Mathematiker-Vereinigung, Leipzig, 1909

MILLER, A. I. *Albert Einstein's Special Theory of Relativity. Emergence (1905) and Early Interpretation (1905–1911)*. New York: Springer, 1997.

MUNKRES, J. R. *Analysis on Manifolds*. Cambridge: Addison-Wesley, 1991.

NABER, G. L. *The Geometry of Minkowski Spacetime*: An Introduction to the Mathematics of the Special Theory of Relativity. New York: Springer Science + Business Media, 2012

NETO, J. B. *Matemática para físicos com aplicações: Vetores, tensores e spinores (I)*. São Paulo: Livraria da Física, 2010.

ÖZDEMIR, M. Introduction to Hybrid Numbers, *Adv. Appl. Clifford Algebras* (2018) 28:11.

POINCARÉ, H. Des fondements de la géométrie; à propos d'un livre de M. Russell. *Revue de métaphysique et de morale*, 7 (1899), pp. 251-279

POINCARÉ, H. Sur la dynamique de l'électron. *Comptes Rendus de l'Académie des Sciences*, t. 140, p. 1504–1508, 5 juin 1905

POINCARÉ, H. Sur la dynamique de l'électron. *Rendiconti del Circolo matematico di Palermo* 21 (1906): 129–176

POODIACK, R. Fundamental Theorems of Algebra for the Perplexes. *The College Mathematics Journal*. November, 2009.

REID, M. SZENDRÓI, B. *Geometry and Topology*. Cambridge: Cambridge University Press, 2005.

ROSSER, W. G. V. *Classical Eletromagnetism via Relativity: An Alternative Approach to Maxwell's Equations*. London: Springer-Science, 1968.

ROWE, E.G. P. *Geometrical physics in Minkowski Spacetime*. London: Springer-Verlag, 2001.

SABADINI, I. SHAPIRO, M. SOMMEN, F. *Hypercomplex Analysis*. Basel: Birkhäuser, 2009

SABADINI, I. SOMMEN, F. *Hypercomplex Analysis and Applications*. Basel: Birkhäuser, 2009

SCHUTZ, J. W. *Foundations of Special Relativity*: Kinematic Axioms for Minkowski Space-Time. Berlin: Springer-Verlag, 1973.

SILVA, C. C. *Da Força ao Tensor: Evolução do Conceito Físico e Representação Matemática do Campo Eletromagnético*. Tese de Doutorado, Universidade Estadual de Campinas, 2002

SPIVAK, M. *O Cálculo em Variedades*. Rio de Janeiro: Editora Ciência Moderna, 2003.

TSAMPARLIS, M. *Special Relativity*: An Introduction with 200 Problems and Solutions. Berlin: Springer-Verlag, 2010

VASANTHA, W. B. V. SMARANDACHE, F. *Dual Numbers*. Ohio: Zip Publishing, 2012.

VASANTHA, W. B. V. SMARANDACHE, F. *Special Dual like Numbers and Lattices*. Ohio: Zip Publishing, 2012.

VAZ JR, J. A Álgebra Geométrica do Espaço Euclideano e a Teoria de Pauli. *Rev. Bras. Ensino Fís*, vol. 19, n°. 2, Junho, 1997.

VAZ JR, J. A Álgebra Geométrica do Espaço-tempo e a Teoria da Relatividade. *Rev. Bras. Ensino Fís*, vol. 22, n°. 1, Março, 2000.

VAZ JR, J. ROCHA JR. R. *Álgebras de Clifford e Espinores*. São Paulo: Livraria da Física, 2017.

VELDKAMP, G. R. On the Use of Dual Numbers, Vectors and Matrices in Instantaneous, Spatial Kinematics. *Mechanism and Machine Theory,* 1976, Vol. 11, pp. 141-156, 1976.

VILENKIN, A: 1986a, 'Boundary Conditions in Quantum Cosmology', *Physical Review*, D33, pp. 3560-9.

WALLACE, D. Who's afraid of coordinate systems? An essay on representation of spacetime structure. *Studies in History and Philosophy of Science Part B: Studies in History and Philosophy of Modern Physics* 67:125-136 (2019)

WALTER, S. *Hypothesis and Convention in Poincaré's Defense of Galilei Spacetime*. In: HEIDELBERGER, M. SCHIEMANN, G. *The Significance of the Hypothetical in the Natural Sciences*. Berlin: Walter de Gruyter, pp.193-219, 2009

WHITTAKER, Edmund Taylor. *A history of the theories of aether and electricity*. Vol. 2. New York: American Institute of Physics, 1953.

YAGLOM, I. M. *Complex Numbers in Geometry* New York: Academic Press, 1968.

YAGLOM, I. M. *A Simple Non-Euclidean Geometry and Its Physical Basis: An Elementary Account of Galilean Geometry and the Galilean Principle of Relativity*. New York: Springer-Verlag, 1979.

Bibliografia Básica e Complementar

Abiko, Seya. 2003. On Einstein's distrust of the electromagnetic theory: The origin of the lightvelocity postulate. *Historical Studies in the Physical and Biological Sciences*, Vol. 33, No. 2 (2003), pp. 193-215.

Alves, Rubem. 1993. *Introdução à Filosofia da Ciência*. 19ª ed. São Paulo: Brasiliense.

——— 1991. Conversas com Quem Gosta de Ensinar. 26ª ed. São Paulo: Cortez.

Amorim, R. G. G. Santos, W. C. Carvalho, L. B. Massa, I. R. (2018) Uma Abordagem Física dos Números Perplexos. *Rev. Bras. Ensino Fís.* vol.40, n.3, e3309.

Anastasiou, C. Nigel, E. W. Oleari, C. 2000. Application of the negative dimension approach to massless scalar box integrals. *Nucl. Phys. B*, 565, 445-467

Andery, M. A. *et al.* 1988. *Para Compreender a Ciência: Uma Perspectiva Histórica*. Rio de Janeiro: Espaço e Tempo; São Paulo: EDUC.

Arthur, J. W. 2011. *Understanding Geometric Algebra for Electromagnetic Theory*. Hoboken: John Wiley & Sons, Inc.

Auffray, Jean Paul. 1998. *O Espaço-Tempo*. Lisboa: Flammarion,

Barrow-Green, June. 1997. *Poincaré and the Three-Body Problem*. American Mathematical Society, Providence, RI.

Bassalo, J, M. F. (2012). *Eletrodinâmica Quântica*. São Paulo: Livraria da Física.

————. (2002) *Eletrodinâmica Clássica*. São Paulo: Livraria da Física.

Bassalo, J. M. F. Cattani, M. S. D. 2010. *Teoria de Grupos*. São Paulo: Livraria da Física.

————. 2012 *Cálculo Exterior*. São Paulo: Livraria da Física.

Bauer, H. H. 1994. *Scientifc Literacy and the Mith of Scientic Method*. Chicago: Univ. Illinoys Press.

Bauman, Z. May, T. 2010. *Aprendendo a Pensar com a Sociologia*. Rio de Janeiro: Zahar.

Beck, A. Havas, P. 1987. *The Collected Papers of Albert Einstein, Volume 1. The Early Years: 1879-1902*. Princeton: Princeton University, 1987.

Beltran, M. H. R.; Saito, F.; Trindade, L. S. P. 2014. *História da ciência para formação de professores*. São Paulo: Livraria da Física.

Boccaletti, D. Catoni, F. Catoni, V. (2018) *Space-time trigonometry and formalization of the "Twin Paradox" for uniform and accelerated motions*. arXiv:physics/0509161v1 [physics.class-ph].

Bohm, David. 2014. *A Teoria da Relatividade Restrita*. São Paulo: Editora UNESP.

Born, Max. 1956. *Physics an My Generation*, Oxonia: Pergamon Press, p. 104.

Brading, K. 2005. A Note on General Relativity, Energy Conservation, and Noether's Theorems. In: KOX, A. J. EISENSTAEDT, J. (eds.). *The Universe of General Relativity* (Einstein Studies, vol. 11). Boston: Birkhäuser, pp. 125-136.

Bredon, G. E. 1993. *Geometry and Topology*. New York: Springer.

Brown, Kevin. 2017. *Reflections on Relativity*. Morrisville: Lulu Press.

Brush, G. S. 1999. Why was Relativity Accepted? *Phys. perspect.* (1): pp. 184–214

Capria, M. M. (Ed.). 2005. *Physics Before and After Einstein*. Amsterdam: IOS Press.

Carmo, M. P. 2012. *Geometria Diferencial de Curvas e Superfícies*. Rio de Janeiro: SBM.

Cartan, E 1986. *On Manifolds with an Affine Connection and the Theory of General Relativity*. New Jersey: Humanities.

Cassirer, E. 1923. *Substance and Function and Einstein's Theory of Relativity*. Chicago: Dover.

Catoni, F. Zampetti, P. 2012 Cauchy-Like Integral Formula for Functions of a Hyperbolic Variable. *Adv. Appl. Clifford Algebras* v. 22, p. 23–37.

Catoni, F. Boccaletti, D. Cannata, R. Catoni, V. Zampetti, P. 2011 *Geometry of Minkowski Space–Time*. New York: Springer

Catoni, F. Boccaletti, D. Cannata, R. Catoni, V. Nichelatt, E. Zampetti, P. 2008 *The Mathematics of Minkowski Space-Time With an Introduction to Commutative Hypercomplex Numbers*. Boston: Birkhäuser Verlag

Chalmers, A. F. 1994. *A Fabricação da Ciência* São Paulo: Editora da UNESP.

———— 2017. *O que é Ciência, Afinal?* 14ª reimpressão, São Paulo: Editora Brasiliense.

Charpentier, E. Ghys, E. Lesne, A. (eds.) Poincaré, H. (auth.). 2010. *The Scientific Legacy of Poincare*. Providence: Amer Mathematical Society.

Chashchina, O. Dudisheva, N. Dudisheva, Z. K. 2019. Voigt transformations in retrospect: missed opportunities? arXiv:1609.08647v2 [physics.hist-ph]

Cormmach, R. M.1970. Einstein, Lorentz, and the Electron Theory. *Historical Studies in the Physical Sciences*, Vol. 2 (1970), pp. 41-87

Corry, Leo. 1997. Hermann Minkowski and the Postulate of Relativity. *Archive for History of Exact Sciences*, 51:273–314.

Costa, M. A. 1995 *Introdução à Teoria da Relatividade*. Rio de Janeiro: Editora UFRJ

Courant, Richard. Robbins, Hebert. 2000. *O que é matemática: uma abordagem elementar de métodos e conceitos*. Rio de Janeiro: Ciência Moderna.

Cullwick, E. G. 1981 Einstein and Special Relativity. Some Inconsistencies in His Electrodynamics. *The British Journal for the Philosophy of Science*, Vol. 32, No. 2 (Jun., 1981), pp.167-176

Cunningham, E. 1907. On the electromagnetic mass of a moving electron. *Philosophical Magazine* [series 6].

Cuvaj, Camillo. 1968. Henri Poincaré's Mathematical Contribution to Relativity and the Poincaré Stress, *American Journal of Physics*, 36:1102–13.

———— 1970. *A History of Relativity — The Role of Henri Poincar´e and Paul Langevin*. Ph.D.: Yeshiva University.

Damour, T. 2004. Poincaré, Relativity, Billiards and Symmetry. *Proceedings of the Symposium Henri Poincaré* (Brussels, 8-9 October 2004)

———— 2012, Poincaré et la Théorie de la Relativité. *Conférence «Henri Poincaré», Académie des Sciences*, 6 novembre 2012.

———— 2017. Poincaré, the dynamics of the electron, and relativity. *C. R. Physique* 18 (2017) pp. 551–562

Darrigol, Olivier. 1994. The Electron Theories of Larmor and Lorentz: A Comparative Study. *Historical Studies in the Physical and Biological Sciences*, Vol. 24, No. 2 (1994), pp. 265-336

———— 1995. Henri Poincaré's Criticism of Fin de Sicle Electrodynamics. *Studies in History and Philosophy of Modern Physics* **26** (1):1–44.

———— 1996. The Electrodynamic Origins of Relativity Theory. *Historical Studies in the Physical and Biological Sciences,* Vol. 26, No. 2, pp. 241-312.

———— 2003. *Electrodynamics from Ampere to Einstein*. New York: Oxford University.

———— 2004. The Mystery of the Einstein–Poincaré Connection. *Isis,* Vol. 95, No. 4 (December 2004), pp. 614-626

———— 2005. The Genesis of the Theory of Relativity. *Séminaire Poincaré* 1 pp. 1-22.

Domingues, H. H. Iezzi, G. 2003. *Álgebra Moderna*. São Paulo: Atual.

Doran, C. Lasenby, A. 2003. *Geometric Algebra for Physicists*. Cambridge: Cambridge University Press.

Duhem, P. 2014. *A Teoria Física. Seu Objeto e Sua Estrutura.* Rio de Janeiro: EdUERJ.

Dugas, R. 1988. *A History of Mechanics*. New York: Dover;

Earman, John. 1967. On Going Backward in Time. *Philosophy of Science*, Vol. 34, No. 3 (Sep., 1967), pp. 211-222

———— 1970. The Closed Universe. *Noûs*, Vol. 4, No. 3 (Sep., 1970), pp. 261-269.

———— 1977. How to Talk about the Topology of Time. *Noûs*, Vol. 11, No. 3, Symposium on Space and Time (Sep., 1977), pp. 211-226

———— 1989. *World Enough and Space-Time Absolute versus Relational Theories of Space and Time.* London: MIT Press

Earman, J.; Glymour, C.; and Rynasiewicz, R. 1983 (unpublished). *Reconsidering the Origins of Special Relativity.* January.

Eco, Umberto. 2016. *Como se Faz uma Tese.* São Paulo: Perspectiva, 26° ed.

Edwards, Matthews R. 2002. *Pushing Gravity: New Perspectives on Le Sage's Theory of Gravitation.* Montreal: Apeiron.

Eilenberg, S; Mac Lane, S. 1945. *General Theory of Natural Equivalences.* Providence: Transactions of the American Mathematical Society.

Einstein, Albert. 1905. Zur Elektrodynamik bewegter Körper. *Ann. Phys.* v. 17: pp. 891-921, p. 916.

———— 1954. *Sobre a Eletrodinâmica dos Corpos em Movimento.* In: Textos Fundamentais da Física Moderna - I Volume: O Princípio da Relatividade, p.47-86, 1905. 3ª. ed, Lisboa: Fundação Calouste Gulbenkian.

———— 1982. How I created the theory of relativity. *Physics Today*, August, pp. 45-47, p. 46.

———— 1984. *Notas Autobiográficas.* Rio de Janeiro: Nova Fronteira, p. 13.

Ernsty, A. Hsu, J. 2001. First Proposal of the Universal Speed of Light by Voigt in 1887. *Chinese Journal of Physics*- Taipei- 39 (3) June.

Fadner, W. L. 2008. Did Einstein really discover "$E=mc^2$"? Am. J. Phys. 56, 114.

French, A. P. 1968. *Special Relativity.* New York: MIT - Norton & Company. Inc.

Field, J. H. 2014. Einstein and Planck on mass-energy equivalence in 1905-06: a modern perspective. *Eur. J. Phys.* 35 055016 (15pp).

Feyerabend, Paul. 1974. Zahar on Einstein. *The British Journal for the Philosophy of Science*, Vol. 25, No. 1 (Mar., 1974), pp. 25-28.

———— 1980. Zahar on Mach, Einstein and Modern Science. *The British Journal for the Philosophy of Science*, Vol. 31, No. 3 (Sep., 1980), pp. 273-282

———— 2010. *Adeus a Razão*. São Paulo: Editora UNESP.

———— 2011a. *Contra o Método*. São Paulo: Editora UNESP.

———— 2011b. *A Ciência em uma Sociedade Livre*. São Paulo: Editora UNESP.

Fischer, I. S. (1998). *Dual-Number Methods in Kinematics, Statics and Dynamics*. New York: CRC.

Fleck, Ludwick. 1986. *La Génesis y el desarrolo de un hecho científico*. Madrid: Alianza Editorial.

Fock. Vladmir. 1964. *The Theory of Space, Time and Gravitation*. Oxonia: Pergamon Press.

Fölsing, A. 1997. *Albert Einstein*. New York: Viking.

Galison, Peter L. 1978. Minkowski's Space-Time: From Visual Thinking to the Absolute World, in: *Historical Studies in the Physical Sciences* 10:85–121.

———— 2003. *Einstein's Clock and Poincaré's Map: Empires of Time*. New York: Norton.

Gargoubi, H. Kossentini, S. (2016) f-Algebra Structure on Hyperbolic Numbers. *Adv. Appl. Clifford Algebras*.

Giannetto E. 1999. The rise of Special Relativity: Henri Poincaré's works before Einstein. Pp. 171-207, in: *Atti del XVIII Congresso di Storia della Fisica e dell'Astronomia*. Milano: Istituto de Física Generale Applicata / Centro Volta de Vomo.

Giedymin, Jerzy. 1982. *Science and Convention*. Pergamon Press, Oxford, U.K.

Goldberg, Stanely. 1967. Henri Poincaré and Einstein's Theory of Relativity. *American Journal of Physics* 35: 934–944.

———— 1969 The Lorentz Theory of Electrons and Einstein's Theory of Relativity. *American Journal of Physics* (37): pp. 982-994.

————— 1970a. Poincaré's Silence and Einstein's Relativity: The role of theory and experiment in Poincaré's Physics. *British Journal for the History of Science* 17:73–84.

————— 1970b. The Abraham Theory of the Electron: The Symbiosis of Experiment and Theory. *Archive for History of Exact Sciences,* (7): pp. 7-25.

————— 1970c. In Defense of Ether: The British Response to Einstein's Special Theory of Relativity, 1905-1911. *Historical Studies in the Physical Sciences*, Vol. 2 (1970), pp. 89-125.

————— 1976. Max Planck's Philosophy of Nature and His Elaboration of the Special Theory of Relativity. *Historical Studies in the Physical Sciences*, (7): pp. 125-160.

Gourgoulhon, E. 2013. *Special Relativity in General Frames From Particles to Astrophysics*. New York: Springer.

Grant, Edward. 2014. *História da Filosofia Natural*. São Paulo: Madras.

Jammer, Max. 2006. *Concepts of Simultaneity.* Baltimore: The Johns Hopkins University Press.

————— 2009. *Concepts of Mass.* Baltimore: The Johns Hopkins University Press.

————— 2010. *Conceitos de Espaço.* Rio de Janeiro: Editora PUC-Rio.

————— 2011. *Conceitos de Força.* Rio de Janeiro: Editora PUC-Rio.

Hall, Brian. 2015. *Lie Groups, Lie Algebras, and Representations - An Elementary Introduction*. New York: Springer.

Heras, R. 2017. A review of Voigt's transformations in the framework of special relativity. arXiv:1411.2559v4 [physics.hist-ph].

Hirosige, Tetu. 1969. Origins of Lorentz' Theory of Electrons and the Concept of the Electromagnetic Field. *Historical Studies in the Physical Sciences*, Vol. 1 (1969), pp. 151-209.

————— The Ether Problem, the Mechanistic Worldview, and the Origins of the Theory of Relativity. *Historical Studies in the Physical Sciences*, Vol. 7, pp. 3-82, 1976.

Holton, Gerald. 1960. On the Origins of the Special Theory of Relativity. *Am. J. Phys.* 28, pp. 627.

———— 1964. On the thematic Analysis of Science: the Case of Poincaré and Relativity. *Mélanges Alexandre Koyré* 2:257–268.

———— 1967-1968. Influences on Einstein's Early Work in Relativity Theory. In: *The American Scholar,* 37, Nº.1, p.59-79, Winter.

———— 1969. Einstein, Michelson, and the "Crucial" Experiment. In *Isis*, Vol. 60, No. 2 (Summer), pp. 132-197.

Howard, Don, Stachel, John (Eds.). 2005a. *Einstein and the History of General Relativity*. New York: Springer.

————2005b. *Einstein: The Formative Years, 1879-1909*. Boston: Birkhäuser.

Hsu, J. P. Hsu, L. 2006. *General Implications of Lorentz And Poincare Invariance*. Singapore: World Scientific Publishing.

Hsu, J. P. Zhang, Y. Z. 2005. *Lorentz & Poincare Invariance - 100 Years of Relativity*. Singapore: World Scientific Publishing.

Isaacson, Walter. 2007. Einstein - *Sua Vida, seu Universo*. São Paulo: Companhia Das Letras.

Ives, Herbert. 1952. Derivation of the Mass-Energy Relation. Journal of the Optical Society of America. Volume 42, Number 8, August.

Jancewicz, B. 1989. *Multivectors and Clifford Algebra in Eletrodynamics*. World Scientific: London.

Josipović, M. 2019. *Geometric Multiplication of Vectors: An Introduction to Geometric Algebra in Physics*. Gewerbestrasse: Birkhäuser.

Kandasamy, W. B. Smarandache, F. 2012. *Dual Numbers*. Ohio: Zip Publishing.

Kanatani, K. *Understanding Geometric Algebra*. CRC Press: Flórida.

Katzir, Shaul. 1996. *Poincaré's Relativity theory — Its Evolution, Meaning and its (Non)acceptance*. M.A.: Tel Aviv University.

——— 2005a. Poincaré's Relativistic Physics and Its Origins, *Physics in Perspective* 7:268-292

——— 2005b. Poincaré's Relativistic Theory of Gravitation. pp. 15-38, in: KOX, Anne J. EISENSTAEDT, Jean (eds.). *The Universe of General Relativity* (Einstein Studies, vol. 11). Boston: Birkhäuser.

Kay, D. (2015). *Tensor Calculus*. New York: McGraw-Hill.

Keswani, G. H. 1965a. Origin and Concept of Relativity (I). *The British Journal for the Philosophy of Science,* (15): pp.286-306.

——— 1965b Origin and Concept of Relativity (II). *The British Journal for the Philosophy of Science,* (16): pp.19-32.

Keswani G. H. Kilmister C. W. 1983. Intimations of Relativity Relativity before Einstein. *The British Journal for the Philosophy of Science*, Vol. 34, No. 4 (Dec.), pp. 343-354.

Kilmister, C.W. 1970. *Special Theory of Relativity*. Pergamon Press, Oxford, U.K.

Kisil, V. V. (2013). Induced Representations and Hypercomplex Numbers. *Adv. Appl. Clifford Algebras* v. 23, pp. 417–440.

Kragh, Helge. 2001. *Introdução à historiografia da ciência*. Porto: Porto Editora.

Kreyszig, E. (1991) *Differential Geometry*. New York: Dover

Kox, A. J. 1993. Pieter Zeeman's Experiments on the Equality of Inertial and Gravitational Mass. *Einstein Studies* 5:173–181.

Kox, A. J. Eisenstaedt, J. (Eds.). 2005. *The Universe of General Relativity*. New York: Springer.

Kuhn, Thomas S. *A estrutura das revoluções científicas*. 13. ed. São Paulo: Editora Perspectiva S.A, 2017.

Lakatos, I. O Falseamento e a Metodologia dos Programas de Pesquisa Científica. In: I. Lakatos; A Musgrave (Org.). *A Crítica e o Desenvolvimento do Conhecimento*. São Paulo: Cultrix, EDUSP, p. 109-243. 1979.

Lakatos, I. Musgrave, A (Org.). *A Crítica e o Desenvolvimento do Conhecimento*. São Paulo: Cultrix, EDUSP, 1979.

Landau, L. Lifchitz, E. 2002 *Teoria do Campo*. São Paulo: Hemus

Landau L, Rumer, Y. 2004. *O Que É a Teoria da Relatividade*? 2ª edição, São Paulo: Hemus.

Langevin, Paul. 1913. L'inertie de l'énergie et ses conséquences. *J. Phys. Theor. Appl.* 3 (1), pp.553-591.

Laue, Max Von. 1911. *Das Relativitdtsprinzip*, Braun: Schweig.

Lesche, B. (2005). *Teoria da Relatividade*. São Paulo: Livraria da Física.

Logunov, A. A. 2005 *Henri Poincare and Relativity Theory*. Ithaca: Cornell University Library.

Lorentz, Hendrik A. [Carta] 1901-01-20. Leiden para POINCARÉ, H. Leiden. 8f. Lorentz agradece Poincaré pela sua contribuição ao seu 25º jubileu de doutoramento, mas crítica a abordagem de Poincaré e sugere que o Princípio de Reação não é um fato fundamental.

———— 1904. Electromagnetic phenomena in a system moving with any velocity less than that of light. In *Collected Papers*. The Hague: Martinus Nijhoff, 1934, 5:172–197. Pagination follows the partial reprint in Einstein et al. *The Principle of Relativity*, Dover, New York, 1952.

———— 1910. Alte und neue Fragen der Physik. *Physikalische Zeitschrift* 11:1234–1257. Reprinted in *Collected papers*. The Hague: Martinus Nijhoff, 1934, 7:205–245. Page references are to the reprint.

———— 1914. La Gravitation. *Scientia* **16** (36):28–59.

———— 1954a. *A Experiência Interferencial de Michelson*. In: Textos Fundamentais da Física Moderna - I Volume: O Princípio da Relatividade, p.05-11, 1904. 3ª. ed, Lisboa: Fundação Calouste Gulbenkian.

———— 1954b. *Fenômenos Eletromagnéticos em um Sistema que se Move com Qualquer Velocidade Inferior à da Luz*. In: Textos Fundamentais da Física Moderna - I Volume: O Princípio da Relatividade, p.13-43, 1904. 3ª. ed, Lisboa: Fundação Calouste Gulbenkian, 1954.

Hoffman, K. Kunze, R. 1971. *Linear Algebra*. London: Prentice-Hall.

Machado, K. D .2012. *Eletromagnetismo, 3 Volumes*. Ponta Grossa: Toda Palavra.

Majer, Schmidt, U. H.-J. 1995. *Reflections On Spacetime: Foundations, Philosophy, History*. New York: Kluwer Academic Publishers.

Martins, Roberto de Andrade. 1986. O princípio de antecedência das causas na teoria da relatividade. *Anais da ANPOF* 1 (1): 51-72.

———— 1989. A relação massa-energia e energia potencial. *Caderno Catarinense de Ensino de Física* 15: 265-300.

———— 1993 Em busca do nada: considerações sobre os argumentos a favor e contra o vácuo. *Trans/Form/Ação* 16: 7-27.

———— 1998a Como distorcer a física: considerações sobre um exemplo de divulgação científica 1- Física clássica. *Caderno Catarinense de Ensino de Física* v. 15, n. 3: p. 243-264, dez. 1998.

———— 1998b Como distorcer a física: considerações sobre um exemplo de divulgação científica 2 - Física moderna. *Caderno Catarinense de Ensino de Física* v. 15, n. 3: p. 265-300, dez.

———— 2005a A dinâmica relativística antes de Einstein. *Revista Brasileira de Ensino de Física* 27: 11-26.

———— 2005b A. El empirismo en la relatividad especial de Einstein y la supuesta superación de la teoría de Lorentz y Poncaré. Pp. 509-516, in: FAAS, Horacio; SAAL, Aarón; VELASCO, Marisa (eds.). *Epistemología e Historia de la Ciencia. Selección de Trabajos de las XV Jornadas*. Facultad de Filosofía y Humanidades. Córdoba: Universidad Nacional de Córdoba.

———— 2010. *Espaço, tempo e éter na teoria da relatividade*. pp. 31-60, in: KNOBEL, Marcelo; SCHULZ, Peter A. (orgs.). Einstein: muito além da relatividade. São Paulo: Instituto Sangari.

———— 2012 *Teoria Relatividade Especial*. São Paulo: Livraria da Física.

———— 2012 *O Universo: Teorias sobre Sua Origem e Evolução*. São Paulo: Livraria da Física.

———— 2015. *A Origem Histórica da Relatividade Especial*. São Paulo: Livraria da Física.

Mehra, J. 2001. *The Golden age of Theoretical Physics, vol. 1.* Londres: World Scientific Publishing, p. 228-229.

Miller, Arthur I. 1973. A Study of Henri Poincar´e's 'Sur la dynamique de l'´electron.' *Archive for History of Exact Sciences* 10:207–328.

———— 1986 *Frontiers of Physics: 1900-1911: Selected Essays.* New York: Springer.

———— 1996. Why did Poincaré not formulate special relativity in 1905, in: *Henri Poincaré Science et Philosophie— Congrèes International Nancy France 1994*, Jean-Louis Greffe, Gerhard Heinzmann and Kuno Lorenz, eds., Blanchard, Paris, 69–100.

———— 1997 *Albert Einstein's Special Theory of Relativity. Emergence (1905) and Early Interpretation (1905–1911).* New York: Springer.

Maslov, V. P. 2006. Negative dimension in general and asymptotic topology. *arXiv:math/0612543.*

Maslov, V. P. 2007. General notion of a topological space of negative dimension and quantization of its density. *Mathematical Notes.* 81 (1–2): 140–144

Minkowski, Herman. 1908. Die Grundgleichungen fr die elektromagnetischen Vorgänge in bewegten Körpern. *Nachrichten — Königlichen Gesellschaft der Wissenschaften zu Göttingen*, 53–111.

———— 1916. Das Relativitätsprinzip. *Jahresbericht der deutschen Mathematiker-Vereinigung* 24:372–382.

———— 1954. *Espaço e Tempo.* In: Textos Fundamentais da Física Moderna - I Volume: O Princípio da Relatividade, p.93-114, 1908. 3ª. ed, Lisboa: Fundação Calouste Gulbenkian.

Misner, C. W. Thorne, K. S. Wheeler, J. A. (1973) *Gravitation. .* New York: W. H. Freeman and Company

Naber, G. L. (2012). *The Geometry of Minkowski Spacetime: An Introduction to the Mathematics of the Special Theory of Relativity.* New York: Springer.

Neto, J. B. (2010) *Matemática para físicos com aplicações: Vetores, tensores e spinores* (I). São Paulo: Livraria da Física

Norton, J. 1992. Einstein, Nordström and the early demise of scalar, Lorentz covariant theories of gravitation. *Archive for History of Exact Sciences* 45:17–94.

Oldham, J. S. Spanier, K. B. 2006. *The Fractional Calculus: Theory and Applications of Differentiation and Integration to Arbitrary Order*. Amsterdam: Elsevier.

Özdemir, M. (2018). Introduction to Hybrid Numbers. *Adv. Appl. Clifford Algebras* 28:11

Painléve, Paul. 1922. *Les axiomes de la mécanique, Examen critique - Note sur la propagation de la lumière*. Paris: Gauthier-Villars

Pais, Abraham. 1982. *Subtle Is the Lord: The Science and the Life of Albert Einstein*. Oxonia: Oxford University Press.

Pauli, W. (1958) *The Theory of Relativity*. New York: Dover.

Peruzzo, J. (2012) *Teoria da Relatividade*. Rio de Janeiro: Ciência Moderna.

Poincaré, Henri. Jules 1890. Sur le problème des trois corps et les équations de la dynamique *Acta mathematica*, 13, 1-270

——— 1891. Sur le problème des trois corps. *Bulletin astronomique*, 8, 12-24

——— 1892. *Les Methodes Nouvelles de la Mécaniques Céleste*, vol. 1. Gauthier-Villar, Paris.

——— 1893a. *Les Methodes Nouvelles de la Mécaniques Céleste*, vol. 2. Gauthier-Villar, Paris.

——— 1893b. Mécanisme et expérience. *Revue de métaphysique et de morale*, 1, 534-537

——— 1895. A propos de la théorie de M. Larmor. *Éclairage électrique*, 3, 5-13, 285-295

——— 1898 Sur la stabilité du système solaire. *Revue Scientifique* 9:609–613.

——— 1899a. *Les Methodes Nouvelles de la Mécaniques Céleste*, vol. 2. Gauthier-Villar, Paris.

——— 1899b. Sur l'équilibre d'un fluide en rotation. *Bulletin astronomique*, 16, 161-169

————— 1899c. Des fondements de la géométrie; à propos d'un livre de M. Russell. *Revue de métaphysique et de morale*, 7, 251-279

————— 1900a. *Sur les rapports de la physique expérimentale et de la physique mathématique.* In: Rapports présentés au congrès international de physique, Volume 1, Guillaume, Charles-Édouard. Poincaré, Lucien. (org.). France: Gauthier-Villars, 1-29

————— 1900b. La théorie de Lorentz et le principe de réaction *Archives néerlandaises des sciences exactes et naturelles*, 5, 252-278.

————— 1900c La mesure de la terre et la géodésie française. *Bulletin de la Société astronomique de France*, 14, 513-521.

————— 1900d La géodésie française (discours prononcé à la séance des cinq Académies le 25 octobre 1900). *Mémoires de l'Institut*, 20, 13-25

————— 1900e Rapport sur le projet de révision de l'arc méridien de Quito. Comptes rendus hebdomadaires des séances de l'Académie des sciences de Paris, 131, 215-236

————— 1900f Sur les principes de la géométrie; réponse à M. Russell. *Revue de métaphysique et de morale*, 8, 73-86.

————— 1900g. Les relations entre la physique expérimentale et la physique mathématique. *Revue scientifique*, 14, 705-715

————— 1901. *Sur les principes de la mécanique*; In: Bibliothèque du Congrès international de philosophie, Volume 1: Armand Colin, 457-494

————— 1902a. *La Science et l'Hypothèse.* Flammarion, Paris.

————— 1902b. Notice sur la télégraphie sans fil. *Annuaire du Bureau des longitudes*, A1 -A34

————— 1902c. La télégraphie sans fil. *Revue scientifique*, 17, 65 -73

————— 1903. Rapport présenté au nom de la Commission chargée du contrôle scientifique des opérations géodésiques de l'Equateur. *Comptes rendus hebdomadaires des séances de l'Académie des sciences de Paris*, 136, 861-871

————— 1904a. L'etat et l'avenir de la Physique mathematique. *Bulletin des Sciences Mathematiques*, vol 28 p. 302-324.

———— 1904b. *Maxwell's Theory and Wireless Telegraphy*. New York: McGraw Publishing Co

———— 1904c. *Cours d'électricité théorique: étude de la propagation du courant en période variable, sur une ligne munie de récepteur*. Paris: École professionnelle supérieure des postes et des télégraphes

———— 1904d. La théorie de Maxwell et les oscillations hertziennes; La télégraphie sans fil. *Scientia*, série physico-mathématique, 23, C. Naud

———— 1905a. *La Valeur de la Science*. Flammarion, Paris. The pagination follows the 1970 edition.

———— 1905b. Sur la dynamique de l'électron. *Comptes Rendus de l'Académie des Sciences*, t. 140, p. 1504–1508, 5 juin 1905

———— 1906. Sur la dynamique de l'électron. in: *Poincaré 1954*, 494–550.

———— 1908a. La dynamique de l'électron. in: *Poincaré 1954*, 551-585.

———— 1908b. *La Science et le Méthode*. Flammarion, Paris.

———— 1909. La mécanique nouvelle. *Revue Scientifique* 84:170–177.

———— 1910. La mécanique nouvelle. In: *Sechs Vorträge über ausgewählte Gegenstände Aus der reinen Mathematik und mathematischen Physik*, B.G. Teubner, Leipzig and Berlin, 49–58.

———— 1910a. Die neue Mechanik. *Himmel und Erde* 23:97–116.

———— 1953. Les Limites de la Loi de Newton. *Bulletin Astronomique* 17:121–269.

———— 1954. *Oeuvres*, Tome 9. Gauthier-Villars, Paris.

Poincaré, Henri. J. Mittag-Leffler, Gösta (authors). Nabonnand, Philippe (Ed.). 1998. *La Correspondance entre Henri Poincaré et Gösta Mittag-Leffler*. New York: Birkhäuser.

Poincaré, Henri. J. et al (authors). Walter, Scott A., Bolmont, Etienne, Coret, André (Eds.) 2007. *La correspondance entre Henri Poincaré et les physiciens, chimistes et ingénieurs*. New York: Birkhäuser (Springer).

Poincaré, Henri. J. et al (authors). Walter, S.A., Nabonnand, P., Krömer, R., Schiavon, M. (Eds.) 2016. *La correspondance entre Henri Poincaré, les astronomes, et les géodésiens.* New York: Birkhäuser (Springer).

Poincaré, Henri. J. et al (authors). Rollet, Laurent (Ed.) 2017. *La correspondance de jeunesse d'Henri Poincaré: Les années de formation. De l'École polytechnique à l'École des Mines (1873-1878).* New York: Birkhäuser (Springer).

Poodiack, R. D. Leclair, K. J. 2009 Fundamental Theorems of Algebra for the Perplexes. *The College Mathematics Journal*, Vol. 40, No. 5 (November 2009), pp. 322-335.

Prokhovnik, S. J. Did Einstein's Programme Supersede Lorentz's? 1974. *The British Journal for the Philosophy of Science*, Vol. 25, No. 4 (Dec., 1974), pp. 336-340

Pyenson, Lewis. 1977. Hermann Minkowski and Einstein's Special Theory of Relativity.*Archive for History of Exact Sciences*: 71–95.

———— 1980. Einstein's Education: Mathematics and the Laws of Nature. *Isis* 71:3, 399-425.

Reid, M. Szendrói. (2005). *Geometry and Topology.* New York: Cambridge University.

Reignier, Jean. 2004. Poincaré synchronization: From the local time to the Lorentz group. *Proceedings of the Symposium Henri Poincaré* (Brussels, 8-9 October 2004).

Renn, J. (Org,) 2007. *The Genesis of General Relativity, 4 Volumes.* New York: Springer

Resnick, R. (1965) *Introdução à Relatividade Especial.* São Paulo: Polígono.

Rocha JR. R. (2017) *Álgebra Linear e Multilinear.* São Paulo: Livraria da Física.

Rosser, W. G. V. (1968). *Classical Eletromagnetism via Relativity: An Alternative Aprroach to Maxwell's Equations.* New York: Springer.

Rowe, David E. Sauer, Tilman. Walter, Scott A. (eds.) 2018. *Beyond Einstein Perspectives on Geometry, Gravitation, and Cosmology in the Twentieth Century.* New York: Springer.

Sanchez, E. 2011. *Cálculo Tensorial.* Rio de Janeiro: Interciência.

Schaffner, Kenneth F.1974. Einstein versus Lorentz: Research Programmes and the Logic of Comparative Theory Evaluation. *The British Journal for the Philosophy of Science,* Vol. 25, No. 1 (Mar., 1974), pp. 45-78

Schröter, J. 2017. *Minkowski Space: The Space-time of Special Relativity.* Wisconsin: De Gruyter.

Seeliger, Hugo von. 1906. Das Zodiakallicht und die empirischen Glieder in Bewegung der innern Planeten. *Königlich Bayerische Academie der Wissenschaften (München). Sitzungsberichte* 36:595–622.

Sen, D. Sen, D. 2018. Geometric Algebra as the Unified Mathematical Language of Physics: An Introduction for Advanced Undergraduate Students, *Advances in Applied Clifford Algebras.*

Seybold, A. 1931. The Fourth Dimension. *The Mathematics Teacher,* Vol. 24, No. 1 (January 1931), pp. 41-45

Shankland, R. S. 1963. Conversations with Albert Einstein, *American Journal of Physics,* v.31: pp. 47-57, p. 47.

Silva, C. C. Martins, R. A. 2002. Polar and axial vectors versus quaternions. *Am. J. Phys,* 70 (9), 958-983

Silva, C. C. 2002. *Da Força ao Tensor: Evolução do Conceito Físico e da Representação Matemática do Campo Eletromagnético.* 250 p. Tese (doutorado) - Universidade Estadual de Campinas, Instituto de Física Gleb Wataghin, Campinas, SP.

_____.2006. Pierre Curie e a simetria das grandezas eletromagnéticas. In: Silva, C. C. *Estudos de História e Filosofia das Ciências: Subsídios para Aplicação no Ensino.* São Paulo: Livraria da Física.

Solovine, Maurice. 1956. Prefácio. In: Einstein, A. *Lettres à Maurice Solovine,* Paris: Gauthier-Villars, p. VIII.

Sommerfeld, Arnold. 1910. Zur Relativitätstheorie II: Vierdimensionales Vektoranalysis *Annalen der Physik* 33:649–689.

_____. 1952. *Eletrodynamics.* Amsterdam: Elsevier.

Stachel, John. 1989. *The Collected Papers of Albert Einstein, vol. 2, The Swiss Years: Writings 1900-1909*, Princeton: Princeton University Press.

——— 1995. History of Relativity. in: *Twentieth Century Physics*, vol. 1, L.M. Brown, A. Pais and B. Pippord, eds., Institute for Physics Publishing, Bristol and Philadephia, 249–356.

——— 2005. *Einstein from 'B' to 'Z'*. New York: Springer.

Steve, A. 2010. *Category Theory*. Oxford: Oxford University Press.

Talmey, M. *The Relativity Theory Simplified and the Formative Period of Its Inventor*. New York: Falcon Press, 1932.

Taylor, E. F. Wheeler, J. A. (2000) .*Space-Time Physics*. New York: W. H. Freeman and Company.

Tenenblat, K. 2014. *Introdução à Geometria Diferencial*. São Paulo: Edgard Blücher.

Thompson, Edward Palmer. 2016. *Costumes em Comum*. São Paulo: Companhia Das Letras.

Tsamparlis, M. 2010. *Special Relativity: An Introduction with 200 Problems and Solutions*. New York: Springer.

Vaz JR, J. 2000 A Álgebra Geométrica do Espaço-tempo e a Teoria da Relatividade. *Revista Brasileira de Ensino de Física*, vol. 22, nº. 1, Março.

Vaz JR, J. Rocha JR. R. 2017. *Álgebras de Clifford e Espinores*. São Paulo: Livraria da Física.

Voigt, W. 1887. Ueber das Doppler'sche Princip. *Nachrichten von der Königl. Gesellschaft der Wissenschaften und der Georg-Augusts-Universität zu Göttingenaus dem Jahre*;

Walter, Scott. 1996. Henri Poincaré's student notebooks, 1870–1878. *Philosophia Scientiæ* 1, pp. 1–17.

———. 1999. Minkowski, Mathematicians, and the Mathematical Theory of Relativity. In *The Expanding Worlds of General Relativity*, H. Goenner et al. eds. (Einstein Studies 7), Birkhäuser, Basel, 45–86.

——— 2007. Forthcoming. Breaking in the 4-vectors: the four-dimensional movement in gravitation, 1905–1910. *The Genesis of*

General Relativity Vol. 3: Theories of Gravitation in the Twilight of Classical Physics; Part I, J. Renn and M. Schemmel, eds., Kluwer, Dordrecht.

————— 2008a. Henri Poincaré et l'espace-temps conventionnel. *Cahiers de philosophie de l'université de Caen*, 45 (2008) pp. 87-119

————— 2008b. Hermann Minkowski and the Scandal of Spacetime. *ESI News* 3(1), Spring 2008, pp. 6–8

————— 2011. Henri Poincaré, theoretical Physics, and Relativity Theory in Paris. pp. 213-239, in: SCHLOTE, Karl-Heinz (ed.), SCHNEIDER, Martina (ed.). *Mathematics Meets Physics: A contribution to their interaction in the 19th and the first half of the 20th century.* Frankfurt: Verlag Harri Deutsch, 2011.

————— 2014. Poincaré on clocks in motion. *Studies in History and Philosophy of Modern Physics* 47(1), pp. 131–141,

————— 2019. Poincaré-Week in Göttingen, in light of the Hilbert-Poincaré correspondence of 1908–1909. In Borgato, Maria Teresa. Neuenschwander, Erwin. Passeron, Irène. (eds). *Mathematical Correspondences and Critica.*

Whitrow, G. 1993. *O Tempo na História: concepções do tempo da pré-história aos nossos dias.* Rio de Janeiro: Zahar.

Whittaker, Edmund Taylor. 1953. *A history of the theories of aether and electricity. 2 vols.* New York: American Institute of Physics

Zahar, Elie. 1973a. Why Did Einstein's Programme Supersede Lorentz's? (I). *The British Journal for the Philosophy of Science, Vol. 24, No. 2 (Jun., 1973), pp. 95-123*

————— 1973b. Why Did Einstein's Programme Supersede Lorentz's? (II). *The British Journal for the Philosophy of Science,* Vol. 24, No. 3 (Sep., 1973), pp. 223-262.

————— 1978. Einstein's Debt to Lorentz: A Reply to Feyerabend and Miller *The British Journal for the Philosophy of Science,* Vol. 29, No. 1 (Mar., 1978), pp. 49-60.

Um Programa de Erlangen para o Espaço-Tempo

III – Fundamentos Físicos-Matemáticos

Copyright © 2021 de Ricardo Capiberibe
capiberibe@gmail.com

Primeira edição, 2021

ISBN: 979-87-0255-173-9

Selo editorial: Independently Published